U0244134

“十四五”时期国家重点出版物
出版专项规划项目

水体污染控制与治理科技重大专项“十三五”成果系列丛书

重点行业水污染全过程控制技术系统与应用标志性成果

流域水污染治理成套集成技术丛书

制浆造纸行业
水污染全过程控制技术

◎ 徐峻 李军 曾劲松 等编著 　　◎ 陈克复 主审

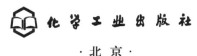

化学工业出版社

·北京·

内 容 简 介

本书为"流域水污染治理成套集成技术丛书"的一个分册，以制浆造纸行业水污染全过程控制为主线，内容包括绪论、化学法制浆水污染全过程控制技术、机械法制浆水污染全过程控制技术、废纸制浆造纸水污染全过程控制技术、机制纸和纸板生产过程水污染全过程控制技术、制浆造纸废水治理技术、制浆造纸工业水环境管理与控制。另外，将《造纸工业污染防治技术政策》、《制浆造纸工业清洁生产评价指标体系》和《制浆造纸工业污染防治可行技术指南》节选部分内容，以附录的形式放在书后，以便于读者查阅。

本书理论与实践有效结合，具有较强的技术应用性和针对性，可供从事造纸行业废水污染控制与回用等的工程技术人员、科研人员和管理人员参考，也可供高等学校环境科学与工程、造纸工程、生态工程及相关专业师生参阅。

图书在版编目（CIP）数据

制浆造纸行业水污染全过程控制技术/徐峻等编著.
—北京：化学工业出版社，2021.6
（流域水污染治理成套集成技术丛书）
ISBN 978-7-122-38769-1

Ⅰ.①制… Ⅱ.①徐… Ⅲ.①造纸工业废水-工业废水处理 Ⅳ.①X703

中国版本图书馆 CIP 数据核字（2021）第 049738 号

责任编辑：刘兴春 刘 婧　　　　　文字编辑：丁海蓉
责任校对：宋 夏　　　　　　　　　装帧设计：史利平

出版发行：化学工业出版社（北京市东城区青年湖南街 13 号　邮政编码 100011）
印　　装：北京建宏印刷有限公司
787mm×1092mm　1/16　印张 21　字数 467 千字　2022 年 4 月北京第 1 版第 1 次印刷

购书咨询：010-64518888　　　　　售后服务：010-64518899
网　　址：http://www.cip.com.cn
凡购买本书，如有缺损质量问题，本社销售中心负责调换。

定　　价：158.00 元

前　言

　　水资源是工业生产的重要资源，制浆造纸生产过程需要大量的水，被列为世界第三大水消费行业。尽管水对造纸而言非常关键，但水并不是造纸的原材料，进入制浆造纸厂的所有新鲜水最终以废水等形式离开造纸厂，因而制浆造纸行业也成为工业废水排放的重点行业。

　　在国家相关政策引导下，在国家水体污染控制与治理科技重大专项（简称"水专项"）等相关专项支持下，造纸行业通过自主创新，已初步构建了清洁生产和末端治理相结合的水污染全过程控制技术体系，研制出一批支撑造纸行业水污染全过程控制的核心关键技术，解决了制约行业绿色发展的重大技术瓶颈，形成了成套技术推广应用能力，极大地促进了造纸行业的深度减排，取得了显著成效，摘掉了头号水污染大户的"黑帽子"，为我国流域水环境质量改善、"水污染防治行动计划"等国家重大战略计划的顺利实施提供了重要的科技支撑。

　　本书的主要内容源于编著者所在团队承担的国家"水专项"课题的研究成果，并参阅了其他"水专项"课题有关造纸行业水污染防治的部分内容，在此谨对国家"水专项"管理办公室、水专项河流主题及相关项目（课题）承担单位和参加单位的支持和帮助表示诚挚的感谢。除此之外，本书参考了一些文献资料、专著和教材，在此对这些文献的作者表示深切的谢意！

　　本书由华南理工大学徐峻、李军、曾劲松等编著，具体分工如下：第1章由徐峻、李军、曾劲松编著；第2章～第6章由徐峻编著，其中水污染源解析与评估部分由南京林业大学林文远、蔡慧、童国林、陈务平、王晨、王淑梅、程金兰提供资料，莫立焕、冯郁成分别参与了废水治理技术和废纸制浆造纸技术部分内容整理；第7章由李军、曾劲松编著；附录部分由徐峻整理编写。全书最后由陈克复院士审稿并定稿。本书在编著过程中，得到许多行业前辈、同仁、编著者的研究生，以及山东太阳纸业应广东和乔军、山东华泰纸业张凤山等的帮助，在此一并致以深深的谢意。

　　本书主要包括绪论、化学法制浆水污染全过程控制技术、机械法制浆水污染全过程控制技术、废纸制浆造纸水污染全过程控制技术、机制纸和纸板生产过程水污染全过程控制技术、制浆造纸废水治理技术、制浆造纸工业水环境管理与控制等内容，具有较强的技术应用性和针对性，可作为我国广大造纸科技工作者，从事造纸行业废水污染控制与回用的工程技术人员，科研人员和管理人员，高等学校环境科学与工程、生态工程、造纸工程及相关专业师生的参考资料或培训用书。

　　限于编著者的水平和编著时间，书中难免存在疏漏和不足之处，敬请读者批评指正。

编著者

2021 年 2 月

目 录

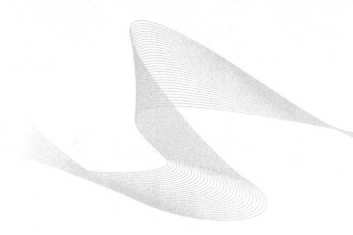

第1章
绪　论

1.1　世界制浆造纸工业的发展现状

制浆造纸工业是世界上最大的工业之一，也是与国民经济和社会事业发展关系密切的重要基础原材料产业，被称作"宏观经济晴雨表"，纸及纸制品的消费水平更被视为衡量一个国家现代化水平和文明程度的标志之一，美国、日本、德国、芬兰、加拿大等世界主要发达国家均有发达的造纸工业。在我国，造纸行业是传统优势产业且发展迅猛，目前产量及消费量均居世界第一。

制浆造纸工业具有资金技术密集、规模效益显著的特点，造纸产业关联度强，市场容量大，是拉动林业、农业、化工、印刷、包装、机械制造等产业发展的重要力量；造纸产业以木、竹、芦苇等原生纤维和废纸等再生纤维为原料，生产的纸及纸制品，尤其是生活用纸和包装用纸早已渗透进千家万户、各行各业，成为满足人民美好生活的必需品，因此也被誉为"永不衰竭"的行业。

1.1.1　世界造纸行业供需概况

随着世界经济的不断发展，人们生活水平的逐渐提高，纸和纸板的供需总体保持稳中有升的态势。根据历年世界造纸行业统计数据，2018 年世界纸和纸板总产量已由 2009 年的 3.707 亿吨提升至 4.1972 亿吨，增加了 13.22%，年均复合增长率为 1.25%（见图 1-1）。

从图 1-1 中的消费量变化来看，全球纸和纸板消费量也基本保持平稳上升趋势，2018 年全球纸和纸板表观消费量达到 4.2188 亿吨，较 2009 年的 3.70 亿吨增长了 14.02%，年复合增长率为 1.32%。据估计，未来全球对纸和纸板的需求仍然强劲，如图 1-2 所示，2030 年全球纸张消费量将达到 5 亿吨，年均复合增长率将达到 2.1%。

1.1.2　世界造纸产业布局

20 世纪 90 年代以前，世界造纸工业的格局长期保持亚洲、欧洲、北美洲三足鼎立的局面，并且北美洲纸的产量明显高于亚洲；进入 21 世纪以后，受宏观经济的影响，欧美地区去工业化步伐加快，经济增速放缓，导致欧美国家本土对纸和纸板的需求日趋疲弱，造纸业增长乏力，造纸企业纷纷向新兴经济体等海外市场拓展，制浆造纸工业重心也逐渐由欧美向外转移。

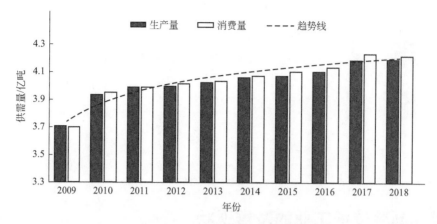

图 1-1   2009～2018 年全球纸和纸板供需变化

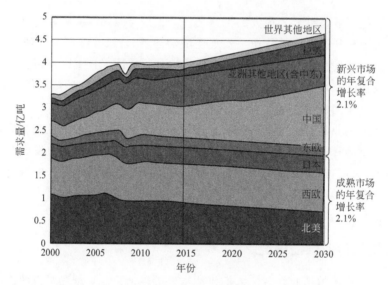

图 1-2   2000～2030 年全球纸及纸板需求量的增长情况

　　得益于亚洲地区较低的劳动成本、丰富的森林资源、强劲的经济发展势头、强大的内部市场需求量、积极的经济发展政策，亚洲已成为 21 世纪世界造纸工业的增长引擎和产业重心（见图 1-3）。2018 年，全球纸和纸板生产量仍以亚洲最高，生产量高达 1.9316 亿吨，占全球纸和纸板总生产量的 46.0%，是迄今为止最大的纸张生产者；欧洲其次，北美洲居第 3 位，产量分别是 1.0965 亿吨和 0.8224 亿吨，各占全球纸和纸板总生产量的 26.1% 和 19.6%。

　　表 1-1 列出了 2018 年全球纸和纸板生产量排名前 10 位的国家。

　　从表 1-1 数据来看，2018 年度全球前十大纸和纸板生产国的产量占全球总生产量的 70.5%，其中中国、美国、日本位列前三，分别占全球纸和纸板总生产量的 24.9%、17.2%、6.2%，三个国家的总产能约占全球 1/2。另外，从表 1-1 中也可以看出，美国、日本、德国、韩国、芬兰、加拿大等世界主要发达国家均有发达的造纸工业。值得注意的是，2018 年印度纸和纸板的产量大幅提高，较 2017 年增加了 35.4%，达到了 1521 万吨，年产量超过韩国和印度尼西亚位列第 5 位。

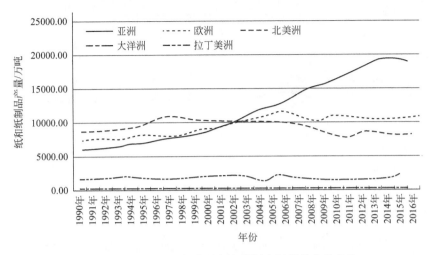

图 1-3　1990～2016 年世界各大洲纸和纸制品产量变化

表 1-1　2018 年全球纸和纸板生产量排名前 10 位的国家

排序	国家	生产量/万吨		2018 年比 2017 年增长率/%
		2018 年	2017 年	
1	中国	10435	11130	−6.2
2	美国	7206	7228	−0.3
3	日本	2607	2652	−1.7
4	德国	2268	2293	−1.1
5	印度	1521	1123	35.4
6	印度尼西亚	1248	1186	5.2
7	韩国	1153	1160	−0.6
8	巴西	1056	1059	−0.3
9	芬兰	1054	1028	2.5
10	加拿大	1018	1003	1.5

　　图 1-4 列出了 2008～2018 年间中国、美国和日本的纸和纸板生产量的变化趋势。从图中可以看出，自 2008 年中国首次超过美国位居世界第一之后，经过十多年发展，中国纸和纸板生产量仍保持持续增长态势，2018 年较 2009 年的 8640 万吨增长了 20.8%；但与 2017 年相比，由于受到《禁止洋垃圾入境推进固体废物进口管理制度改革实施方案》等政策限制，进口废纸原料受到限制，因而生产量略有下降。至于美国和日本，其纸和纸板总体产能基本保持不变，美国维持在每年 7200 万吨左右，日本维持在每年 2600 万吨左右。

　　表 1-2 列出了 2018 年全球纸和纸板表观消费量和人均消费量排名前 10 位的国家。从表中数据来看，2018 年度世界各国中，中国纸和纸板的表观消费量最大，达到 10437 万吨；美国次之，为 7067 万吨；日本排在第 3 位，为 2546 万吨。但从人均消费量来看，排第一位的是比利时，接近 300kg；德国次之，接近 250kg；美国和日本位列第 5 位和第 6 位，人均消费量分别为 214.6kg 和 201.8kg；而中国人均消费量仅为 75.0kg，

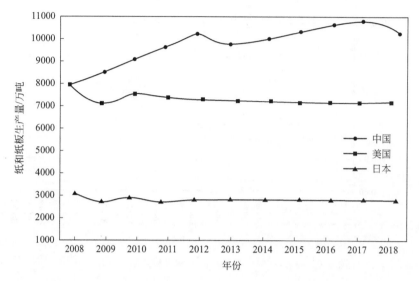

图 1-4　2008～2018 年间中国、美国和日本的纸和纸板生产量变化趋势

只有发达国家的 1/4～1/3。

表 1-2　2018 年全球纸和纸板表观消费量和人均消费量排名前 10 位的国家

排序	国家	表观消费量/万吨	排序	国家	人均消费量/kg
1	中国	10437	1	比利时	293.3
2	美国	7067	2	德国	245.8
3	日本	2546	3	斯洛文尼亚	245.1
4	德国	1978	4	奥地利	236.4
5	印度	1671	5	美国	214.6
6	意大利	1073	6	日本	201.8
7	韩国	995	7	韩国	193.5
8	巴西	960	8	芬兰	187.1
9	墨西哥	894	9	荷兰	178.9
10	法国	873	10	新西兰	178.1

另外，从世界各地区人均表观消费量（图 1-5）来看，北美洲人均表观消费量最高，为 209.0kg；其次是欧洲和大洋洲，分别为 116.8kg 和 110.2kg；亚洲人均表观消费量为 48.0kg，拉丁美洲为 45.7kg，非洲只有 7.3kg。因此，长期来看亚洲、拉丁美洲等经济欠发达地区的产业发展空间和市场空间巨大。

1.1.3　世界造纸主要产品结构

纸和纸板品类繁多，根据产品用途划分，主要分为文化纸、包装纸、生活用纸和特殊用纸。文化纸主要包括新闻纸、非涂布文化纸（双层胶版纸、书写纸、轻质纸、静电复印纸等）和涂布文化纸等印刷和书写用纸；包装纸主要包括板纸、瓦楞纸、箱板纸、牛皮纸等；生活用纸主要包括卫生纸、尿布纸等；特殊用纸主要是特殊用途的纸，如钞票纸、证券纸、电气绝缘纸、耐磨纸等。

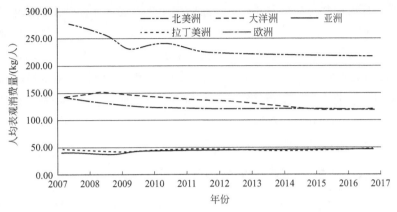

图 1-5 全球纸和纸板主要消费地区人均表观消费量

2018 年，全球新闻纸产量为 1931 万吨，印刷书写纸产量为 9626 万吨，生活用纸产量为 3867 万吨，瓦楞纸（瓦楞原纸和箱板纸）产量为 1.7329 亿吨，其他纸板产量为 6548 万吨，分别占全球纸和纸板总生产量的 4.6%、22.9%、9.2%、41.3% 和 15.6%。其中，新闻纸在纸和纸板总生产量中所占比例连续多年保持下降趋势，2018 年所占比例较 2017 年又下降了 0.5 个百分点；印刷书写纸在纸和纸板总生产量中所占比例也呈下降趋势，2018 年所占比例较 2017 年也下降了 0.5 个百分点；相反，生活用纸和瓦楞纸所占比例逐年上升，2018 年所占比例较 2017 年分别增加了 0.2 个百分点和 0.7 个百分点（图 1-6）。

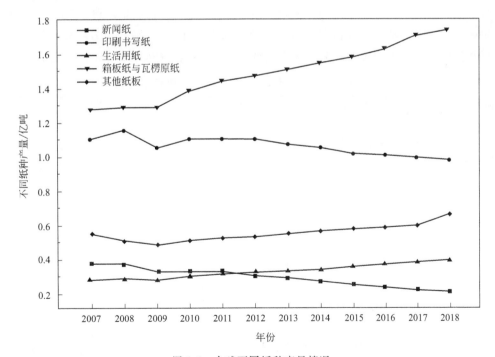

图 1-6 全球不同纸种产量情况

展望未来，随着数字经济的发展，无纸化趋势将持续对全球文化纸市场产生冲击，纸产量持续下降。与此同时，受绿色包装的全球趋势以及大多数国家中产阶级消费群体的消费需求上升的影响，推动包装纸产品向多元化发展。而蓬勃发展的电子商务与消费品市场的快速发展，也促进了新兴市场对包装纸的需求增长，中国与印度发展潜力巨大。据英国纸世界网站《全球造纸工业报告》预测，至 2030 年，全球瓦楞纸与纸板消费量年均增速将达到 2.9%；从市场份额来看，欧洲占全球包装纸市场总量的 21%，拉丁美洲占 44%，非洲、中东占 8%，俄罗斯占 8%，中国占 8%。至于生活用纸，随着经济的发展与人口的增长，该市场将保持长期增长，GDP（国内生产总值）较高的国家，生活纸消费量相应也较高。

1.1.4　世界造纸工业纸浆生产和消费概况

纸浆生产是造纸的第一步，造纸必先制浆。从纸浆的原料来源划分，分为原生纸浆和再生纸浆，前者主要以木材、竹、秸秆等植物纤维为原料，后者以回收的废纸为原料。

1.1.4.1　原生纸浆生产和消费情况

2018 年全球原生纸浆总生产量为 1.8720 亿吨，比 2017 年的 1.8441 亿吨增加 1.5%；其中美国、巴西和中国是纸浆生产量最多的 3 个国家，其纸浆总生产量分别是 4714 万吨、2115 万吨和 1785 万吨（见表 1-3）。从原生纸浆品种来看，化学浆生产量 1.4416 亿吨，比 2017 年的 1.4208 亿吨增加 1.5%；机械浆生产量 2790 万吨，与 2017 年的 2789 万吨持平。从地区分布来看，美国和加拿大纸浆总生产量为 6345 万吨，占全球纸浆总生产量的 34%，比 2017 年的 6430 万吨下降 1.3%；欧洲和亚洲纸浆总生产量分别为 4704 万吨和 4156 万吨，分别占全球纸浆总生产量的 25% 和 22%。全球机械浆生产集中在欧洲和北美洲，它们的生产量分别为 1136 万吨和 869 万吨，这两个地区机械浆生产量总和占全球机械浆总生产量的 71.8%，较 2017 年下降 1.2 个百分点。

表 1-3　2018 年纸浆生产量排名前 10 位的国家

排序	国家	生产量/万吨		2018 年比 2017 年增长/%
		2018 年	2017 年	
1	美国	4714	4792	−1.6
2	巴西	2115	1959	8.0
3	中国	1785	1647	8.4
4	加拿大	1631	1638	−0.4
5	瑞典	1153	1173	−1.7
6	芬兰	1140	1077	5.8
7	日本	863	874	−1.3
8	俄罗斯	848	865	−2.0
9	印度尼西亚	837	811	3.2
10	智利	533	526	1.3

从消费情况看，2018 年全球共消费原生纸浆 1.8660 亿吨，比 2017 年的 1.8399 亿吨增加了 1.4%。其中，在纸浆的主要消费国家中，中国、德国、意大利、韩国、法国是主要的纸浆净进口国（见表 1-4），其中中国净进口量高达 2469.0 万吨。而在净出口国家中，巴西出口量最大，达 1454.0 万吨；加拿大次之，为 908.6 万吨。

表 1-4　2018 年纸浆主要净进口国和出口国排名

排序	国家	净进口量/万吨	排序	国家	净出口量/万吨
1	中国	2469.0	1	巴西	1454.0
2	德国	315.9	2	加拿大	908.6
3	意大利	306.7	3	智利	456.1
4	韩国	217.0	4	芬兰	344.4
5	法国	148.6	5	印度尼西亚	293.9

1.1.4.2　再生纸浆生产和消费情况

再生纸浆是用废纸生产的，通常 1.1～1.2t 废纸可以生产 1t 纸或纸板。充分利用废纸，可减少森林资源的采伐消耗，因此世界各国都十分重视废纸的回收和综合利用。2018 年，全球废纸回收量为 2.5020 亿吨，回收率为 59.3%。其中，欧洲废纸回收量为 6716 万吨，回收率为 67.8%；北美洲回收量为 5176 万吨，回收率为 67.8%；亚洲回收量为 1.0694 亿吨，回收率为 54.4%。北美洲是最主要的废纸净出口地区，2018 年净出口量为 1928 万吨；欧洲净出口量 749 万吨；大洋洲净出口量 147 万吨。上述 3 个地区净出口总量为 2824 万吨。这些数据表明全球范围内可供应的废纸量在 3000 万吨左右。亚洲 2018 年废纸净进口量为 2737 万吨，其中净进口量最多的国家是中国，占亚洲废纸净进口总量的 62.2%。

1.1.5　亚洲制浆造纸行业概况

亚洲共有 48 个国家和地区，人口总数约占世界总人口的 60%，大部分属于发展中国家，还有诸如中国、印度、印度尼西亚等新兴市场，造纸行业发展潜力巨大。在过去十年里，亚洲地区造纸行业发展迅速。从全球各大洲纸和纸板的产量来看，亚洲位居第一。在全球纸和纸板生产量排名前 10 位的国家中，亚洲国家占了 5 席，分别是中国、日本、印度、印度尼西亚和韩国，这 5 国占了全球纸和纸板总产量的 40.42%。其中，中国、日本、韩国是亚洲地区最主要的造纸国家，长期占据亚洲地区 75% 以上的市场份额，尤其以中国的造纸产业发展最为强劲，中国大陆地区纸的产量长期保持 1/2 以上。

1.1.5.1　日本制浆造纸行业概况

日本制浆造纸工业大致经历了 4 个时期：第 1 时期是从造纸法传到日本至江户末期为止（610～1867 年），属于家庭内部工业期；第 2 时期是从明治以后至第二次世界大战为止（1868～1945 年），属于造纸工业的引进和兴盛期；第 3 时期是从 1946 年至 1996 年，属于第二次世界大战后快速发展期；第 4 时期即 1997 年至今，为日本现代造纸产业的成熟期。从 1990 年开始，日本造纸公司已经不再独自发展，而是通过资源整合进行扩张，并经过一系列的合并，最终诞生了日本的两大造纸集团，也就是目前的王子集团和日本制纸集团。近 30 年来经过一系列的兼并重组，日本造纸行业的集中度进一步提高，前 6 家造纸企业的整体市场占有率接近 80%（见表 1-5）；2018 年，日本纸和纸板的生产和消费情况如表 1-6 所列。

表 1-5　2018 年日本主要制浆造纸企业概况

项目	王子 HD	日本制纸	联合	大王	北越	三菱制纸
销售额/亿日元	15510	10687	6531	5339	2758	2040
海外销售额占比/%	32	17	14	8	35	35
营业利润/亿日元	1102	196	253	121	101	0
营业利润率/%	7.15	1.8	3.9	2.3	3.7	0
日本市场占有率/%	23	22	9	13	6	3
主营业务	生活产业资材 44% 功能材料 14% 资源环境贸易 21% 印刷情报媒体 20%	纸及纸板 69% 生活相关 19% 能源 3% 土木建材 6%	瓦楞纸及纸板	纸及纸板 59% 家庭护理 37%	纸及纸浆 90% 包装加工 7%	纸及纸浆 77% 功能材料 27%

表 1-6　2009～2018 年日本纸和纸板的生产和消费情况

年份	产量/万吨	消费量/万吨	人均消费量/kg
2009	2628	2730	242.1
2010	2729	2787	220.0
2011	2663	2804	220.0
2012	2608	2778	218.0
2013	2624	2731	214.6
2014	2648	2735	215.0
2015	2623	2676	210.9
2016	2628	2644	208.7
2017	2652	2642	208.9
2018	2607	2546	201.8

从纸和纸板产量来看，在 20 世纪 80 年代中期，日本就已超过 2000 万吨；1995 年增至近 3000 万吨；2000 年达 3180 多万吨，这是迄今为止的历史最高纪录。从 1970 年到 2000 年，日本纸与纸板产量在全球一直仅次于美国，为世界第二大产纸国；2001 年后，中国纸与纸板产量超过日本，日本的排名退后了一位，至今仍仅次于中国和美国，位列全球第 3 位。

从消费量来看，由于日本的制浆造纸工业已进入深度成熟化，且主要满足于国内需求，因此纸和纸板的消费量与生产量基本持平，人均消费量多年来一直保持在 200kg以上（见表 1-6）。

从主要纸种来看，印刷用纸和瓦楞原纸是日本产量最大的品种，两者合计产能约2000 万吨，占纸和纸板总产量的 80%。随着快递业务的发展，日本包装用纸有一定增长。另外，日本生活用纸也出现了增长趋势，值得关注。2009～2018 年日本主要纸种的产量变化如图 1-7 所示。

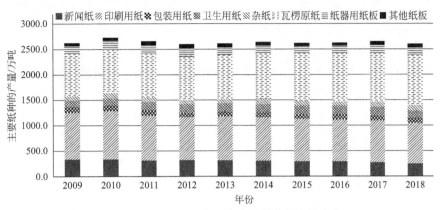

图 1-7　2009～2018 年日本主要纸种的产量变化

从纸浆生产和消耗来看，2018 年，日本国内原生纸浆生产量为 863 万吨，废纸用量为 1696 万吨。在日本制浆造纸工业的纤维原料构成中，废纸浆所占的份额超过 60％，木浆大约占 39％，其中进口纸浆仅占 7％，其余 32％是在本土用木片制浆。木片的来源主要包括人工林、劣质天然木材和木材的残余部分，其中进口木片是国内的 2.5 倍。

1.1.5.2　韩国制浆造纸行业概况

韩国是世界重要的产纸国之一，20 世纪 90 年代，韩国造纸业得到快速发展，10 年间纸板产量由 1990 年的 452 万吨增加到 2000 年的 930 万吨，年增长超过 10％。2003 年韩国纸与纸板产量首次超过 1000 万吨，2013 年达到 1177 万吨，创历史最高纪录，排在中国、美国、日本、德国之后，是世界第五大产纸国和亚洲第三大产纸国。近年来，韩国纸和纸板产量略有下降，但基本维持在 1160 万吨左右。2017 年被印度尼西亚超越，2018 年又被印度超越，目前位列亚洲第五位。韩国纸和纸板分类产量如表 1-7 所列。

表 1-7　韩国纸和纸板分类产量　　　　　单位：10^3 t

类别	2010 年	2011 年	2012 年	2013 年	2014 年	2015 年	2016 年	2017 年
印刷用纸	4586	4815	4732	4758	4466	4254	4169	4000
卫生用纸	446	462	465	479	529	468	513	520
包装用纸与纸板	6074	6203	6135	6530	6667	6847	6970	7080
合计	11106	11480	11332	11767	11662	11569	11652	11600

1.1.5.3　印度制浆造纸行业概况

印度造纸工业一直以来是全球造纸工业的重要组成部分，随着印度经济水平的不断提高，印度原本庞大的人口基数和不断增长的城市化进程已经使得印度造纸工业成为全球范围内争相抢占的市场。据有关方面的统计数据得知，2011～2015 年，印度纸张需求量年增长速度为 8％，纸和纸板生产量年均增长速度为 13.3％。2018 年，印度纸和纸板生产总量为 1521 万吨，消费量约为 1742 万吨，其中超过 200 万吨的纸张属于进口纸张。从消费量和生产量的统计数据看，目前印度造纸工业依然是消费量的增速超过了生产量的增速，处于供不应求状态。

据预测，2025 年印度造纸工业消费量将增加到 2350 万吨，据称，如果乐观预计消费量甚至增长至 3690 万吨。这主要是因为农村地区上学儿童数量的持续增长，文化程度的提高，文档使用的增加，日益增长的消费主义和现代零售将使书写和印刷纸张的需求更旺盛。印度的人均消费量与全球其他国家相比相当低，但这也清楚地表明，印度还有很大的增长空间。从需求的角度来看，每增加 1kg 人均消费量每年将产生超过 130 万吨的额外需求。因此，由于对纸张的需求不断增长，印度的制浆造纸工业处在快速发展的初期，但也面临投入成本不断上升和环保的挑战。

1.1.6　中国制浆造纸行业发展现状

中国是国际公认的造纸术发源地，从蔡伦时代起经过了 1000 多年的时间传播，中国的造纸术传遍了整个世界，并持续领先全球。但自 1797 年法国人尼古拉斯·路易斯·罗伯特发明造纸机器以来，西方逐步超越了中国。新中国成立以后，特别是改革开放以来，受益于国民经济持续快速的增长，中国造纸工业又重新焕发生机，得到了飞速发展。2008 年全国纸和纸板生产量达到 7980 万吨，首次超过美国，位居世界第一；此后十余年间，产能继续增加，截至目前纸和纸板总产量又增长了 30% 以上。据中国造纸协会调查资料，2019 年全国纸和纸板生产企业约 2700 家，全国纸和纸板生产量 10765 万吨，较上年增长 3.16%；消费量 10704 万吨，较上年增长 2.54%。2010～2019 年，纸和纸板生产量年均增长率 1.68%，消费量年均增长率 1.73%。2010～2019 年中国纸和纸板生产和消费情况如图 1-8 所示。

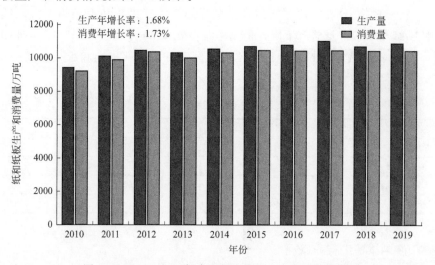

图 1-8　2010～2019 年中国纸和纸板生产和消费情况

从人均消费量来看，2019 年我国纸和纸板人均消费量已超过 75kg，虽已略高于全球平均水平，但和发达国家 200kg/年以上的人均消费量比，仍存在较大差距。长期来看，随着我国经济的持续较快发展，我国的造纸产业仍具有较大的发展潜力。

从主要纸种来看，受消费结构影响，我国纸种结构不断调整，其中新闻纸、涂布印刷书写纸等的消费量逐渐降低；而与此同时，包装用纸和生活用纸市场规模则迅速增长，成为造纸行业为数不多的呈上升趋势的领域（见图 1-9）。尤其是箱板纸和瓦楞原纸占造纸行业总产量的比重近年来一直维持高位（见图 1-10）。

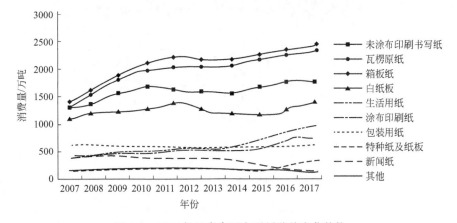

图 1-9　2007 年以来中国主要纸种的变化趋势

图 1-10　2007 年以来箱板纸和瓦楞原纸的产能占比

从地区分布来看，我国造纸行业纸和纸板的产能地区分布极不平衡，长期以来，我国造纸行业产能主要分布于东部地区，中西部地区省份纸和纸板的产量长期在低位徘徊。2019 年，我国东部地区 11 个省（区、市），纸和纸板产量占全国纸和纸板产量比例为 74.30%；中部地区 8 个省（区）比例占 16.30%；西部地区 12 个省（区、市）比例占 9.40%。其中，产量最大的东部四省（广东、山东、浙江、江苏）总量占全国的 59.78%（见图 1-11）。但随着我国“西部大开发”“中部崛起”“一带一路”“长江经济带战略”等促进中西部地区发展的国家战略的逐步贯彻实施，为我国中西部地区发展注入源源不断的动力。与此同时，中西部地区凭借人力、自然资源、交通等区位优势，东部地区产业逐渐向中西部地区转移，未来中部地区造纸产业将会迎来大发展。在七大流域层面，我国造纸行业主要集中分布于淮河流域、辽河流域、珠江流域。

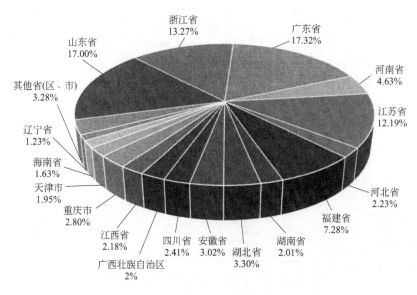

图 1-11　2019 年我国主要省份造纸行业比重

从纸浆生产和消耗来看，我国造纸行业发展主要经历了"以草为主、草木并举、以木为主、以废为主"四个阶段。如表 1-8 所列，木浆与废纸浆基本上呈不断增加趋势（其中废纸浆因 2017 年"禁废令"的颁布实施，这两年产销量有所下降），非木浆原料所占比重不断下降。根据《中国造纸工业 2019 年度报告》，2019 年我国纸浆生产总量 7207 万吨，其中木浆 1268 万吨，废纸浆 5351 万吨，非木浆 588 万吨；2019 年全国纸浆消耗总量 9609 万吨（见图 1-12），其中木浆 3581 万吨，占纸浆消耗总量的 37%（进口木浆占 24%、国产木浆占 13%），废纸浆 5443 万吨，占纸浆消耗总量的 57%（用进口废纸制浆占 10%、用国内废纸制浆占 46%，另外进口废纸浆占 1%），非木浆 585 万吨，占纸浆消耗总量的 6%。

表 1-8　2010～2019 年中国纸浆生产情况　　　　　单位：万吨

品种	2010 年	2011 年	2012 年	2013 年	2014 年	2015 年	2016 年	2017 年	2018 年	2019 年
纸浆合计	7318	7723	7867	7651	7906	7984	7925	7949	7201	7207
木浆	716	823	810	882	962	966	1005	1050	1147	1268
废纸浆	5305	5660	5893	5940	6189	6338	6329	6302	5444	5351
非木浆	1297	1240	1047	829	755	680	591	597	610	588
苇浆	156	158	143	126	113	100	68	69	49	51
蔗渣浆	117	121	90	97	111	96	90	86	90	70
竹浆	194	192	175	137	154	143	157	165	191	209
稻麦草浆	719	660	592	401	336	303	244	246	250	222
其他浆	111	109	74	68	41	38	32	31	30	36

我国造纸工业在实现跨越式发展后开始步入重要转型期，实施由数量主导型向质量效益型、规模效益型的发展战略。但同时行业面临的资源、能源、环境约束日益加剧，实施可持续发展战略，发挥造纸产业低碳、绿色、可循环的特点，建设科技创新型、资

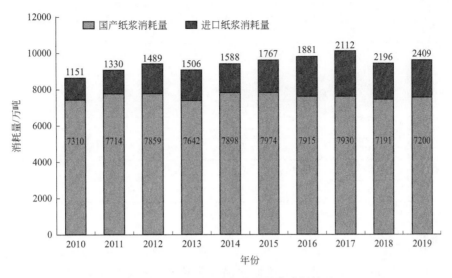

图 1-12 2010～2019 年中国纸浆消耗情况

源节约型、环境友好型绿色纸业势在必行。

1.2 制浆造纸工业的生产流程

制浆造纸工业是典型的流程工业，从原料到纸和纸板，需要经过一系列工艺过程。制浆造纸过程划分为制浆和造纸两部分：一个完整的制浆过程包括备料、制浆、洗涤和筛选、漂白、化学品回收等几个阶段；另一个完整的造纸过程包括浆料处理、脱水干燥、后整理等过程。具体见表 1-9。

表 1-9 制浆造纸主要工艺过程

生产过程	单元操作	主要工艺
制浆过程	备料	(1)木材类 剥皮—削片—合格木片 (2)非木材类 切断—除尘—合格料片 (3)废纸类 散包—分拣
	制浆	(1)化学法制浆 ①碱法：硫酸盐法、烧碱法； ②亚硫酸盐法。 (2)机械法制浆 ①纯机械法：磨石磨木浆、热磨机械浆； ②化学机械法：碱性过氧化氢机械浆(APMP)、化学热磨机械浆(CTMP)。 (3)废纸制浆 ①脱墨废纸制浆； ②废纸(非脱墨)制浆
	洗涤和筛选	(1)多段洗涤 (2)封闭筛选

续表

生产过程	单元操作	主要工艺
制浆过程	漂白 （根据需要）	(1)氧化性漂白 ①无元素氯漂白； ②全无氯漂白。 (2)还原性漂白
	化学品回收	蒸发—回收锅炉—苛化—煅烧
造纸过程	浆料处理	打浆—配浆—辅料添加
	脱水干燥	成型—压榨—烘干
	后整理	压光—卷取—完成

1.2.1 备料

我国制浆造纸工业所用的纤维原料品种比较多，主要包括六大类：一是针叶树木材，如落叶松、红松、马尾松、云南松、樟子松等；二是阔叶树木材，如杨木、桦木、桉木等；三是草类植物，如麦草、芦苇、竹子、蔗渣、芒秆、稻草、龙须草、高粱秆等；四是韧皮纤维类，如亚麻、黄麻、洋麻、檀树皮、桑皮、棉秆皮等；五是种毛纤维类，如棉花、棉短绒、棉破布；六是废纸纤维类。前五类主要是原生纤维，第六类是再生纤维。除此之外，在一些新型研究领域，合成纤维、矿物纤维等也运用到了造纸行业当中。不同类型的原料差异较大，形态差异大，尺寸有大有小，极不均匀，而且不可避免地带有泥土、砂石等杂物。对于生产来说，物料的均匀性对设备生产能力和处理效果是至关重要的，而泥土、砂石等异物会导致设备磨损或损坏，因此在投入制浆主要生产工序以前，首先要对原料进行不同程度的预处理，使其达到工艺加工和产品质量方面的要求。备料过程包括原木树皮剥去、洗涤、切片、筛选，以及草类原料的除尘、除杂、除髓等。备料有干法和湿法两种。原料准备与处理的好坏，直接影响制浆生产的质量和经济性。例如，备料时树皮去除不干净，就会增加制浆化学品用量，而且会导致纸浆尘埃多，成纸质量差。因此，原木备料的每个阶段都需要精心设计，以充分利用原料生产高质量的料片。均匀一致的料片既节约原料又能生产出高质量的浆，增加纸浆产量，提高最终产品质量。

1.2.1.1 木材类原料

为了充分利用树干、枝丫以及小径材，节约林木资源，国际上基本都是把原木切削成木片后，再用于纸浆制造。原料处理的一般要求是：第一要去除树皮、树节、砂土等杂质；第二是切削得到的形状和大小要均匀，合格率要高。

1.2.1.2 非木材类原料

非木材原料备料主要由堆存、干法切料、湿法备料等工序组成。对于秸秆类纤维，因为含水率不到10%，且长短不一，就需要干切料，由于干切料时灰尘较大，必须配置除尘设备；对于蔗渣，它是糖厂的副产物，由于来料含水率在50%左右，而且本身尺寸较短，只需要进行湿法备料。

1.2.1.3 废纸类原料

废纸已成为造纸工业的重要原料，主要包括旧报纸（ONP）、旧杂志（OMG）、旧瓦楞纸板（OCC）、混合办公室废纸（MOW）、工业纸板的边角料等。由于是回收原料，废纸中含有很多种杂质：热熔物，如石蜡、沥青、聚合物、油墨等；纤维类，如不符合使用要求的其他杂纸、捆包用草绳、麻绳、棉织品等；塑料类，如塑料袋、纸塑复合层、胶带、标签、纸箱黏合剂、化学助剂高分子涂布层、聚乙烯泡沫等；金属物，如铁丝、订书钉、纸箱接口装订钉；以及砖、石、泥土、玻璃、木质物等。一般要通过散包、分拣处理，尽可能避免带入制浆系统，以免对生产过程造成不利影响。

1.2.2 制浆

制浆过程是通过化学、机械或化学-机械相结合的方法分离纤维并优化所得的纸张强度。根据处理方式和处理程度的不同，一般分为化学法制浆、机械法制浆和废纸制浆。

1.2.2.1 化学法制浆

大多数原生纸浆都是采用化学法制浆得到的，且大多数木材都使用硫酸盐法制浆工艺，而对于非木材原料则较多使用烧碱法制浆工艺。若生产高品质化学溶解浆，则较多采用亚硫酸盐法。各种制浆方法，主要是所用的蒸煮药剂不同，其中硫酸盐法主要使用含硫化钠和氢氧化钠的碱性药液，烧碱法主要使用含氢氧化钠的碱性药液，亚硫酸盐法主要利用不同 pH 值的亚硫酸盐药液。不论哪种方法，其目标均是将原料中的木质素溶出，尽可能地保留纤维素与不同程度地保留半纤维素，使原料纤维彼此分离成浆。

化学法制浆需要在高温和高压下，在间歇蒸煮器或连续蒸煮器系统中，利用蒸煮液和升高的温度、压力促进原料中木质素化合物中的键断裂，从而使纤维得以分离出来。根据制浆工艺条件不同，化学法制浆可以从木材中去除多达 90%～95% 的木质素。

1.2.2.2 机械法制浆

机械法制浆主要利用机械的旋转摩擦工作面对纤维原料的摩擦撕裂作用，以及由摩擦所产生的热量对原料胞间层木质素的加热软化塑化作用，将原料磨解撕裂，分离为单根纤维。传统机械法制浆，如磨石磨木浆、盘磨机械浆、热磨机械浆等，由于不添加化学药剂，几乎不溶出原料中的木质素，故制浆得率很高，一般在 95% 左右，因而是生产成本最低廉的一种制浆方法，但由于生产过程中纤维受到的摩擦撕裂作用的损伤较大，传统机械浆的物理强度低于其他浆种，且因浆中保留了大量木质素，因而比较难以漂白并易在光、热作用下变黄及发脆，应用范围比较窄。为了改善机械浆的质量，后来发展了以化学热磨机械浆（CTMP）和碱性过氧化氢机械浆（APMP）为代表的化学机械浆。由于加入了化学处理，纸浆的得率随化学处理程度的加深而降低，一般定义得率在 80%～95% 的纸浆为化学机械法制浆，其得率介于机械浆（约 95%）和高得率化学浆（约 65%）之间。

化学机械法制浆涉及一个温和的化学处理段，化学处理段能被插入机械法制浆过程的不同位置或是多个位置。通过化学处理，可以使木材纤维化，为提高纸浆成纸和纸板质量、满足不同纸种的生产要求提供了可能。用于化学处理段的化学品有很多种，但在实际操作中，对于针叶木原料，使用的主要化学品是亚硫酸钠，而对于阔叶木原料，使用的主要化学品是过氧化氢。

1.2.2.3 废纸制浆

废纸制浆系利用使用过的废纸或纸板为原料，经过机械力量搅拌、碎解分散成单根纤维而制成纸浆的过程。与其他种类的纸浆生产相比，废纸纸浆生产具有成本低、节电节水、排污负荷低的特点。目前，废纸制浆已成为国际上主要的制浆方法，在我国废纸制浆占比 60% 左右。近年来，已经能用 100% 废纸浆生产质量上乘的瓦楞纸、工业卡纸、面巾纸、卫生纸、新闻纸、复印纸等，其中瓦楞纸、箱板纸和新闻纸是成功应用二次纤维的最大宗纸品生产。废纸纸浆的纤维强度和性能是由废纸本身的纤维质量决定的，但是由于纤维再次遭受药液侵蚀或受机械力的损伤，所以较原来纤维性质为差。

废纸制浆方法分为两大类：一类是脱墨废纸制浆，主要是用废纸生产新闻纸、印刷书写纸等较高白度的纸产品；另一类是非脱墨废纸制浆，主要是用废纸生产本色瓦楞纸、箱板纸等产品。差别就是，脱墨废纸制浆过程中需要设置浮选脱墨这个操作单元，而且脱墨后的浆料一般不进行长、短纤维分级。

1.2.3 洗涤和筛选

1.2.3.1 洗涤

洗涤的目的是将纸浆和废液分离，从而获得洁净的浆料。从洗涤的要求来讲，希望把浆料洗得越干净越好，以减少后道工序的操作困难和药剂的消耗。

对于化学法制浆，蒸煮之后有近 50% 的组分溶解在蒸煮液中变成黑液，必须通过多段洗涤把黑液分离出来，同时要尽可能多地提取浓度高的废液，以利于化学药品回收和综合利用，否则会使筛选产生大量泡沫，影响正常操作，还会增加后续漂白剂消耗、降低化学药品的回收率。在漂白车间，每一个漂白段之后浆料也需要进行洗涤，以便及时将漂白降解溶出的组分洗出来。

对于机械法制浆，制浆过程也会有 5%～15% 的组分降解溶出，特别是漂白化学机械法制浆，降解的组分会降低纸浆的白度，残余的化学品对纸浆质量产生不利影响，因此也需要通过洗涤把降解物或残余化学品分离出来。

对于废纸制浆，通常没有独立的洗涤工段，其浆料洗涤主要是在浮选脱墨过程、纸浆浓缩过程完成的，通过这个过程可以将纸浆和废液进行分离。

1.2.3.2 筛选

筛选净化也是制浆过程不可缺少的重要环节，因为无论采用哪种制浆方法，浆料中都难免带有混杂物，比如化学法制浆未蒸解分开的木节、纤维束、树皮、草节等，磨木浆中的粗木条、粗纤维束等，原料收集、贮运和生产过程中带入的泥沙、飞灰、垢块、沉淀物、铁丝、螺钉、小石块、塑料等，以及原料本身带入的不能制成浆的物质，如谷壳、穗、订书钉、覆膜等。这些杂物不仅会损坏机器设备，影响浆料和成纸质量，严重时还会使生产不能正常进行。所以，要根据浆料的质量要求，通过筛选、净化工序，将非纤维杂质分离出去。

浆料中尽管存在着各种性质不同的杂质，但分离这些杂质的原理主要有两种：一种是利用杂质外形尺寸和几何形状与纤维不同的特点，用不同的筛选设备将其分离，这个过程称为筛选；另一种是利用杂质的密度与纤维不同的特点，采用重力沉降或离心分离的方式除去杂质，这个过程称为净化。生产过程一般是筛选与净化相结合组成浆料筛选、净化工艺流程。

1.2.4　漂白

为了获得具有一定亮度的纸和纸板，大多数纸浆都需要经过漂白过程。漂白的目的就是用漂白剂与浆料中的木质素和色素作用，使之变成可溶物溶出或是改变其发色基团，从而达到提高纸浆亮度的目的。

根据漂白的过程所引起的化学反应不同，一般将漂白方法分为氧化漂白和还原漂白两大类。

氧化漂白是利用漂白剂的氧化作用，除去浆中残余木质素，破坏发色基团，这种漂白方法处理条件较强烈，浆料的纤维损伤较重，浆的得率低，但纯度高，耐久性强。常用的漂白剂有二氧化氯、亚氯酸盐、次氯酸盐、过氧化物、氧气、臭氧等。

还原漂白是采用还原性漂白剂，有选择地破坏浆料中的发色基团的结构，但不除去浆料中的木质素，漂白后的浆料得率高，耐久性差，有人称之为表面漂白。常用的漂白剂有连二亚硫酸钠、甲脒亚磺酸（FAS）等。

对于高白度纸浆漂白，一种方法很难将浆料漂到较高白度，通常需要将这些漂白方法进行组合，形成多段漂白流程，包括传统以氯气、次氯酸盐为主的含氯漂白，以二氧化氯为主的无元素氯漂白，以及以过氧化物、氧气、臭氧等为主的全无氯漂白。

1.2.5　化学品回收

化学品回收也称碱回收，是化学法制浆的重要单元。在碱法制浆过程中，根据不同的原料要加入总量达 $10\%\sim25\%$ 的碱，这些碱在蒸煮过程中同原料中的木质素、半纤维素、纤维素的降解物发生化学作用，并一起溶解在蒸煮液中，形成黑液。如果不对这些高碱、高有机物浓度的黑液进行有效处理，将对环境造成极大的破坏。碱回收就是应用吕布兰制碱法的基本原理，将黑液中钠的有机化合物烧成碳酸钠及将补充的硫酸钠（芒硝）还原成硫化钠，再经过石灰苛化，制成氢氧化钠溶液或氢氧化钠和硫化钠的混合液（造纸工业中通称为白液）。

化学品回收，其发生发展的过程说明它是一个变废为宝、化害为利、增加效益、防治污染的综合利用工程。可以说没有化学品回收就没有现代的化学法制浆。化学品回收过程包括黑液的蒸发浓缩、浓黑液的燃烧、熔融物的溶解苛化，以及通过煅烧苛化产生的碳酸钙回收石灰等基本工序。

1.2.6 浆料处理

经过蒸煮或机械磨解、洗涤、筛选和漂白以后的纸浆，还不能直接用来抄纸。因为纸浆中的纤维缺乏必要的柔曲性，纤维与纤维间的连接性能欠佳，如果用它抄纸，纸张会疏松、多孔、表面粗糙、强度低，不能满足使用要求。因此，在将纸浆抄造成纸和纸板之前，根据产品应用需要，一般需要对浆料进行打浆、配浆、辅料添加等处理，通过这些处理就为抄造提供了纸料。

打浆主要是利用物理方法对水中纸浆纤维进行机械或流体处理，使纤维受到剪切力，改变纤维的形态，使纸浆获得某些特性，以保证抄成的纸达到预期的质量要求。打浆过程中纤维除了受机械的剪切、揉搓和梳理等作用外，同时纤维的细胞壁还发生位移、变形与破裂等现象而吸水润胀，产生细纤维化，使纸浆具有柔软性、可塑性，也使纤维素分子链中的游离羟基增加，可增加氢键结合机会，提高纤维间的结合力。按打浆作用，可分为黏状打浆和游离打浆；按生产方式，可分为间歇打浆和连续打浆。

配浆就是把两种或两种以上的纸浆以及抄造过程中产生的损纸调配起来使用的过程。通过配浆，可以改善纸页的某些特性，满足造纸机抄造性能或节省优质纤维原料的需要。配浆或混合的方法有间歇式和连续式两种。

辅料添加是为了满足纸张的不同使用性能而向纸浆中添加各种助剂，如填料、胶料、色料和其他化学助剂。例如，为了改善纸页的印刷书写性能需要添加施胶剂，为了改进纸张的平滑度和不透明度需要添加碳酸钙等矿物填料，为了赋予纸张不同的颜色需要添加染料，为了降低纤维絮聚性能或提高滤水性能需要添加助留剂、助滤剂和分散剂。

1.2.7 脱水干燥

脱水干燥是将低浓的纸浆（0.1%～0.2%）逐步抄造成纸或纸板（90%～95%）的过程，包括成型、压榨、干燥等过程。

纸页成型就是通过上网系统将纸料均匀分布在成型网上，通过合理控制纸料在网上的留着和滤水工艺，使形成的湿纸幅有优良的匀度和所需要的物理性能。纸料上网系统的作用是按照造纸机的车速和产品质量的要求，将纸料经上网系统均匀、稳定地沿着造纸机的横幅全宽流送上网，并提供和保持稳定的上网纸料流的压头和浆网速关系，便于调节和控制。纸页的成型主要是通过成型器来完成的，根据其结构形式的不同可以分为圆网成型器、长网成型器、夹网成型器等，目前应用较广泛的为长网成型器和夹网成型器。成型之后，一般湿纸幅的干度可以达到15%～25%，初步具有一定的强度。

压榨是指湿纸幅在毛毯的承托下进入两个压榨元件（常见的为压辊）之间的压区，并在压力作用下进一步脱水提高纸幅干度。湿纸幅从网部的伏辊处引出来后，含水量仍然较高，纸页强度较差，如果直接送到干燥部去干燥，不仅会消耗大量的蒸汽，而且因为湿纸幅的强度差，容易在干燥部造成断头，同时这样干燥出来的纸纸质疏松，表面粗糙，强度差。研究表明，纸机压榨部多提高 1％ 干度，烘缸部蒸汽消耗量减少 5％，所以机械压榨脱水在经济上是比较合算的，所以从网部来的湿纸幅必须在压榨部经过机械压榨，然后送到干燥部。压榨主要由压榨辊构成，根据压榨辊（或压榨元件）结构的不同压榨可以分为平辊压榨、网衬压榨、真空压榨、沟纹压榨、盲孔压榨、宽压区压榨、靴形压榨、升温压榨等。采用新式复合压榨，湿纸页出压榨部的干度可达 48％～50％。

干燥部的作用主要是通过烘缸进一步脱出残留在湿纸幅中的水分，兼具提高纸的强度、增加纸的平滑度以及完成表面施胶的作用。干燥部根据生产的产品的不同，一般由担负干燥任务的干燥元件（如烘缸、红外线干燥器）、蒸汽系统、冷凝水排除和处理系统、表面施胶系统等组成，其中烘缸为干燥部干燥元件的主体。干燥部按照烘缸的个数不同可分为单烘缸干燥部和多烘缸干燥部，根据烘缸排列方式的不同可分为双排多烘缸干燥系统和单排多烘缸干燥系统。

1.2.8 后整理

后整理主要包括纸页的压光、卷取、完成等过程。

压光通常布置在干燥部之后，是造纸过程中影响纸和纸板属性的最后一个步骤，其主要目的是通过压实纸张表面和结构来改善其表面性能，其中最重要的是光滑度和光泽度，同时还能控制厚度分布。压光机主要由机架和 3～10 个垂直重叠安装在机架上的压光辊组成，近年来还发展了软压光、带式压光、靴式压光等新型压光技术。

压光之后的纸页还要进行卷取，其作用是将抄造出来的纸卷成卷筒。卷纸质量会直接影响产品外观质量。卷纸机主要有轴式卷纸机和辊式卷纸机两种，目前常用的为辊式卷纸机，其又可分为单辊式和双辊式两种。

纸页的完成整饰包括复卷、切纸等过程。造纸卷纸机卷得的纸卷质量并不高，大多有断头，而且宽幅与轮转印刷机等的要求不符，不能直接进行纸加工或印刷，所以通常会将造纸卷纸机卷得的纸卷在复卷机上重新加工。通过复卷，可以筛选纸张质量，调整纸张宽度，重粘断头，使纸卷质量提升。之后，复卷的纸页通过切纸分切成平板或卷筒，供下游用户使用。

1.3 制浆造纸工业的水资源利用情况

水是工业生产的重要资源，对于制浆造纸行业尤为重要，如果没有水，纸的生产将难以想象。造纸生产过程需要大量的水，用于原料清洗、蒸煮浆料、浆料漂洗等工艺。其取水量随着造纸规模的发展而有所增长。工厂所需的大量水是由湖泊和河流等地表水资源提供的，其余的用水由水井提供，水井深度从很浅到 1000m 以上不等。

制浆造纸工业被列为世界第三大水消费行业，在生产过程中需要使用大量的水作为纤维载体和溶剂。特别是在造纸过程中，这是因为纸浆纤维只有稀释在水中形成悬浮液才能易于泵送和储存，而且纸浆必须良好地稀释和分散在水中才能均匀分布上网，通过滤水形成湿纸幅，从而完成纸页成型并得到良好的成型匀度。另外，水对于形成纤维素纤维之间的化学键是必不可少的，只有用水作为纸浆纤维的稀释介质，植物纤维间才能在成型过程中产生氢键结合，获得必要的湿纸幅强度，从而满足纸机抄造性能的要求，并使纸页获得物理强度。研究表明，制浆造纸工业消耗的水大约有85%用于加工。

制浆造纸所有主要的工艺阶段和造纸机中都需要用到水，包括原料准备（如木片洗涤）、蒸煮、洗涤和筛选、漂白、运输、稀释和成型；水还可以用于工艺过程冷却、物料运输、一般设施操作、设备清洁、生产过程和现场发电等。水的用量在很大程度上取决于工艺类型及工艺中所使用的化学品。由于一般的原因以及与工艺流程相关的原因，例如生产的纸张等级、使用的原材料和工厂结构等，不同工厂的消耗水平可能会有所不同。通常来讲，制浆厂和综合性制浆造纸联合工程比单一造纸厂需要更多的水；生产包装纸的纸厂的用水量最低，因为大多数包装厂是使用废纸或再生纸为原料的单一造纸厂；卫生纸和纸巾纸厂的用水量也较低，原因同样是因为大多数卫生纸和纸巾纸厂是使用商品浆或废纸为原料造纸的单一造纸厂。按制浆厂类型划分的用水量分布如图1-13所示，按主要纸种划分的用水量分布如图1-14所示。

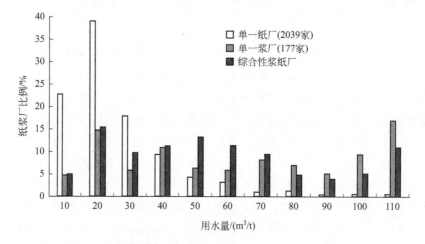

图1-13　按制浆厂类型划分的用水量分布（2016年数据）

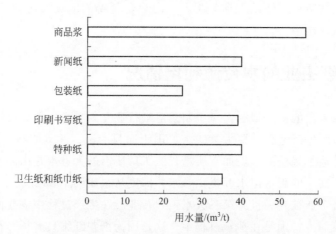

图1-14　按主要纸种划分的用水量分布

在工业造纸的早期阶段，生产纸张的单位用水量很高，200年前开始工业造纸时，耗水量约为500m³/t。在过去的几十年中，一些驱动力推动制浆造纸行业减少水的消耗，其中水资源压力、法律要求、环境问题以及潜在的利益是主要的。基于经济和生态的原因，环保部门的苛刻要求以及许多公司希望将其视为环境友好型产品的愿望均促使造纸工业不断改进其工艺，发展新技术，从而显著降低了其耗水量，淡水用量下降到 $5\sim50\mathrm{m^3/t}$，减少了 90% 以上。目前制浆造纸行业仍在继续努力，探索减少水用量的可能性。制浆造纸工业的最终目标是建立一个无废水的工厂，对环境没有负面影响。这种类型的工厂并不存在，但由于先进的水管理技术和不同工艺的循环回收利用，目前已经出现了淡水消耗非常低的造纸厂。

1.3.1 国外造纸厂的用水情况

国外制浆造纸工业在 20 世纪初中期用水量也是相当高的，但进入 20 世纪 80～90年代之后，在重视环保与节约自然资源的社会压力和政府的法规制约下，制浆造纸工业用水在一些发达国家中有了极大的下降。制浆造纸工业的用水量受到生产条件的影响，如级别变化、使用的设备和水资源管理措施等，同时当地的边界条件，如废水的排放要求对消费水平也有影响。例如在纸张的生产中，特别是特种纸的生产中，产生了较高的单位废水量，这些造纸厂经常面临结构性障碍，如较小的造纸机、频繁的等级变化、较低的生产率以及对最终产品很高的质量要求，这些障碍均会导致特定的废水量增加。在生产包装纸（例如瓦楞原纸或纸板）的工厂中，水的需求量最低。因为这些工厂中的其中一些已经设法实现了水全封闭循环，从而实现了"零排放"生产。

1.3.1.1 北美地区

美国是最大的纸浆和纸张生产国之一，由于制浆造纸行业的激烈竞争，几家公司已经合并，导致制浆和造纸厂减少，但实质上增加了每家造纸厂的生产能力，集中度进一步提高，这对降低用水量是非常有利的。由于工厂加强了水资源的管理，有一个明显的趋势是，通过在闭环系统中回收和再利用水，然后对其进行清洁后释放回环境，从而减少了生产用水量。美国全国空气和河流改善委员会（The National Council for Air and Stream Improvements）在 1989 年进行了一项调查，报告显示，美国制浆造纸工业 1985～1988 年间用水量减少了 7%～8%，1975～1988 年间减少了 27%～34%；1988年，美国生产 1t 纸或纸板需要使用 68～73m³ 的水，这比 1959 年生产 1t 纸所需的水量低了 70%，比 20 世纪 40 年代的约 379m³/t 降低了 82%。2006 年，美国国家生产力委员会（National Productivity Council）根据不同来源汇编了大型木浆造纸产业的平均用水量，主要包括欧洲、加拿大、美国、澳大利亚、芬兰和西班牙生产的纸和纸板产品（见表 1-10）。

表 1-10 大型木浆造纸厂的平均单位耗水量　　　　　单位：m³/t

国家	美国	欧洲	澳大利亚	加拿大	芬兰	西班牙
耗水量	64	40	28.7	67	40	30

从表 1-10 中数据可以看出，主要生产纸张和纸板产品的大型木浆造纸厂的平均用水量在 30～67m³/t 产品之间。其中，北美（美国、加拿大）造纸厂的用水量似乎高于

其他地区的，因北美仅 23％的纸是单一的造纸厂生产的，其他为综合性制浆造纸厂或单一的制浆厂生产的。在欧洲，单一的造纸厂的产量大约占 51％，所以其用水量较北美的要低。根据英国政府国际发展部在 2003 年进行的一项研究，不同制浆造纸厂的平均耗水量见表 1-11。

表 1-11　不同制浆造纸厂的平均耗水量

工厂	生产量/(t/d)	进水量/(m³/d)	耗水量/(m³/t)
一体化制浆造纸厂			
1	650	44840	67
2	1200	39320	33
3	290	20000	69
4	900	122400	139
5	145	2700	19
非一体化制浆造纸厂			
1	120	1000	9
2	900	32600	36
3	22	230	11
4	185	145	1
5	15	740	49
6	148	2800	19

由于原材料、使用的生产工艺和不同工厂生产的产品质量的差异，用水量数据存在巨大差异。用木材和高质量纸张生产化学纸浆的一体化工厂可能会消耗大量的水。一些工厂可能用再生纸生产简单的纸板，消耗的水很少。发达市场的用水量远低于中国、印度、巴基斯坦等发展中国家。使用封闭循环的造纸厂的用水较少，其可达到的单位耗水量约为 20m³/t。现在的趋势是转向再生纸，即用废纸生产纸，这是因为能源、水和化学药品方面的巨额成本以及木浆纸的生产对环境的影响，扩大废旧纸张的回收利用具有巨大的环境效益和经济效益的潜力。欧洲和斯堪的纳维亚（半岛）废纸制浆的具体用水量为 8～10m³/t；而荷兰的一些生产商声称利用废纸生产 1t 纸只要 4.4m³ 水。表 1-12～表 1-15 分别列出了一个典型的硫酸盐漂白厂的淡水需求数据，该表显示了老工厂（10～20 年）、新工厂（<10 年）和新设计工厂的用水量。

表 1-12　硫酸盐漂白厂在不同工序中的淡水消耗量

造纸工段	耗水量/(m³/t)		
	老工厂	新工厂	新设计工厂
纤维生产线	60.8	34.6	10.6
制浆设备	6.5	6.2	0.4
化学品回收	10.3	3.4	1.2
总计	77.6	44.2	12.2

表 1-13　硫酸盐漂白厂纤维生产线的淡水消耗量

工段		耗水量/(m³/t)		
		老工厂	新工厂	新设计工厂
蒸煮		1.1	1.0	0.2
洗涤和筛选		4.2	1.8	0.2
漂白车间	酸	25.0	21.0	5.0
	碱	30.0	10.0	5.0
化学品制备		0.5	0.8	0.2

表 1-14　硫酸盐漂白厂制浆设备的淡水消耗量

工段	耗水量/(m³/t)		
	老工厂	新工厂	新设计工厂
筛选	1.3	1.3	0.2
净化	5.2	4.9	0.2

表 1-15　硫酸盐漂白厂化学品回收过程中的淡水消耗量

工段	耗水量/(m³/t)		
	老工厂	新工厂	新设计工厂
蒸发	0.7	0.6	0.2
回收	5.1	0.6	0.2
动力锅炉	4.9	0.9	0.5
苛化	2.6	1.3	0.3

1.3.1.2　欧洲地区

在欧洲，生产的超过 60% 的纸浆和纸张都来自经过主要生态管理计划之一认证的工厂。回收的纸张占欧洲造纸原料的 60% 以上，新闻用纸、家庭用纸和卫生纸都是用回收的纸张制成的，而包装行业是最大的消费者。占所有纸和纸板产量 40% 的印刷和书写用纸，大多是用原生纤维生产的。欧洲的废纸回收水平总体较高，但由于市场和行业结构、人口密度、教育和运输距离的不同，各国的表现也有很大差异。

在荷兰，2008 年依赖废纸回收的制浆造纸厂的淡水消耗量为 8.4m³/t 产品。生产过程通过一个封闭的水系统运行，水系统被分为两个大的工序用水循环：浆料制备循环用的是相对污染的水；造纸机循环用的是相对清洁的水。通过在生产过程中增加纤维回收机来改进生产工艺。结果，在精磨机和纤维回收机之间产生了一个额外的水循环。新的浆料循环包括精磨机和纤维回收机，而造纸循环包括纤维回收机和造纸机。改进后的工艺将淡水消耗量降低到 4.4m³/t 产品。

在德国，造纸业的污水排放量从 1974 年的 46m³/t 降至 2002 年的约 11m³/t；通过回收废纸生产纸和纸板的工厂的具体污水量为 3~8m³/t。四家德国工厂现在通过运行一体化封闭循环水处理，不再产生污水。为了减少造纸厂生产包装纸的废水量，将备料和造纸分开，只在造纸机上最干净的水循环中加入淡水。清澈的滤液通过过滤器来代替用于喷射的淡水，以控制浓度。在过去的 30 年里，德国的吨纸用水量已经大幅减少，从最初的每吨纸 50m³ 用水量降到了 2004 年的每吨纸近 10m³ 用水量。

1.3.1.3 亚洲地区

澳大利亚造纸业充分意识到减少用水的必要性。在澳大利亚，有 5 家主要的造纸厂、4 家大型锯木厂和几家较小的木材加工厂。在 2001～2002 年，造纸工业每生产 1t 纸平均耗水量为 28.7m³，比 1990 年减少了 62%。澳大利亚造纸业的用水情况比世界其他地方要好得多。

印度制浆造纸厂与欧洲采用 BAT 技术的制浆造纸厂相比，每吨产品消耗更多的水（表 1-16）。然而，由于经济和环境压力，到 2005 年，印度造纸厂消耗的水已经显著减少，具体耗水量数据见表 1-17～表 1-19。从表中的数据可以清楚地看到，水的消耗量随着使用的原材料、生产规模和生产的最终产品的不同而有明显的变化。

表 1-16　采用最佳可行技术（BAT）的工厂的耗水量

项目	水量消耗/(m³/t)	
制浆过程	采用 BAT 的造纸厂	印度造纸厂
硫酸盐法	42	110～220
溶解浆	36	130～180
回收纤维	8	25～75
最终产品		
新闻用纸	11	90～160
书写和印刷用纸	38	100～220
工业和包装用纸	15	60～150

表 1-17　印度大型造纸厂的耗水量

原料	成品	耗水量/(m³/t)
木材和废纸	新闻用纸	80
木材和废纸	高档文化用纸	77
木材、农业废弃纤维和废纸	高档文化用纸	67

表 1-18　印度中型造纸厂的耗水量

原料	成品	耗水量/(m³/t)
农业废弃纤维和废纸	高档文化用纸	80
农业废弃纤维和废纸	工业用纸	47
废纸	高档文化用纸	48

表 1-19　印度小型造纸厂的耗水量

原料	成品	耗水量/(m^3/t)
农业废弃纤维和废纸	高档文化用纸	110
农业废弃纤维和废纸	工业用纸	93
废纸	高档文化用纸	13
废纸	工业用纸	129

1.3.2　我国制浆造纸厂的用水情况

我国造纸行业的多数企业取水量高，重复利用率低，浪费现象非常严重。据统计，2000 年我国造纸工业吨浆纸平均综合取水定额高达 197.5m^3。"十五"期间，由于国家环保和节水力度加大，造纸工业的资源消耗有所降低，至 2005 年，吨浆纸平均综合取水定额降至 103m^3。"十一五"以来，我国造纸工业在国家政策导向的约束下，调整产业布局，优化产品结构，造纸企业通过改进工艺技术，提高设备水平，推广应用先进的节水技术，行业用水效率得到了较大提高，吨浆纸平均综合取水定额已降至 85m^3。"十二五"期间，我国造纸工业加快转变发展方式，努力建设科技创新型、资源节约型和环境友好型现代造纸工业，《造纸工业发展"十二五"规划》中对水资源消耗指标提出了下降 18% 的控制目标，为造纸行业节水发展提供了政策依据。

随着环境保护要求的提高和造纸工业的技术发展，我国制浆造纸工业的节水问题也得到了越来越多的重视。2002 年，国家经贸委、国家标准化管理委员会召开会议，首次制定了 5 个工业企业产品取水定额标准，出台了第一部国家层面上的造纸行业取水定额标准《取水定额　第 5 部分：造纸产品》（GB/T 18916.5—2002）（表 1-20），对制浆造纸行业的取水进行了约束，成为国家"十五"期间考核行业和企业水资源利用效益和评价节水水平的主要依据。从表中可以看出，漂白化学浆吨浆取水最大，其中非木材漂白化学浆取水定额高达 210m^3/t，比漂白化学木浆高出了 60m^3/t，显示了非木材漂白浆是所有产品中节水减排的重点。

表 1-20　GB/T 18916.5—2002 造纸产品取水定额　　　　　单位：m^3/t

标准分级		A 级	B 级
纸浆	漂白化学木（竹）浆	90	150
	本色化学木（竹）浆	60	110
	漂白化学非木（麦草、芦苇、甘蔗渣）浆	130	210
	脱墨废纸浆	30	45
	未脱墨废纸浆	20	30
	化学机械木浆	30	40
纸	新闻纸	20	50
	印刷书写纸	35	60
	生活用纸	30	50
	包装用纸	25	50

续表

标准分级		A 级	B 级
纸板	白纸板	30	50
	箱纸板	25	40
	瓦楞原纸	25	40

注：1. 1998 年 1 月 1 日起新、扩、改建成投产的企业或生产线，其取水定额执行 A 级指标。1998 年 1 月 1 日前建成投产的企业或生产线，其取水定额执行 B 级指标。幅宽小于 4m 的纸机、纸板及其配套的制浆生产线，其取水定额执行 B 级指标。

2. 高得率半化学本色浆及草浆按本色化学木浆执行。

3. 纸浆产品为液体浆，当生产商品浆时，允许在本定额的基础上增加 10m³/t。

4. 纸浆的计量单位为吨风干浆（水分 10%）。

近年来，随着我国加快推行工业行业清洁生产，以及排放限值的进一步严格，国家对单位造纸产品的水耗也提出了新的指导性意见。2012 年，国家标委会提出并组织编制了新的工业产品取水定额国家标准《取水定额　第 5 部分：造纸产品》（GB/T 18916.5—2012），该标准对 2013 年之后新建造纸企业的取水定额进行了新的限定（表 1-21）。与表 1-20 的数据对比，取水定额变化最大的是漂白化学浆。以漂白化学非木浆为例，1998 年前的老厂取水定额为 210m³/t，1998 年之后新厂取水定额为 130m³/t，到了 2013 年，所有老厂的取水定额均需要达到这一标准；2013 年之后，这一取水定额又降至 100m³/t，不到最初值的 1/2，下降了 52%；同样漂白化学木（竹）浆，取水定额也从 150m³/t 减少至 70m³/t，减少了 80m³/t，下降幅度非常大。

表 1-21　新建造纸企业单位产品取水定额指标（GB/T 18916.5—2012）

产品名称		单位造纸产品取水量/（m³/t）
纸浆	漂白化学木(竹)浆	70
	本色化学木(竹)浆	50
	漂白化学非木(麦草、芦苇、甘蔗渣)浆	100
	脱墨废纸浆	25
	未脱墨废纸浆	20
	化学机械木浆	30
纸	新闻纸	16
	印刷书写纸	30
	生活用纸	30
	包装用纸	20
纸板	白纸板	30
	箱纸板	22
	瓦楞原纸	20

注：1. 高得率半化学本色木浆及半化学草浆按本色化学木浆执行，机械木浆按化学机械木浆执行。

2. 经抄浆机生产浆板时，允许在本定额的基础上增加 10m³/t。

3. 生产漂白脱墨废纸浆时，允许在本定额的基础上增加 10m³/t。

4. 生产涂布类纸及纸板时，允许在本定额的基础上增加 10m³/t。

5. 纸浆的计量单位为吨风干浆（含水 10%）。

6. 纸浆、纸、纸板的取水量定额指标分别计。

7. 本部分不包括特殊浆种、薄页纸及特种纸的取水量。

2015 年，国家重新修订出台了《制浆造纸行业清洁生产评价指标体系》，依据综合评价所得分值将清洁生产等级划分为三级：Ⅰ级为国际清洁生产领先水平；Ⅱ级为国内清洁生产先进水平；Ⅲ级为国内清洁生产基本水平。在这一文件中，对造纸产品提出了更为严格的单位产品水耗的指标（见表 1-22）。从表中的数据可以看出，代表国际领先水平（Ⅰ级基准值）的漂白硫酸盐木（竹）浆取水定额分别仅为 33m³/t 和 38m³/t，较 GB/T 18916.5—2012 的规定值又减少了 50%；对于漂白化学非木浆则降低了 20%。对于未脱墨废纸浆，Ⅰ级基准值的取水定额只有 5m³/t，只有 GB/T 18916.5—2012 规定值 20m³/t 的 1/4，降低最为显著。

表 1-22　《制浆造纸行业清洁生产评价指标体系》规定的取水定额　　单位：m³/t

产品名称			Ⅰ级	Ⅱ级	Ⅲ级
纸浆	漂白硫酸盐木(竹)浆	木浆	33	38	60
		竹浆	38	43	65
	本色硫酸盐木(竹)浆	木浆	20	25	50
		竹浆	23	30	50
	漂白化学非木浆	麦草浆	80	100	110
		蔗渣浆、苇浆	80	90	100
	非木半化学浆	碱法制浆	60	70	80
		亚铵法制浆	45	55	70
	脱墨废纸浆		7	11	30
	未脱墨废纸浆		5	9	20
	化学机械木浆	APMP	13	20	38
		BCTMP	13	20	38
纸	新闻纸		8	13	20
	印刷书写纸		13	20	24
	生活用纸		15	23	30
	涂布纸		14	19	26
纸板	白纸板		10	15	26
	箱板纸		8	13	22
	瓦楞原纸		8	13	20

在越来越严格的环保要求下，近年来造纸行业不断加大林纸一体化建设，引进和研发新的节能减排技术，加快淘汰落后产能等，造纸行业在节水工作方面取得了明显进步与成效。特别是新建和改扩建的大、中型项目，普遍采用了当今国际和国内先进成熟的技术和装备，淘汰了一大批高能耗、水耗的落后工艺、技术和装备。目前在中国运行的部分先进新闻纸机和文化用纸纸机新鲜水取水量已不到 10.0m³/t，有的甚至达到更低的水平。图 1-15 显示了我国近年来在节水方面取得的显著进步，吨产品平均用水量已由 2006 年的 67m³ 减少至 2016 年的 20.90m³，在全球主要造纸国家中用水量处在低用水量的国家行列（图 1-16）。

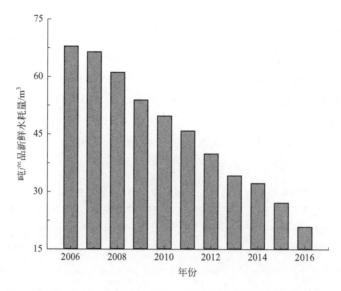

图 1-15　2006～2016 年我国制浆造纸工业吨产品新鲜水消耗情况

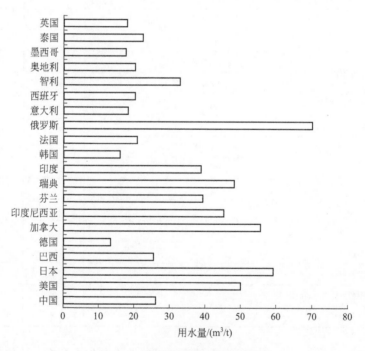

图 1-16　主要造纸国家的用水量

1.4　制浆造纸工业水污染物排放情况

尽管水对造纸而言非常关键，但是其并不是造纸的原材料，进入制浆造纸厂的所有新鲜水最终以水蒸气、生产过程排放的固体废物带走的水以及废水形式离开造纸厂，例如水会从纸张或纸浆干燥过程中、水冷却塔、废水处理曝气、制浆操作过程中的工艺通风口等处蒸发掉。根据美国国家制浆和造纸工业空气和气流改善委员会（NCASI）对美国林产品工业的水系统进行研究，得出的结论是，88％的水经处理后直接返回地表水，约 11％的水转化为水蒸气并在生产过程中释放，还有约 1％被传递给产品或固体残留物，因此可以近似地认为造纸的用水量等于排水量。由于干净无污染的水的供应量正以惊人的速度减少，制浆造纸行业目前面临巨大的环境、政治和经济压力，要尽可能减少其工业废水的数量和毒性。

根据工艺的不同，制浆造纸废水主要来源于原料准备、制浆、洗涤筛选、漂白、造纸和涂布等操作，废水污染特性取决于原料的类型和工艺、使用的技术和选择的管理方法、原材料和所涉及的工艺，以及工厂能够循环的水量。我国制浆造纸废水来源：一是黑液（红液），黑液（红液）是蒸煮过程中产生的废液，是化学法和半化学法制浆过程中污染的主要来源，含有大量的木质素、纤维素、半纤维素的降解产物以及残碱等化学药品；二是中段废水，中段废水水量较大，污染负荷较重，生产每吨浆产生的中段废水上百吨，包括浆料在洗涤、筛选、净化、漂白以及打浆过程中产生的废水，中段废水的污染量约占 10％，COD_{Cr} 的负荷大约为 300kg/t，这类废水中含有较多的木质素、酚类化合物、多糖等有机物；三是白水，白水是抄纸过程中产生的废水，这部分废水水量较大，污染负荷较低，COD_{Cr} 浓度通常不高于 500mg/L，SS 浓度为 300～700mg/L，主要是不溶于水的悬浮物，悬浮物主要包括抄纸过程中流失的细小纤维以及纸在抄造时添加的填料、化学品、胶料等，这部分废水较容易处理；四是废纸制浆造纸废水，废纸制浆造纸废水主要来自废纸制浆工段和抄纸工段，其中较难处理的废水主要是在废纸制浆工段，包括废纸浆的洗、选、漂等过程中产生的废水，因为这些废水中含有较多的细小纤维、树脂、颜料、油墨、悬浮物等，成分比较复杂，因此，用单一的废水处理方法很难得到满意的效果，往往需要采用几种废水处理技术联合使用来对其进行处理。未经处理的废液有高浓度的 BOD、COD，悬浮物主要是纤维、脂肪酸、单宁酸、树脂酸、木质素及其衍生物，其中一些是自然产生的污染物，另一些是在制浆造纸过程中产生的外源性污染物，有些物质难以降解且对水生生物有毒害作用，一些漂白过程甚至产生生物积累化合物。这些污染物若直接排入水体，将会对水体造成极为严重的污染，导致依赖于水的生物死亡，并对陆地生态系统产生负面的影响。废水还会引起热冲击、黏液生长、浮渣形成以及影响环境美感等问题。长期以来，环境保护问题始终是造纸工业的一个重大问题。

在我国制浆造纸工业发展早期，造纸原料以非木材原料为主，非木材原料中又以麦草为主。制浆方法则以碱法为主，其他还有很少量的酸法制浆和亚铵法制浆。以非木材为原料的制浆造纸企业普遍存在着规模小、装备比较落后的问题，而污染治理程度远远落后于世界平均水平，大多数企业没有配套的碱回收系统，建有碱回收系统的也运行不良，导致大量烧碱连同被溶解的有机物被排入水体，严重污染环境，造成了恶劣影响。1984 年，我国颁发了《关于加强乡镇、街道企业环境管理的规定》，明确指出乡镇、街道企业不准从事如制浆造纸等污染严重的生产项目。1986 年轻工业部制定了《造纸工业水污染防治规划和实施细则》，1988 年国家环保委和轻工业部等部门又联合颁发了《关于防治造纸行业水污染的规定》。但是，由于人们对保护环境的重要性还认识不够，环保执法不严，也由于一些地区经济比较落后，大批没有任何治污措施的中小纸厂仍不断出现，从而导致造纸行业水污染状况达到非常严重的程度，1994 年爆发了震惊中外的"淮河水污染"事件。为了保护环境，防治污染，实现经济的可持续发展，我国政府进一步加强了环境保护的措施和执法力度。1996 年，国务院做出了《关于加强环境保护若干问题的决定》，要求在 1996 年 9 月 31 日前关闭年产 5000t 以下的小制浆厂，并明确要求到 2000 年底以前全国所有工业污染源排放污染物要达到国家或地方规定的标准。到 1996 年年底，全国共关停 4000 多家小纸厂，1996～1998 年，全国又取缔和关停小制浆造纸企业 5911 家，较大幅度地削减了造纸工业的污染。但根据 1999 年环境统计公报，县及县以上造纸及纸制品工业废水排放 30 亿吨，占全国工业总排放量的 15.6%，其中：达标排放量 11.2 亿吨，仅占总排放量的 37.3%；排放废水中化学耗氧量（COD）295.9 万吨，约占全国工业总排放量的 43.5%。可见当时我国造纸工业污染问题尤为突出，治理任务相当繁重。

造纸行业单位产品产生废水量大，其中化学制浆企业中非木浆生产过程中每吨产品产生 50～60t 废水（见表1-23），每吨木浆产生 COD_{Cr} 45～210kg、BOD 15～75kg、SS 9～120kg、AOX（可吸附有机卤素）0.3～7.5kg（见表1-24）。由于造纸行业在我国分布较广，污染排放源性质差异较大，处理难易程度各不相同，且大部分处于环境敏感区或水资源匮乏地区，企业发展与资源环境约束之间的矛盾非常突出，环境污染形势严峻。造纸行业的污染负荷对各流域的贡献各不相同，例如在淮河流域，造纸、化工、农副三大行业的污染负荷分别占流域工业 COD 排放的 56.5% 与氨氮排放的 69.5%（见图1-17）。因此，加强造纸行业的水污染控制，对重点流域区域水质改善具有极其重要的意义。

表 1-23　典型制浆造纸企业单位产品产生废水量　　　　　单位：m^3/t

制浆方法类别	制浆			造纸
	木浆	非木浆	废纸	
化学浆	20～60	50～60	—	—
化学机械浆	10～30	15～40	—	—
机械浆	5～20	10～30	—	—
其他	—	—	5～30	8～40

注：1. 纸浆量以绝干量计。
2. 单位产品废水量制浆企业以自产浆为依据，造纸企业以外购商品浆为依据，制浆造纸联合企业以自产浆和外购商品浆的和为依据。

表 1-24　典型制浆造纸企业单位产品污染物产生量　　　　　单位：kg/t

制浆方法类别		污染物产生量			
		COD_{Cr}	BOD	SS	AOX
化学浆		45～210	15～75	9～120	0.3～7.5
化学机械浆		65～160	15～35	30～50	0～0.2
机械浆		20～100	12～36	15～40	—
其他	非脱墨	15～30	5～12	8～15	—
	脱墨	25～65	8～20	10～25	0～0.2

注：1. 污染物产生量指标木浆取中低值，非木浆取高值。
2. 化学浆指标为经化学品或资源回收后的污染物产生量指标。
3. 化学机械浆指标为高浓度制浆废水未进行蒸发燃烧处理的污染物产生量指标。

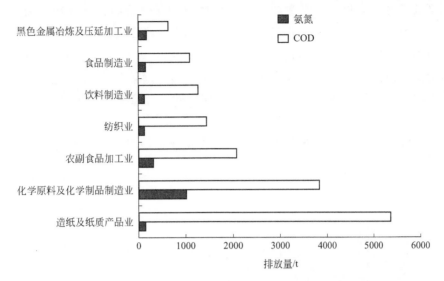

图 1-17　淮河流域主要行业 COD、氨氮排放量

为加强对造纸行业污染物的排放控制，1983 年国家首次发布造纸工业水污染物排放标准（GB 3544—83），1992 年第一次修订，2001 年第二次修订（表 1-25）。2003 年9 月由国家环境保护总局发布公告对 GB 3544—2001 部分内容进行了修订。2008 年，环境保护部颁布了最新的标准《制浆造纸工业水污染物排放标准》（GB 3544—2008），对造纸工业废水排放量做了进一步限制，见表 1-26。新标准取消了按不同木浆和非木浆来划分的排放标准，而是按企业生产类型划分为制浆企业、制浆和造纸联合企业、造纸企业，同时规定了制浆造纸工业废水中污染物的排放限值、监测和监控要求，以及水污染物排放的基准排水量，并大大降低了 COD、BOD、SS 的排放指标，增加了色度、AOX、氨氮、总氮、总磷以及二噁英等污染物的排放限值，同时新标准将 AOX 指标调整为强制执行指标。标准中明确要求，造纸企业排放废水 COD_{Cr} 不得高于 80mg/L、BOD_5 不得高于 20mg/L、SS 不得高于 30mg/L。国内制浆造纸行业以污染物排放浓度（mg/L）作为主要考核标准，同时也规定了基准取水量和排放限值。国外都以单位成品污染排放负荷（即 kg/t）作为考核标准，且主要以限制 BOD 排放量为主。根据相关资料介绍，经过标准换算：国内制浆企业 BOD 排放限值为 0.4kg/t，欧盟为1.0～2.0kg/t，美国为 5.0～8.0kg/t；国内制浆造纸联合企业 BOD 排放限值为0.2～0.4kg/t，欧盟为 0.5～1.0kg/t，美国为 1.8～3.0kg/t，可见我国新标准是目前国际上较严的。

经过不懈努力，特别是进入 21 世纪以来，我国造纸行业加大了污染治理资金及技术投入，水污染防治已经取得了巨大的成绩，虽然纸和纸板产量逐年增加，但废水排放量和 COD 排放总量却持续逐年降低，效果显著，万元工业产值 COD 排放强度更是显著降低，由 2002 年的 121kg 降为 2015 年的 5kg，降低了 96%（见图 1-18）。另外，根据国家最新发布的中国环境统计年报，2011～2015 年在四大重点排污行业里，造纸行业的废水和 COD 排放是下降最快的，废水排放年平均下降 10.2%（见表1-27），COD 排放年平均下降率高达 29.9%（见表 1-28）。由此可见，造纸工业在废水污染减排方面取得了长足进步。但需要注意的是，我国幅员辽阔，地区发展不平衡现象较严重，西部地区造纸产能占比不到10%，但排放强度大，吨纸化学需氧量排放量为14.8kg，分别是东部地区和中部地区的5.9倍和2.1倍。另外，我国小型造纸企业数量占比仍很大，部分小型造纸企业为节约运行成本，减少环保相关投入，部分造纸设备、工艺落后，甚至无废水处理设施，对这类小造纸企业要继续实行关、停、并、转，淘汰落后产能。总之，只有继续进行结构调整，提高资源综合利用效率，才能实现造纸行业整体产业升级和节能减排，推动我国造纸行业逐步走向绿色发展之路。

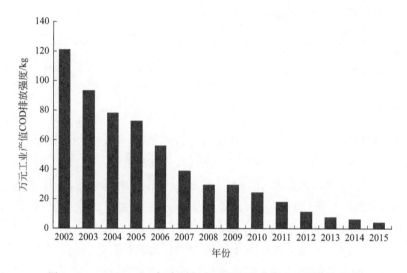

图1-18　2002～2015年造纸行业万元工业产值COD排放强度

表1-25　往年造纸工业污染物排放标准中关于排水量的比较　　单位：m³/t

编号	规模/(t/d)	现有						新、扩、改					
		木浆		非木浆		造纸		木浆		非木浆		造纸	
		本色	漂白	本色	漂白	木	非木	本色	漂白	本色	漂白	木	非木
GB 3544—83	≥100	110	200	130	220	50	70	90	180	110	200	40	60
	100～30	130	220	150	240								
	<30	150	240	170	260								
GB 3544—92	≥100	190	280	230	330	70	70	150	240	190	290	60	60
	<100	220	320	270	370	80	80						
GB 3544—2001								150	220	100	300	60	60

表1-26　现行造纸工业污染物排放标准中对废水排水量的要求　　单位：m³/t

企业生产类型	制浆企业		制浆和造纸联合企业	造纸企业
	木浆为主	非木浆>60%		
基准排水量	50	80	40	20
特别排放限值	30	—	25	10

表 1-27　重点行业废水排放情况　　　　　　　　　　　　单位：亿吨

年份	合计	造纸和纸制品业	化学原料和化学制品制造业	纺织业	煤炭开采和洗选业
2011	105.4	38.2	28.8	24.1	14.3
2012	99.6	34.3	27.4	23.7	14.2
2013	90.8	28.5	26.6	21.5	14.3
2014	88.0	27.6	26.4	19.6	14.5
2015	82.6	23.7	25.6	18.4	14.8
年变化率/%	−6.1	−10.2	−7.2	−6.1	2.1

注：自 2011 年起至 2017 年，环境统计按《国民经济行业分类》（GB/T 4754—2011）标准执行分类统计，下同。

表 1-28　重点行业 COD 排放情况　　　　　　　　　　　　单位：万吨

年份	合计	造纸和纸制品业	农副食品加工业	化学原料和化学制品制造业	纺织业
2011	191.5	74.2	55.3	32.8	29.2
2012	173.6	62.3	51.0	32.5	27.7
2013	158.0	53.3	47.1	32.2	25.4
2014	149.4	47.8	44.1	33.6	23.9
2015	128.9	33.5	40.1	34.6	20.6
年变化率/%	−13.7	−29.9	−9.1	3.0	−13.8

1.4.1　造纸行业废水的主要污染物

造纸行业主要生产方法有化学法制浆、化学机械法制浆、废纸制浆等。制浆造纸不同工段产生的废水主要包括蒸煮废液（黑液）、中段废水和造纸白水，各部分废水的特点、性质存在着显著差异，相应的处理方法也各不相同。其中制浆造纸生产中的蒸煮废液的污染负荷约占全部制浆造纸废水的 80%，是最主要的污染源；其次是中段废水。这些废水中的主要污染物有以下几种。

1.4.1.1　COD

COD 是指在规定条件下水样中易被强氧化剂氧化的还原性物质所消耗的氧化剂量，其反映了水中受还原性物质污染的程度。水中还原性物质包括有机物、亚硝酸盐、亚铁盐、硫化物等。

1.4.1.2　BOD

BOD 是指在规定条件下通过微生物的新陈代谢作用降解废水中的有机污染物时，

其过程中所消耗的溶解氧量。纤维原料在蒸煮漂白和抄造工艺过程中，半纤维素降解后成为 BOD 的主要来源。废水中 BOD 越多，在微生物的作用下大量消耗水中的溶解氧，因此耗氧量就越大。当耗氧速度大于水表面溶解氧的速度时，就会出现水体缺氧现象，从而破坏水体的氧平衡，使水质恶化。

1.4.1.3　SS

SS 是指废水中所有不能溶解的物质。制浆造纸工业废水中的悬浮固形物主要是细小纤维、填料、涂料、胶料、树脂酸、松香酸等。细小纤维分解时会大量消耗水中的溶解氧，树脂酸和松香酸则会直接危害水生生物。

1.4.1.4　AOX

AOX 指在常规条件下可被活性炭吸附的结合在有机化合物中的卤族元素（包括氟、氯和溴）的总量（以氯计），是总有机卤化物的一部分。漂白过程中大量的木质素氯化降解产物进入废水中，致使漂白废水中含有大量的 AOX。因其具有不可代谢性，所以非常难以被生物降解，对水体造成严重污染。

1.4.1.5　氨氮

制浆造纸废水中氨氮污染物主要来源于 3 种途径：a. 制浆造纸原料中本身含有部分氨氮；b. 亚铵法制浆工艺过程中投加的含氮化学药品；c. 碱法制浆和造纸过程废水及末端处理时采用生化处理工艺，需投加一定量的含氮营养盐类。

1.4.1.6　总氮（TN）

水体中含有超标的氮类物质时，造成浮游植物繁殖旺盛，出现富营养化状态。其主要来源与氨氮一致。

1.4.1.7　总磷（TP）

磷是生物生长必需的元素之一，但水体中磷含量过高（如超过 0.2mg/L），可造成藻类的过度繁殖（导致富营养化），使湖泊、河流的透明度降低，水质变坏。其主要来源于制浆造纸原料中本身含有的部分磷，以及制浆造纸过程和污水处理中投加的含磷化学药品。

1.4.1.8　二噁英

二噁英是一种无色无味、毒性较强的脂溶性物质，非常稳定，熔点较高，极难溶于水，可以溶于大部分有机溶剂。制浆造纸的原材料植物纤维和回收废纸中通常含有微量的二噁英，在制浆造纸生产过程中进入废水或污泥；而含氯漂白剂的漂白过程是制浆造纸行业二噁英产生的最主要来源。

1.4.2　造纸行业废水的主要特征

制浆造纸工业废水排水量大、色度高、悬浮物含量大、有机物浓度高、组分复杂，具体表现在如下几个方面。

1) 污染物浓度高，尤其是制浆生产废水含有大量的原料溶出物和化学添加剂。化学制浆过程中可利用的原料组分仅仅是纤维素和部分半纤维素，通常有 50% 左右的有机污染物会溶解于蒸煮废液中。实际上制浆造纸过程就是一个木质素脱除的过程，木质素是制浆造纸过程中化学反应的主要参与者。木质素结构复杂，是一种高分子化合物，其单元间不同性质的连接键和单元上不同性质的功能基的存在，既使木质素具有一定的化学活性，又使各部位的化学反应性能呈现出不均一性。尤其是在蒸煮、漂白、脱墨等剧烈的化学反应中，浆料中的木质素及残余抽提物和化学试剂间反应复杂，产物众多，这被认为是造纸废水中污染物的最主要来源。

2) 难降解有机物成分多，可生化性差，木质素、纤维素类等物质采用生物处理法难以降解。制浆造纸工业的有机污染物绝大多数来源于制浆，可占到废水污染的 90% 以上，给环境造成了严重的污染。制浆造纸过程中，即使经过充分的回收利用，仍会有一些纤维物质和非纤维物质排入水体，相当量的溶于水的组分生化性强，其中包括低分子量的半纤维素、甲醇、乙酸、甲酸、糖类等，对环境也带来了不同程度的污染，甚至威胁到人类的生命健康。研究普遍认为，造成漂白废水中 COD、BOD 负荷较重的主要原因是废水中存在大量的溶解性有机物，它们在水体中的存在会降低水中的溶解氧，从而危及鱼类及其他水生生物的生存。

3) 废水成分复杂，有的废水含有硫化物、油墨、絮凝剂等对生化处理不利的化学品。制浆造纸废水成分复杂，目前废水毒性研究主要以混合废水为主，而各生产过程中产生的废水的毒性评价，以及各个工段废水中毒性物质的毒性机理，目前还没有人进行全面、详细的研究。纸浆中二苯并二噁英（DBD）、二苯并呋喃（DBF）及吸附在木质素上的难提取的 DBD/DBF 类化合物的来源：一是木材本身；二是制浆过程中所使用的化学物质。这些污染物具有生物累积性、难降解性、可远距离传输、致癌致突变性和内分泌干扰等特性，并且在水环境中滞留时间长，不易进行生化与非生化降解，但是易被某些机体吸收，通过食物链而富集。因此造纸工业废水的排放不仅对环境危害大，更加影响动物和人类的健康，已经引起国际环境保护组织、各国政府和民众的高度关注。

4) pH 值波动大。制浆废水中酸碱物质可明显改变接受水体的 pH 值。碱法制浆废水 pH 值为 9～10；漂白废水的 pH 值变化很大，可低于 2，可高于 12；而某些酸法浆厂的废水 pH 值则低至 1.2～2.0（如表 1-29 所列）。水质标准中以 pH 值来间接反映水的酸碱性及其强弱，由于排放的酸碱污染物含量会使接受水体的 pH 值发生变化，以致妨碍水体的自净功能。因此，测定和控制水样的 pH 值，对于维持废水处理设施的正常运行，防止废水处理及输送设备的腐蚀，保护水体的自净功能，具有十分重要的意义。

表 1-29　制浆废水中酸碱物质明显的 pH 值

废水种类	pH 值
碱法制浆废水	9～10
漂白废水	<2 或 >12
酸法制浆废水	1.2～2.0

5）耗氧污染是主要污染类型。根据水污染指标特征，污染可分为耗氧污染、营养盐污染和毒害污染。以 COD 和 $NH_3\text{-}N$ 为特征污染物的耗氧污染是造纸废水的主要污染类型。构成 COD 的主要成分是木质素及大分子碳水化合物，均难以生物降解，也是污水色度大、起泡严重的关键因素。污水中半纤维素、甲醇、甲酸及糖类耗氧物质是组成 BOD 的主要成分。部分废水 BOD_5/COD_{Cr} 值＜0.3，可生化性较差。典型制浆造纸废水水质范围见表 1-30。

表 1-30　典型制浆造纸废水水质范围　　　　　单位：mg/L（除 pH 值外）

制浆方法类别	污染物产生量							
	pH 值	SS	COD_{Cr}	BOD_5	AOX	TN	氨氮	TP
化学浆	5～10	250～1500	1200～1500	350～800	2～26	4～20	2～5	0.5～2
化学机械浆	6～9	1800～3800	6000～16000	1800～4000	0～3	5～10	3～5	1～3
机械浆	6～9	850～2000	3200～8000	1200～2800	0～1	4～8	2～5	0.5～1.5
废纸浆（非脱墨）	6～9	800～1800	1500～5000	550～1500	0～1	5～20	4～15	0.5～1
脱墨废纸浆	6～9	450～3000	1200～6500	350～2000	0～1	3～6	2～6	0.5～1.5
造纸废水	6～9	250～1300	500～1800	180～800	0～1	2～4	1～3	0.5～1

注：1. 除 pH 值外，木浆取中低值，非木浆取高值。

2. 除 pH 值外，国产小型纸机取中低值，进口纸机取高值。

3. 氨法化学浆废水氨氮和 TN 指标分别为 55～150mg/L 和 60～160mg/L。

4. 化学浆水质指标为制浆废液经化学品或资源回收后的指标。

5. 化学机械浆水质指标为高浓度制浆废水未进行蒸发燃烧处理的指标。

6）有毒有害污染物危害严重且影响深远。造纸中段废水危害主要表现在其毒性上。

① 急性中毒：江河中的水生物，如鱼类，依靠水中含有一定浓度的溶解氧（DO）而生存。在极少受污染的水域，水中 DO 浓度接近饱和状态。但是当大量 BOD_5 浓度高的造纸废水排入接受水体时，水中好氧微生物氧化分解废水中微生物降解的有机物（如糖类物质），使其转化成 CO_2、H_2O 和少量新生的微生物，同时迅速消耗水中的 DO。当水中 DO 消耗量大于水体表面的自然充氧量时，水中 DO 浓度将逐渐降低。当其降至 4mg/L 时，鱼会窒息，浮到水面；降低至 1mg/L，大部分鱼类将死亡；如果 DO 为零，水体中厌氧菌开始起作用，造成河水变臭，鱼虾绝迹，俗称急性中毒，公众容易察觉，极受重视、关注。

② 积累性慢性中毒：纸浆用氯排出含氯化有机物的废水，鱼摄入水中的氯化有机物会在体内积累，人长期通过饮水、食鱼，这类物质也同样在体内慢慢积累，对人体健康造成危害，这种现象称积累性慢性中毒，公众不易觉察，但存在严重的潜伏性危害。在国外这种危害作用已被人们所重视，并通过技术变革和相关法律、法规减少这类危害。

漂白废水中含有毒性较强的物质，主要为可吸附有机氯化物（AOX），它们对水生生物都有急性毒性。研究表明，漂白废水中含有多种生物诱变物质，能够改变生物的遗传因子，最为有害的是有些物质可能是潜在的致癌物，这些物质难以在自然界中分解，甚至残存在产品中污染产业链的下一环节，如在一些使用含有次氯酸钠漂白浆的废纸工厂的脱墨废水中也发现有三氯甲烷。

随着全无氯和无元素氯漂白技术的推广应用，二噁英和三氯甲烷等含氯有毒物质的含量必将大大减少。另外，脱墨废水中含有重金属，加重了脱墨废水对环境的危害性。

有毒有害污染物排放到环境中会不断积累，并引起水中生物的致癌、致畸等遗传性病变，如黑液中含有的松香酸、不饱和脂肪酸等；污冷凝水中含有的硫化氢、甲基硫、甲硫醚等；低浓含氯漂白工艺的中段废水中含有多种氯化有机化合物；潜在的毒性物质，如有机卤化物、不饱和脂肪酸，以及包括 Na、Mg、NH_3、Ca 等硫化物的无机盐类等。如制浆漂白主要污染环节中段水中有机氯化物含量高，已鉴定的低分子化合物超过 300 种，可分为有机酸（包括氯化有机酸）、酚类化合物（包括氯代酚）以及中性有机化合物 3 类。这些物质多为高色度、有毒性物质，对环境危害很大。

总之，造纸行业具有废水量大、污染负荷重、持久性有毒有害污染物众多、可生化性差等特点。因此，造纸行业已经成为我国水环境污染控制与防治的一个重要行业。需要开展基于全生命周期的造纸行业水污染全过程控制体系构建，支撑行业的可持续发展。

参　考　文　献

[1]　中国造纸协会，中国造纸学会.中国造纸工业可持续发展白皮书［R］.2019.

[2]　中国造纸协会.中国造纸工业 2019 年度报告［R］.2020.

[3]　中国造纸协会.中国造纸工业 2018 年度报告［R］.2019.

[4]　中国造纸协会.中国造纸工业 2017 年度报告［R］.2018.

[5]　中国造纸协会.中国造纸工业 2016 年度报告［R］.2017.

[6]　郭彩云.2018 年世界造纸工业概况［J］.中国造纸，2020，39（3）：78-82.

[7]　郭彩云，梁川.2017 年世界造纸工业概况［J］.造纸信息，2019（1）：57-61.

[8]　郭彩云，邝仕均.2016 年世界造纸工业概况［J］.造纸信息，2018（1）：64-68.

[9]　邝仕均.2015 年世界造纸工业概况［J］.中国造纸，2017，36（1）：62-66.

[10]　邝仕均.2014 年世界造纸工业概况［J］.造纸信息，2015（1）：59-63.

[11]　熊少华.2050 欧洲林纤维产业路线图概述［J］.中华纸业，2012，33（13）：26-29.

[12]　张学斌，黄立军.我国造纸行业的基本现状及发展对策［J］.中国造纸，2017，36（6）：74-76.

[13]　顾民达.造纸工业清洁生产现状与展望［J］.中华纸业，2013，34（1）：19-25.

[14]　谢耀坚.我国木材安全形势分析及桉树的贡献［J］.桉树科技，2018，35（4）：44-46.

[15]　陈克复.中国造纸工业绿色进展及其工程技术［M］.北京：中国轻工业出版社，2016.

[16]　马倩倩.造纸工业的水资源问题细究［J］.造纸化学品，2016，28（1）：10-13.

[17]　刘秉钺.造纸工业的排水、取水和节水［J］.中华纸业，2006，27（9）：80-85.

[18]　李嘉伟，冯晓静.印度重点制浆造纸企业介绍［J］.中华纸业，2014，35（3）：22-38.

[19]　韦国海.中国造纸工业污染防治的现状和对策［J］.国际造纸，2000，19（1）：44-46.

[20]　张震宇.造纸工业环境保护现状、进步与发展要求［J］.中华纸业，2009，30（19）：57-58.

[21]　胡宗渊.新历史阶段探讨我国造纸工业未来发展［J］.中华纸业，2010，31（7）：8-13.

[22]　王军霞，吕卓，杨勇，等.我国造纸行业化学需氧量（COD）减排绩效评价［J］.环境工程，2017，35（6）：134-171.

[23]　李威灵.我国造纸工业的能耗状况和节能降耗措施［J］.中国造纸，2011，30（3）：61-64.

[24]　PG Paper. The global paper market-current reviw［EB/OL］.［2021/03/05］https://www.pgpaper.com/wp-content/uploads/2018/07/Final-The-Global-Paper-Industry-Today-2018.pdf.

［25］ Bajpai P. Pulp and Paper Chemicals ［M］. Amsterdam：Elsevier，2015.

［26］ 桑连海，黄薇，冯兆洋，等. 我国制浆造纸工业用水和取水定额现状分析 ［J］. 人民长江，2012，43（19）：6-8.

［27］ 丰福邦隆，金光范. 日本的造纸历史和日本制浆造纸技术协会对日本造纸产业遗产的保护开发活动 ［J］. 华东纸业，2009，40（3）：24-27.

［28］ 纸业时代杂志社科技时代编辑部. 日本纸和纸板的生产和消费动态以及今后的发展方向：2017年、2018年日本造纸业的课题和展望 ［J］. 中国造纸，2018，37（8）：72-76.

［29］ 纸业时代杂志社科技时代编辑部. 日本纸和纸板的生产和消费动态以及今后的发展方向：2016年、2017年日本造纸业的课题和展望 ［J］. 中国造纸，2017，36（8）：77-82.

［30］ 纸业时代杂志社科技时代编辑部. 日本纸和纸板的生产、消费和研究开发进展：2015年、2016年供需状况和CNF事业进展 ［J］. 中国造纸，2016，35（9）：78-83.

［31］ Bajpai P. Green Chemistry and Sustainability in Pulp and Paper Industry ［M］. Berlin：Springer，2015.

［32］ 陈镜波. 韩国造纸业简况 ［J］. 今日印刷. 2019（3）：52.

［33］ 安井宏和. 日本造纸工业发展现状及展望 ［J］. 造纸信息，2019（11）：23-25.

［34］ 丰福邦隆. 日本造纸工业现状与技术进步 ［J］. 中华纸业：2008，29（1）：72-76.

［35］ 纸业时代杂志社科技时代编辑部. 日本造纸行业的现状和展望：2018—2019年纸和纸板的供需动向 ［J］. 中国造纸，2019，38（9）：82-86.

［36］ Hamm U，Schabel S. Effluent-free papermaking：industrial experiences and latest developments in the German paper industry ［J］. Water Science & Technology，2007，55（6）：205-211.

［37］ 中华人民共和国国家质量监督检验检疫总局，中国国家标准化管理委员会. GB/T 18916.5—2002 取水定额 第5部分：造纸产品 ［S］. 北京：中国标准出版社，2012.

［38］ 中华人民共和国国家质量监督检验检疫总局，中国国家标准化管理委员会. GB/T 18916.5—2012 取水定额 第5部分：造纸产品 ［S］. 北京：中国标准出版社，2003.

［39］ 国家发展和改革委员会，环境保护部，工业和信息化部. 制浆造纸行业清洁生产评价指标体系 ［ED/BL］. ［2015-04-15］ https://www.ndrc.gov.cn/xxgk/zcfb/gg/201504/t20150420_961120.html.

［40］ 中华人民共和国环境保护部. 中国环境统计年报·2015 ［M］. 北京：中国环境出版社，2016.

［41］ Bajpai P. Pulp and Paper Industry，Emerging Waste Water Treatment Technologies ［M］. Amsterdam：Elsevier，2017.

第2章
化学法制浆水污染全过程控制技术

化学法制浆是指用化学药剂对原料进行处理而制造纸浆的方法，此法以纤维植物（主要是木材和草类茎秆）为原料，利用某种能与原料中所含木质素发生选择性化学反应的化学药剂脱除大部分木质素，并使原料中的单根纤维充分疏松分离为纤维素纯度较高的纸浆。工业生产上常用的有碱法制浆及亚硫酸盐法制浆两大类，其中碱法制浆占主导地位，是世界上最主要的制浆方法。化学法制浆包括备料、蒸煮和净化三个基本工艺过程，以及辅助工艺过程。辅助工艺包括蒸煮液制备、制浆蒸煮废液的化学品及热能回收等工艺（如制浆黑液碱回收）。化学法制浆由于使用大量化学品，用水量大，废水污染负荷高，其制浆生产过程废水成分复杂、处理成本高。硫酸盐法制浆在化学法制浆中占据统治地位，一般每生产1t硫酸盐浆就有1t有机物和400kg碱类、硫化物溶解于黑液中；而且，在漂白过程中，纸浆中的残余木质素和部分碳水化合物也会降解溶出在漂白废水中，这部分废水需要送污水处理站进行处理。本章主要对化学法制浆典型生产流程及其水污染源解析进行了详细介绍，在此基础上结合案例阐述了化学法制浆水污染全过程控制技术。

2.1 化学法制浆典型生产过程

化学法制浆生产工艺过程：植物原料经备料工段处理后进入蒸煮工段，在化学药液作用下蒸煮得到的粗浆经过洗涤、筛选工段净化，再根据需要，通过氧脱木质素及漂白工段生产得到具有较高亮度的纸浆产品。

2.1.1 碱法制浆

碱法制浆（图2-1）是一种使用碱性溶液蒸煮植物纤维原料的化学制浆方法，包括硫酸盐法、烧碱法、石灰法、氧碱法和氨法制浆。后三种方法的应用较少，故碱法制浆通常是指前两种。

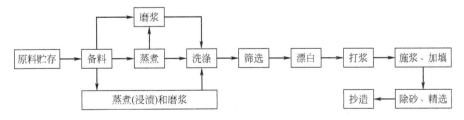

图 2-1　碱法制浆典型生产流程

硫酸盐法制浆蒸煮液的有效成分是氢氧化钠（烧碱）和硫化钠，但因用硫酸钠补充硫化钠在生产过程中的损失，故被称为硫酸盐法。硫酸盐法制取的未漂浆称作牛皮浆，其漂白浆则称为漂白硫酸盐浆（BKP-bleached kraft pulp）。硫酸盐法为德国的 C.F. 达尔在 1884 年所发明，美国在 1928～1934 年首先实现了对其蒸煮废液进行碱回收的工业化。硫酸盐法制浆的大体过程是：原料首先经备料（剥皮、削片、除杂），然后木片在蒸煮液作用下，在温度为 160～180℃下反应 2～4h，就成为粗浆。该过程主要是依靠蒸煮液中的 OH^-、SH^- 将连接木质素大分子间的一些键断开，使木质素溶解而从纤维细胞壁和胞间层中脱除出来，从而分散成为纤维状态。Na_2S 分解生成的 HS^- 和 S^{2-} 在碱液中能加速脱木质素的作用和缓和强碱对纤维素的破坏作用。除木质素外，在蒸煮中还有少量纤维素和一部分半纤维素与碱发生剥皮反应和碱水解作用，从而溶解损失掉。粗浆经洗涤去除蒸煮废液，并经筛选除杂以除去所含有的木节、纤维素片和尘沙成为细浆。洗涤工段产生的黑液经蒸发后进入碱回收炉燃烧，燃烧后的熔融物经苛化工段产生白液和白泥。白液回到蒸煮工段作为蒸煮药液，进行重复使用；产生的白泥通过石灰窑煅烧生成氧化钙回用到苛化工段。

硫酸盐法具有以下优点：a. 蒸煮废液中的化学药品和热能的回收系统即碱回收的技术完善，使工艺过程中产生的环境污染物得到有效处理，并降低了物料及能源的消耗；b. 所得纸浆的机械强度优良；c. 几乎适用于各种植物纤维原料，因而在工业上得到了最为广泛的应用。目前，硫酸盐法是世界上最主要的制浆方法。

烧碱法制浆工艺过程与硫酸盐法基本相同，但只使用烧碱溶液进行蒸煮，并且在碱回收系统中以碳酸钠或烧碱来补充生产过程中碱的损失。由于少了硫化碱，其蒸煮选择性较硫酸法差，容易对纸浆强度造成损害，所以通常在烧碱蒸煮液中需要加入相当于纤维原料质量 0.05%～0.1% 的蒽醌，以阻碍有害的纤维素及半纤维素的剥皮反应和加速脱木质素作用的进行。该方法称为烧碱-蒽醌法制浆，用于代替传统的烧碱法。该方法主要用于蒸煮阔叶木和非木材植物纤维等较为柔软的原料，其优点就是蒸煮液不含硫，没有废气污染。

石灰法制浆工艺过程与烧碱法类似，所使用的蒸煮液是 $Ca(OH)_2$，其脱木质素能力比烧碱法更弱，只能用于处理草类原料。由于碱性弱，反应时间长，在工业化制浆造纸中较少采用。

2.1.2 亚硫酸盐法制浆

亚硫酸盐法制浆是利用不同 pH 值的亚硫酸盐蒸煮液处理植物纤维原料制取纸浆的化学制浆方法，蒸煮液是亚硫酸和亚硫酸盐的混合液。该方法最主要的特点在于蒸煮液的 pH 值有较宽的选择范围，由强酸性到强碱性，可以适应于生产许多性质不同的纸浆品种，而且与相同木质素含量的其他化学纸浆相比，得率较高，色泽较浅。按药液组成，亚硫酸盐法制浆又分为酸性亚硫酸盐法、亚硫酸氢盐法、中性亚硫酸盐法、碱性亚硫酸盐法，所用盐基为钙或镁。其基本生产工艺流程如图 2-2 所示。

最早采用的亚硫酸盐制浆方法系传统的酸性亚硫酸盐法，是 1867 年由美国人 B.C. 蒂尔曼发明的。1874 年在瑞典建成第一个亚硫酸盐制浆工厂，酸法制浆废液呈褐红色，

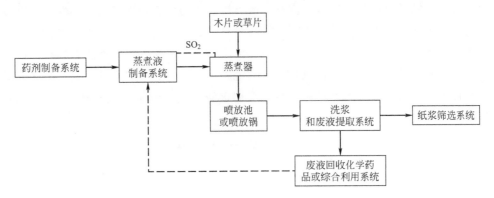

图 2-2　亚硫酸盐法制浆生产工艺流程

故称红液，杂质约 15%，其中钙、镁盐及残留的亚硫酸盐约占 20%，木质素磺酸盐、糖类及其他少量的醇、酮等有机物约占 80%。由于所制得的纸浆颜色较浅，可不经漂白而直接用于生产许多品种的纸；而且纸浆的纯度较高，易于进一步加工精制，这些重要优点使亚硫酸盐法制浆在 1890～1937 年间成为产量最大的一种化学制浆方法。但由于适用的植物原料范围窄，很难处理多树脂的针叶木和含单宁的阔叶木，而且产生的蒸煮废液缺乏较好的回收处理方法，排放后造成严重的环境污染，1937 年以后硫酸盐法制浆逐渐取代了亚硫酸盐法制浆的重要地位。在亚硫酸盐法蒸煮过程中，整个物理化学反应大体分为两种作用：第一种作用为蒸煮液对原料的渗透与磺化；第二种作用为反应生成物的溶出和原料分离成纤维状纸浆。实际上这两种作用都能同时发生，并非截然分开。蒸煮液对原料的渗透既依靠蒸煮液本身的扩散作用和原料的毛细管作用，也借助于蒸煮过程压力升高而强制渗入。蒸煮液渗入原料之后，主要与原料中的木质素发生磺化反应生成木质素磺酸或木质素磺酸盐，统称为磺化木质素，它易溶于酸液中。除此之外，还有纤维中所含的纤维素和半纤维素也在蒸煮液这一酸或碱性介质中不同程度地受到降解，并且部分水解溶出，其他成分如脂、蜡、单宁等也会发生某些化学反应而大部分溶出。

亚硫酸盐法制浆后续工艺与碱法制浆基本相同，都需要进行洗浆和黑液提取，然后再进行多段漂白，生产漂白浆。

2.2　化学法制浆水污染源解析

2.2.1　化学法制浆主要的废水产生源

传统化学法制浆过程中，进入废水处理系统的废水是备料废水、蒸煮过程产生的废水和漂白废水的混合废水，其中主要是漂白废水。制浆废水中的污染物来自备料、蒸煮和漂白过程中植物纤维原料与各种制浆化学品反应降解出来的产物，包括木质素降解产物、部分半纤维素降解产物、少量的纤维素降解产物，以及木材抽出物和残余的化学品。因此，化学制浆废水中的污染物主要是有机物，并且有机物浓度很高，同时呈现出较高的色度。对于采取含氯漂白工艺（特别是氯化和次氯酸盐漂白技术）的制浆废水，因为含有含氯漂白剂与木质素反应产生的有机氯化物而表现出较高的毒性,对生态环境和人类健康造成伤害,各种氯代苯、氯代苯酚、氯代愈创木酚是该类废水中典型的毒性氯代有机污染物。因此,有机物浓度高、色度较深、可生物降解性较差和有毒性是化学制浆废水的主要污染特征。化机浆产生的污染负荷大大低于化学浆,表 2-1 显示了用木材、竹子、芦苇、蔗渣、麦草为原料,采用硫酸盐法、碱法或亚硫酸盐法制浆的 COD 负荷。

表 2-1　化学法制浆废水 COD 排放量　　　　　　　　单位:kg/t

制浆方法	原料	蒸煮	漂白	蒸发冷凝水	COD 负荷累计
碱法	木材	1400	80	34	1514
	芦苇	1350	60	30	1440
	蔗渣	1340	69	30	1439
	麦草	1300	60	30	1390
	竹子	1300	75	30	1405
酸法	麦草	1100	80	20	1200
	木材	1500	70	40	1610

碱法及硫酸盐法制浆在化学法制浆中占据统治地位,因此本章以碱法及硫酸盐法化学浆生产过程为主要研究对象,化学法制浆过程及废水主要产生源如图 2-3 所示。

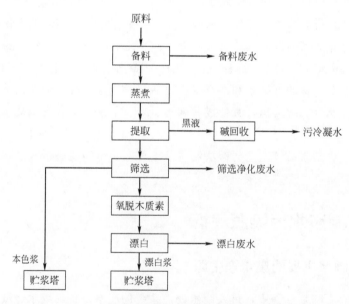

图 2-3　化学法制浆过程及废水主要产生源

从图 2-3 中可以看出,化学法制浆生产流程中产生的废水主要包括备料废水、提取及筛选净化段随排渣带出的筛选净化废水、漂白工段产生的漂白废水、碱回收工段(黑液蒸发)产生的污冷凝水。化学法制浆产生的蒸煮废液(又称黑液)、洗浆漂白过程中产生的中段水及抄纸工序中产生的白水都对环境有着严重的污染。一般每生产 1t 化学浆就有约 1t 有机物和 400kg 碱类化学品溶解于黑液中。废液排入江河中不仅严重污染水源，也会造成大量的资源浪费。目前常采用多段逆流洗涤的方法提取黑液，再以碱回收的方法进行处理，即蒸发、燃烧、苛化处理，回收其中的化学品及热能，产生的白泥可以资源化处理，也可以用石灰窑烧制石灰，循环用于苛化工段。黑液提取率越高，则随浆进入漂白工段的污染物越少，对后续纸浆漂白的影响越小，漂白废水的污染负荷也随之减小。表 2-2 列出了几种常见非木材原料碱法蒸煮后所产生的黑液的主要成分。

表 2-2　几种常见非木材原料碱法蒸煮所产生的黑液的主要成分　　单位：%

指标	原料品种					
	甘蔗渣	龙须草	苇	稻草	麦草	棉秆
有机物	68.36	77.38	69.72	70.30	69.00	65.65
木质素	23.40	21.80	29.60	24.00	23.90	21.50
无机物	31.64	22.62	30.28	29.70	31.00	34.40
总碱	19.20	16.00	25.65	29.80	28.30	30.42

造纸废水污染主要由黑液引起，从表 2-3 化学法制浆废水的基本特点可以看出，黑液的主要成分是有机物，包括木质素、碱和碳水化合物的降解产物等，其 COD、BOD、SS、浊度、色度等指标均严重超标。由于受洗涤程度的限制，未洗脱的黑液进入筛选、漂白工段，黑液提取率影响中段水污水量和 COD 排放量。因此，实现造纸节水减排、清洁生产的关键之一是提高黑液提取率和资源化率，处理方法一般是通过蒸发浓缩、燃烧来回收利用其中的热能和碱。

表 2-3　化学法制浆废水的基本特点

项目	备料废水		制浆废水		中段废水
	木浆	非木浆	黑液	红液	
废水来源	木料剥皮、削片、筛选的洗涤	除尘、除杂、除髓的洗涤	碱法制浆	酸法制浆	纸浆洗涤和漂白
主要成分	可溶性木材抽出物及杂质	溶解胶体、沙粒等	木质素钠盐、色素、戊糖类、残碱及其他溶出物	木质素磺酸盐、残留亚硫酸盐	纤维素的降解产物、较高浓度的木质素、AOX 等
COD/(mg/L)	—	—	$(1.0\sim1.6)\times10^5$	$(1.0\sim1.4)\times10^5$	1200～3000
BOD/(mg/L)	0～1500	0～1000	$(3.4\sim4.0)\times10^4$	$(3.2\sim4.4)\times10^4$	400～1000
SS/(mg/L)	0～1000	0～10000	$(2.4\sim2.8)\times10^4$	$(2.0\sim3.0)\times10^4$	500～1500
pH 值	6～8	6～9	11～13	<5	6～9

中段水是指纸浆洗涤筛选以及漂白等工段出水的混合废水总称。筛选净化废水主要是由锥形除渣器排渣带出的黑液，化学成分与黑液相仿，仅浓度较低，废水量较大，SS 和 BOD 含量高。一般情况下，每生产 1t 纸浆约产生 50～100t 筛选净化废水。漂白工段是在化学制浆脱木质素基础上将残余木质素从漂白浆中分离出来，目前仍有部分企业由于使用含氯漂白剂，该工段排出的废水中有机氯化物含量高，废水中已鉴定的低分子化合物超过 300 种，可分为 3 类，即有机酸（包括氯化有机酸）、酚类化合物（包括

氯代酚）以及中性有机化合物。这些物质多为高色度、有毒性的物质，对环境危害很大。降低这部分废水污染负荷是化学法制浆水污染全过程控制的主要任务。

2.2.2 水污染源解析方法

水污染源解析，广义上来看包含两层意思：一是应用多种技术手段定性识别水污染物的来源；二是通过建立污染物与来源的因果对应关系定量计算来源的相对贡献。归纳起来常用的主要解析方法有以下几类。

（1）基于污染负荷估算的源解析法

这一类方法把污染源作为解析对象，不关注受纳水体实际污染状况及污染物特征，通过模拟不同来源污染物的输出、转移和转化等进程，估算各个来源污染物输出或进入水体的负荷，经过比较得出各个来源的相对贡献。应用较多的是非点源污染模型估算污染负荷，包含输出系数法、机理模型、多元统计模型、等标污染负荷计算等方法。

（2）基于污染潜力分析的指数法

此方法综合分析影响污染物输出的首要因子并按照其重要性赋予不同的权重，用数学关系建立一个污染物输出的多因子函数，对流域不同单元各因子标准化后赋值，并分别进行函数计算获得各单元污染输出潜力指数，比较后得到各个单元输出的污染相对贡献。与上述方法不同的是，此方法计算结果是各单元输出的污染负荷相对值。如孙涛等把对应分析法和综合污染指数法综合起来应用于水质解析，通过对应分析法选出具备代表性的监测点，结合综合污染指数，更好地反映整条河流的污染状况。胡振动等针对目前单因素评价和常用污染指数法的不足，提出了一种新的水质综合污染指数法的方法，实现水质评价，采用层次分析法和熵值法相结合的方法，利用S型函数的动态调整来降低超标污染物的影响，解决了平均污染指数法过于松散、单因素评价方法过于严格的问题。

（3）基于源-受体特征污染物的源解析法

这类方法通常并不关注污染物迁移过程及输出负荷，而是从受纳水体污染物特征出发，建立污染物特征因子与潜在来源中相关因子的关联，以此判断污染物的主要来源或计算各来源对受纳水体污染的贡献比例。其中一种直接以受体污染物特征分析来定性地判断污染的主要来源，另外一种则是建立受体与污染源特征因子的相关关系，定量地分析各来源的相对贡献。

等标污染负荷法是以污染物排放标准或对应的环境质量标准作为评价准则，通过将不同污染源排放的各种污染物测试统计数据进行标准化处理后，计算得到不同污染源和各种污染物的等标污染负荷值及等标污染负荷比，从而获得同一尺度上可以相互比较的量。在对一个系统（如一个城市或一个工厂）中的多个污染源及其排放的多种污染物进行评价，以确定主要污染源和主要污染物时，通常采用等标污染负荷作为统一比较的尺度，对各污染源和各污染物的环境影响大小进行比较。针对制浆造纸等工业废水污染源来说，等标污染负荷法能够反映出排放的污染物总量对地表水的影响，为区域内的总量控制提供科学依据。所以这里采用等标污染负荷法的源解析方法，同时结合制浆造纸行业的水污染特征，开展制浆造纸行业水污染源解析。

制浆造纸过程废水等标污染负荷计算过程如下：

① 某一工序中某一污染物的等标污染负荷：

$$P_{ij} = \frac{C_{ij}}{C_{oi}} Q_{ij}$$

式中　P_{ij}——i 污染物在 j 工序的等标污染负荷，m^3/t 产品；

　　　C_{ij}——i 污染物在 j 工序的实测浓度，mg/L；

　　　C_{oi}——i 污染物的排放标准，mg/L；

　　　Q_{ij}——j 工序的废水排放量，m^3 废水/t 产品。

② 某工序所有污染物的等标污染负荷之和即为该工序的等标污染负荷之和 P_{nj}，按下式计算：

$$P_{nj} = \sum_{i=1}^{n} P_{ij} = \sum_{i=1}^{n} \frac{C_{ij}}{C_{oi}} Q_{ij}$$

③ 某污染物在所有工序的等标污染负荷之和即为该污染物的等标污染负荷之和 P_{ni}，按下式计算：

$$P_{ni} = \sum_{j=1}^{n} P_{ij} = \sum_{j=1}^{n} \frac{C_{ij}}{C_{oi}} Q_{ij}$$

④ 污染物负荷比。某一工序污染物的等标污染负荷之和 P_{nj} 占所有工序等标污染负荷总和 $P_{j总}$ 的百分比称为该工序的等标污染负荷比 K_j，按下式计算：

$$K_j = \frac{P_{nj}}{P_{j总}} \times 100\%$$

某一污染物的等标污染负荷之和 P_{ni} 与所有污染物的等标污染负荷总和 $P_{i总}$ 的百分比称为该污染物的等标污染负荷比 K_i，按下式计算：

$$K_i = \frac{P_{ni}}{P_{i总}} \times 100\%$$

依据等标污染负荷比的大小，以及等标污染负荷法的筛选原则，累积负荷比达到 80% 以上的污染物为主要污染物，因此可确定主要污染物或主要污染工序。从其计算过程可以看出，该方法简单明了，通用性强，且具有较好的综合性。等标污染负荷法是一种比较专业的方法，在环境影响评价中多用于对污染源的解析与评价。

2.2.3　化学法制浆废水污染因子筛选

使用等标污染负荷法时，首先要进行废水污染因子筛选，确定评价标准。目前造纸行业执行的是环保部与国家质量监督检验检疫总局等单位于 2008 年 6 月 25 日发布的《制浆造纸工业水污染物排放标准》（GB 3544—2008），该标准对废水中的 COD、BOD、悬浮物、AOX、氨氮、总氮、总磷、二噁英等指标做了限制。考虑化学法制浆生产过程的特征污染物，确定上述水质指标作为筛选的污染因子，并以该标准中表 2 新建制浆造纸企业水污染排放限值中规定的"制浆企业"限值作为计算依据。水污染物排放数据来源于企业的检测数据、竣工环保验收数据和实测数据（现场采集水样后在实验室分析检测）。

2.2.4 化学法制浆排水节点

化学法制浆生产工艺过程：植物原料经备料工段处理后进入蒸煮工段，在化学药液作用下蒸煮得到的粗浆经过洗涤、筛选净化工段，再根据需要通过氧脱木质素及漂白工段生产纸浆。硫酸盐法制浆洗涤工段产生的黑液经蒸发后进入碱回收炉燃烧，燃烧后的熔融物经苛化工段产生白液和白泥。白液回到蒸煮工段作为蒸煮药液。木浆生产产生的白泥通过石灰窑煅烧生成氧化钙回用到苛化工段。化学法制浆排水节点简图如图2-4所示。

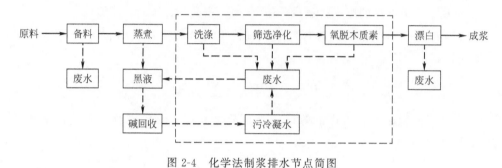

图2-4 化学法制浆排水节点简图

2.2.5 化学法制浆废水等标污染负荷解析

以典型的硫酸盐法化学浆生产过程为例，其生产过程废水主要包括备料废水、蒸煮黑液及其蒸发产生的污冷凝水、筛选净化废水和漂白废水等。主要污染物为碳水化合物的降解产物、低分子量的木质素降解产物、有机卤化物及水溶性抽出物等。蒸煮黑液经过滤后进入碱回收车间回收化学药品和热能，水以蒸汽形式转化为热能；洗涤筛选净化过程分为开放系统和封闭系统，其产生的废液与黑液汇合送碱回收工段；漂白段，目前ECF（无元素氯）漂白技术和TCF（全无氯）漂白技术已取代传统CEH三段漂白技术。

2.2.5.1 备料

木材原料的备料主要包括剥皮和削片两个环节，其中剥皮工艺分为干法和湿法。湿法剥皮用水量大，且废水中的污染物即树皮的水溶性物质（有机酸和酚类等物质）较难处理。干法剥皮用水量少，用水仅限于原木洗涤和除冰（在寒冷气候条件下，使用水或蒸汽为木材解冻），且能有效循环使用，使产生的废水降到最低。目前，湿法剥皮已逐步被干法剥皮所取代。

（1）主要污染物及其来源

备料环节的主要污染物有树皮、泥沙、木屑及木材中的水溶性物质，包括果胶、多糖、胶质及单宁等，会产生COD、BOD、悬浮物、氨氮、总氮、总磷等特征污染物。通过调研和查阅文献资料，干法备料工序废水排放量平均为1.0m³/t，湿法备料（封闭系统）废水排放量平均为3.0m³/t。各污染物浓度及负荷如表2-4和表2-5所列。无论是干法备料还是湿法备料，按各污染物负荷大小从大到小排序，顺序都为COD＞BOD＞悬浮物＞总氮＞氨氮＞总磷，可以看出在化学法制浆备料工序中COD排放量最大，其在干法备料废水中浓度为667～6667mg/L，而在湿法备料中则为1200～9000mg/L，这是因为备料工序废水中含有一定量的木材抽出物，木质素溶解后成为 COD 的主要来源，半纤维素降解后成为 BOD 的主要来源。悬浮物主要来自不能溶解的细小纤维、泥沙、灰分等。废水中的总氮、氨氮、总磷主要来自溶解性蛋白等。总体来说，湿法备料产生的污染物要比干法备料多。

表 2-4　化学法制浆干法备料废水污染源解析数据

项目	COD$_{Cr}$	BOD$_5$	悬浮物	氨氮	总氮	总磷
浓度/(mg/L)	667～6667	333～1667	333～1113	7～13	13～20	0.4～2.3
负荷/(kg/t)	0.67～6.67	0.33～1.67	0.33～1.11	0.01～0.02	0.01～0.02	0.0004～0.0023
等标污染负荷/(m³/t)	6.7～66.7	16.7～83.4	6.7～22.3	0.6～1.1	0.9～1.3	0.5～2.9
污染负荷比/%	20.89～37.55	46.94～52.15	12.54～20.86	0.61～1.83	0.75～2.71	1.57～1.62

表 2-5　化学法制浆湿法备料废水污染源解析数据

项目	COD$_{Cr}$	BOD$_5$	悬浮物	氨氮	总氮	总磷
浓度/(mg/L)	1200～9000	400～3000	100～3000	8～12	12～16	0.5～2.5
负荷/(kg/t)	3.6～27.0	1.2～9.0	0.3～9.0	0.02～0.04	0.04～0.05	0.0015～0.0075
等标污染负荷/(m³/t)	36.0～270.0	60.0～450.0	6.0～180.0	2.0～3.0	2.4～3.2	1.8～9.4
污染负荷比/%	29.49～33.25	49.15～55.41	5.54～19.66	0.33～1.80	0.35～2.22	1.02～1.73

（2）等标污染负荷法解析

采取等标污染负荷法对化学法制浆备料工序废水进行解析，通过计算得到各污染物的等标污染负荷和污染负荷比，结果如表 2-4 和表 2-5 所列。

干法备料中，按等标污染负荷的大小排序，从大到小的顺序为 BOD＞COD＞悬浮物＞总磷＞总氮＞氨氮。从表 2-4 中可以看出，在干法备料工序中等标污染负荷最大的污染物是 BOD，等标污染负荷比达到了 46.94%～52.15%；其次是 COD，它的等标污染负荷比也有 20.89%～37.55%；排在第三的是悬浮物，它的等标污染负荷比为 12.54%～20.86%。这三个污染物的累积负荷比达到 80% 以上，依据等标污染负荷法的筛选原则，可以得到 BOD、COD 和悬浮物是干法备料工序的主要污染物。排放量最大的 COD 的等标污染负荷却小于 BOD，这是因为 COD 的排放限值较高，进行标准化处理后其数值较小，这也说明 COD 的排放量虽然较大，但对于水环境恶化的影响不是最强的；排放量最小的总磷的等标污染负荷却大于总氮和氨氮，这是因为总磷的排放限值较低，进行标准化处理后其数值反而较大，说明备料工序中排放的总磷对于水环境恶化的影响比氨氮和总氮要高。

湿法备料中，按等标污染负荷的大小排序，从大到小的顺序为 BOD＞COD＞悬浮物＞总磷＞总氮＞氨氮。从表 2-5 中可以看出，在湿法备料工序中等标污染负荷最大的污染物是 BOD，其等标污染负荷比达到 49.15%～55.41%；其次是 COD，它的等标污染负荷比也有 29.49%～33.25%；排在第三的是悬浮物，它的等标污染负荷比为 5.54%～19.66%。这三个污染物的累积负荷比达到 80% 以上，依据等标污染负荷法的筛选原则，可以得到 BOD、COD 和悬浮物也是湿法备料工序的主要污染物。

2.2.5.2 蒸煮

蒸煮是用化学药品的水溶液（蒸煮液）与植物纤维原料作用，其主要目的是除去木质素，使纤维彼此分离。本工序研究对象为蒸煮送碱回收黑液。

（1）主要污染物及其来源

黑液具有高浓度和难降解的特性。黑液中含有碳水化合物的降解产物、低分子量的木质素降解产物，浓度高且难降解，另外还含有残碱、悬浮物和色素等物质，很难通过末端治理的办法进行处理。目前成熟的处理方法为碱回收工艺，进碱回收炉黑液固形物含量达到65%～70%，而且浓度越高，碱回收炉热效率越高，运行越稳定。黑液蒸发过程产生的污冷凝水，其主要污染物包含甲醇、乙醇、丙酮、丁酮、糠醛和萜烯类化合物。污冷凝水可送至提取工段洗涤纸浆用或送苛化工段稀释和溶解用，也可用来补充洗涤用水。污冷凝水最终还是回到黑液，所以不需要单独分析污冷凝水。

通过调研和查阅文献资料，硫酸盐法蒸煮工序平均废水排放量为10m³/t，各污染物浓度及负荷如表2-6所列。按各污染物负荷大小从大到小排序，顺序为COD>BOD>悬浮物>总氮>氨氮>总磷。蒸煮黑液中COD和BOD含量很高，这是因为蒸煮过程中可利用的原料组分仅仅是纤维素和部分半纤维素，约50%的有机物溶解于蒸煮黑液中。COD和BOD主要来源于原料组分中能溶解于水的有机成分。

表 2-6　化学法制浆碱法蒸煮废水污染源解析数据

项目	COD$_{Cr}$	BOD$_5$	悬浮物	氨氮	总氮	总磷
浓度/(mg/L)	106000～157000	34500～42500	1000～2000	8～25	12～33	1～3
负荷/(kg/t)	1060.00～1570.00	345.00～425.00	10.00～20.00	0.08～0.25	0.12～0.33	0.01～0.03
等标污染负荷/(m³/t)	10600.0～15700.0	17250.0～21250.0	200.0～400.0	6.7～20.8	8.0～22.0	12.5～37.5
污染负荷比/%	37.75～41.95	56.77～61.44	0.71～1.07	0.02～0.06	0.03～0.06	0.04～0.10

（2）等标污染负荷法解析

采用等标污染负荷法对蒸煮工序废水进行解析，计算各污染物的等标污染负荷和污染负荷比，结果如表2-6所列。

按等标污染负荷的大小排序，从大到小的顺序为BOD>COD>悬浮物>总磷>总氮>氨氮，其中BOD的等标污染负荷比达到了56.77%～61.44%；其次是COD，负荷比为37.75%～41.95%；排在第三位的是悬浮物，其负荷比为0.71%～1.07%；排在后三位的是总磷、总氮和氨氮，负荷比分别为0.04%～0.10%、0.03%～0.06%和0.02%～0.06%。BOD和COD的等标污染负荷比累积超过90%，根据等标污染负荷筛选原则，BOD和COD是碱法蒸煮工序的主要污染物。另外，排放量最小的总磷的等标污染负荷却大于总氮和氨氮，这是因为总磷的排放限值较低，进行标准化处理后其数值反而最大，说明蒸煮工序中排放的总磷对于水环境恶化的影响是较高的。

2.2.5.3　洗涤筛选净化

纸浆的筛选一般有开放式筛选和封闭式筛选两类。对开放式洗涤筛选系统来说，洗涤筛选净化废水包括洗涤段外排水、筛选最后一段排渣带出的废水和净化最后一段排渣带出的废水。封闭式洗涤筛选系统产生的废液直接进入蒸煮黑液，此处不另做解析。开放式筛选所用的筛选净化设备，如跳筛、CX 筛及除砂器均为低浓处理设备，故整个工艺耗水量、耗电量大，该方法已逐步被封闭筛选工艺所代替。封闭式筛选选用封闭式的压力筛代替开放系统的跳筛和 CX 筛，可以有效分离置换出节子、浆渣中夹带的纤维和黑液，并减少稀释水用量，达到了节能、节水和提高筛选质量的目的，是目前较为先进的筛选工艺。

（1）主要污染物及其来源

此处的洗涤筛选净化废水是指经黑液提取后的蒸煮浆料在筛选、洗涤、净化等过程中排出的废水，可生化性较差，有机物难以生物降解且处理难度大。其废水中的有机物主要是木质素、纤维素、有机酸等，以可溶性 COD 为主。

通过调研和查阅文献资料，开放系统中，洗涤筛选工序排放废水量一般为 $60m^3/t$，各污染物浓度及负荷如表 2-7 所列。按各污染物负荷大小从大到小排序，顺序为 COD > BOD > 悬浮物 > 总氮 > 氨氮 > 总磷。总体来看，开放系统洗涤筛选净化工序废水中 COD 和 BOD 含量较高，其主要来源于蒸煮工序。其他污染物如总氮、氨氮和总磷浓度相对较低。

表 2-7　化学法制浆开放式洗涤筛选净化废水污染源解析数据

项目	COD$_{Cr}$	BOD$_5$	悬浮物	氨氮	总氮	总磷
浓度/(mg/L)	400~620	133~200	83~167	0.5~4.0	1~6	0.2~1.0
负荷/(kg/t)	24.00~37.20	8.00~12.00	5.00~10.00	0.03~0.24	0.06~0.36	0.01~0.06
等标污染负荷/(m³/t)	240.0~372.0	400.0~600.0	100.0~200.0	2.5~20.0	4.0~24.0	15.0~75.0
污染负荷比/%	28.81~31.52	46.48~52.53	13.13~15.49	0.33~1.55	0.53~1.86	1.97~5.81

（2）等标污染负荷法解析

洗涤筛选开放系统废水采用等标污染负荷法进行分析后，得到各污染物的等标污染负荷和污染负荷比，结果如表 2-7 所列。按等标污染负荷的大小排序，从大到小的顺序为 BOD > COD > 悬浮物 > 总磷 > 总氮 > 氨氮，可以得到洗涤筛选工序在开放系统中的主要污染物是 BOD 和 COD，其等标污染负荷比分别达到了 50% 和 30% 左右，一共达到了 80% 以上，其余污染物累积负荷比才 30% 不到。这是因为 BOD 和 COD 行业排放要求较高，排放限制较低，所以导致标准处理后等标污染负荷很高。

2.2.5.4　漂白

漂白废水是制浆过程中为了提高纸浆的白度，添加漂白剂漂白以去除浆中有色物质而产生的废水。漂白废水是化学法制浆过程排放到废水处理工段的主要部分，因此降低这部分废水污染负荷是实现清洁生产的重要步骤。

(1) 主要污染物及其来源

传统的 CEH（氯气-碱-次氯酸盐）三段漂会产生大量的氯化废水。废水中含有致癌性和致突变性的二噁英等有机氯化物。目前主要采用的漂白技术为 TCF 和 ECF 漂白，这两种漂白技术可以大大降低废水中 AOX 的产生量。对环境污染最严重的是漂白过程中产生的含氯废水，例如氯化漂白废水、次氯酸盐漂白废水等。次氯酸盐漂白废水中主要含有 40 多种有机氯化物，其中以各种氯代酚为最多，如二氯代酚、三氯代酚等。此外，漂白废液中含有毒性极强的致癌物质二噁英，对生态环境和人体健康造成了严重威胁。

通过调研和查阅文献资料，传统 CEH 漂白工序排放废水量平均为 100m³/t，ECF 漂白工序排放废水量平均为 30m³/t，TCF 漂白工序排放废水量平均为 12m³/t 浆，各污染物浓度及负荷如表 2-8～表 2-10 所列。按各污染物负荷大小从大到小排序，传统 CEH 漂白顺序为 COD＞悬浮物＞BOD＞AOX＞总氮＞氨氮＞总磷＞二噁英，ECF 漂白顺序为 COD＞BOD＞悬浮物＞AOX＞总氮＞氨氮＞总磷＞二噁英，TCF 漂白顺序为 COD＞BOD＞悬浮物＞总氮＞氨氮＞总磷。

(2) 等标污染负荷法解析

采取等标污染负荷法对三种漂白工序废水进行解析，各污染物的等标污染负荷和污染负荷比计算结果如表 2-8～表 2-10 所列，按等标污染负荷的大小排序，从大到小的顺序依次为：CEH，二噁英＞悬浮物＞BOD＞COD＞AOX＞总磷＞总氮＞氨氮；ECF，BOD＞COD＞悬浮物＞AOX＞总磷＞二噁英＞总氮＞氨氮；TCF，BOD＞COD＞悬浮物＞总磷＞总氮＞氨氮。可以得到 CEH 漂白工序主要污染物是二噁英，它的等标污染负荷比达到 82.53%～89.59%；ECF 漂白工序主要污染物是 BOD、COD 和悬浮物，它们的等标污染负荷比达到 80% 以上；TCF 漂白工序主要污染物是 BOD 和 COD。传统 CEH 漂白污染物二噁英的负荷比远高于 ECF 漂白的负荷比 0.81%～1.31%，因此，传统 CEH 漂白已被淘汰；TCF 漂白工艺虽然不产生 AOX 和二噁英，但其漂白纸浆白度稳定性差，易返黄。综合考虑，目前化学浆漂白最佳工艺是 ECF，通过加强氧脱木质素或者臭氧漂白等进一步降低 ClO_2 用量，大大减少了 AOX 和二噁英的排放量。

表 2-8　化学法制浆传统 CEH 漂白废水污染源解析数据

项目	COD_{Cr}	BOD_5	悬浮物	AOX	氨氮	总氮	总磷	二噁英
浓度/(mg/L)	517～608	83～167	200～600	31～57	0.5～4.0	1～6	0.2～1.0	4200～4700①
负荷/(kg/t)	51.70～60.80	8.30～16.70	20.00～60.00	3.10～5.70	0.05～0.40	0.10～0.60	0.02～0.10	$4.2×10^{-7}$～$4.7×10^{-7}$
等标污染负荷/(m³/t)	517.0～608.0	415.0～835.0	400.0～1200.0	258.3～475.0	4.17～33.3	6.7～40.0	25.0～125.0	14000.0～15666.7
污染负荷比/%	3.20～3.31	2.66～4.40	2.56～6.32	1.65～2.50	0.03～0.18	0.04～0.21	0.16～0.66	82.53～89.59

① 二噁英浓度单位为 pg TEQ/L。

表 2-9　化学法制浆 ECF 漂白废水污染源解析数据

项目	COD$_{Cr}$	BOD$_5$	悬浮物	AOX	氨氮	总氮	总磷	二噁英
浓度/(mg/L)	2000~4000	533~1066	533~800	60~113	1~5	2~9	0.2~2	25~30[①]
负荷/(kg/t)	60.0~120.0	16.0~32.0	16.0~24.0	1.8~3.4	0.03~0.15	0.06~0.27	0.006~0.06	7.5×10^{-10}~9.0×10^{-10}
等标污染负荷/(m^3/t)	600.0~1200.0	800.0~1600.0	320.0~480.0	150.0~282.5	2.5~12.5	4.0~18.0	7.5~75.0	25.0~30.0
污染负荷比/%	31.44~32.45	41.89~43.24	12.98~16.76	7.66~7.87	0.13~0.34	0.21~0.49	0.39~2.03	0.81~1.31

① 二噁英浓度单位为 pg TEQ/L。

表 2-10　化学法制浆 TCF 漂白废水污染源解析数据

项目	COD$_{Cr}$	BOD$_5$	悬浮物	氨氮	总氮	总磷
浓度/(mg/L)	2500~4500	1000~2500	583~916	1~5	2~9	0.2~2
负荷/(kg/t)	30.00~54.00	12.00~30.00	7.00~11.00	0.01~0.06	0.02~0.11	0.002~0.024
等标污染负荷/(m^3/t)	300.0~540.0	600.0~1500.0	140.0~220.0	1.0~5.0	1.6~7.2	3.0~30.0
污染负荷比/%	23.46~28.69	57.39~65.16	9.55~13.38	0.10~0.22	0.15~0.31	0.29~1.30

2.2.5.5　水污染源解析结果分析

（1）各工序总等标污染负荷及负荷比

通过以上分析，在计算各工序污染物等标污染负荷后，对各个工序所排放的污染物的等标污染负荷求和，得出各工序总等标污染负荷值，并计算等标污染负荷比，结果如表 2-11 和表 2-12 所列。

表 2-11　各工序污染物等标污染负荷总和及负荷比（传统工艺）

工序	各工序等标污染负荷/(m^3/t)	各工序等标污染负荷比/%	累积负荷比/%
备料	108.3~915.6	0.24~1.57	0.24~1.57
蒸煮	28077.2~37430.3	62.99~63.85	63.23~65.41
洗涤筛选净化	761.5~1291.0	1.71~2.20	64.94~67.62
漂白	15626.2~18983.0	32.38~35.06	100.00

表 2-12　清洁工艺各工序污染物等标污染负荷总和

工序	各工序等标污染负荷/(m^3/t)	与传统工艺相比降低率/%
备料	31.9~177.6	70.51~80.61
蒸煮	0.0(有碱回收,无排放)	100.00(无碱回收)

续表

工序	各工序等标污染负荷/(m³/t)	与传统工艺相比降低率/%
洗涤筛选净化	0.0(封闭筛选，无排放)	100.00(开放式筛选)
漂白	954.4～1848.9	90.26～93.89

从计算结果可以看出，各工序等标污染负荷总和从大到小的顺序是蒸煮＞漂白＞洗涤筛选净化＞备料，其中蒸煮工序等标污染负荷比为62.99%～63.85%，漂白工序为32.38%～35.06%，洗涤筛选净化工序为1.71%～2.20%，备料工序为0.24%～1.57%。可以看出污染主要集中在蒸煮工序和漂白工序，这两个工序等标污染负荷比累积达到90%以上。为了减少这些工序的污染物，可以采用干法备料技术、封闭式筛选技术、ECF漂白技术和碱回收等清洁工艺技术。如表2-12所列，采用干法备料技术，可减少备料工序等标污染负荷70.51%～80.61%；采用碱回收技术，蒸煮黑液通过碱回收回收热能和化学品，冷凝污水经提取处理后，可以送浆料洗涤等，从而不对外排废水，因此可减少蒸煮工序等标污染负荷100%；采用封闭式筛选技术减少洗涤筛选净化工序等标污染负荷100%；同时，采用ECF漂白技术，漂白工序等标污染负荷可减少90.26%～93.89%，很大程度上减少了污染物的产生。

（2）各污染物总等标污染负荷及负荷比

为了确定整个化学法制浆过程中的主要污染物，在分析各工序污染物等标污染负荷的基础上，对某一污染物在制浆过程中各个工序的等标污染负荷累计求和，得出其总等标污染负荷，并计算其等标污染负荷比，结果如表2-13所列。

表 2-13　各污染物等标污染负荷总和及负荷比（传统工艺）

特征污染物	各污染物等标污染负荷/(m³/t)	各污染物等标污染负荷比/%	累积负荷比/%
COD$_{Cr}$	11393.0～16950.0	25.56～28.91	25.56～29.10
BOD$_5$	18125.0～23135.0	39.47～40.66	66.22～68.38
悬浮物	706.0～1980.0	1.58～3.38	67.81～71.76
AOX	258.3～475.0	0.58～0.81	68.39～72.57
氨氮	15.3～77.2	0.03～0.13	68.42～72.70
总氮	21.1～89.2	0.05～0.15	68.47～72.85
总磷	54.4～246.9	0.12～0.42	68.59～73.27
二噁英	14000.0～15666.7	26.73～31.41	100.00

由表中数据可得，各污染物等标污染负荷总和从大到小的顺序是BOD＞二噁英＞COD＞悬浮物＞AOX＞总磷＞总氮＞氨氮，其中BOD的等标污染负荷比为39.47%～40.66%，二噁英为26.73%～31.41%，COD为25.56%～28.91%，悬浮物为1.58%～3.38%，AOX为0.58%～0.81%，总磷为0.12%～0.42%，总氮为0.05%～0.15%，氨氮为0.03%～0.13%。根据等标污染负荷法筛选原则，累积百分比到80%的污染物为主要污染物。可以得出，BOD、二噁英和COD是化学法制浆（传统工艺）过程中的主要污染物。为了减少这些污染物的排放，可以采用干法备料技术、封闭式筛选技术、ECF漂

白技术和碱回收技术等。如表 2-14 所列，采用这些清洁工艺技术，可减少 COD、BOD 和二噁英的等标污染负荷 92％以上，AOX 可削减 40％以上。

表 2-14　清洁生产工艺各污染物等标污染负荷总和

项目	各污染物等标污染负荷/(m³/t)	与传统工艺相比降低率/%
COD_{Cr}	606.7～1266.7	92.53～94.68
BOD_5	816.2～1682.4	92.73～92.50
悬浮物	326.5～502.3	53.73～74.64
AOX	150～282.5	41.94～40.53
氨氮	3.1～13.6	79.89～82.40
总氮	4.9～19.3	76.90～78.33
总磷	8.0～77.9	68.46～85.29
二噁英	25.0～30.0	99.81～99.82

2.3　化学法制浆新型蒸煮技术

蒸煮是化学法制浆的核心，其关键作用在于利用蒸煮液破坏植物纤维中木质素与碳水化合物成分及破碎的大分子混合物的键合，将绝大部分木质素分解成小分子溶解于药液中，进而使纤维彼此分离成纸浆。根据原料及蒸煮条件的不同，通常蒸煮脱木质素的程度要达到除去最初木质素含量的 84％～90％。这一过程是在蒸煮设备中完成的，蒸煮设备对成浆的产量、质量影响很大。按生产操作方式，蒸煮方式分为间歇蒸煮和连续蒸煮。

间歇蒸煮主体为蒸球和蒸煮锅。蒸球为回转式，多用于中小型制浆厂烧碱法、硫酸盐法、中性或碱性亚硫酸盐法制浆的设备。其工作原理是：原料和药液从球壳上方的装料孔加入，用球盖封闭后开始转动，同时从传动侧通过空心轴头送入蒸汽，对料片进行加热；蒸煮结束，从空心轴头放料。蒸煮锅为立式固定设备，由于蒸煮药液的腐蚀性以及蒸煮工艺特点不同，蒸煮锅的材质、结构形式和容积也大不相同，蒸煮锅又可分为硫酸盐法蒸煮锅和亚硫酸盐法蒸煮锅。蒸煮锅的容积一般较大，多用于大中型浆厂。其工作原理是：原料和少量药液从锅体顶部装料孔加入，并用装锅器压实，然后用锅盖密封；蒸煮液用泵从底部或是顶部筛板注入，然后从中部筛板抽液，通过药液循环加热装置进行加热后，送回锅体内，完成蒸煮过程。蒸煮程度一般通过 H 因子进行控制。

间歇蒸煮设备见图 2-5。

连续蒸煮相对于间歇蒸煮，实现了装料、送液、升温、蒸煮、保温及放料全过程在同一时间内的连续化。连续蒸煮器在纸浆质量、节能和自动化控制方面具有显著的优势。其蒸汽、电力消耗均匀，没有高峰负荷，综合能耗低；单位锅容生产能力大、占地小；不存在大放汽问题，减少了环境污染。缺点就是所需装备较多，构造复杂，操作控制要求高，生产灵活性较差。目前国内外的大型木浆厂和草浆厂多采用连续蒸煮器。连续式化学制浆设备按主体蒸煮设备可分为塔式（立式）连续蒸煮器（也称卡米尔连续蒸

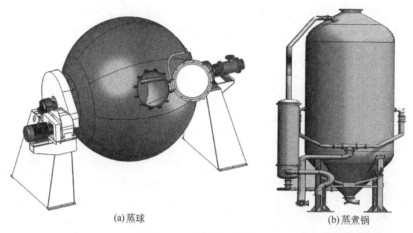

(a)蒸球   (b)蒸煮锅

图 2-5　间歇蒸煮设备

煮器)、潘迪亚横管式及斜管式连续蒸煮器。管式连蒸最早由美国布莱克-克劳森公司于1948 年研制成功,主要用于阔叶木 NSSC(中性亚硫酸盐法)半化学浆、非木材纤维化学法和半化学法制浆。我国天津轻工机械厂于 20 世纪 70 年代引进国内,并实现国产化,当前最大的产能达到 300t/d。横管式连续蒸煮器(图 2-6)属于高温快速蒸煮设备,即原料进入密闭的蒸煮设备后,即用直接蒸汽迅速加热至最高温度,蒸煮周期较短,根据原料、浸渍条件、成浆质量要求不同,蒸煮时间不超过 1h,全球约有 200 家浆厂在使用。塔式连续蒸煮器(图 2-7)高度一般比较高,有单塔式和双塔式两种,产能适应范围很大,多用于大中型木浆厂,是世界上应用最为普遍的一种蒸煮器,自第一套于 1950 年投入工业生产以来,取得了两次重大技术突破:第一次是 1957 年发展了冷喷放技术(底部注入 70~80℃稀黑液),改善了纸浆的强度特性;第二次是 1962 年研究成功锅内高温逆流洗涤,大大提高了洗涤效率,简化了洗浆设备。塔式连蒸具有良好的适应性,可适应不同原料、不同制浆方法,年产能可以从 10 万吨的中产能到 100 万吨以上的超大产能,因此占据了全世界碱法制浆的主要市场。

图 2-6　横管式连续蒸煮器

不管是间歇蒸煮还是连续蒸煮,都是在高温、高压环境下进行的,能耗高、污染大

图 2-7　塔式连续蒸煮器

是蒸煮技术面临的一大难题。随着全球环境污染形势变得日益严峻，20 世纪 80 年代以来，蒸煮从设备到工艺技术上都取得了很大的发展，出现了许多低能耗、低污染的新型改良蒸煮技术。

2.3.1　新型间歇蒸煮技术

随着化学制浆技术的发展，常规间歇蒸煮设备面临很多挑战。一方面化学制浆产能越来越大，需要配置的蒸煮锅数量增多，对设备操控、全厂的水电汽平衡和能源管控产生了极大的影响；另一方面，传统间歇蒸煮用汽量大，能耗高，每吨浆需要使用 1.8～2.4t 的蒸汽，而且放气过程产生臭气污染，蒸煮结束时锅内高温物料的热能被简单冷却或是换热处理，没有得到合理的利用。因此，20 世纪 80 年代在立式蒸煮锅的基础上发展了能充分利用高温物料热能的一种低能耗制浆系统，通过能源管理技术，可在蒸煮器内进行多次热置换，最后进行冷喷放，大幅降低蒸煮能耗，其能耗只有原来的 1/2，另外还实现了蒸煮过程的深度脱木质素。与传统的间歇蒸煮比较，节能效果明显，纸浆强度提高，并能消除有害气体对环境的污染，减少漂白废水中总有机氯化物的排放量。

新型间歇式蒸煮系统先后发展了三种代表性的技术：第一种是 RDH 快速热置换蒸煮，最早由芬兰瑞德 Radar 公司发明，后转给美国比罗伊特公司，1998 年又被加拿大 GLV 公司收购；第二种是 DDS 置换蒸煮，是由美国 CabTec 公司在 20 世纪初新开发的一种节能制浆技术，是 RDH 的升级版；第三种是 SuperBatch 超级间歇蒸煮，最早由瑞典顺智 Sunds 公司持有，后被美卓收购，之后转卖给 GLV 公司。2019 年 2 月份，GLV 公司制浆业务被维美德公司收购。

2.3.1.1　RDH 蒸煮技术

RDH 置换蒸煮的工作原理是：当蒸煮结束时，蒸煮锅内热黑液用洗浆机的滤液，也就是用冷黑液进行置换，置换出来的黑液根据温度不同被分别储存在不同的黑液槽中，用于下一次蒸煮时原料和蒸煮白液的预热。蒸煮好的纸浆在蒸煮锅内至少完成 1 次洗涤，并被冷却下来，然后用压缩空气将其喷放或泵抽至喷放锅。RDH 间歇蒸煮流程如图 2-8 所示，从蒸煮结束进行热黑液置换开始到下一次蒸煮结束，完成一个循环需要9 个步骤。

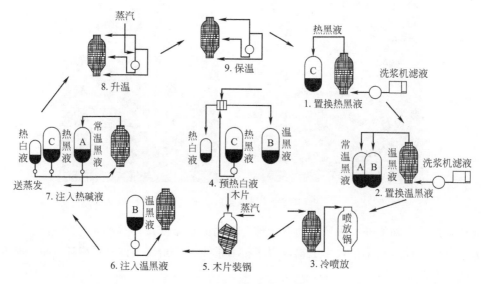

图 2-8　RDH 间歇蒸煮流程

与常规间歇式立锅蒸煮相比，RDH 系统需要额外的木片预浸和置换蒸煮液的时间，但快速升温时间缩短，而且喷放的时间较常规法缩短 1/2，这是因为冷喷放时锅内充满纸浆和药液，而常规法热喷放时，由于蒸汽闪蒸，需要相当大的容积。因此，RDH 蒸煮周期与立锅蒸煮时间相同或略小。在能量消耗方面，由于在蒸煮终了置换热黑液用于加热白液，注入热药液使锅内温度超过 155℃，所以 RDH 系统比常规法蒸煮大大减少了新鲜蒸汽用量，可节约 70%～80% 的蒸汽。在有效碱用量方面，立锅蒸煮由于较慢的浸渍和快速升温，致使木片表面过煮而内部煮不透；RDH 法由于采用温黑液压力浸渍木片，然后快速升温，减少了半纤维素的剥皮反应，因此减少了碱耗，提高了纸浆得率；RDH 系统可节约 5%～10% 的有效碱。在纸浆质量方面，RDH 系统中木片经温黑液浸渍和加热，可除去蒸煮期间产生的甲酸和部分降解的碳水化合物，而且温黑液中 HS^- 和 OH^- 的比值很高，当升温时纤维素不降解，而木质素在 135℃ 时与 HS^- 反应，并在 160℃ 时水解，相当短的升温和保温时间，使纤维素很少降解；同时，RDH 系统的高液比使纸浆卡伯值波动减少。另外，RDH 系统加入温、热药液以及温、热黑液的置换都是由锅的底部向上置换的。控制置换的速度可使整个锅中得到很均匀的纸浆，蒸煮的 H 因子更易于控制。RDH 系统在 80℃ 时由压缩空气进行冷喷放，可保证纤维无损伤，在喷放管线中的压降只有 275～413kPa，而常规法为 689kPa，因而不会出现因过煮而出现的纤维降解。所以 RDH 法与常规间歇蒸煮相比，未漂浆和漂白浆强度都高出 10% 以上。

2.3.1.2　DDS 置换蒸煮技术

DDS 置换蒸煮是在 RDH 的基础上发展起来的，其工作原理和 RDH 类似，相比前者，具有更加稳定、可靠的槽罐区和自动化控制技术，吨浆蒸汽消耗进一步降至 0.5～0.8t。

DDS 置换蒸煮系统主体设备包括立式蒸煮锅和槽罐。因工艺不同，置换蒸煮的立锅相较于传统立锅，增加了自动锅盖阀、抽风设备、破真空设备、γ 射线液位计、放锅稀释嘴、锥部三脚架、装填喷嘴、蒸汽分布器等部件。其中，抽风设备的作用是抽出木片带入的空气，增加装锅量。破真空设备是置换蒸煮系统特有的，主要是置换蒸煮冷喷放快结束时，锅内压力小，浆料需要借助泵抽出，为避免蒸煮锅产生负压并实现放锅完全，需要用这个设备来破除负压。蒸汽分布器也是置换蒸煮特有的，它安装在循环管上，利用循环泵将蒸汽直接加入黑液中，补充多次置换产生的蒸汽损耗。

槽罐是置换蒸煮的核心，主要设备有冷黑液槽、温黑液槽、热黑液槽、热白液槽、置换槽、热交换器及泵。另外还有一套控制系统，包括放锅过程的模糊逻辑控制 FLC、槽区液位模糊预测控制 MPC，以及药液置换流动"多变量控制" MVC。在这些槽罐中，热黑液槽、温黑液槽和热白液槽是立式压力容器，冷黑液槽和置换槽是常压容器。

DDS 间歇蒸煮流程见图 2-9。

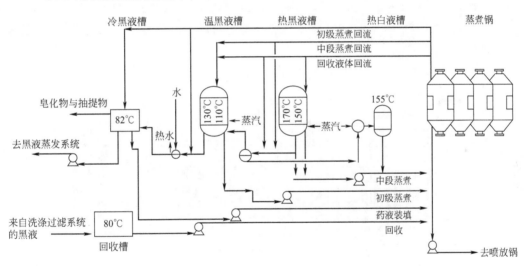

图 2-9 DDS 间歇蒸煮流程

在国内，广东鼎丰纸业于 2000 年引进了 RDH 置换蒸煮，配置 3 台 120m³ 的立锅，年产能最大 7.5 万吨。2004 年，又升级为 DDS 置换蒸煮，改造之后，年产能提升到 10 万吨。DDS 蒸煮与 RDH 蒸煮结果对比如表 2-15 所列，从表中数据可以看出，升级为 DDS 之后，原料、药品等消耗降低，纸浆质量提高。

表 2-15 DDS 蒸煮与 RDH 蒸煮结果对比

项目	单位	RDH	DDS	差异
蒸煮器	台	3	4	+1
产量	t/月	5905	8138	+2233
漂白浆得率	%	47.4	47.7	+0.3

续表

项目	单位	RDH	DDS	差异
蒸汽消耗	t/t	0.93	0.84	−0.09
渣浆率	%	4.2	2.3	−1.9
卡伯值	—	15.7	14.6	−0.9
消泡剂用量	kg/t	1.35	0.93	−0.42
残碱	%	0.50	0.41	−0.09
有效氯消耗	kg/t	87.5	69.0	−18.5
白度(ISO)	%	87.9	88.2	+0.3

2.3.1.3　超级间歇蒸煮

超级间歇蒸煮（SuperBatch）与 RDH 或 DDS 蒸煮相比，其最大特点就是在料片预浸渍后采用了专利的热黑液处理工艺，实现了高温快速脱木质素，进一步降低了粗浆硬度，提高了纸浆强度。1992 年第一条工业化的超级间歇蒸煮生产线在芬兰 Enocell 厂投产，产量为 1770t/d。SuperBatch 工艺技术更加合理，简单实用，是间歇制浆方法中最先进的。

SuperBatch 间歇蒸煮流程见图 2-10。

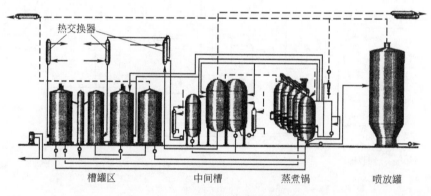

图 2-10　SuperBatch 间歇蒸煮流程

超级间歇蒸煮主体设备也是由若干个立式蒸煮锅和一系列储液槽组成的。其操作过程主要包括 4 个步骤：a. 装锅预浸；b. 加热蒸煮；c. 黑液置换；d. 用泵排放。与常规间歇蒸煮相比，SuperBatch 蒸煮可以节约能耗 65%，这主要缘于次级热黑液经过热交换系统加热了白液与水，经过温黑液预浸及热黑液处理后，木片不经过蒸汽加热就达到 140℃左右，可使蒸煮起始温度提高 70℃左右，从而节约了能耗。另外，得益于每个部位均得到了透彻的置换，化学药液传递和热传递都非常均匀。又由于系统可以采用较大的液比，这也帮助药液迅速渗透到料片中，而三次完全的置换过程更是显著地提高了物质传递和热传递，使脱木质素程度格外均匀，因此 SuperBatch 可以获得更好的成浆均匀性，而且适用范围更宽，特别是在蒸煮密度不同的混合原料时，或是蒸煮厚度差异较大的料片时，更显示其独特的优越性。在纸浆的漂白方面，SuperBatch 蒸煮卡伯值的调整范围大，适应性更强，在保持目标强度和得率的前提下，可获得均匀的低卡伯值的纸浆，为 ECF 或 TCF 漂白奠定了基础；而且蒸煮得到的纸浆具有很多优良的可漂性，漂后浆白度高，强度高，化学药品用量少，污染物排放量少。另外，在环保方面，冷喷放降低了废气排放量，较传统的间歇蒸煮减少 95％以上。

2.3.2　新型立式连续蒸煮技术

连续蒸煮技术的出现是制浆造纸工业的一大发展，从出现就显示了较间接蒸煮的优越性，但面临来自间歇蒸煮技术不断改进的竞争压力，先后已有 4 种连续立式蒸煮改良技术和设备问世并投入生产应用。

2.3.2.1　改良连续蒸煮技术（MCC）

改良连续蒸煮技术（MCC）在 20 世纪 70 年代末 80 年代初首先在北欧投入运行，MCC 蒸煮显著提高了浆的黏度和强度，降低了粗渣率，提高蒸煮的选择性，使得在蒸煮过程中实现深度脱木质素，例如针叶木蒸煮后卡伯值降至 25 成为可能。在环保的推动下，MCC（图 2-11）迅速在世界上得到广泛推广。

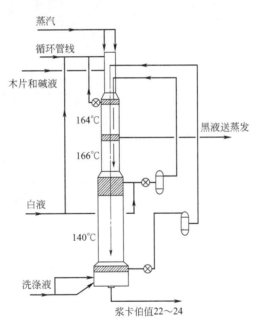

图 2-11　改良连续蒸煮技术示意

常规连续蒸煮过程大致为，木片和蒸煮液从蒸煮器顶部进入，依次经过预浸渍区、蒸煮区、高温逆流洗涤区和冷喷放区，然后成浆。预浸渍时间在几分钟到几十分钟，蒸煮时间在 1.5~2h，高温逆流洗涤时间为 1.5~4h。MCC 蒸煮技术是在常规连续蒸煮基础上，在原顺流蒸煮区下方增加一个逆流蒸煮区，并将占总碱量 20％的蒸煮液通过这个区域加入。这样一来，原来的 1 个抽液点就变成 2 个抽取点，同时也增加了 1 个蒸煮液加入点。其结果是降低了预浸渍段初期的碱液浓度，并增加了蒸煮后期的碱液浓度，使得蒸煮更具有选择性,后续残余木质素可以继续脱出。在蒸煮终了时,MCC 法得到的纸浆木质素浓度仅为常规纸浆的 40%~60%。采用 MCC 技术,可以使针叶木浆的卡伯值从 30~35 降至 22~24,下降 10 个单位而浆的性能保持不变。另外,由于卡伯值降低,提高了纸浆的漂白性能,只需用少量的漂白浆就可以达到较高的白度。

2.3.2.2 深度改良连续蒸煮技术(EMCC)

20 世纪 80 年代末,卡米尔公司对 MCC 技术又进行了深度改良,形成 EMCC 技术。其最大差异就是在高温洗涤区的洗涤液循环泵入口处加入 10%~15% 的碱液,从而进一步延长了蒸煮时间,蒸煮过程从顺流蒸煮区、逆流蒸煮区一直到高温洗涤区,时间由 1.5h 变为 4.5~6h,残余木质素得到进一步降解和溶出,而且由于蒸煮时间延长,温度可以适当降低,有利于提高蒸煮的均匀性,获得更低的纸浆硬度。与 MCC 相比,在保持纸浆质量不变的情况下,EMCC(图 2-12)可以进一步降低 2~3 个单位的卡伯值。

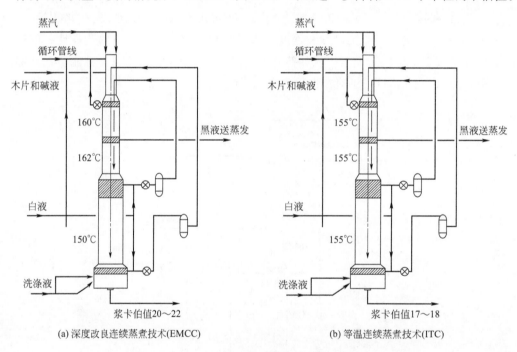

(a) 深度改良连续蒸煮技术(EMCC)　　　　(b) 等温连续蒸煮技术(ITC)

图 2-12　深度改良连续蒸煮技术和等温连续蒸煮技术示意图

2.3.2.3 等温连续蒸煮技术(ITC)

等温连续蒸煮技术是 20 世纪 90 年代最新发展的技术,这种蒸煮工艺是在 EMCC 基础上又经过了一次较大的改进,主要是对高温洗涤区的循环系统进行改进,通过增大高温洗涤循环加热器、循环泵的抽吸能力,实现洗涤区液体的快速循环,使整个洗涤区的温度都迅速达到蒸煮温度,实现新的等温循环。由于 ITC 循环提高了蒸煮后期上升液流量和循环量,从而使整个蒸煮器,包括顺流区、逆流区、洗涤区的温度都达到最高蒸煮温度,而且蒸煮器周边与中心温度分布一致,蒸煮更为均匀。与传统蒸煮相比,蒸煮温度可以降低 10℃,在保持纸浆质量不变的前提下纸浆卡伯值可进一步降低,对于针叶木浆可降至 17～18，阔叶木浆可降至 13～15。而且，ITC 连续蒸煮得率较传统法可提高 0.5%～1.5%，浆渣量可降到 0.4% 以下，黏度可提高 150 个单位。

2.3.2.4　低固形物蒸煮技术（Lo-solids）

研究表明，存在于蒸煮液中的大量溶出固形物可以引起纸浆的强度、黏度和可漂性的下降，并使得蒸煮化学药品的消耗增加。这些固形物是木材中木质素、半纤维素、纤维素和抽出物的降解产物以及金属和矿物质等溶出物，这些溶出物在大量脱木质素阶段就已经出现，蒸煮时间和这些溶出物的浓度呈线性关系。因此，通过缩短保温时间和降低溶出固形物的浓度来改进制浆系统的操作和纸浆的质量，这就是低固形物蒸煮技术（Lo-solids），其原理如图 2-13 所示。

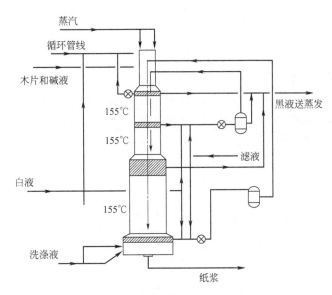

图 2-13　低固形物蒸煮技术（Lo-solids）

低固形物蒸煮技术也是 20 世纪 90 年代发展的技术，作为一种改良蒸煮技术，低固形物制浆采用分段加入白液和逆流蒸煮的方法，通过多处抽出蒸煮废液，并在蒸煮废液后按液体的流向加入预热的洗涤水和白液，这可以稀释存在于系统中的有机固形物的浓度，同时也提高了蒸煮的液比。较高的液比有助于稀释在后续蒸煮中溶出的固形物的浓度，因此降低了存在于大量脱木质素和残余脱木质素阶段溶出固形物的浓度。通过这个方法，可以达到以下目标：温度和蒸煮化学药品径向的均匀分布，碱的均匀分布，尽量降低蒸煮的最高温度以及蒸煮末期溶出木质素的浓度。该技术是在大量脱木质素阶段和最后脱木质素阶段降低所有溶解固形物的浓度，而早期的 MCC 和 EMCC 主要是降低蒸煮最后阶段溶解木质素的浓度。其工艺特点可以概况为以下 3 点：a. 在蒸煮器的前段和后段同时抽取黑液；b. 在多于一处抽取黑液的同时，在黑液抽取处下方的蒸煮循环回路中加进白液和洗涤液，以保持恒定的液比和利用稀释作用降低各蒸煮区内固形物的浓度；c. 蒸煮白液是在 3 处加入的，与 EMCC 法相比，低固形物蒸煮的有效碱浓度分布曲线更加均匀，制浆选择性进一步提高。

2.3.3 新型横管连续蒸煮技术

化学法制浆原料除了木材之外，还有竹子、麦草、芦苇等非木材。非木材纤维制浆造纸在我国有悠久的历史，曾经是我国主要的造纸原料，1997 年我国非木纸浆占国产原生浆的 86.5%，在我国造纸业发展史上发挥了主要作用，目前我国非木纸浆年保有量接近 600 万吨，在纸浆总消耗量中占比仅约 6%。未来，在全球森林资源总体下降的大背景下，非木纸浆仍有较大的发展空间。

目前，非木原料制浆最适用的蒸煮方式和设备是横管式连续蒸煮系统，国内在用横管式连续蒸煮系统超过 80 套，蒸煮工艺多为碱法。传统横管连续蒸煮通常采用较低的充满系数和热喷放，不仅蒸煮器笨重、造价高，而且能耗大，产生废气污染。因此，国内制造商对横管连续蒸煮进行了多项技术改进，降低了设备制造成本，产生了良好的环保效果。

2.3.3.1 蒸煮管的结构优化

传统的横管式连续蒸煮管两端采用螺栓连接的平盖封头，输送螺旋的轴承座支座安装在平盖封头上，平盖的优点是结构相对简单，制造加工成本低，但缺点就是重量大；通过用凸形封头代替平盖，取消推力轴承，简化轴承座结构，降低了蒸煮管制造成本。改造前后的蒸煮管结构如图 2-14 所示。

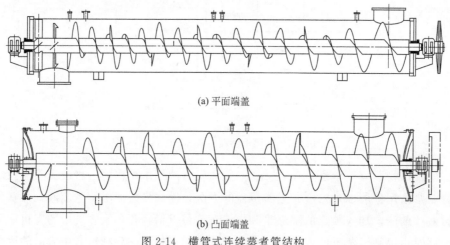

(a) 平面端盖

(b) 凸面端盖

图 2-14　横管式连续蒸煮管结构

2.3.3.2 冷喷放结合黑液高浓提取工艺

采用横管式连续蒸煮器，生产过程是连续的，煮好的浆料可连续进行喷放，喷放过程采用喷放立管，在此可以加入冷黑液，高温（160～170℃）浆料所含蒸汽余热在喷放过程中大部分被冷黑液所吸收，并一同进入喷放锅中。因为是连续煮浆，减少了因设备冷却造成的散热损失，主要的改进在于冷喷放减少了蒸汽的喷放流失，将蒸汽余热吸收到了黑液之中。这种工艺使喷放锅温度显著降低（100～105℃），排放到大气中的蒸汽量大大减少，但节能效果并不明显，蒸煮过程所耗能量与间歇蒸煮相当。

横管连续蒸煮改进前后流量均衡见图 2-15。

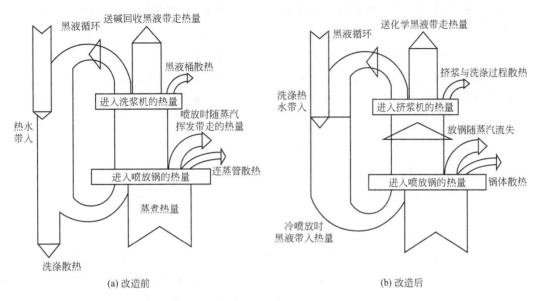

图 2-15　横管连续蒸煮改进前后流量均衡

　　采用黑液高浓提取工艺使冷喷放获得的蒸汽余热有效利用，不但可以提高黑液温度，而且可以提高黑液波美度。高浓提取只要增加一台螺旋挤压设备，封闭性好，可以把喷放锅内 100℃ 左右的黑液一次性提取出来，温度保持在 90℃ 以上。没有高浓提取，4 台敞开式真空洗浆机散热量大，黑液温度通常降到 60～70℃。而且螺旋挤浆机可以采取保温措施来减少温度损失，而真空洗浆机则不能。

2.4　化学法制浆高效洗涤筛选技术

　　洗涤是化学法制浆最重要的单元，泛指蒸煮后粗浆的洗涤。洗涤的目的是将纸浆的废液分离，以保证纸浆的洁净，并为下段工序筛选、漂白创造良好的操作条件。在洗涤过程中要尽可能保护洗涤废液有较高的浓度，以便于药品回收或综合利用。因此，需要在保证纸浆洗涤质量的前提下尽量减少用水量。世界上洗浆设备种类繁多，经过几十年的发展应用，目前在化学浆厂成功使用的洗浆设备主要有鼓式真空洗浆机、转鼓置换洗浆机（简称 DD 洗浆机）和螺旋压榨洗浆机。

　　筛选是指利用一定的机械设备除去浆中以纤维性杂质为主的杂质的工序，可分为粗选和精选。筛选也是制浆过程中不可缺少的重要环节，蒸煮后的纸浆中通常含有 1%～5% 的未蒸解物，对木浆而言主要是树皮、木节、长条、木片等，对草浆而言主要是草节、藤子等，此外还有泥沙、碎石、铁屑等非纤维性杂质。根据纸浆质量的要求，这些纤维性与非纤维性的杂物必须通过筛选、净化工序使其与合格的纸浆纤维分离除去。筛选设备种类也很多，目前在化学浆厂成功使用的筛选设备主要有除节机、压力筛。

2.4.1　新型真空洗浆技术

　　真空洗浆机是一种常见的洗浆设备，是靠高位安装，利用水腿管连续排液形成真空负压,产生抽吸力作为推动力,将废液透过浆层滤出而得以分离。该设备主要由转鼓、滤网、槽体、分配阀、洗涤装置、剥浆装置、传动装置、螺旋输送机和机罩等组成。洗浆机转鼓的整个鼓面分为数个格室,每个格室通过滤液流道与阀座端面的对应格室相连,阀芯将整个端面分为真空过滤区、剥浆区和排气区。转鼓旋转时,根据各部分的作用不同分为几个区,如重力成型区、真空成型区、扩散区、淋洗置换区、剥浆区,每转一周,每个排液口先后通过真空过滤区、剥浆区和排气区,由于真空抽吸作用浆料中的液体从滤液流道、分配阀抽走,浆料吸附在鼓体外表面,由刮刀剥落,实现浆料的吸滤、剥浆和排气过程。转速根据产量调整,一般为 0~4r/min,进浆浓度为 1%~3%,出浆浓度为 10% 左右。

分配阀和转鼓是真空洗浆机的两个主要部件,两者的组合决定了真空洗浆机的基本性能,其中分配阀的结构形式就能决定鼓面分区和鼓内流道的基本构造,因此真空洗浆机的主要区别就在于分配阀的结构形式及其转鼓结构。国外真空洗浆机按分配阀与转鼓通道之间的连接方式分为端面摩擦、锥面摩擦、外周摩擦和内周摩擦 4 种形式。国内真空洗浆机主要经历了平面阀真空洗浆机和锥形阀真空洗浆机的改进与发展,尤其是 20世纪 90 年代后期,国内山东汶瑞公司针对非木浆黑液的特性,紧跟产品市场运行情况,不断总结生产经验和积极借鉴国外先进技术,历经 20 多年的持续创新,对真空洗浆机的分配阀结构、转鼓结构和材质等方面进行多次重大改进,从第一代的大平面阀、孔式滤板真空洗浆机到小平面阀、波纹滤板、锥形格仓式流道真空洗浆机,已经历了 4 次升级换代,2011 年又发展到第五代产品,使产品性能达到了国际先进水平,完全替代了国外同类设备,在国内广泛应用于各种浆料的粗浆和漂白浆洗涤,可满足年产 5 万~30万吨化学浆线的需求,是目前中小浆线首选的浆料洗涤设备及非木化学浆黑液提取和漂白浆洗涤的主流设备,产品已出口美国、加拿大和法国等国际市场。

真空洗浆机结构示意见图 2-16。国产第五代真空洗浆机外形结构图(汶瑞公司)见图 2-17。

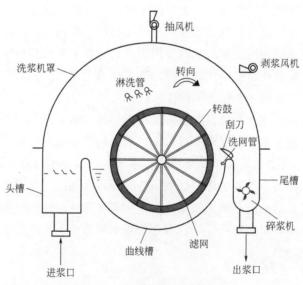

图 2-16 真空洗浆机结构示意

图 2-17　国产第五代真空洗浆机外形结构图（汶瑞公司）

第五代真空洗浆机设备性能及外观质量均有明显提升，主要优点是：a. 鼓体采用大流道锥形格仓式结构，不仅加大了滤液通道面积，而且减小了滤液流动阻力和提高了滤液流速及流通量，还可及时排除空气以利于真空的形成和稳定，单位面积生产能力大幅提高；b. 较小接触面积的扇形平面阀芯由第四代的整体式二点支撑结构改为分体式多点固定支撑结构，阀芯分体设计，更利于保证平面度和减小变形，多点固定，不易松动，使平面阀间隙保持稳定，有利于稳定真空度，下料干度高；c. 阀座的动、静环采用整体加工及装配技术，更能保证两者之间的同轴度，进一步提高设备运行的稳定性和可靠性；d. 打散式压料搅拌技术，利于浆料混合，提高洗涤效果；e. 复式侧板，溢流堰进浆，分体密封结构，操作、维护方便。目前，国产第五代新型真空洗浆机已形成直径 $\phi2600mm$、$\phi3000mm$、$\phi3500mm$、$\phi4000m$、$\phi4500mm$ 和过滤面积为 $10\sim120m^2$ 的系列产品，可依据浆种和生产规模配套选型。

根据该设备结构特点和在竹、木化学浆的运行经验以及综合产能、洗涤效率和投资等因素，洗涤不同植物纤维化学浆的预期产能见表 2-16，其中用于针叶木/阔叶木化学浆黑液提取的单位面积产能达 $7\sim11t$ 风干浆/$(m^2\cdot d)$，竹浆黑液提取的单位面积产能达到 $6\sim7t$ 风干浆/$(m^2\cdot d)$，蔗渣/芦苇化学浆黑液提取的单位面积产能为 $3.5\sim4.5t$ 风干浆/$(m^2\cdot d)$，而麦草浆黑液提取的单位面积产能只有 $1.5\sim2t$ 风干浆/$(m^2\cdot d)$，也即目前国产真空洗浆机单线可配套年产 30 万吨木浆、年产 25 万吨竹浆、年产 15 万吨蔗渣（苇）浆和年产 7 万吨麦草浆规模及以下的生产线。

表 2-16　新型真空洗浆机预期产能　　　　　单位：$t/(m^2\cdot d)$

浆种	针叶木	阔叶木	竹浆	蔗渣/苇浆	麦草浆
未漂浆	10~11	7~8	6~7	3.5~4.5	1.5~2
漂白浆	11~12	8~9	7~8	4~5	2~3

真空洗浆机的工作原理如图 2-18 所示，1%～3%的低浓浆料进入真空洗浆机，当液位达到一定高度后经堰板溢流入鼓槽内并进行重力过滤脱水，滤液顺液体通道流入铅垂安装的水腿管，利用水腿管排液产生真空，在真空负压的抽吸作用下使滤液连续透过浆层沿水腿管流入滤液槽。脱水过程浆料中纤维吸附在转鼓表面形成均匀厚度的连续浆层，并在转鼓转动过程中用洗涤水进行置换洗涤，待转到剥浆区就用剥浆装置把浆料剥落至破碎螺旋输送机输送到下一工序。

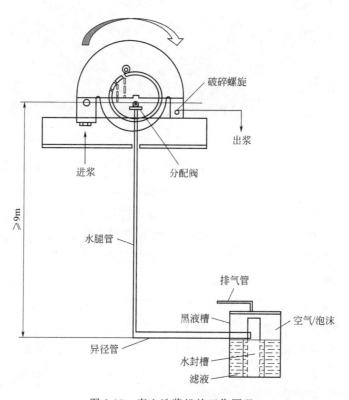

图 2-18　真空洗浆机的工作原理

真空洗浆机根据使用位置不同，可以单台使用也可以串联成组使用，在黑液提取工段，一般采用 4 台真空洗浆机串联，见图 2-19。串联结构的真空洗浆机与单台设备的主体结构相同，但在两设备之间连接稀释搅拌槽，槽中配置压料辊和搅拌辊等装置。这种直接串联方式，由于稀释搅拌槽容积有限，剥下来的浆料较容易出现稀释不均匀、浆团多的问题，导致洗涤效果不佳，特别是对滤水性差的麦草浆，由于稀释时间短，洗涤液不能在浆料中充分扩散，导致浆料洗涤不干净，黑液提取率低，增加了污染。基于此，目前在工程应用中已有企业把直接串联改为间接串联（见图 2-20），即将稀释搅拌槽独立出来（过渡浆槽）和滤液槽放在一块，前一台洗浆机出来的浆料先落入过渡浆槽，经过稀释搅拌作用，然后再泵送到后一台洗浆机，这样一来增加了浆料的稀释均匀性、延长了黑液扩散时间；同时，将最后一台真空洗浆机换成更高效的螺旋压榨洗浆机，进一步提高了洗涤效果。某企业用该流程处理麦草浆，黑液提取率可以达到 85%以上；处理草木混合浆，提取率达到 95%以上。

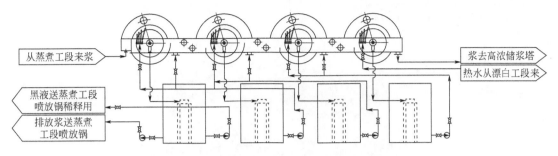

图 2-19　用于黑液提取的常规四段串联真空洗浆系统

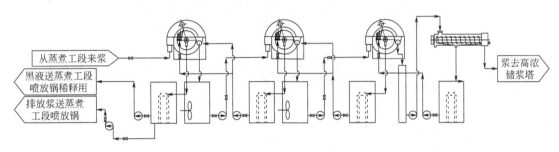

图 2-20　改进的"3＋1"真空洗浆系统

2.4.2　鼓式置换洗浆技术

转鼓置换洗浆机（drum displacer，简称 DD 洗浆机），是一种多段洗涤设备，各段洗涤均在同一转鼓上完成，其特点是浆层两边的压力差来自洗涤水本身压力，不需形成真空。与其他洗涤方法或传统的多台真空洗浆机设备的洗涤系统比较，DD 洗浆机上采用了循环倒液泵，节省了各段的中间槽、黑液泵、黑液管线和所需的空间，占地面积极小。当 DD 洗浆机在压力下运行时，其唯一的特殊要求是必须将一段黑液槽及带中浓泵的浆槽安装在洗浆机下。在喷放锅浆泵前，浆料浓度调整到 4.5%～5.5%，供浆压力控制在 15～50kPa 之间进入洗浆机的前槽"过滤成型区"，用流量计来调节和控制进浆压力恒定，进浆压力可以调节和控制转鼓的速度。由于进浆压力的作用，大量的浓黑液被滤出，使滤板上的浆浓度达到 10%～12%，由于供浆压力稳定，加之浆料滤水性能相同，离开洗浆机的浆料浓度也就恒定不变，然后洗鼓上的隔板把浆料强制带入第二段、第三段、第四段洗涤区。洗涤热水在末段洗涤区加入，通过调整加水量来调节洗涤效果，最大洗涤水压力为 100kPa；循环倒液泵将第四段的滤液倒至第三段，第三段的滤液倒至第二段，然后再从第二段倒至第一段。然后把浓缩区和第一段洗涤区滤出的黑液分别送到黑液槽，根据工艺要求送蒸发站、蒸煮和用于喷放锅稀释浆料。浆料经过洗涤之后进入真空抽吸区，由真空泵把浆料浓度进一步提高到 14%～16%，使浆料更干净，最后进入脱落区，由压缩空气把浆料吹离鼓面，再经螺旋输送至储浆池，在螺旋处可加水稀释浆料。同时用压力为 800～1000kPa 的高压水冲洗鼓面，把冲洗后的水引至洗后浆料做稀释。

转鼓置换洗浆机（Andritz 公司）见图 2-21。

DD 洗浆机的核心是转鼓，它由密封的空心圆形壳体及过滤隔板组成，沿洗鼓圆周

图 2-21　转鼓置换洗浆机（Andritz 公司）

划分为上浆过滤成型区、置换洗涤区、真空抽吸区、脱落区等区段，其中置换洗涤区可根据实际应用划分为 1～4 个不同的洗涤段，不同的洗涤段是由不转动的密封元件彼此分开的，密封元件与转鼓上的隔板相联结。端部的分配阀内侧与鼓面的区域相通，外侧与滤液管连接，实现逆流洗涤；端部的分配阀设置在转鼓的一端，对于大型的 DD 洗浆机可设置在两端，分配阀根据洗涤的段数分成相应的区段，这样各段滤液就不会相混。DD 洗浆机洗涤效率高，一台洗浆机相当于多台真空洗浆机，且不受建筑高度限制，对于滤水性好的浆料不失是一种好的真空洗浆机的替代方案，但由于过滤时间太短，不适用于滤水性能较差的麦草等非木材纤维原料。

2.4.3　单螺旋压榨洗浆技术

螺旋压榨洗浆机是另外一种常用的纸浆脱水设备，适用于木、竹、蔗渣、麦草、芦苇等各类原料的纸浆黑液提取。新一代 SP 单螺旋挤浆机主要由传动装置、主动螺旋轴、筛鼓、背压装置、筛盖和机架等几部分组成（图 2-22），其工作原理是：浆料进入挤浆机后，由于螺旋螺距和滤框间的容积不断减小，浆料压强增加，迫使液体通过滤板流出，根据不同结构设计可适用于化学浆、化机浆、废纸浆等浆料的黑液提取和浓缩。

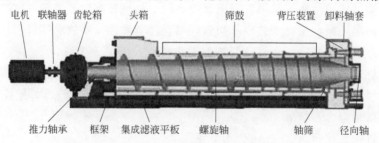

图 2-22　单螺旋挤浆机设备结构示意

螺旋挤浆机的出浆浓度和产量通过调节出料端背压装置的压力和螺旋轴转速来进行控制。

该设备的核心是螺旋轴，由中心轴与螺旋片优化组成，其基本结构是按浆料的输送方向分为低压、中压和高压 3 个不同压力脱水区域的变径变距式螺旋轴结构，压缩比根据浆料不同可为 5～10。工作过程为：浆料首先接触的入口段（低压区）为螺距渐变性较小的输送螺旋段，具有输送和辅助挤压脱水功能；中间段（中压区）为锥形螺距渐变性较大的螺旋段，以逐渐增大压缩比，进行大量脱水；出浆段（高压区）为锥形螺距渐变性较小的强力挤压段，起到强力脱水作用，同时，为减少排水阻力和缩短排水距离，将此处的螺旋中心轴表面设计为特殊的脱水结构，为浆料的挤压脱水提供一个滤网内向脱水的条件，滤网可通过螺旋螺纹自动清洗，有效地提高浆料的最终干度。但是，SP螺旋挤浆机的转速比较高，进浆浓度比较低，对浆料滤水性变化比较敏感，尤其是对滤水性差的麦草浆，因此必须根据浆料的性质合理设计螺旋轴 3 个区域的长度和压缩比及变频调速范围，使其达到经济可靠的运行效果。

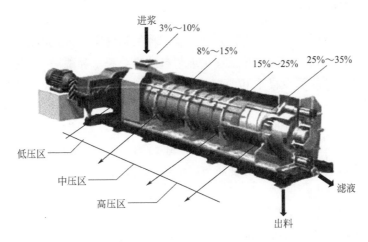

图 2-23　单螺旋挤浆机脱水过程原理

SP 单螺旋挤浆机实际上是一种浆料浓缩设备，从结构上来说它没有洗涤区，其洗涤作用主要是靠把稀释后的浆料中的滤液脱出来实现的，其脱水效率与时间和压强有关。SP 单螺旋挤浆机工艺配置简单，操作方便，比传统单螺旋挤浆机浓缩比大，已成功地应用于化学浆的黑液提取（见图 2-23），提高了黑液提取率。但该设备由于进浆浓度低致使纤维流失率比较高，应根据设备应用的不同位置配置合理的纤维回收装置，例如用于蒸煮后浆料的浓黑液提取时，建议在黑液提取段采用两级过滤回收的方式，可根据情况采用两台鼓式纤维回收机和不同的网目串联过滤回收，或采用鼓式与压力黑液过滤机串联过滤回收的方式。如图 2-24 所示，将喷放锅中的粗浆用黑液稀释到不低于3.5％的浓度，然后用粗浆泵送入 SP 单螺旋挤浆机，挤压浓缩到 20％～30％浓度后，再通过稀释螺旋用黑液稀释到 4％～5％的浓度进入储浆池，继而用粗浆泵送往后序的除节、洗涤与筛选系统。挤压脱出的浓黑液与后工序真空洗浆机逆流提取稀黑液混合后用于单螺旋挤浆机进浆浓度的稀释，剩余的浓黑液用黑液泵送黑液过滤机和压力过滤机两级过滤以降低黑液中的悬浮物，满足碱回收蒸发系统的安全可靠运行。

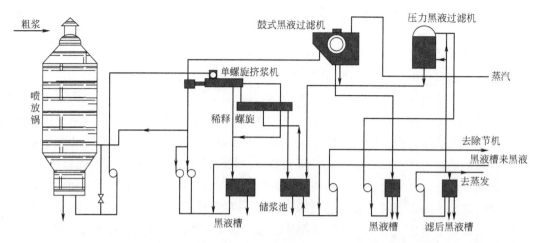

图 2-24   单螺旋挤浆机用于化学浆高浓黑液提取流程

2.4.4　双辊压榨洗浆技术

双辊压榨洗浆机（亦称双辊挤浆机）是一种结构紧凑、占地面积小、机电仪一体化的高效洗涤设备，采用置换压榨原理实现浆料的连续脱水和洗涤，是目前国际上功能先进、技术水平较高的黑液提取和漂白洗涤设备。双辊挤浆机主要由槽体、压榨辊、中底、纵向密封装置、破碎螺旋输送机、喷淋装置、齿轮箱、机罩、马达和液压泵站等组成。国际上，Metso 公司开发了系列 TwinRoll 双辊挤压洗浆机。在国内，汶瑞公司消化吸收国际先进技术，研制开发了 SJA 和 SJB 两种类型的双辊挤浆机，广泛应用于化学浆、化机浆和废纸浆等浆种的洗涤与浓缩，已成为国内大中型制浆厂纸浆洗涤的主流设备。

SJA 型双辊挤浆机为侧面进浆，具有置换、洗涤、压榨功能，适用于化学浆的黑液提取和氧脱木质素工段的纸浆洗涤。SJA 型双辊挤浆机进浆方式有两种：一种是折流弧形布浆；另一种是螺旋机械式布浆。上述两者最大的不同在于布浆装置：前者根据不同产品规格可采用单管口或多管口进浆（见图 2-25），浆料在一定压力下以较高的速度通过折流通道和弧形室回流，该布浆方式可使两压辊之间根据线压及浆层厚度动态自动调整，因而浆料混合更加均匀，并沿辊幅面均匀布浆，进浆浓度适宜范围 3%～8%，国内代表性用户为日照亚太森博纸业二期年产 130 万吨化学浆项目；后者则从中间管口进浆，利用向两端变径螺旋改变流体通道沿幅面布浆，布浆角度大，压辊利用率高，但两压辊间隙生产过程中无法动态调整，适用于 5%～8% 较高浓度的浆料，国内代表性用户为海南金海纸业年产 100 万吨化学浆项目。

螺旋机械式布浆的双辊压榨洗浆机见图 2-26。

SJA 型双辊压榨洗浆机每个辊的工作状态可分为脱水、置换洗涤、压榨、剥浆和清洁等多个区。浆料在 3.0%～8.0% 的浓度下，用浆泵以 0.02～0.08MPa 的压力从槽体两侧进浆送到挤浆机的浆槽内，浆料在进浆压力和液位差的作用下开始脱水，浆中黑液通过压榨辊面上的滤孔进入压榨辊内流道，然后经辊两端开口排出槽外。辊面上形成连续浆层，随着压榨辊的转动，到达置换区时浆料浓度为 10% 左右，在置换区浆料与洗

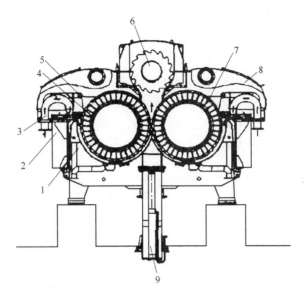

图 2-25 SJA 型双辊压榨洗浆机结构（折流弧形布浆）

1—中底；2—槽体；3—上刮刀；4—固定辊；5—喷淋装置；
6—输送螺旋；7—移动辊；8—机罩；9—升降装置

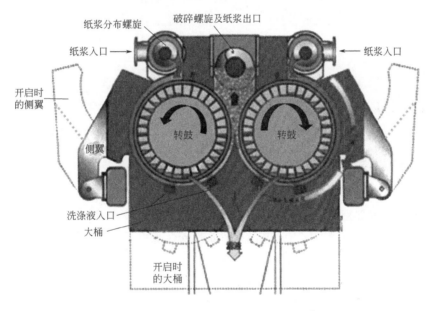

图 2-26 螺旋机械式布浆的双辊压榨洗浆机

涤液接触，置换浆中原有黑液，这种置换作用一直进行到浆料进入压榨区为止；在压榨区浆料被挤压到 20%～35% 浓度，然后通过剥浆刮刀剥离辊面，当出浆碰到上部的破碎螺旋输送机时成毯状的浆料被有锯齿的螺旋叶片打碎，由挤浆机的出料口输送到机外。

SJB 型双辊压榨洗浆机采用底部进浆方式，浆料在 3.5%～10% 的浓度下用浆泵以 0.02～0.08MPa 的压力从槽体底部布浆管的多个口送到浆槽内，并通过布浆装备使辊面浆层均匀。浆料进入浆槽后,靠近压辊的浆料中的废液在进浆压力的作用下通过辊面上的滤孔进入辊内流道,然后经辊两端排出;辊面上形成连续浆层,随着压榨辊的转动,浆料进入两辊之间所形成的压榨区,在压榨区浆料被挤压到20%~35%浓度,然后通过剥浆刮刀剥离辊面,进入出料破碎螺旋中被撕碎后输送到机外。SJB型双辊洗浆机仅具有挤压、浓缩功能,不具备置换洗涤的作用,适用于化学浆的漂白工段、化机浆高浓漂白前的浓缩洗涤及高浓漂白工段,以及废纸浆要求浓度达到30%以上高浓漂白工段,以达到增浓、降低浆中COD负荷的作用。

各种洗涤浓缩设备性能比较见表2-17。

表 2-17　各种洗涤浓缩设备性能比较

设备类型	进浆浓度/%	出浆浓度/%	主要优缺点
双辊挤浆机	3~10	20~35	置换、挤压于一体,设备结构紧凑,液压传动,单位面积的产量约是真空洗浆机的6倍以上,脱水能力是真空洗浆机的6~8倍,洗涤效率高,产能选择范围广,操作可自动化、易损件少、易维护
螺旋挤浆机	4~12	20~25	挤压为主,结构简单,单机产能有一定限制,封闭性良好,安装比较简单,但螺旋轴易磨损,发生堵塞时维护困难,纤维流失较大
双网挤浆机	4~8	25~45	挤压为主,对各种浆的适应性好,设备结构简单,相同产能下占地面积大,出浆浓度高时需外加多道压榨,网为易损件,更换成本较高,要求维护空间大,设备密封性较差
真空洗浆机	1.5~2.5	10~12	置换为主,对各种浆的适应性较好,进、出浆浓度较低,相同产能下占地面积较大,无外配真空系统时,要求安装楼层高,操作时辅助设备较高,维护简便,吨浆电耗较低

双辊压榨洗浆机与真空洗浆机、单螺旋挤浆机等洗浆设备相比,洗涤用水少,产生的废水量少,洗涤效率高,吨浆产生的废液量在5m³以下,而且能够有效地除去浆料中可溶性固形物等,尤其是COD去除率高,从而可降低漂白化学品消耗;经过双辊挤浆机洗涤后浆中残余的COD少,污染小,可减少漂白工段洗涤废水中的COD,相应地可减少废水处理费用,后续漂白浓度易控制,进入废水中的有机物AOX的量少,这样对漂白系统及环保都有利。除此之外,双辊压榨洗浆机进浆浓度范围宽,出浆浓度高,易于实现中高浓度浆输送和储存;其结构紧凑,安装操作及维修简便,容易开机,自动化控制水平高,已成为一种高品质、高性价比的洗涤和脱水装备,近些年来,双辊压榨洗浆机的应用明显增加。

双辊压榨洗浆机用于化学浆高浓黑液提取流程见图2-27。

2.4.5　封闭筛选技术

筛选系统的优劣直接影响着产品质量、中段废水的发生量和污染负荷以及清水和动力的消耗,是纸浆成本构成中的重要部分,也是控制污染的重要环节。在制浆生产中,筛选流程主要有开放式筛选和封闭筛选。开放式筛选是利用CX型离心筛作为筛选设备,筛选浓度只有0.5%~0.8%,存在筛选浓度过低、泡沫多、产量低、耗水和耗电过高等缺点,其产生的中段废水量高达70m³/t风干浆。

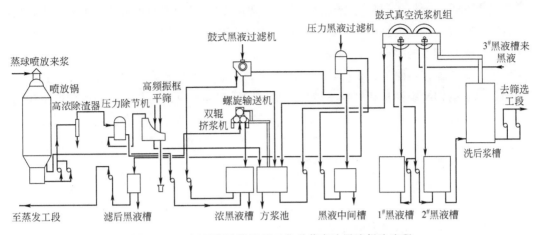

图 2-27　双辊压榨洗浆机用于化学浆高浓黑液提取流程

封闭筛选是最新的筛选理念，是用封闭式压力筛（外流式或内流式）作为筛选设备，筛选过程中原浆没有跟外界空气接触。封闭筛选压力筛筛选浓度高达 1.5%～3.0%，具有产量高、水电消耗低、筛选质量高等优点。现代硫酸盐木浆厂的筛选几乎是完全封闭的，排出系统的仅是少量的渣子如未蒸解的小木片、塑料和重杂质如砂石、铁器等，以及随之携带的非自由流动的极少量的洗涤液。这些排出的杂质可以与煤混合送到电站锅炉燃烧，不会造成污染。洗涤液逆流使用，最终从蒸煮送到蒸发站处理；从筛选、洗涤各点排出的废气被全部收集，经洗涤处理后送碱炉燃烧。封闭筛选系统如此令造纸人青睐的原因，是由于开发出了新型的楔形波纹筛板和低排渣率转子以及二位一体的最佳配合的筛选理念，采用较高浓浆和较窄细筛缝进行筛选，最大限度地解决了浆料筛选的增浓效应，省掉了主流程中的低浓除砂器，达到节水、节能和提高纸浆质量的目的。

图 2-28 显示了一个典型的封闭筛选系统，主要包括除节机（粗筛）、压力筛（精筛）、高浓除渣器、振框式平筛（跳筛）和附机。除节机采用固定旋翼片、旋转筛鼓结构，利用高速旋转筛鼓产生的高强离心力将重杂质抛向外周，可有效去除粗浆中的砂石、铁渣等杂质，且筛鼓不易堵塞；粗浆在封闭的壳体内筛选，能保持浆料有较高温度。其具有筛选浓度高、除节效果好、吨浆耗电低、纤维流失少等优点，是粗筛选进入洗涤工段之前的理想设备。压力筛为外流式中浓压力筛，封闭型转子，切线溢流进浆，

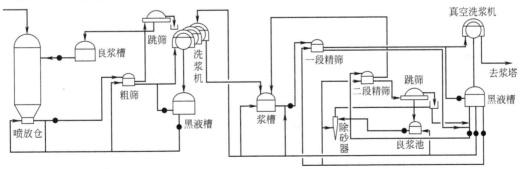

图 2-28　典型的封闭筛选系统

筛鼓上部设有堰板，避免重杂质进入筛鼓，积存在堰板外围的重杂质由重杂质出口定期排出。筛选过程中产生的轻杂质由机壳顶部的轻杂质出口排出。高浓除渣器与浆料接触部分全部采用不锈钢或耐磨陶瓷材料制造，耐酸、耐磨、耐腐蚀，其特殊的结构形式适应中、高浓操作，除渣效果好，纤维流失少，无需动力配置，使用方便可靠。振框式平筛采用不锈钢平底筛板和气封室结构，工作时激振器使密封在气封室的空气产生压力脉冲，既可以保持筛板清洁畅通，又可以减轻筛板和基础所承受的冲击负荷。上部设有不锈钢气罩，可减少热气外溢，保持浆温，改善操作环境，具有生产能力大、筛选效率高、动力消耗低、安装维修方便等特点。

实践证明，封闭筛选技术的应用，不仅给造纸企业带来了产品质量的提升，而且节水、节电、节省了占地面积，并减少了废液的排放量，大大降低了企业的生产成本，减少了环境污染，具有较大的经济效益和社会效益。

2.5 化学法制浆清洁漂白技术

纸浆的漂白技术历史悠久，早在我国古代便有用日光暴晒漂白的记载，有千年历史之久的"宣纸"最早便是用日光进行漂白。由于木浆中含有木质素，光照下漂白效果并不理想，因而直到18世纪晚期在氯气和次氯酸盐的应用出现后，纸浆漂白才进入了工业化。18世纪80年代，来自瑞典的施坎尔首次用氯气来漂白，他用氯气去除植物纤维上的有色物质，随后来自荷兰的化学家坦乃特在石灰水里加入氯气，首次制得次氯酸钙漂液，因为它可以以粉末形式制备和运输，因而次氯酸钙在很长时间内成了唯一的漂白剂，用来漂白用于造纸的破布和其他纤维。19世纪30年代初，美国公司首次将氯气作为纸浆连续漂白中的一个工段；19世纪末，来自法国的贝尔曼发明了贝尔曼漂白机，其漂浆浓度可达7%；20世纪30年代，多段连续漂白开始应用；20世纪70年代，为了漂白难漂的硫酸盐木浆发展了二氧化氯漂白（代号D，以下同），80年代初在欧洲发展了深度氧脱木质素（O），90年代为漂白高得率浆而发展了过氧化氢漂白（P）。随后又发展了臭氧漂白（Z）、生物酶漂白等。这些漂白技术都具有一些共同的特点，即漂白效率高，漂后浆白度高、强度好，最主要的是对环境友好，漂白段排出的废水对环境污染较少甚至无污染。

目前国际上，中浓度纸浆经氧脱木质素后，卡伯值可以从20左右降到12左右，然后再用多段漂白的方法漂至高白度；与延长蒸煮时间相比，氧脱木质素对纤维素的降解更少，且氧脱木质素对浆的得率保留更有效。氧脱木质素作为蒸煮的继续及漂白的起始，脱木质素率达到35%～50%，同时大大降低漂白段废水的污染负荷，包括BOD、COD及色度。通过改变氧脱木质素的工艺条件，氧脱木质素已能适应多种浆种的漂白，如硫酸盐木浆及苇浆、竹浆等非木浆的漂白。

根据漂白助剂中是否含有元素氯，可将这些清洁漂白技术组合的生产流程分为无元素氯漂白（ECF）及全无氯漂白（TCF）。ECF漂白技术最显著的特点就是采用二氧化氯漂白（D），二氧化氯漂白虽然产生了少量有机卤化物，但其毒性很小，因此，ECF漂白技术在国外得到迅速推广和普及，典型的ECF流程为O—D—E—D。而TCF漂白技术则采用除二氧化氯漂白剂之外的不含氯的漂白助剂，如过氧化氢、氧气、臭氧等，TCF 漂白完全排除了有机卤化物的产生，因而废水几乎没有毒性，典型的 TCF 短序流程为 O—Q—P 或 O—Z—E—P 等，其中 Q 段为预处理段。TCF 技术与 ECF 技术相比，由于多数采用了臭氧漂白，而臭氧发生器较昂贵，所以一般来说要达到相同的漂白效果，TCF 投资要比 ECF 大，但有些企业从长远考虑，完全摒弃了还具有毒性废水排放的 ECF 漂白，为企业将来实现无废液排放，宁愿多投资采用 TCF 漂白技术。而且随着过氧化氢漂白技术的研究不断深入并应用于生产及预处理技术的不断改进，完全可以采用短序 TCF 漂白流程（如 O—Q—P）使非木浆达到较好的漂白效果，由于不用臭氧，从而使采用短序全无氯（TCF）漂白技术的投资大大降低，随着食品包装、生活用纸等对 TCF 纸浆的需求大大增加，TCF 漂白技术在国内外也得到发展。

　　不管是 TCF 漂白技术还是 ECF 漂白技术，漂白技术的进步是与装备水平的提高，冶金及高分子材料、机械制造、仪表及控制、化工原料等行业的技术进步分不开的。在国外中浓浆泵、中高浓纸浆混合器、新型洗浆浓缩设备以及其他相关设备的研制成功，使得 TCF 漂白和 ECF 漂白技术得以在生产上投入使用。早期，TCF 或 ECF 生产的关键技术与装备被国外为数不多的企业垄断，引进价格极为昂贵，但这些设备在国外主要用于化学木浆生产，并不能够完全适应国内非木材原料的生产。国内以华南理工大学为代表的科研单位，自 20 世纪 80 年代开始研发中高浓漂白技术与装备，自主研发适用于非木浆的氧脱木质素技术及 TCF、ECF 漂白技术与关键装备，积累了大量的非木浆氧脱木质素及 ECF、TCF 漂白的经验，改变了我国非木浆漂白工艺技术落后的局面。

2.5.1　漂白化学品

　　当化学纸浆用于生产白纸时，例如打印和书写纸、卫生纸或白板纸，这些纸浆必须漂白至一定的亮度。用于漂白的化学物质有氯（C）、二氧化氯（D）、次氯酸盐（H）、氧气（O）、臭氧（Z）、过氧化氢（P）、过氧乙酸（Pa）等。化学纸浆的漂白过程分多个阶段进行，第一步是以消除残留的木质素为主要目的，随后的漂白阶段负责使纸浆增白。漂白剂可以根据与之反应的特定基团进行分类，在酸性介质中的阳离子或自由基主要与木质素的酚结构反应；在碱性介质中，亲核试剂攻击羰基。主要分类如下。

　　第 1 类：二氧化氯、臭氧、过氧酸与所有芳香族木质素单元、酚基及其双键反应。

　　第 2 类：氧气、二氧化氯主要与游离酚羟基反应。

　　第 3 类：碱性条件下的过氧化氢、次氯酸盐主要与木质素中的某些官能团（例如羰基）反应。

　　纸浆漂白的目的有许多，其中最重要的是增加纸浆的亮度。对于化学纸浆，一个重要的漂白好处是减少了纤维束和碎屑，并去除了树皮碎片，改善了纸浆的清洁度。此外，漂白还消除了纸张在光下变黄的问题，因为它去除了未漂白纸浆中的残留木质素。未漂白化学纸浆中的树脂和其他提取物在漂白过程中也会被去除，提高了吸收能力，这对薄页纸种而言是重要的特性。在制造人造纤维素（如黏胶纤维、天丝）的纸浆和制造纤维素衍生物（如醋酸纤维素）的纸浆时，必须除去除纤维素以外的所有木材成分，在这种情况下，漂白是一种有效的纯化方法，可去除半纤维素和木材提取物以及木质素。事实上，把纸浆漂白至高亮度，只是为了实现部分产品的改进，因此高亮度只是最终产品的次要特征，而不是主要优点。因此，近些年来，造纸行业提出限制高白度和在不必要漂白时鼓励使用未漂白或轻漂白的产品，以节约资源，减少污染物产生和不必要的资源浪费。

漂白是在多阶段过程中进行的，该过程中脱木质素和溶解物质的提取交替进行，可以添加其他基于氧气或基于过氧化氢的脱木质素以增强漂白操作。目前，化学浆漂白用化学品已从氯（Cl_2）、次氯酸盐 [NaClO 或 $Ca(ClO)_2$] 发展到二氧化氯（ClO_2）、过氧化氢（H_2O_2）和臭氧（O_3）等。漂白流程也从传统的含氯漂白发展到现在的无氯漂白。

2.5.1.1　氯

氯是一种有效的纸浆脱木质素剂，美国的造纸厂第一次使用氯进行漂白是在 1804 年。氯气是氯碱化工的副产物，它是一种生产成本低的气体，自 1930 年以来氯气一直是纸浆脱木质素的主要化学物质。但是，氯漂白过程产生大量的致癌毒素 [包括二噁英（TCDD）和呋喃（TCDF）] 并释放到环境中，对环境造成了极大危害。

氯对纸浆中的木质素选择性很强，在正常的漂白条件下对纤维素纤维的危害很小，加上价格与其他漂白剂相比相对便宜，因此在制浆过程中广泛用于脱木质素。其漂白基本过程是，将洗涤后的原浆以低浓度（浆液质量的 3%～5%）泵入浆氯混合器中作为开端，分散在水中的氯气被添加到混合器中，并与纸浆剧烈混合；然后在氯化塔中进行低温（5～45℃）氯化，反应时间在 15～60min 之间，较高的温度可以减少完成化学反应所需的时间。氯化之后的纸浆先进行洗涤，然后再送入碱抽提工段。

元素氯和次氯酸盐是一种能与所有不饱和结构反应的亲电漂白化学剂，例如木质素碳碳双键结构、已烯糖醛酸等多糖降解产物。氯气和木质素反应时有可能进攻木质素的以下位置（见图 2-29）：a. 在木质素结构的高电子密度位置（即可发生在 C5 位置上），但据测定，在 C6 位置上也有发生亲电取代；b. 在苯环的 C1 位发生侧链置换反应，致使木质素结构单元的侧链裂开，木质素大分子碎片化，置换下来的侧链被氧化，使 β-芳基醚键氧化碎解，脂肪族基部分形成羧酸结构；c. 直接将芳环氧化分解，经过醌型结构进一步生成羧酸衍生物。氯化木质素只有一部分能溶于氯化时形成的酸性溶液，还有很大一部分难溶出，难溶出的氯化木质素需要在高温强碱条件下溶出。

在氯化段，氯与 TCDD 的前体（即二苯并-对-二噁英）和 TCDF 的前体（即未氯化的二苯并呋喃）发生亲电取代反应，形成有毒有害的 2,3,7,8-四氯二苯并-对-二噁英（2,3,7,8-TCDD）和 2,3,7,8-四氯二苯并呋喃（2,3,7,8-TCDF）。2,3,7,8-TCDD 和 2,3,7,8-TCDF 的含量不是由纸浆中木质素的含量决定的，二噁英前体在某些矿物油中普遍存在，这些矿物油是纸浆和造纸工业中使用的某些消泡剂配方的一部分，是前体的主要来源。另外，木材本身也可能是二噁英前体的来源，特别是压缩木材导致香豆素型木质素含量更高，这可能是二苯并二噁英和未氯化的二苯并呋喃前体的来源。

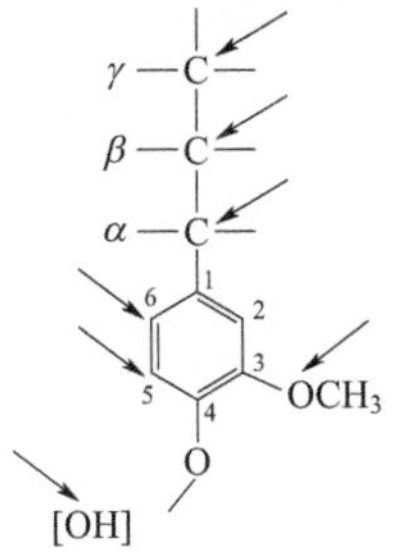

图 2-29　氯气进攻木质素的可能位置

2.5.1.2　次氯酸盐

次氯酸钠和次氯酸钙是世界上使用最广泛的用于漂白、卫生和消毒的强氧化剂。按消费量计，次氯酸钠占全球次氯酸盐总使用量的 91%，次氯酸钙占 9%。次氯酸盐有多种用途，最主要的是用作消毒剂和漂白剂。北美是全球次氯酸钙的最大消费国，美国占该地区消费量的 90% 以上；欧洲是该化学品的第二大市场，西欧国家是该地区的主要消费者；亚太地区是次氯酸钙增长最快的市场之一，中东和南美也有显著增长。中国是该化学品的主要生产国。

次氯酸盐含有更多的有效氯，并且比液体漂白剂相对更稳定，通常用在制浆造纸工业中多段漂白的最后一段。19 世纪 80 年代初，开始使用次氯酸盐漂白木浆，20 世纪初氯漂白技术的发展导致次氯酸钠和次氯酸钙的使用量减少。后来，随着硫酸盐法制浆技术的发展，因硫酸盐浆比亚硫酸盐浆更难漂白，需要在漂白顺序的预漂白段中添加氯和碱处理步骤，逐步形成了氯化—碱抽提—次氯酸盐三段 CEH 漂白方式。在 20 世纪 40 年代，二氧化氯和过氧化氢可用之前，亮度为 85% 的硫酸盐浆是用次氯酸盐漂白法生产的白度最高的浆，且仍然保持可接受的浆强度，但是这些浆的亮度稳定性差。随后，在 CEH 的基础上，又发展了 CEHD、CEHED 和 CEHHD 等漂白流程，可生产亮度为 86%~88% 的纸浆；采用 CEHDED 可生产亮度为 88%~90% 的纸浆，而 CEHDP 和 CEHEDP 流程则可生产 90% 以上使用过氧化物漂白的纸浆。

次氯酸盐在碱性介质中优势存在的离子是次氯酸盐阴离子，故而可像强亲核试剂一样出现在氯化反应形成的醌和乙烯酮结构木质素的正电荷位置上，这些结构的加成反应再经过环氧乙炔中间物转变成羰酸化合物或碱溶降解产物，如图 2-30 所示。但是，氯酸盐选择性差，也就是说会同时攻击纤维素和木质素。因此，如果要避免降低纸浆强度，则需要适当控制漂白的时间和温度，具体取决于其所在的漂白阶段。若用于第一段，反应时间可短至 30min；若用于末端白度稳定，反应时间可增加到 3.5h。次氯酸盐漂白的反应温度通常保持较低，以最大程度减少纤维素降解，当然高温下使用漂白周期更短。经次氯酸盐处理的纸浆无需清洗即可送入二氧化氯阶段，以较低的成本生产出较高白度的纸浆。

次氯酸盐在使用氯气的纸浆厂，可以从氯气和碱现场制造。次氯酸盐特别用于二氧化氯短缺的情况，在一定程度上可以代替硫酸盐浆漂白中的二氧化氯，但次氯酸盐在增

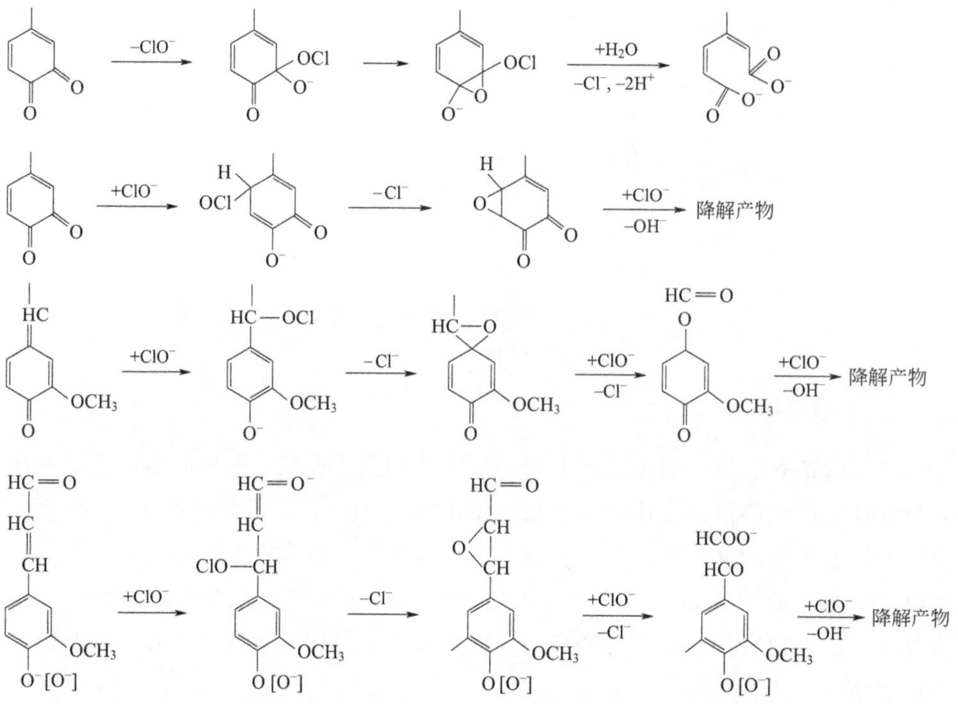

图 2-30　次氯酸盐对醌型木质素结构的作用

加亮度方面的效率不如二氧化氯，而且选择性也不如二氧化氯，且漂白纸浆时会生成大量的氯仿，造成环境污染。近年来，由于纸浆强度损失、环境方面的问题以及氯气的使用减少，次氯酸盐的漂白应用正在减少。

2.5.1.3　二氧化氯

二氧化氯是一种黄绿色的气体，是一种带有氯气味的单电子转移氧化剂，具有单个不成对的电子，因此是自由基。二氧化氯漂白于 1946 年首次在加拿大和瑞典用于商业纸浆漂白，到 20 世纪 50 年代后期已经是高亮度硫酸盐浆所有漂白程序的组成部分，使用两个二氧化氯漂白段可将纸浆白度提高到 88%～90%（ISO）。全漂硫酸盐浆的顺序从 20 世纪 60 年代的 CEHDED 演变到 CEDED 再到 70 年代的（D＋C）EDED。到 90 年代初，许多工厂使用 100%二氧化氯进行漂白，全面替代氯气和次氯酸盐，目前已广泛应用于制浆造纸工业，是一种成熟的漂白技术。

二氧化氯的化学性质与氯的化学性质完全不同，与其他物质反应时，二氧化氯使产品氧化而不是对其进行氯化，因此用二氧化氯不会产生对环境有害的含氯有机化合物。表 2-18 显示了二氧化氯的化学和物理性质，它是一种在环境温度下不稳定的气体，如果压缩会爆炸，因此不能安全运输，必须在使用地点进行生产，所以化学法制浆厂都需要配套二氧化氯制备系统，生产后将其溶于冷水中以形成稀溶液，通常在 5～10℃下浓度为 8～12g/L，而且溶液中可能会存在一些氯。当将冷的二氧化氯溶液添加到热浆中时，会释放二氧化氯蒸气，为防止这种情况，设计了二氧化氯漂白塔，在化学品添加时提供显著的静水压头，从而维持足够的压力以将二氧化氯保持在溶液中，直到与纸浆反应为止。因此，二氧化氯漂白塔一般采用升流塔或升流-降流塔。

表 2-18　二氧化氯的化学和物理性质

指标	参数
分子量	67.452
颜色	黄色至红黄色
物理状态	常温常压下的气体
熔点	$-59℃$
沸点	$11℃$
密度	1.640g/mL(0℃，液体)；1.614g/mL(10℃，液体)
溶解度	在 25℃和 34.5mmHg(1mmHg＝133.322Pa)下为 3.01g/L(水)
气味	类似于氯气
爆炸极限	40℃，在 1atm(1atm＝101325Pa)下浓度超过 10%(体积分数)
稳定性	在紫外线、高温和高碱度(pH>12)下分解

二氧化氯的制备方法有多种，概括起来可分为三大类，即还原法、氧化法和电解法。工业上应用较多的是还原法，即人们所说的 R 法，包括拉普生（Rapson）法、索尔维（Solvay）法、凯斯汀（Daykesting）法等多种方法。我国于不同时期先后引进了 R3、R6、R8 等几种制备方法。R3 法其反应原理是以 NaCl 为还原剂，在 H_2SO_4 的强酸性介质中将 $NaClO_3$ 还原，按下式①进行反应，主产品是 ClO_2，副产品是 Cl_2 和 Na_2SO_4；R6 法又称为综合法，发生器是在微负压下工作，所用原料仅为 NaCl、Cl_2、H_2O 和电，其制备 ClO_2 系统主要由三个既相互联系又相对独立的工段即氯酸钠合成工段、盐酸合成工段和二氧化氯合成工段组成，反应方程式如下②所示；R8 法又称为甲醇法，以甲醇作为还原剂，利用 $NaClO_3$ 与 CH_3OH 在酸性条件下反应生成 ClO_2，同时生成副产品酸性芒硝，化学反应方程式如下③所示。

① R3 法，其反应方程式如下：

主反应：$NaClO_3 + NaCl + H_2SO_4 \longrightarrow ClO_2 \uparrow + \frac{1}{2}Cl_2 \uparrow + Na_2SO_4 + H_2O$

副反应：$NaClO_3 + 5NaCl + 3H_2SO_4 \longrightarrow 3Cl_2 \uparrow + 3Na_2SO_4 + 3H_2O$

② R6 法，其反应方程式如下：

NaCl 电解：$2NaCl + 6H_2O + 电 \longrightarrow 2NaClO_3 + 6H_2 \uparrow$

HCl 合成：$H_2 + Cl_2 \longrightarrow 2HCl$

ClO_2 合成：$2NaClO_3 + 4HCl \longrightarrow 2ClO_2 \uparrow + Cl_2 \uparrow + 2NaCl + 2H_2O$

其总反应式：$Cl_2 + 4H_2O \longrightarrow 4H_2 \uparrow + 2ClO_2 \uparrow$

③ R8 法，其反应方程式如下：

$9NaClO_3 + 2CH_3OH + 6H_2SO_4 \longrightarrow 9ClO_2 + 3Na_3H(SO_4)_2 + \frac{1}{2}CO_2 + \frac{3}{2}HCOOH + 7H_2O$

不管是 R3 法、R6 法还是 R8 法，二氧化氯发生器及二氧化氯吸收塔是制备系统的关键设备，通常需要采用钛钢制造，价格昂贵，这是阻碍中浓二氧化氯漂白发展的原因之一。目前，随着对二氧化氯漂白的深入认识及材料的发展，双相不锈钢 2205（国标00Cr22Ni5Mo3N，合金是由 22％铬、3％钼及 5％～6％镍氮合金构成的复式不锈钢）因具有高强度、良好的冲击韧性以及良好的整体和局部的抗强腐蚀能力，替代钛钢用于二氧化氯漂白设备，投资成本得以大幅降低。另外，在国内，应用高强度的非金属材料衬里制造二氧化氯漂白塔，只有部分管道、阀门等采用钛钢或双相钢制造，设备成本得以有效控制，推动了二氧化氯漂白在国内的快速发展。

2.5.1.4　氧气

氧气在现代纸浆制造中不可或缺，例如在脱木质素、过氧化氢漂白和臭氧生产中使用。它还可以帮助提高化学回收锅炉或石灰窑的产能。此外，氧气可用于林业部门的废水处理，特别是用于去除异味和增强活性污泥工艺。早期，因氧气缺乏选择性阻碍其作为漂白剂使用，在 20 世纪 60 年代氧脱木质素技术取得了重大突破，当时发现可以通过添加镁盐来保持纸浆的强度特性，这使得可以在工厂规模上使用氧气脱木质素，1970年在南非 SAPPI 的 Enstra 工厂建造了国际上第一个商业装置。此后，随着更高效的新型蒸煮技术的发展，在蒸煮之后，进行碱性氧脱木质素则进一步强化了脱木质素作用。在世界范围内，五个最大的制氧地区是西欧、苏联、美国、东欧和日本。在预漂白阶段，氧脱木质素作用会降低氯化前的卡伯值，从而减小了漂白厂的废水负荷（BOD、COD、色度、可吸附的有机卤化物 AOX、氯化酚和对鱼类的毒性）。近年来，氧漂白的工业应用发展非常迅速，这主要是因为监管机构对工厂施加的废水排放限制更加严格，而且还因为中浓漂白设备的突破为生产提供了更多的工艺选择。随着禁止使用氯和含氯化合物的趋势增大，技术和经济方面的考虑都将要求使用氧气，目前几乎所有的化学法制浆厂都使用氧脱木质素。臭氧虽然具有一定的优于氧气的优势，但只有与氧气结合才能应用；氧气被用来对纸浆进行预脱木质素处理，使所需的臭氧量变得足够小以至于既经济又具有选择性；氧气和臭氧结合的脱木质素技术已在针叶木和阔叶木上使用，通常应用于硫酸盐浆以及亚硫酸盐浆，以及非木材和其他纸浆类型。

氧脱木质素是蒸煮后纸浆的进一步脱木质素，为后续漂白提供了更低卡伯值的纸浆。氧脱木质素具有以下几个优点：a. 氧气是一种对环境友好型的漂白剂，漂白后所产生的有机污染物可逆流回到碱回收系统进行资源化处理，不增加污染，非常环保；b. 漂白剂费用低，由于制氧所耗电力比制造次氯酸盐和二氧化氯所耗电力要低得多，仅需要以当量氯表示的二氧化氯能量的 12.5％，这对电费昂贵的国家和地区来说以氧作为漂白剂就显得更为便宜；c. 漂白后纸浆返色少，强度也与传统多段漂白浆一样。因此，氧脱木质素技术已经成为生产高白度漂白化学浆的必需工序。氧脱木质素的主要增长区域最初是 20 世纪 70 年代的瑞典和 80 年代的日本，以节省漂白化学品的成本；80 年代后期，由于氯化有机物的问题，特别是 TCF 漂白的生产应用，氧气对于在漂白之前大幅降低木质素含量尤为重要。选择氧脱木质素主要基于制浆厂的经济、技术和环境要求，大多数美国和加拿大的工厂都在使用氧气脱木质素来协助漂白厂现代化或提高扩建的经济性，以及减少环境污染物；在日本，氧气漂白主要用于降低漂白成本；而在中国，氧脱木质素用于减少氯化有机物（特别是氯化酚）的形成，以减少漂白废水对环境的生物影响，以及相关的其他环境参数（BOD、COD 和色度）。

工业上制氧气主要采用低温蒸馏的方法（简称深冷法）和变压吸附法（常用的吸附剂是分子筛）。

① 低温蒸馏是指在低温条件下加压，使空气转变为液态，然后蒸发，由于氮的沸点是 $-196℃$，比液态氧（$-183℃$）低，因此氮气首先从液态空气中蒸发出来，剩下的主要就是液态氧了。低温蒸馏工艺最初于 1895 年开发，1903 年研制出第一台深冷空分制氧机。使用这种方法生产氧气，氧气纯度可以达到 99％以上，且产量高，每小时可以产出数千甚至数万立方米的氧气，所以这种制氧方法一直得到最广泛的应用。

② 变压吸附法制氧于 20 世纪 50 年代开发成功，是一种高科技含量的比较成熟的制氧技术，该制氧工艺具有流程简单、安全、投资少、能耗低、自动化程度高、启动时间短、适应性强、制氧过程在常温下完成、负荷调节范围较大（30％～110％）等优点，它是利用氮分子大于氧分子的特性，使用特制的分子筛把空气中的氧分离出来。首先，用压缩机迫使干燥的空气通过分子筛进入抽成真空的吸附器中，空气中的氮分子通过变压吸附（变压吸附，简称 PSA）或真空变压吸附（缩写为 VPSA，或更简单地说是 VSA）被分子筛所吸附，氧气进入吸附器内，当吸附器内氧气达到一定量（压力达到一定程度）时即可打开出氧阀门放出氧气。经过一段时间，分子筛吸附的氮逐渐增多，吸附能力减弱，产出的氧气纯度下降，需要用真空泵抽出吸附在分子筛上面的氮，然后重复上述过程。真空变压吸附过程更节能，并产生纯度超过 90％～93％的氧气。由空气分离装置产出的氧气，经过压缩机的压缩，最后将压缩氧气装入高压氧气罐中储存，并通过管道直接输送到工厂、车间使用。

2.5.1.5 臭氧

臭氧（O_3）是一种非常活泼的有毒气体，是木质纤维素材料的强氧化剂，但由于臭氧性质活泼，不稳定，制作成本高，选择性差，对纸浆强度有很大影响，有刺激性气味，有毒，直到 20 世纪 90 年代初才作为漂白化学品以工业规模引入市场，用于生产全漂针叶木纸浆和阔叶木纸浆。臭氧漂白在运用初始阶段遇到了许多工艺技术上的困难，随着研究的深入，了解了臭氧对纸浆的影响，优化了工艺，如今含臭氧段的漂白效果已经能媲美传统的 ECF 漂白工艺。与氧脱木质素的工业发展相比，臭氧在纸浆漂白中的应用发展非常迅速。导致这种演变的主要原因是全球日益增长的环境意识，这既反映在法规约束方面也反映在市场需求上，臭氧正被越来越多的人接受为与这些要求相符的漂白化学品。

臭氧在酸性环境中的氧化电势为 2.075V，在中性和碱性环境中的氧化电势为 1.247V，比氟的氧化电势略低。有学者发现氧化性漂剂的氧化性电势会影响其选择性。当漂白中的漂剂氧化电势大于 0.9V 时，漂剂将同时与木质素和碳水化合物反应；当漂白中的漂剂氧化电势在 0.4～0.9V 之间时，漂剂只和木质素反应，从而展现出优良的漂白选择性。根据臭氧在各条件下的氧化电势可知其选择性很差，因此需要进行预处理和控制其他条件来尽量提高其选择性。臭氧性质活泼，很容易分解，由于 OH^- 和金属离子的作用其在水中很容易分解得到自由基。其与金属离子的反应过程如下：

$$O_3 + M^{n+} \longrightarrow M^{(n+1)+} + O_3^- \cdot$$

$$O_3^- \cdot + H^+ \longrightarrow HO \cdot + O_2$$

$$HO \cdot + O_3 \longrightarrow HOO \cdot + O_2$$

$$HOO \cdot \rightleftharpoons O_2^- \cdot + H^+$$

$$O_2^- \cdot + O_3 \longrightarrow O_3^- \cdot + O_2$$

$$O_3^- \cdot + H^+ \longrightarrow HO \cdot + O_2$$

其在水中的具体过程如下：

$$O_3 + H_2O \rightleftharpoons HOO^- \cdot + OH^- \cdot$$

$$O_3 + OH_2^- \cdot \longrightarrow HOO \cdot + O_2^- \cdot$$

$$O_2^- \cdot + O_3 \longrightarrow O_3^- \cdot + O_2$$

$$O_3^- \cdot + H^+ \longrightarrow HO \cdot + O_2$$

工业上 O_3 是通过使空气或氧气放电而生成的，用于维持放电的电势通常超过 10000V。当使用氧气时，可能会产生臭氧和氧气的混合物，其中臭氧的含量最多约为 14%（质量分数），因而臭氧的制造需要相对大量的电力。但是，对于已建有制氧站的制浆厂而言，现场制备臭氧的成本是有竞争优势的，氧气先用于生产臭氧，然后再用于其他应用，例如氧气脱木质素、白液氧化和废水处理，可以实现 100% 的氧气再循环。而且，与主要基于二氧化氯的常规漂白方法相比，用臭氧进行绿色漂白可以减少多达 60% 的碳排放量。

2.5.1.6　过氧化氢

过氧化氢（H_2O_2）是一种优良的环保化学品，在制浆造纸工业中被广泛用作氧化漂白剂。H_2O_2 漂白效果好，其分解只产生氧气和水，对环境的影响很小，是最清洁、最通用的化学品之一。H_2O_2 是一个巨大的市场，约占全球化学品总收入的 12%～15%。过去十多年来，全球范围内，特别是中国、东南亚和南美洲制浆和造纸企业的增长，推动了 H_2O_2 的表观消费量大幅增加，而且在环氧丙烷生产中，独特的 HPPO（过氧化氢-环氧丙烷生产工艺）技术的日益普及也推动 H_2O_2 的需求。此外，日益增长的环境问题和发展中的亚洲和拉丁美洲的市场需求，使 H_2O_2 市场在未来几年内能够迅速扩大。预计在不久的将来，以 H_2O_2 为基础的应用领域，例如制浆造纸工业、纺织工业和半导体工业将影响对 H_2O_2 的需求。预计从 2020 年到 2026 年 H_2O_2 的复合年增长率为 4.7%。

H_2O_2 可以通过多种工艺制造，主要工艺包括过氧化钡工艺、电解工艺、异丙醇氧化工艺和蒽醌自氧化工艺，目前普遍选择使用 2-乙基蒽醌（EAQ）工艺，其他工艺在经济上已变得不可行。较低生产规模的电解工艺一直使用到最近，然而能源消耗增加使这一工艺过时。自氧化过程主要涉及从 2-乙基蒽醌转化成 2-乙基蒽氢醌的氢化反应，然后被氧化为 H_2O_2 和 2-乙基蒽醌。该方法具有反应条件温和、装置易于大型化、生产成本低等优点，其工艺过程包括氢化、氧化、萃取、净化等工序，工作液由磷酸三辛酯（TOP）与溶剂油（AR）的混合溶剂溶解工作载体 2-乙基蒽醌和四氢-2-乙基蒽醌（H_4EAQ）配制而成，工作液循环过程中，在 0.3MPa、45～60℃条件下催化蒽醌加氢生成蒽氢醌，蒽氢醌在 0.20～0.25MPa、45～55℃条件下经空气氧化而得到 H_2O_2，蒽氢醌转化成蒽醌在系统中循环使用。全球领先的 H_2O_2 生产商有 Solvay、Evonik、Arkema、OCI、Kemira、中国鲁西化工、山东华泰集团等。

2.5.1.7　过氧酸

过氧酸是由无机酸和较弱的有机酸组成的，它们具有共同的"过氧"（O—O）键，这种过氧键是过氧酰亚胺氧化能力的基础，能够羟基化酚类化合物的芳香环，形成对苯二酚，氢醌很容易被氧化成醌类化合物，经过开环产生起始酚类化合物的黏糠酸、马来酸和富马酸衍生物。酚类化合物的羟基化、烯烃键的环氧化和酮的氧化都涉及木质素中通常存在的官能团的氧化，也即含木质素的纸浆易受过氧酸的氧化，因而可以利用这些化合物对化学纸浆进行脱木质素和漂白。

过氧酸有很多品种，在制浆造纸工业中主要使用的是过氧单硫酸（Px，$H_2S_2O_8$）、过氧乙酸（Pa/PAA，CH_3CO_3H）、过氧甲酸（PFA，CH_2O_3）。过氧乙酸和过氧单硫酸与其他氧化剂的氧化电势列于表 2-19 中。

表 2-19　不同氧化剂的氧化电势

氧化剂	氧化电势/V
$O_2+2H_2O+4e^- \longrightarrow 4OH^-$	0.40
$ClO_2+2H_2O+5e^- \longrightarrow Cl^-+4OH^-$	0.78
$HOO^-+H_2O+2e^- \longrightarrow 3OH^-$	0.87
$ClO^-+H_2O+2e^- \longrightarrow Cl^-+2OH^-$	0.90
$CH_3CO_2H+H^++2e^- \longrightarrow CH_3CO^-+H_2O$	1.06
$ClO_2+H^++e^- \longrightarrow HClO_2$	1.15
$Cl_2+2e^- \longrightarrow 2Cl^-$	1.36
$HSO_5^-+2H^++2e^- \longrightarrow HSO_4^-+H_2O$	1.44
$HOCl+H^++2e^- \longrightarrow Cl^-+H_2O$	1.49
$HClO_2+3H^++4e^- \longrightarrow Cl^-+2H_2O$	1.56
$H_2O_2+2H^++2e^- \longrightarrow 2H_2O$	1.78
$O_3+2H^++2e^- \longrightarrow O_2+H_2O$	2.07

① 过氧乙酸主要是由过氧化氢和乙酸混合而成的 35% 浓度的溶液，由 50% 过氧化氢溶液制备的平衡混合物含有约 35% 的过氧乙酸和约 6% 的过氧化氢，如果从混合物中蒸馏提纯过氧乙酸，则馏出物中含有约 44% 的过氧乙酸和不到 1% 的过氧化氢。过氧乙酸是一种多用途的化学物质，可用于各种应用，它也被称为 Pa 或 PAA。它是一种无色液体，有一种特殊的辛辣气味，让人想起家用醋，所有市售的 PAA 产品均含有 PAA 平衡剂、过氧化氢、乙酸和水。提纯的过氧乙酸可以在 Pa—E 过程中去除硫酸盐浆中高达 60% 的木质素，成本与二氧化氯相似；另外过氧化氢含量很低，这减少了对纸浆

中纤维素的损害。过氧乙酸在化学浆脱木质素中的应用始于 20 世纪 50 年代。但是，高成本和运输复杂性阻止了其大规模的工业利用。过氧乙酸也是一种非常有效的灭菌剂，广泛用于各种应用中。亚太区域对过氧乙酸的需求在不同的应用领域均不断增长，特别是在保健、水处理、食品、制浆造纸行业。随着消毒标准和环境法规的要求越来越高，其用途也在不断增加。作为杀菌剂，过氧乙酸对多种病原体显示出相当强的功效。与许多消毒剂一样，温度、pH 值和浓度在决定抗菌性能方面都起着重要作用。在 5min 的接触时间内，10mg/kg 浓度下就具有杀菌作用，30mg/kg 浓度下可以杀死真菌，400mg/kg 浓度下可以杀死病毒；另外，在 3000mg/kg 浓度下可以杀死孢子。在稍高的温度下其更有效，在较高的 pH 值范围内其杀菌活性增加。PAA 和过氧化氢的组合可进一步提高功效，因为这种共混物可防止在硬表面上形成生物膜。PAA 攻击病原体的方法是通过与细胞壁的反应。由于细胞内含物泄漏，导致细胞膜破裂和细胞死亡。有关 PAA 使用的问题是其稳定性。在水的存在下它会迅速分解。随着时间的流逝，这将直接影响产品的生存能力。过氧乙酸市场预计在未来将出现强劲增长，从数量和价值方面来看，欧洲是最大的区域，其次是北美和亚太地区。印度、中国、巴西和俄罗斯有望成为新的市场。全球过氧乙酸市场的主要参与者包括比利时 Solvay Chemicals、德国 Evonik 工业、美国 Peroxy Chem、芬兰 Kemira Chemicals、美国 Ecolab 及 Enviro Tech Chemical Service。

② 过氧单硫酸是由过氧化氢和浓硫酸混合形成的过氧化物基团。过氧化物转化为过氧单硫酸受反应混合物中存在的水量的影响。当使用过量的 99% 硫酸和 50% 过氧化氢时，其浓度在 45% 左右达到最大值。高转化率可以通过使用更多的浓过氧化氢（70%）和浓硫酸（发烟硫酸）或通过减少水量来完成，然而这两条路线都引起了严重的安全问题，该反应剧烈放热，必须采取预防措施防止过热，否则会导致产物分解过氧甲酸。在实验室中，通过将浓硫酸缓慢添加到玻璃烧杯中的 35%、45% 或 60% 的过氧化氢溶液中，同时保持液体温度在 70℃ 左右，来合成过氧单硫酸。如果生产的过氧单硫酸溶液不能长期保存，则可以使用工业级浓缩硫酸作为原料。由于过氧单硫酸溶液是在 50℃ 或更低的温度下稀释的，因此减少了水稀释期间过氧单硫酸分解为硫酸和过氧化氢的逆反应。

③ 过氧甲酸（CH_2O_3）是由甲酸和过氧化氢混合产生的。

2.5.1.8　螯合剂

螯合剂在纸浆和造纸工业中的使用量很大（占世界市场的 13%），如果制浆造纸工业在漂白过程中完全不使用含氯的化合物，这一比例就会逐步增加，这是因为 TCF 漂白中，采用乙二胺四乙酸（EDTA）或二乙烯三胺五乙酸（DTPA）可以避免铁、铜和锰离子在漂白中的不良影响。螯合剂的作用是与重金属离子形成可溶性络合物，在过氧化氢或臭氧漂白阶段，这些金属会促进羟基自由基（·OH）的形成，从而破坏纤维素纤维并分解漂白剂，现用螯合剂络合这些离子可以防止它们分解过氧化氢和臭氧。在某些情况下，螯合剂也在氧脱木质素阶段使用。值得一提的是，DTPA 和 EDTA 等螯合剂在一些国家已经被禁止使用，但在美国和加拿大仍允许使用螯合剂。硫酸镁，通常被称为镁盐，也被认为是一种有效的螯合剂，但镁是通过停止过氧化物分解反应而不是使金属离子失活起作用的。

过氧化氢正在成为未来化学纸浆的重要漂白剂。在这种情况下，螯合剂将有越来越广泛的应用。随着硫酸盐法制浆厂减少氯化物的努力，可以使用针对工厂特定加工条件和要求量身定制的螯合技术来实现纸浆白度目标。适当应用 EDTA 和 DTPA 螯合剂可与过渡金属形成高度稳定的络合物，防止它们降解过氧化物，从而使更多的漂白剂能用于提高纸浆白度。

TCF 漂白浆厂有两个主要目标：在延长的脱木质素或氧脱木质素阶段，尽可能多地将木质素去除；然后过氧化物、烧碱和螯合剂的适当平衡使纸浆增白。从纸浆中去除的木质素越多，在随后的阶段实现目标白度所需的漂白化学品就越少。经验证明，在 TCF 工段中，需要额外的处理来减小金属离子的浓度，可以使用螯合剂来解决这种情况，因为它们可以有效控制金属，并在随后的工艺中去除。当添加螯合剂时，锰的最佳去除反应的 pH 值在 5～6 之间；如果没有螯合剂，则需要酸处理直到 pH 值到达 3 才能实现类似的锰去除效果。这样的强酸处理阶段将导致大量镁盐的损失，而镁盐的作用是保护纸浆在漂白过程中纤维素不被降解。强酸化的另一个缺点是需要额外的烧碱，以提高纸浆 pH 值达到所需的碱性漂白条件。因此，使用螯合剂的优点是避免了强酸处理阶段，降低镁的损失，并减少了在过程中因降低和提高 pH 值对酸和苛性碱的需求。在生产中对金属离子进行控制，这需要对过程中各个阶段的制浆和漂白操作进行详细分析，并在每个阶段仔细匹配螯合剂与离子的组合和浓度，该方法是必不可少的，因为金属离子的来源各不相同，并且其浓度在纸浆和纸浆之间以及磨与磨之间变化范围很大。需要确定适当的螯合剂添加点，但是通常应在过程中的几个阶段将它们引入，以便有机会脱去金属。根据所使用的 TCF 技术，在含过氧化物的阶段之前可能需要 EDTA 或 DTPA，以便从该过程中去除金属（主要是铁）。人们普遍认为，由于过氧化物与金属具有反应活性，螯合剂作为预处理化学品在 TCF 漂白技术中具有重要意义，但对于最优加入点存在一些问题。大量金属的去除发生在 Q 段，在 Q 塔洗涤器中添加了螯合剂，并使其与纸浆保持接触；其他可能的螯合剂添加点是臭氧（Z）段，或过氧化氢强化碱抽提（Eop）段之前或之后，以控制残留的锰、铁和铜离子；在过氧化物和苛性碱阶段前后，进一步控制滤液中引入的残余金属离子；在最终过氧化物阶段之前尽可能达到最高白度。

螯合剂也提高了亚硫酸盐法纸浆的漂白效率。传统观念认为亚硫酸盐制浆漂白效果不佳是因为过渡金属对亚硫酸盐的分解，事实上在木材中通常发现的含量下，锰和铜既不会影响亚硫酸盐的稳定性，也不会导致纸浆的颜色差。另外，铝经常被认为是亚硫酸盐漂白不良的原因，但白水循环时发现的高含量铝几乎总是与铁的含量高有关，铁是唯一对亚硫酸盐纸浆漂白有影响的金属离子，因为铁能形成 Fe^{3+} 有色化合物。在造纸机的湿部加入明矾和/或黏土，并用以回收纤维，这些纤维都含有大量的铁，这可能导致白水回路和整个流程的铁含量高，具体浓度取决于水的再循环水平。通过在亚硫酸盐漂白过程中加入螯合剂可导致铁的失活或失控，降低铁参与形成有色化合物的风险。

2.5.1.9　漂白化学品的组合

最早的用于纸浆漂白的工艺流程是单段漂白，即用氯气或者次氯酸盐直接漂白纸浆。后来发展出多段漂白，通常指的是 CEH 三段漂。研究表明含氯漂剂的氧化性极强，由于其制备简单、高效、性价比高，使得传统的含氯多段漂白长期占据在纸浆漂白的历史舞台上。但是，这种漂白工艺存在很多问题，特别是其排放的废物对环境极为不友好，其漂白产生的废水不仅有大量的 COD、BOD，含氯漂剂在漂白时还会产生大量 AOX（有机氯化物），尤其是二噁英，这些物质具有很强的毒性、致癌性、致畸性。有研究发现，当纸浆进行传统的单段或 CEH 漂白时，所用的含氯漂剂中的部分氯元素（约 8%）会转化为氯代酚类化合物、多氯代二噁英和呋喃等有机氯化物。这些有机氯化物有很强的致癌性和毒性，其中三氯甲烷能产生光气从而破坏大气，氯代酚类化合物不仅有毒还很难被降解，多氯代二噁英和呋喃种类繁多且性质各不相同。若将它们都排放到自然界中，势必会对环境造成恶劣破坏，对其中生物造成毒害，通过食物链的富集作用和饮水，间接对人类造成难以衡量的危害。鉴于传统漂白工艺对环境的极度不友好，欧美国家在 20 世纪 70 年代开始用 ClO_2 代替氯气来对纸浆漂白，这便是无元素氯漂白的雏形。

CEH 各段三氯甲烷生成量见表 2-20。

表 2-20　CEH 各段三氯甲烷生成量

项目	氯化段	碱处理段	次氯酸盐段
三氯甲烷生成量/(g/t 绝干浆)	5～280	10～80	100～700

ClO_2 中氯元素为正四价，1mol 的 ClO_2 充分用于纸浆漂白要转移 5mol 的电子生成氯离子；而 Cl_2 中氯元素为零价，1mol 的 Cl_2 充分用于纸浆漂白要转移 2mol 的电子生成氯离子。因此 1mol 的二氧化氯，其氧化量相当于 2.5mol 的氯气，ClO_2 比 Cl_2 的漂白效率更高。另外，当 ClO_2 与木质素反应时，绝大部分氯元素不发生取代反应，因而产物中有机氯化物的量将大幅下降。但仅有 ClO_2 漂白还不够，这是因为 ClO_2 相较于 Cl_2 对木质素降解的选择性不够，因此需要加上多段漂白，例如在初段或者末端加上氧漂工段。无元素氯漂白产生的废水中仍然含有有机氯化物，只是相较于传统 CEH 三段漂白有了大幅下降。有部分研究表明：相较于传统 CEH 三段漂，用 ClO_2 代替 Cl_2 和次氯酸盐的无元素氯漂白（ECF），其生成的废水中二噁英的量可大幅降为原来的 1/10，但仍然有残留。故 ECF 漂白还并不是真正理想的绿色漂白工艺。如果其工艺条件控制不好，甚至会有 40% 的 ClO_2 转化为元素氯，仍然会产生 AOX 等致癌物质，对环境产生巨大破坏。但还有研究表明：一些生产管理优良的浆厂即使采用了 ECF 漂白，其处理后的废水也几乎不含有二噁英和其他能在生物体内持久累积的有毒物质，欧洲共同体（现欧盟）甚至声称，在西欧工厂停止传统元素氯漂白，实现无元素氯漂白，就意味着几乎停止了二噁英和呋喃的形成。为了进一步降低废水中有机氯化物的含量，漂白工段中还可以加入 H_2O_2、O_3、碱处理等工段以降低 ClO_2 的消耗。由此可知 ECF 无元素氯漂白通常是含 ClO_2 工段的多段漂白，其具体漂白流程较为多元化。如表 2-21 所列，是北欧部

分浆厂的 ECF 漂白流程。

表 2-21　北欧部分浆厂的 ECF 漂白流程

瑞典 Stora Skoghall 浆厂		芬兰 UPM-Kaukas 浆厂
O—(O—P)—D—Q—(P—O)(新)	O—D—(E—O—P)—D—E—D(旧)	O—(E—D—P)—D—(P—O)—D

　　随着科技的进步以及人们对生活环境的要求越来越高，无元素氯漂白开始快速发展，并最终发展形成了全无氯漂白。在西方发达国家首先商用了全无氯漂白技术，实际结果证明了全无氯漂白的可行性，它不仅带来了高品质的产品，还从源头上减轻了对环境的破坏。全无氯漂白所用漂剂是不含任何含氯物质的，例如可以用 O_2、O_3、H_2O_2、过氧酸等含氧化学试剂进行纸浆的漂白。O_3 的氧化性要强于 H_2O_2，对木质素有着很强的氧化性，是非常好的漂白剂，但其选择性太差，容易对纤维素也进行降解，从而降低纸浆质量。有机过氧化物常用于消毒剂，很少用于织物的漂白。而无机过氧化物，又由于价格昂贵，也很少直接用于工业漂白。目前在造纸行业中氧气和过氧化氢相对应用较多，这两种漂剂安全便宜，在实际漂白生产中被广泛使用。刚开始发展 TCF 漂白时，人们还在为产不出高白度浆而担心，如今成熟的 TCF 漂白工艺证实了通过改进漂白工艺流程，使用不含氯的漂液也能制得高白度、高强度的纸浆。TCF 的漂白流程非常多样化，一般可以根据继续脱木质素的能力、漂剂对纤维素的选择性、白度目标和稳定性来选择漂白流程。国外也有学者对建立 TCF 漂白标准化流程进行了深入的研究。

2.5.2　二氧化氯漂白技术

　　二氧化氯是一种多功能的漂白剂，选择性很好，减少或消除残留的木质素含量而不会造成碳水化合物的明显损失，同时还能减少纸浆中的发色色团，从而可以有效地对纸浆进行脱木质素和增亮。与氯相比，二氧化氯在漂白过程中产生的有机氯量要少得多，在相同的氧化剂当量下它相当于仅将约 1/5 的氯引入漂白反应，因此大幅度降低漂白废水中 AOX 产生量。采用二氧化氯漂白可用于获得高白度纸浆，这对于制造高强度、稳定、清洁、高亮度的硫酸盐浆至关重要。在使用二氧化氯之前，硫酸盐浆无法漂白至超过 85%（ISO）的高白度。另外二氧化氯还具有使污点脱色的功能，使得二氧化氯成为当前最有效的漂白剂。欧美发达国家的工业起步早，发展也很成熟，早在 20 世纪 70 年代开始就尝试用 ClO_2 代替氯气来对纸浆漂白。二氧化氯漂白性能优良，1kg ClO_2 的氧化能力相当于 2.63kg 的氯气，使用二氧化氯漂白，能有效地减少漂白过程中的元素氯，经它漂白后的纸浆，白度高，稳定性好。

　　有学者发现氧化性漂剂的氧化性电势会影响其选择性。当漂白中的漂剂氧化电势大于 0.9V 时，漂剂将同时与木质素和碳水化合物反应；当漂白中的漂剂氧化电势在 0.4～0.9V 之间时，漂剂只和木质素反应，从而展现出优良的漂白选择性。表 2-22 展示了二氧化氯和次氯酸盐在各个 pH 值情况下的氧化电势，不难看出，次氯酸盐在各种酸碱条件下的氧化电势都较高，而二氧化氯只要酸碱度合适，其氧化电势很容易控制在 0.4～0.9V 之间，对木质素能展现很强的选择性。

表 2-22 不同酸碱度下二氧化氯和次氯酸盐的氧化电势

次氯酸盐		二氧化氯	
pH 值	氧化电势/V	pH 值	氧化电势/V
2.00	1.428	1.30	1.038
3.00	1.487	2.20	0.947
4.00	1.497	3.00	0.886
5.00	1.494	4.00	0.790
6.00	1.486	5.68	0.730
7.00	1.324	7.00	0.700
8.00	1.058	8.00	0.660
9.50	0.944	—	
11.00	0.940	—	

研究表明：用氯气漂白纸浆时，Cl_2 主要与木质素发生取代反应；用 ClO_2 漂白纸浆时，ClO_2 会使木质素氧化断链，从而将木质素裂解为碎片随漂剂溶出，例如 ClO_2 与木质素酚型结构的可能反应机理，如图 2-31 所示。反应机理上的巨大区别使得漂白废水中有机氯化物含量大量降低，数据显示，采用改进后的流程漂白纸浆，获得的漂白废水中，AOX 含量可以减少到每吨绝干浆 0.15kg 以下，氯代酚类去除率则达到 98%，二噁英含量甚至能到检测不出的水平。因此，以 ClO_2 漂白为核心的 ECF 漂白是当前化学浆的主要漂白方法。

2.5.3 氧脱木质素漂白技术

氧脱木质素常被简称为氧漂，是最常用的漂白工段。20 世纪 50 年代末，来自苏联的学者尼基金等在碱性环境下使用氧分子对纸浆进行漂白处理，但由于纸浆中的纤维素在漂白过程中降解过大，使得最后的纸浆的强度不够，因而没有被应用于实际生产。20 世纪 60 年代中期，来自法国的学者发现在纸浆氧漂时加入少量的镁化合物就可以降低纤维素的降解。到 20 世纪 70 年代左右人类终于实现了氧漂的工业化。由于氧气容易制备，价格低廉，来源广泛，在制备和生产过程中都是十分安全的，因此被极为广泛地运用于造纸工业中。氧脱木质素是实现无氯漂白的关键工段。

氧脱木质素过程包括首先使纸浆与氧气在碱性条件下反应，然后进行洗涤以回收溶解的木质素，该过程通常在压力下进行，脱木质素率通常在 35%~50% 的范围内，进一步地脱木质素将导致纤维素过度降解。该技术比大多数扩展蒸煮脱木质素工艺更具选择性，但是，这需要大量的资本投资。氧气漂白的主要好处是环保，应用于纸浆的化学药品和从纸浆中去除的物质与硫酸盐浆化学回收系统兼容，该硫酸盐浆化学回收系统使得通过粗浆洗涤器将氧脱木质素段洗涤废水再循环到回收系统成为可能，减少了漂白厂对环境的潜在影响，这种减少大致与在氧气阶段获得的脱木质素量成正比。相应的碱回收锅炉的总固体负荷将显著增加，硬木纸浆增加约 2%，软木纸浆增加 3%。由于这些固体已经被部分氧化，因此蒸汽产生量仅增加 1%~2%。大多数使用氧脱木质素系统的硫酸盐纸浆厂都使用氧化白液作为碱的来源，以在化学循环中维持钠/硫平衡；氧化

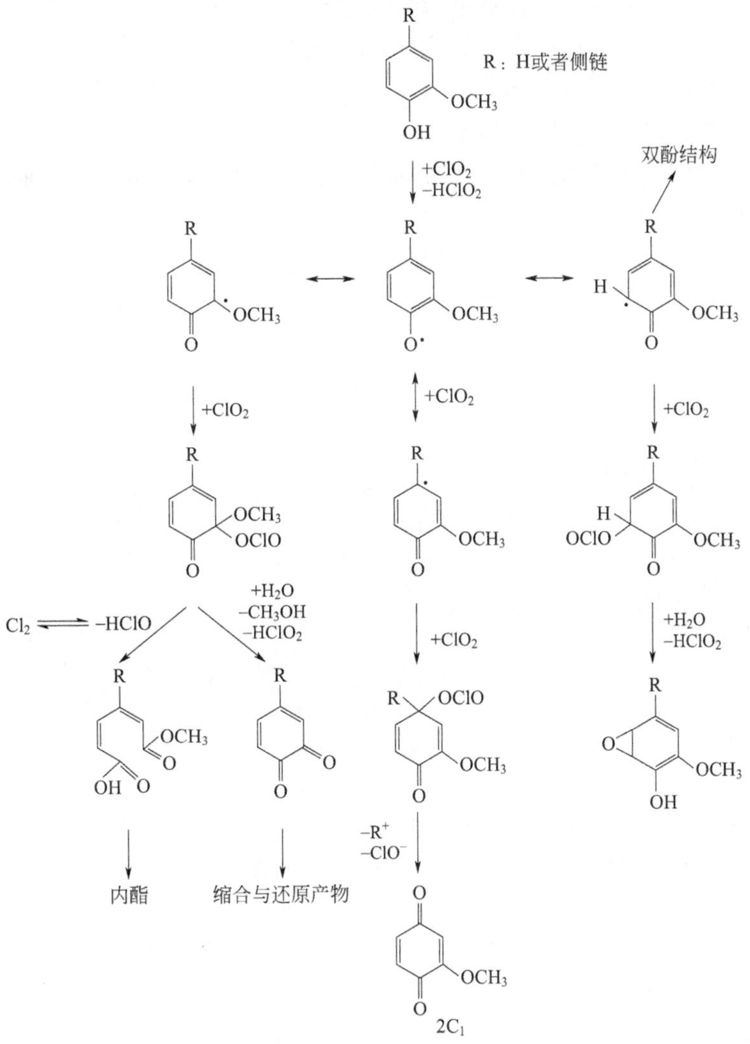

图 2-31 二氧化氯与木质素酚型结构的可能反应机理

白液使苛化装置和石灰窑的负荷增加了 3%～5%。在大多数情况下空气系统可用于白液氧化，因为它们的运行更为经济，即使其初始投资成本高于氧气系统。

氧脱木质素通常在 7%～15% 的中浓度范围和 22%～30% 的高浓度范围内进行，低浓度系统也已尝试过，但已证明是不成功的。在高浓条件下进行氧漂白，存在氧与纸浆的混合问题，搅拌混合动力耗费过大，而且蓬松的高浓度纤维絮状物与气体直接接触也存在容易氧化燃烧的隐患。近些年来，由于中浓氧脱木质素工艺及设备相对高浓较安全和较容易实现，在工程实际中纸浆均在中浓条件下进行氧漂白。其工艺过程大致为：由洗涤筛选来的浆料，经浓缩后落入中浓浆泵的立管，将氧化的白液或氢氧化钠添加到立管底部；然后用中浓浆泵输送到加热器，在这里氧气和蒸汽一起加入；之后纸浆进入一个或多个中浓高剪切混合器，在混合器中添加氧气和额外的蒸汽，混合器用于将氧气分散在纸浆中；最后，纸浆进入升流式压力反应塔，保留约 1h，然后进入安装有气体分离器的喷放锅中，释放出未反应的氧气等气体。氧脱木质素之后，完全除去溶解在氧脱木质素段废水中的有机物是非常重要的，通常需要应用 2 台洗浆机进行洗涤。

研究表明，氧漂工段的选择性并不好，如果单段氧漂的脱木质素率超过 50％，就会造成纤维素的大幅降解，如图 2-32 所示是 Guay 等提出的纤维素降解的可能机制，为了提高氧漂选择性，避免纸浆质量下降，现今造纸企业正越来越多地采用两段氧漂。例如瑞典顺智公司提出的两段氧漂：第一段反应时间短、温度低、高碱浓和高氧浓；第二段反应的化学品浓度较低，采用长时间、高温。实践显示两段氧漂得到的纸浆质量更好，排放的 COD 更少，消耗的化学品也更少。为了提高氧漂的选择性，在氧漂前还可以进行预处理，例如可以用二氧化氮、过氧化氢、过乙酸等进行预处理。H_2SO_5 是一种良好的漂白剂，它对碳水化合物的影响不大，但能氧化木质素上的特殊基团，从而增加木质素上能被氧气攻击的位置，进而有助于加强氧漂效果。

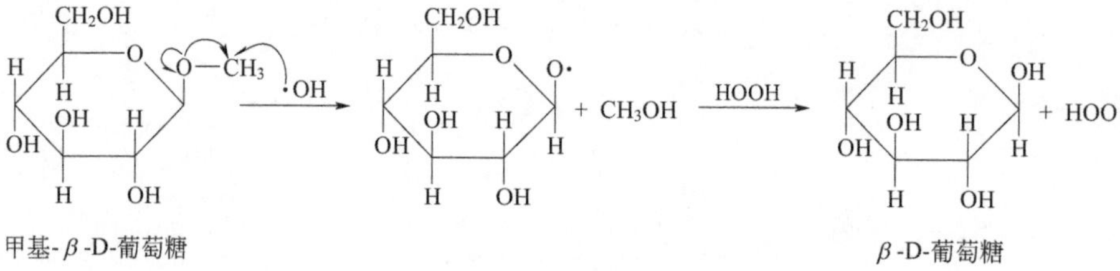

图 2-32　纤维素降解的可能机制

氧漂后的洗涤废液由于不含氯元素，可以通过碱回收炉处理。在碱回收工段，溶解在漂白废液中的有机物能被除去很大一部分，从而大幅减少漂白废液废物排放量。有研究称，氧漂可使漂白废液中的 COD 和 BOD 排放量降低大约 40％～50％，色度减少 75％～85％，AOX 的含量也大大降低。随着世界各国越来越重视生态环境，氧脱木质素正成为现代漂白程序中的必备工段。

2.5.4　过氧化氢漂白技术

过氧化氢（H_2O_2）于 20 世纪 40 年代开始被用于磨木浆的漂白，后来逐渐用于化学浆的漂白。过氧化氢在化学纸浆漂白领域中主要用作现有漂白阶段的增强剂，大多数工厂在碱处理段使用过氧化氢作为增强剂，在有或没有额外的氧气增强的情况下，在碱处理过程中使用过氧化氢可以减少二氧化氯等化合物的使用，并且还可以使纸浆和漂白厂的废水质量得到改善。在漂白过程中，工厂还使用过氧化氢漂白作为末端漂白来减少漂白过程二氧化氯的总用量，增强白度稳定性。过氧化氢漂白工艺条件相对温和，当其作为碱处理增强剂时分解不是主要因素。但是，当使用过氧化氢作为主要的漂白和脱木质素试剂时，通常必须在较高温度（＞100℃）和压力下进行，在这些条件下过氧化氢会被纸浆中的金属离子分解。因此，必须解决纸浆漂白和过氧化氢分解这两个相互竞争的反应。通过更好地理解金属离子在过氧化氢分解中的作用，使用正确的金属控制工艺，则可以提高温度和延长漂白时间，以获得更低的过氧化氢消耗量和更高的白度。

瑞典的 Eka Nobel 公司开发了一种称为 Lignox 工艺的两段（QP）工艺，该方法在碱性过氧化氢漂白前增加一段螯合处理段，即用 EDTA 在 pH 4～7、90℃温度下对纸浆进行预处理 60min，去除纸浆中的金属离子。实践证明，该工艺能使针叶木硫酸盐纸浆中约 50% 的木质素被去除，而且能用最低的过氧化氢消耗达到最高的卡伯值降低量、白度和黏度，可轻松用于现有的漂白厂，且无需大量的资本投资。当然，用酸处理纸浆也会去除大部分的碱金属和重金属，但效果要差一些。Lignox 漂白后的纸浆再用二氧化氯进行漂白或过氧化氢漂白，或臭氧或过氧酸处理，例如采用含臭氧和压力过氧化氢漂白的 OZQPo 流程可生产出具有高白度水平的 TCF 纸浆。另外，为了提高过氧化氢漂白效率，发展了高温压力漂白技术。早期人们认为 H_2O_2 在高温下会分解，要在高温条件下高效快速漂白纸浆很难，后来研究发现 H_2O_2 的分解主要是由于设备的金属表面，由此加强反应条件从而加快过氧化氢漂白速率成为可能。1993 年高效的高温压力 H_2O_2 漂白工艺开始投入使用，这种工艺的特点是利用氧气对反应容器加压，漂白温度由常规使用的 80～90℃ 提高到 110～120℃，温度的提高不仅提高了反应速率，而且提高了纸浆白度，在 110℃ 和 2h 的 Po 漂白可以增加 6～8 个单位的白度。

过氧化氢漂白一般也采用升流式反应塔。由于保证过氧化氢发挥最大作用的主要参数是温度和保持时间，因此选择的反应塔容积要足够。另外，过氧化氢的添加点应与氢氧化钠或蒸汽等其他化学品的加入点分离，这对于高温过氧化氢漂白尤为重要。过氧化氢漂白促进了漂白纸浆厂废水再循环利用，这将有助于减少工厂的用水量，并最终消除废水排放。过氧化氢漂白也能降低废水中 AOX 的浓度，其比例与它能替代的氯化学品的数量成正比，但废水中的过氧化物残留物对生物处理有害，应尽量避免，可以通过用二氧化硫或亚硫酸氢钠处理来分解过氧化物残留物来实现。

过氧化氢在理论上可用于单段、中段或终段漂白，但实际上大多数造纸企业只将其用于多段漂白工段的最后终段漂白，因为研究和实践证明，用过氧化氢取代二氧化氯漂白纸浆在经济和效果上没有任何优势，因此常将其设在二氧化氯漂白工段后用以稳定纸浆白度。有研究显示，过氧化氢漂白纸浆主要依靠的是其解离出的 HOO^-。H_2O_2 是弱酸性漂剂，在碱性环境下才能解离出 HOO^-，因此过氧化氢漂白一般是在碱性环境下进行的，H_2O_2 与木质素的反应机理如图 2-33 和图 2-34 所示。目前 H_2O_2 漂白已经在纸浆的漂白中被广泛使用。随着环境保护力度的加大，造纸行业的清洁生产技术将会被不断发展和应用，可预见过氧化氢漂白会被越来越多地用在造纸企业中。

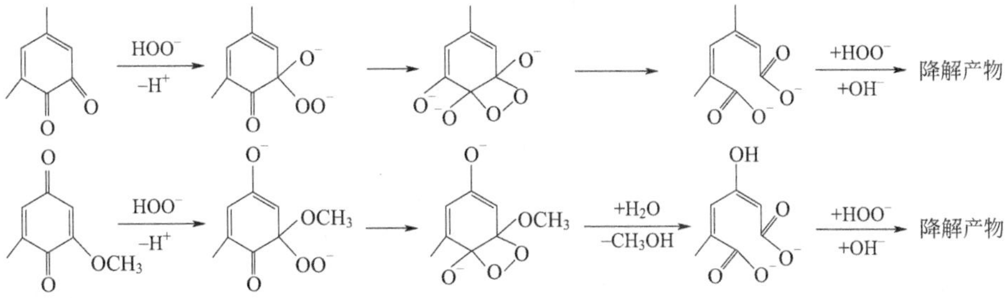

图 2-33　H_2O_2 与木质素结构单元的侧链反应

2.5.5　臭氧漂白技术

臭氧可以有效地使所有类型的化学纸浆脱木质素，通常使用的臭氧量低于 6～7kg/t

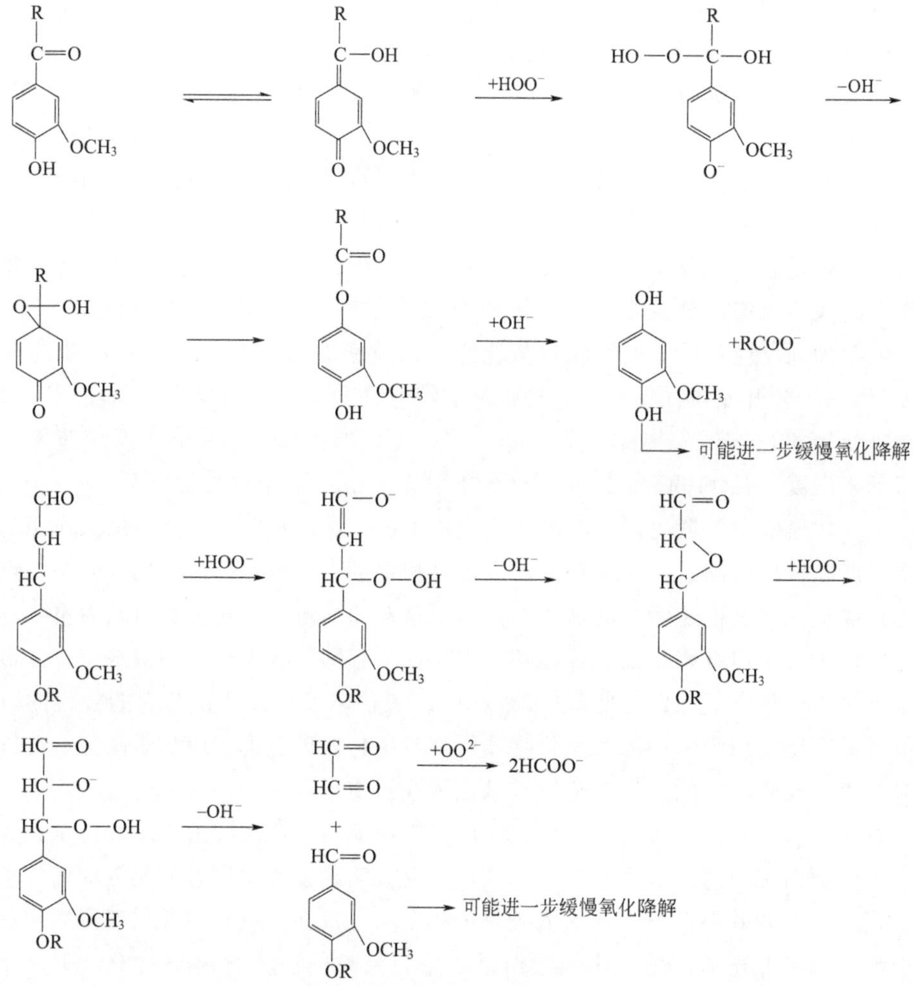

图 2-34 H₂O₂ 与木质素结构单元的苯环反应

纸浆。由于臭氧是一种非常有效的脱木质素剂，因此它可以经济的方式部分或全部代替二氧化氯，1kg 的臭氧代替了约 2kg 的纯二氧化氯。臭氧预漂白处理后的废水和其他碱性段的滤液可用于未漂原浆的逆流洗涤，并考虑到其酸性性质，将其带入化学品回收系统，因而也减少了废水量。臭氧是漂白硬木纸浆、软木纸浆以及非木浆的有前途的选择，使用臭氧进行新兴的绿色漂白在实践方面取得了重大进展，已使全球数家制浆厂改善了产品质量、环境和工艺性能。由于严格的环境法规，较早的制浆厂使用臭氧漂白生产 TCF 纸浆，结合臭氧和过氧化氢的 TCF 漂白流程比仅使用过氧化氢的 TCF 流程成本低得多，与仅使用二氧化氯的 ECF 漂白流程相比，将臭氧与二氧化氯结合的 ECF 漂白更具成本效益，当基于相同的成本结构（即在两种情况下均包括运营费用和投资成本）和相同的漂白能力进行比较时，如今臭氧成本约是二氧化氯的 65%～85%。而且，将臭氧与二氧化氯相结合，除能改善纸浆性能外，还具有增加废水处理性能灵活性的优势，并使制浆厂走上接近无废水漂白的道路。

臭氧对木质素的选择性不如氯和二氧化氯，因此需要低用量才能避免强度特性的损失；当使用大剂量时会与纤维素发生不良反应，导致纸浆质量下降。尽管在臭氧和碳水化合物反应的机理以及使这些反应最小化所需的条件方面付出了巨大的努力，高度选择性的臭氧处理仍然难以实现。工程上，臭氧脱木质素或漂白也是采用高浓或中浓工艺，这两种工艺在设备要求上有很大不同，并且基于不同的方法来使含臭氧气体与纸浆内部或周围的液体接触，两种工艺都有残留的气体，这些气体不仅包含氧气，而且包含臭氧，由于其有毒的性质，必须将其销毁，以避免释放到大气中。国际上，第一套臭氧漂白段首先安装在奥地利的 Lenzing AG 工厂，该工厂在 EOPZP 漂白流程中使用了中浓臭氧漂白；在北美，美国 IP 公司 Union CAMP 工厂在 OZ(EO)D 序列中使用了高浓度臭氧化，这是世界上高浓度纸浆臭氧漂白的首次商业应用。目前，越来越多的工厂正在使用臭氧来生产全漂木浆，全世界大约有 30 个臭氧装置正在运行，在中国山东太阳纸业和山东晨鸣纸业也报道采用了臭氧漂白技术。

　　臭氧与木质素的反应很迅速，其反应大致可分为几类。a. 臭氧攻击木质素上的苯环，使其开环羟基化，由此增加了木质素结构的亲液能力；甲氧基会被氧化生成邻苯醌；或进行臭氧环化加成反应，环破裂生成羧酸。b. 臭氧进攻木质素的侧链上的双键，使其断裂为两个羰基化合物或者生成环氧化物。c. 臭氧与木质素侧链上各基团反应，醇羟基、芳基或烷基醚等被氧化成羰基，醛基则被氧化成羧基。d. 臭氧使木质素侧链在 α 位置断裂，在 α 位置上引入醛基。木质素经过上述臭氧化反应后，羧基、醛基、羰基等亲水基团增多，使木质素被溶出并脱除。反应机理如图 2-35～图 2-37 所示。

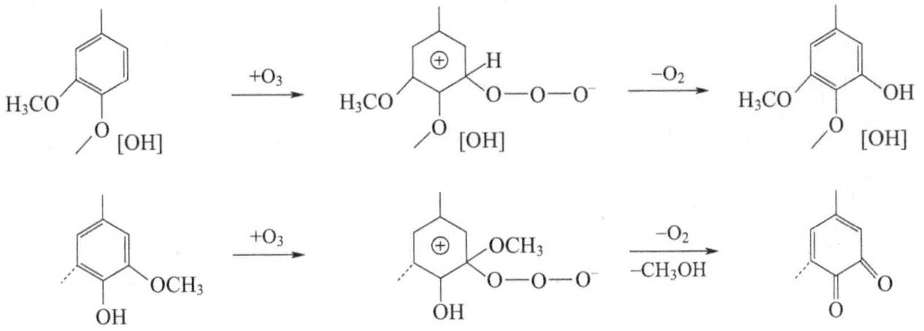

图 2-35　臭氧与木质素上的苯环进行取代反应

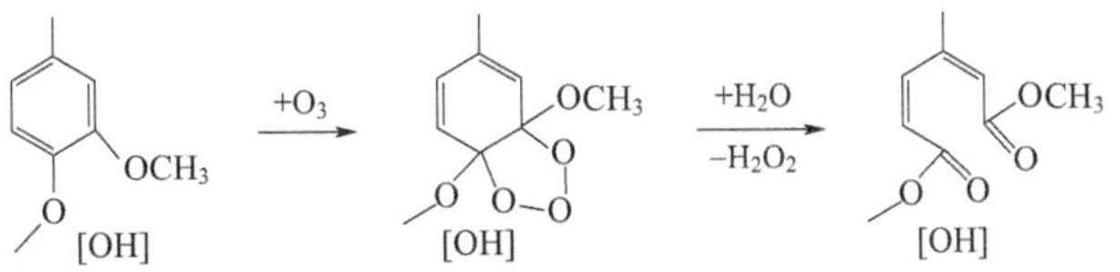

图 2-36　臭氧与木质素上的苯环进行加成反应

　　影响臭氧漂白效果的因素很多，例如浆浓度、温度、pH 值、反应时间、臭氧浓度等。根据实际情况合理地调整臭氧漂段的工艺条件，可最大限度发挥臭氧漂白的能力，同时也能做到节能减排，提高经济效益。随着国家经济持续发展、国民素质不断提高，对造纸工业的环保要求也越来越严格，而臭氧漂白作为最具发展潜力的清洁生产技术也将迎来快速发展。

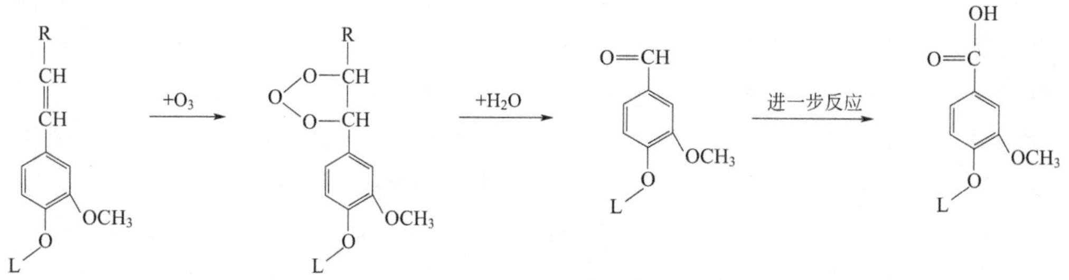

图 2-37 臭氧与木质素侧链的反应

2.5.6 过氧酸漂白技术

过氧酸比过氧化氢具有更高的氧化潜力，其氧化能力与二氧化氯和氯相当。在制浆和造纸工业中过氧酸被用于脱木质素、提高白度和杀菌防腐过程，它们的脱木质素和漂白能力类似于二氧化氯和氯，具有明显的无氯优势。因此，这些化合物是化学纸浆漂白的替代氧化剂。过氧酸漂白段可以布置在氧脱木质素之后，或是两段氧脱木质素或过氧化物漂白之间或之前，也被用于漂白流程的最后阶段。对于某些工厂，过氧酸确实在漂白过程中体现出了明显的好处，尤其对临时生产高白度 TCF 纸浆的工厂非常有益。因为采用过氧酸漂白，可以用有限的投资（相较于臭氧）使工厂快速实现TCF 漂白，从而避免在 TCF 漂白技术尚未成熟时投入过多的资金。一般来说，在硫酸盐浆 TCF 漂白工艺中，使用过氧酸可以使纸浆白度提高 3％～4％（ISO）。

1966 年，有研究报道了过氧乙酸用于化学纸浆的增白和脱木质素，并将过氧乙酸漂后的纸浆卡伯值以及光学和强度特性，与从常规漂白和脱木质素化学品中获得的值进行了比较，显示出过氧乙酸作为脱木质素剂具有广阔的应用前景。然而，与二氧化氯漂白的纸浆相比，纸浆的强度明显较低，并且其生产成本明显较高。此外，研究人员还研究了 PAA 在漂白的不同阶段（E 段、D 段）和不同级别（造纸级和溶解级）漂白纸浆的处理中的使用。在 ECF 漂白中，PAA 的优点是白度高且漂白中对活性氯（较低剂量的二氧化氯）的需求减少。在 TCF 漂白中使用 PAA 可使纸浆的卡伯值低，白度高，稳定性好。PAA 改善并稳定了纸浆的白度，并防止了存储塔中可能发生的白度反转。如果在漂白的 D 阶段使用 PAA 还可以节省一些二氧化氯，这可以帮助消除二氧化氯制备限制的瓶颈。PAA 可使漂白工厂的操作更加灵活，从而减少纸浆的降级。此外，还发现 PAA 漂白可改善造纸过程中纸浆在网上的滤水性，它可以清洁系统并防止微生物滋生，从而减少杀菌剂的消耗。这些早期研究中使用的过氧乙酸是一种平衡产物，其通过在硫酸作为催化剂的情况下将适量的乙酸和过氧化物混合而制得，混合物中存在的过氧化物与纸浆中的过渡金属离子杂质一起也可能导致严重的黏度损失。

对于过氧单硫酸，有研究者考察了它在 ECF 和 TCF 漂白程序中的应用，例如经氧脱木质素和螯合的纸浆先用过氧化物漂白，然后进行过酸处理，最后通过碱性高浓度过氧化氢 P 漂白，即采用 OQPPaaP 和 OQPPxP 流程可以生产出具有良好性能的完全漂白 TCF 硫酸盐浆。另有研究比较了混合过氧化物与氧的脱木质素效率，氧脱木质素处理和混合过酸处理与随后的 Eop 段的比较表明，两者都将松木硫酸盐纸浆的卡伯值降低了 1/2，然而混合过氧化物 Eop 段提供了更高的白度。桉树硫酸盐浆（卡伯值 20）的实验显示，过酸的性能更好，单个混合过酸处理显示出比单个氧脱木质素段更高的脱木质素率。混合过酸处理和 Eop 段相结合可以脱出 60％的木质素，这明显大于单次氧脱木质素的作用。在氧脱木质素之后应用混合过酸漂白和 Eop 处理后，卡伯值从氧脱之后的 12 降低到 5.1，并且白度达到 69％（ISO）。通过比较过氧乙酸、过氧单硫酸和混合过酸的脱木质素和增白效率，可以得出结论，在各种条件下，等量的过酸具有类似的脱木质素和增白性能。另外，对漂白流程为 Px—Z/D—Eop—D 的针叶木浆过氧单硫酸段（Px 段）在不同 pH 值下的漂白研究发现，木质素的降解从 pH 1.5 到 pH 5 几乎以相同的速率进行，其中 pH3 是降解己烯醛酸最有效的条件（己糖醛酸被过氧单硫酸的亲电攻击降解）。在低 pH 值下用过氧单硫酸处理导致纤维质量下降，而在高 pH 值下用过氧单硫酸处理导致纸浆白度增加，其中一个重要因素是反应温度，它控制过氧单硫酸的反应速率，较高的温度导致较高的反应速率。反应时间是另一个重要因素，木质素和己糖醛酸的充分降解需要 60min 以上，反应的最佳条件是 pH 值在 2~4 之间，温度在 60~90℃之间，处理时间超过 60min。经过成功的试验后，日本王子纸业集团在其属下的一间工厂在硫酸盐法纸浆漂白过程的第一阶段应用了过氧单硫酸漂白，有效地去除了己醛酸，在漂白过程中没有产生严重的问题。

至于过氧甲酸在 TCF 漂白中的应用，有研究表明，根据甲酸浓度、过氧化物用量和处理温度，在漂白松木硫酸盐纸浆的情况下，用过氧甲酸和过氧化氢脱木质素率为 25％~80％。随后的碱性过氧化氢漂白阶段，可将纸浆白度提高到 80％~85％（ISO）。而且，过氧甲酸可以通过确保在氧脱木质素段之前来浆卡伯值的大幅度减小来提高氧脱木质素阶段的效率。在（PFA）—O 流程后，松木和桦木硫酸盐纸浆的卡伯值低至 4~6，进一步用臭氧和碱性过氧化氢进行漂白，全漂浆白度值达到 90％（ISO）。

另外，也有研究发现，过氧单磷酸可以作为硫酸盐法纸浆的脱木质素剂。用过氧单磷酸稀水溶液对桉木浆进行脱木质素处理，并将其脱木质素选择性与过氧单硫酸进行比较。在相同的反应条件下，过氧单磷酸比过氧单硫酸更迅速、更有选择性地脱木质素。然而，磷酸盐与目前的回收系统不相容是一个主要的缺点。

过氧酸的缺点是制造成本高，通常不稳定，无法长期运输或存放，因此也需要现场生产过氧酸。每种过氧酸溶液的生产成本基本上由原料的单位成本和每种溶液的过氧酸产率或转化率决定。影响过氧酸生产成本的其他因素是蒸汽、电力和冷却水的成本，以及添加的螯合剂、酸中和以及可能的 BOD 控制的相关成本。对于某些资本密集型过程（例如蒸馏过酸生产系统），也将需要考虑维护和人工成本，如果中和成本不高，则最具成本效益的过氧酸是过氧单硫酸和混合过酸。在使用过氧酸漂白时需要考虑使用过氧酸不会引起任何特别的问题，例如要将过氧酸漂白后的废水再循环到化学品回收段，则必须首先确定其对钠和硫平衡的影响，特别是在使用过氧单硫酸的情况下，因为过氧硫酸会贡献较多的钠和硫。过氧酸的未来将取决于它们以具有成本效益的方式生产具有优异物理性能的高白度纸浆的能力。

2.6 化学法制浆水污染全过程控制应用案例

2.6.1 非木材化学浆水污染源头控制关键技术

该化学法制浆生产线是以麦草、木材加工剩余物板皮为原料，采用烧碱法制浆，漂白流程原为 CEHP 漂白，现升级改造为 ODED/OQPo 清洁漂白流程，用于文化用纸的配抄。漂白流程的改造不仅极大减少了污染物特别是二噁英的排放，清水用量大幅度降低，而且改造后吨浆制浆系统排水 COD 浓度明显降低，便于进行后续的污水处理，环境效益显著。水污染源头控制关键技术如下所述。

2.6.1.1 黑液提取率提升技术

化学法制浆蒸煮造纸原料后，蒸煮液大部分游离于纤维与纤维之间，部分存在于细胞腔内，还有少量存在于纤维的细胞壁孔隙中。对于游离水和吸附水可以通过置换方式脱出，但对于存在于胞腔和壁孔内的水，则需要外力进行强制置换脱出。通过研究水分子的"置换—扩散—挤压"分离机理，以及黑液提取率对 COD 产生量的关联关系，集成应用"3+1"真空洗浆机和单螺旋挤浆机的组合洗涤技术，在高效分离黑液的同时，为氧脱木质素段提供高浓度浆料。同时将氧脱木质素废水也逆流回用到提取工段，从而使草浆黑液提取率达到 85% 以上，草木混合浆黑液提取率达到 95%。

2.6.1.2 深度脱木质素技术

在原系统中新增氧脱木质素工段，研究横管连续蒸煮后纸浆残碱和硬度对后续氧脱木质素效率的影响，确立了两者最佳协同工艺，使漂前非木浆的硬度尽量降低，同时又保证纸浆的强度和得率，为中段废水降低污染负荷提供先决条件。研发适合于非木材化学浆深度脱木质素技术的关键装备，如氧脱木质素塔、中浓纸浆混合器、蒸汽混合器等，并针对非木浆中浓输送的特点，对中浓浆泵的控制逻辑进行了优化设计，保证了中

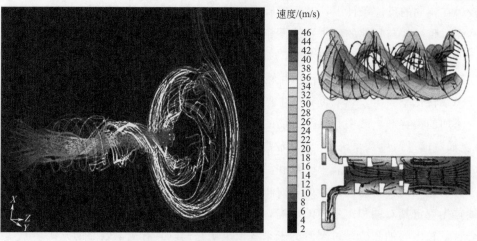

图 2-38　中浓浆泵内部流场计算机模拟

浓漂白的顺利实施。

　　中浓浆泵内部流场计算机模拟见图 2-38，中浓浆泵控制逻辑见图 2-39，中浓纸浆流送试验平台见图 2-40。

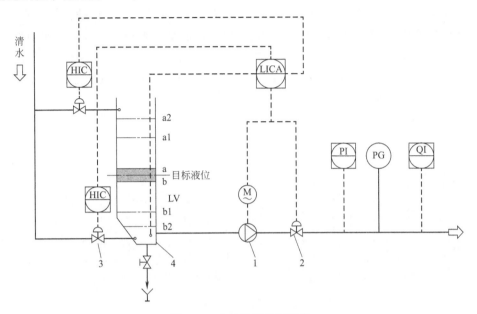

图 2-39　中浓浆泵控制逻辑

图 2-40　中浓纸浆流送试验平台

2.6.1.3　无元素氯和全无氯双流程兼容漂白技术

采用蒸煮与氧脱木质素协同的深度脱木质素技术，对于木质素含量不高的非木材纸浆，可以把纸浆的硬度控制在 8 以下，再辅以压力过氧化氢强化碱抽提技术或压力过氧化氢漂白技术，亦能达到 80%（ISO）的白度，满足一般应用要求。因此在塔体设计上，所有漂白塔均设计成升流式或升降流式结构，在材质选择上选用耐碱或耐二氧化氯的材质，再配合合适的工艺技术，即可以在同一条流程上实现 ECF 或 TCF 漂白流程的灵活切换，满足不同应用要求（图 2-41）。

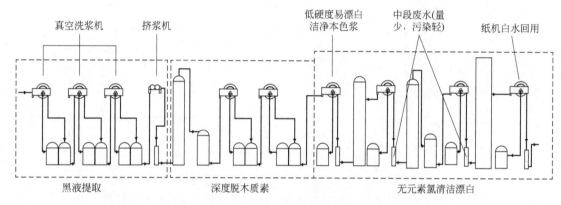

图 2-41　ECF（ODED）和 TCF（OQPo）双流程兼顾的漂白示意

改造后监测结果表明，实现麦草浆黑液提取率较原有水平提升 5%；氧脱木质素率大于 40%，脱木质素后的漂前纸浆硬度低于 8；中段废水排放量小于 30m³/t，经三级处理后终排水水质达到《造浆造纸工业水污染物排放标准》（GB 3544—2008）表 3 特殊排放限制的要求。

2.6.2　木材化学浆水污染源头控制关键技术

该化学法制浆生产线是以木片为原料，采用预水解硫酸盐法制浆，漂白流程原为OODED，现升级改造为 OOZDEopD 清洁漂白流程，用于高纯度化学浆的生产。水污染源头控制关键技术如下所述。

2.6.2.1　连续蒸煮置换脱木质素技术

常规的塔式连续蒸煮，碱消耗量大、能耗高，而且蒸煮过程主要利用了原料中的纤维素组分，另外两种主要组分木质素和半纤维素则降解溶出，形成了黑液。由于半纤维素热值（13.6MJ/kg）远低于木质素的热值（27.1MJ/kg），对蒸发和碱回收系统造成了负担。原塔式连蒸采用常规工艺，蒸煮用碱量偏高，蒸煮用碱与碱回收产碱不平衡，蒸煮器上、下循环筛板和加热器易结垢堵塞，循环流量经常达不到工艺要求，导致工艺控制波动，制约产能提升，所得到的粗浆硬度亦偏高，后续漂白药剂消耗大，中段废水量达 35～50m³/t。另外，蒸煮后纸浆中的残余木质素含量也高，后续漂白压力大，二氧化氯等漂白剂消耗量高。通过对蒸煮工艺进行改进，实现连续水解分离纤维素和蒸煮置换深度脱木质素，在保证纸浆质量的前提下可以显著降低未漂浆硬度，提高纸浆的可漂白性。

因此，利用水热原理，木片在蒸煮前先通过连续水解塔来分离半纤维素，然后再进行连续蒸煮（见图 2-42）。并通过系统研究蒸煮过程传质和反应动力学，重新优化温度、时间和药剂的分配，蒸煮过程中采取多点抽提黑液，多点补充白液方式，并补充洗涤液保持蒸煮液比的恒定，保证大量脱木质素阶段和最终脱木质素阶段有足够的碱浓，避免出现木质素沉淀吸附，强化了蒸煮脱木质素过程，减少工艺参数的波动，在蒸煮器内部实现三级置换脱木质素，降低药剂消耗量和纸浆硬度，纸浆得率提高 2%～3% 及 COD 源头削减约 30%。

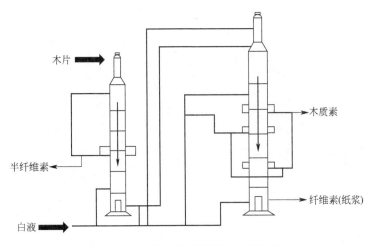

图 2-42　连续水解-连续蒸煮过程示意

该生产线国际首创木材纤维全组分连续高效深度分离技术，自主开发设计了独立连续水解装备，创新了高温、自催化连续水解分离半纤维素技术。首先利用木片泵将木片连续输送到独立水解塔顶部，通过独特的顶部分离器将木片螺旋升到最高处自由下落进入反应仓，在温度 170℃、水和木片质量比 3：1 的条件下，纤维混合液自上向下反应 2.5h，半纤维素水解液在中部抽提出来。为防止木片在水解塔底部堵塞，开发独立水解塔搅拌装置，通过加入碱液增大木片的流动性，解决堵塞问题，实现了木材半纤维素的连续高效水解和分离提取，半纤维素分离率达到 90% 以上。分离出半纤维素的木片通过压力自动顺利进入木质素分离工序，半纤维素的脱除增加了纤维表面的空隙，更有利于后续木质素脱除。另外，还创新了木质素等固形物连续脱除技术，显著提高了木质素与纤维素的分离效率，最大限度保护了纤维素聚合度，改善了纤维素的反应性能，解决了纤维素的严重降解问题，纸浆得率提高 2%～3%。

2.6.2.2　近高浓氧脱木质素技术

提高纸浆漂白浓度，对降低废水量、减少能耗都是非常有益的，但浓度的提高对纸浆与药剂的混合提出了更高要求，必须解决高纸浆漂白浓度下纸浆流体化的问题。通过建立流体化实验装置，研究转子外形结构、叶片宽度、转速等参数对不同浓度纸浆流体化特性的影响，得到了 0～15% 纸浆漂白浓度下纸浆扭矩对转速的变化曲线及转速与雷诺数的关系曲线（图 2-43）。根据这一研究结果，掌握了 15％纸浆漂白浓度下实现纸浆流体化的条件，研制出专用流体化设备，发明中浓浆泵液位自动调节控制逻辑和高效纸浆管道式加热器，实现温度、时间、压力、浓度的平衡，开发出 15％更高浓度下的氧脱木质素技术，并实现稳定运行。

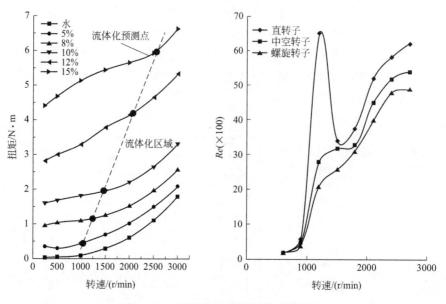

图 2-43   15％浓度纸浆流体化特性曲线

2.6.2.3   臭氧漂白技术

随着国家和各地造纸行业相关排放标准日益严格以及对行业超低排放的要求越来越高，而目前采用的无元素氯（ECF）和全无氯（TCF）漂白工艺难以同时达到纸浆高白度、低污染排放和低漂白成本的要求。研究证实，含臭氧漂白的轻 ECF 漂白在产品质量、废水排放和漂白成本方面有诸多优势，因此在原有系统中增设了中浓臭氧漂白工段（图 2-44）。

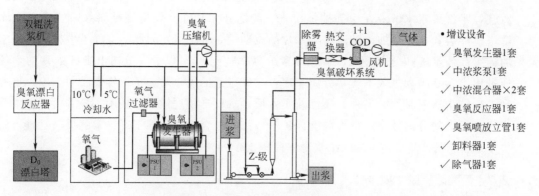

图 2-44   臭氧漂白工段增加的设备

该工段安置在氧脱木质素之后、二氧化氯漂白之前。臭氧漂白前，先对纸浆进行预酸化处理，然后在酸性条件下进行臭氧漂白。集成臭氧漂白后，脱木质素率可以提高20％以上，在相同脱木质素率下第二段氧脱木质素的温度可降低至 100℃，降低了系统蒸汽消耗量，提高了纸浆质量。

2.6.2.4　压力碱抽提强化洗涤技术

碱抽提的作用主要是溶出 D_0 段漂白产生的降解木质素。在 D_0 段 ClO_2 通过将酚型木质素单元氧化为苯醌和黏糠酸酯结构使残余木质素得到修饰和改性，其中苯醌是 D_0 阶段的重要反应产物，其与黏糠酸酯结构的物质的量比约为 2：1。在碱处理过程中，碱会与黏糠酸单元反应，促使黏糠酸单甲酯及其内酯结构皂化，同时碱性条件下黏糠酸单元等酸性基团电离产生大量羧基，增加了木质素在水中的溶解性和分散性，使部分木质素碎片溶出。另外，碱也会与苯醌结构发生反应，重新活化苯醌结构使之转化为多酚结构，这些多酚结构很容易在后续 D_1 段漂白中被进一步氧化。根据降解木质素在碱性条件下的脱出机理，通过加入氧气和过氧化氢，将原有常规碱抽提升级为压力过氧化氢强化碱抽提（E→Eop），可在进一步破坏苯醌和黏糠酸酯结构的同时，改变发色基团，提高纸浆的白度，能使后续二氧化氯在更为缓和的条件下进行反应，甚至不需要进行 D_1 段漂白即可满足要求。

改造后监测结果表明，采用该技术可以节约二氧化氯漂剂用量 20％以上，同时提高了废水水质指标，有助于漂白废水更大限度地循环回用，废水量降至 $25m^3/t$ 以下，COD 浓度低于 1000mg/L，降低 50％以上。

2.6.3　化学法制浆黑液碱回收技术

碱回收是消除蒸煮废液（黑液）污染的最经济有效的办法，它不但可以减少污染 90％以上，而且可回收大量宝贵资源、能源。所以在当今碱法制浆中，碱回收成了造纸厂组成中不可分割、不可缺少的一部分。碱回收处理法通过黑液提取、蒸发、燃烧、苛化四个主要工段，可将黑液中的 SS、COD、BOD 一并彻底去除，并可回收碱，产生二次蒸汽。提取工段是碱回收的原料来源地，它的生产，原则上是要获得高浓、高温、量大的黑液，以保证有高的提取率。具体要求如下：a. 高浓，是要使黑液的浓度在保证洗净度的情况下，尽可能高，高浓度的黑液可以减少蒸发工段的负荷；b. 高温，黑液温度也要尽量高，在提取过程中不能加冷水，只能加蒸发工段的温冷却水，如水温低时，要加温；c. 量大，碱回收系统对生产规模要求较高，大量的黑液当然是碱回收所需要的。

木材制浆造纸蒸煮废液的污染治理已经成熟，如今我国大型木浆厂碱回收率均在 90％以上，例如：海南金海浆纸业有限公司年产 100 万吨漂白浆生产线配套的碱回收炉，额定蒸发量 800t/h，设计日燃烧黑液固形物 5000t，碱回收率 98％以上；山东亚太森博浆纸有限公司年产 150 万吨漂白浆生产线配套的碱回收炉，单列蒸发能力 1000t/h，日最大固形物处理能力为 7000t，是迄今为止世界上投入运行的第一大碱炉，黑液回收率达 100％，碱回收率达 99.3％，代表了世界碱回收工艺技术和装备的领先水平。

2.6.3.1　黑液的蒸发

在黑液蒸发装置中，稀黑液中 90％以上的水分被除去，从而得到浓黑液，分离水的目的是增加干固物含量，提高黑液的热值，达到允许在回收锅炉中燃烧的浓度。从纸浆洗涤系统中收集的黑液称为稀黑液，固体含量在 $15\%\sim20\%$ 范围内，即超过 4/5 的是水，而黑液中有机物质的潜在热量不足以蒸发黑液中大量的水，有效热值为负。所以，燃烧含有大量水分的黑液是不可能的。为了在回收锅炉中燃烧，黑液必须浓缩到大约 65% 的固含量，通过进一步结晶蒸发，蒸发后黑液的固含量可达 $70\%\sim80\%$，这时只有 $1/5\sim1/4$ 是水，黑液的热值在含水量相对较低的情况下是相当显著的。水是蒸发的主要成分，也有一些有机化合物，特别是甲醇，也会蒸发掉，还有一些其他蒸汽压比水的蒸汽压低的有机化合物，或只比水的蒸汽压高一点，它们也会被部分蒸发掉。由于水的蒸发热很高，最重要的就是要尽可能有效地蒸发，因此，大部分的蒸发是在一个多效蒸发装置中进行的，然而，增加固含量的最后阶段可以在单独的蒸发装置中进行。图2-45 为黑液蒸发装置典型配置。

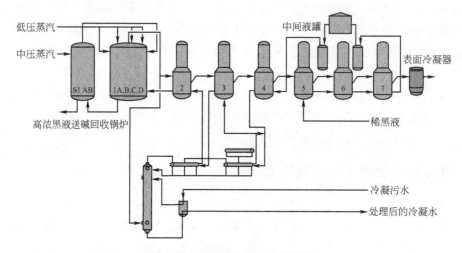

图 2-45　黑液蒸发装置典型配置

（1）升膜式蒸发器

黑液蒸发器由热交换器和汽液分离容器组成，它们以"组件"或"作用"的形式组合在一起。20 世纪 60～70 年代，最普通的蒸发器类型是自然循环 RF（rising film）或 LTV（long tube vertical）升膜蒸发器，其加热室由许多竖直长管组成，常用的加热管直径为 $25\sim50mm$，管长和管径之比约为 $100\sim150$。料液经预热后由蒸发器底部引入，在加热管内受热沸腾并迅速汽化，生成的蒸汽在加热管内高速上升，一般常压下操作时适宜的出口汽速为 $20\sim50m/s$，减压下操作时汽速可达 $100\sim160m/s$ 或更大些；溶液则被上升的蒸汽所带动，沿管壁成膜状上升并继续蒸发，汽液混合物在分离器 2 内分离，完成液由分离器底部排出，二次蒸汽则在顶部导出，在 5～7 效 LTV 蒸发器中它能够产生的最高固体浓度约为 55%，然后将回收锅炉烟气作为热源在直接接触蒸发器中完成浓缩，可使固形物浓度增加到约 64%。到 20 世纪 80 年代，黑液固形物上升到 70%，LTV 蒸发器受到冷遇，它们被板式或管式降膜蒸发器（falling film，FF 系列）或强制循环蒸发器（forced circulation，FC 系列）等蒸发器所代替，从那时起，越来越多的操作使用间接的蒸汽加热蒸发器系统来完成所有的浓度要求。近年来，新型蒸发器也得到了应用。

RF 蒸发器在 20 世纪 80 年代中期以前曾广泛用于制浆工业黑液的蒸发，在 RF 蒸发器中，形成的蒸汽使黑液在蒸发管中上升（图 2-46），加热元件是一个使用外径为 2in（1in＝0.0254m）圆管的壳管式热交换器，通常为 24～30ft（1ft＝0.3048m）长。黑液首先进入底部的黑液室，然后进入管道，并与管道外的冷凝蒸汽一起加热，管的下端将黑液预热到其沸点，然后开始在管内的一定高度蒸发，这个高度的进料液蒸汽压力等于系统压力。当黑液沿着管道内部向上爬升时，会产生额外的蒸汽，而液体-蒸汽混合物的速度在管道出口增加到最大。出口混合物撞击到一个偏转板，偏转板安装在热交换器顶部管板的上方，在这个位置液体与蒸汽进行粗略初分离。当蒸汽在蒸汽室中上升时，附加的液体通过重力从蒸汽中分离出来。在蒸汽室的顶部附近安装了一个夹带分离器，以便在蒸汽退出蒸汽室之前除去大部分残留的液体。浓缩液从蒸汽室底部附近的连接处排出。由于管内液体的缓慢流动，预热段的换热率很低，而沸腾段的换热率要比其高出许多倍，这是由于核状沸腾增加了湍流。因此，将非沸腾区减到最小是非常重要的。沸腾区产生不同的两相流，包括：a. 团状流，在一段液体之后有一段蒸汽；b. 环状流，环状液体包绕着蒸汽和液体雾；c. 雾状流，液体均匀分散在蒸汽中雾状覆盖在管道表面。当没有足够的液体润湿管壁时，由于传热效果差会出现雾滴流动的情况，为了避免雾流，有时必须将浓缩后的黑液产品从器体循环到下料室，以补充给料液。RF 蒸发器的一个缺点是蒸发器结垢非常多，经常是隔几天就要清洗一次，而且不能通过循环来清洗，它需要人工清洗，通过机械手段或高压喷水清洗。

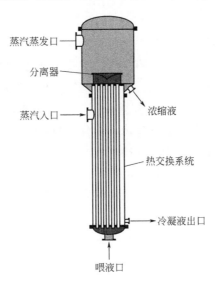

图 2-46　常规升膜式蒸发器

升膜式蒸发器要求加热温差较大，操作不易控制，易造成跑料等现象的发生，因此近些年来很少应用。

（2）降膜式蒸发器

FF 蒸发器的设计是以管或板作为传热表面，分为板式降膜蒸发器和管式降膜蒸发器两种（图 2-47）。在管状装置中，液体在表面的内侧进行蒸发，而在板式装置中，液体在传热表面的外侧进行蒸发。FF 蒸发器包含一个液池，从这个液池可以不断地将规定体积的液体循环到加热元件的顶部；顶部安装有液体分配装置，通常采用盘式或喷嘴式，然后将液体的流量分配到整个受热面，并在受热面上形成一层液体薄膜，在部分蒸发的同时向下回流到液池中，因而液体的均匀分布是这类设计的一个重要标准。当使用FF 设计而不是 RF 设计时传热速度明显更好，特别是在浓度更高的情况下，因为液体会湍流地落到受热面上。

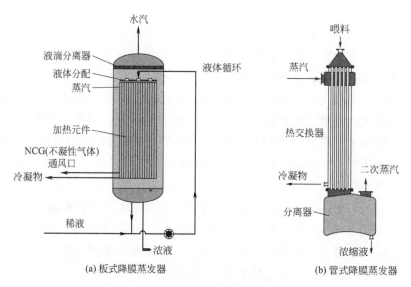

图 2-47 　降膜式蒸发器

图 2-47(a) 为板式降膜蒸发器。在这种蒸发器中，黑液被送到机组的底部，循环泵将其提升到顶部，通过一个底部带有穿孔板的液体分配系统，将黑液均匀地分布在加热元件的外表面，黑液往下流，开始沸腾，蒸汽生成后立即从黑液中分离出来，并流向周围的空间；蒸发器顶部有液滴分离器，保证了二次蒸汽的纯度；加热介质（蒸汽或蒸气）在板片内部的传热表面，在需要冷凝物分离的情况下，蒸汽（蒸气）被送至加热元件的底部，在其他情况下首选顶部。冷凝液的分离是通过将受热面分为冷凝前后两段来实现的，较清洁的蒸汽在预冷凝段冷凝，挥发性并有恶臭的有机硫化合物和甲醇带少量蒸汽进入后冷凝段，蒸汽供给到加热元件的底部，随着清洁冷凝水流经加热表面时通过内部逆流汽来提高分离的效率。

管式降膜蒸发器分为液流在垂直管内流动和液体在垂直管外流动两种。对于第一种蒸发器，需要有一个加热元件和一个蒸汽室，加热元件与 LTV 蒸发器的加热元件非常相似，它由垂直安装的壳管式换热器组成；液体被泵送至液体分配器，分配器是一个底部穿孔的托盘或喷嘴类型的液体分配器，液体和蒸气混合物离开垂直管后进入蒸发器底部的蒸汽室，在那里蒸汽从液体中分离出来；液滴分离器在蒸汽离开之前将其净化，利用隔板将壳体侧分为预凝段和后凝段，可将凝析液分离为清洁凝析液和污浊凝析液。对于第二种蒸发器，如图 2-47(b) 所示，其结构更类似于板式蒸发器，组装好的加热管组与板壳式的相似，液体在管外流动，垂直管连接到集管，集管允许液体均匀分布在垂直管的外面，低压蒸汽由上端板进入分配管，并在管内向下流动、冷凝，为管外黑液蒸发提供热量，并且管内蒸汽分布均匀，缺点是限制了蒸汽侧截面面积。这种类型不能用于最后的结晶蒸发，因为没有足够的空间让蒸汽通过，但在管道外加液体的设计可采用较高的主汽压力（0.4～0.5MPa）以加大蒸发总温差，提高产量及出料浓度。此外，其能承受一般的操作失误所引起的效震及防止各种对加热面的清洗除垢操作，包括高压水冲洗及酸洗所引起的损坏。

与 LTV 相比，FF 板式蒸发器不易结垢，而且与常规 RF 蒸发器相比，FF 板式蒸发器需要沸腾的次数少得多，蒸发器的总真空度也较低，最后一级蒸发器的工作压力为 98kPa。由于需要较低的温度梯度，所以 FF 蒸发器也能够用于间歇蒸煮喷放时的废热回收，喷放产生的蒸汽用于加热大量的水，热水再被下一次喷放产生的废热加热而蒸发，这为间歇蒸煮的废热再沸回收提供了解决方案。在这种类型的蒸发器中液体被送入蒸发器体的底部，在那里保持一个固定的液位；然后通过循环泵将其提升到加热元件的顶部，并在重力作用下在加热面上向下流动。在固定的出料浓度下，效应内的浓度实际上是恒定的，流动速度也是恒定的，所以 FF 蒸发器对蒸发负荷的变化不敏感，即使在高浓度和高下降比的情况下也能提供有效的传热。因此，FF 蒸发器可以在 30%～100% 额定容量的负载范围内工作，这主要取决于控制元件的精度。由于这些优点，近年来大多数新安装的设备都选用了这种蒸发器。

（3）强制循环蒸发器

浓黑液因其黏稠特性，要将其浓缩到更高固形物含量，需要使用膜蒸发技术或 FC 强制循环结晶蒸发技术。FC 蒸发器的特点是液体在浸入式热交换器管内流动，设备非常坚固，设计有足够的背压来减少管内的沸腾，通常不需要频繁清洗来保持传热表面清洁。强化的 FC 设计是对传统 FC 技术的一种改进，传统的 FC 技术已被用于临界固体以上液体的结晶，在临界固体[通常接近 50% TS（总固体）]以上，钠盐开始从黑液中沉淀，为了避免结垢问题，蒸发设备此时必须设计成结晶器，使这些盐在黑液中形成，而不是在传热表面上形成。

FC 装置的设计与其他结晶器一样，能够保持足够的容积使晶体生长。然而，由于 FC 装置管内的沸腾被抑制，其中的过饱和度相对于 FF 较低。此外，通过加热器的温升是经过精心计算的，以减少任何不利的温度影响，而且通过蒸发管的液体要求高的管速，以通过剪切稀化和增加湍流来抵消高黏度的影响。FC 结晶器可配置垂直或水平加热装置，分别如图 2-48(a) 和图 2-48(b) 所示。

（4）黑液结晶蒸发技术

黑液结晶蒸发技术是克服黑液中无机盐超出其溶解度结晶析出的有效措施，是实现高浓黑液蒸发的主要方式，可以在 FF 蒸发器和 FC 蒸发器内完成。其基本原理是当黑液浓度接近临界点时，将黑液送入碱灰混合槽内并与碱灰与芒硝（主要成分为 Na_2CO_3 和 Na_2SO_4）混合，加入这些无机盐后，黑液会迅速处于饱和态，使 Na_2CO_3 和 Na_2SO_4 结合形成复盐晶体，这些晶体的总表面积大，随着黑液浓度的升高，黑液结晶析出，并优先吸附在这些表面积大的"晶种"上，成为泥浆型浓黑液，在高温状态下具有较好的流动性且不易吸附在管壁表面，从而有效减轻蒸发器加热面的结垢现象。

结晶蒸发具有以下几个明显的优势：a. 黑液蒸发浓度高，硫酸盐木浆黑液固含量可达到 75%～80%，硫酸盐竹浆黑液固含量可达到 65%～70%；b. 提高了黑液固形物

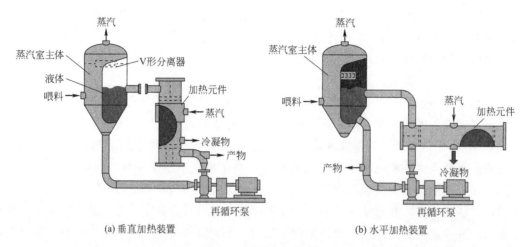

(a) 垂直加热装置   (b) 水平加热装置

图 2-48   强制循环蒸发器

的含量，降低了蒸发器的结垢程度，减少了蒸发器的清洗时间，保证了蒸发器的平稳运行，蒸发器的利用率提高，经济效益好；c. 提高了碱回收炉的处理能力和热效率，减轻了锅炉管束的堵灰现象，降低了吹灰器的吹灰耗汽量，降低了烟气中二氧化硫及总硫化物的排放量，保护了环境，且产汽量增加 8%～10%；d. 减少了黑液在炉膛内的干燥时间和热消耗量，防止炉膛内出现死灰和灭火现象，提高了芒硝的还原率。目前，黑液结晶蒸发已是行业热点和趋势，黑液结晶蒸发技术已在我国大型木、竹浆项目中普遍采用。

黑液结晶蒸发一般在Ⅰ效中进行，Ⅰ效蒸发设有多体蒸发器（ⅠA、ⅠB、ⅠC等）。根据黑液性质和操作理念，黑液结晶蒸发具有多种操作方式，目前黑液结晶蒸发主要有2种基本操作方式。a. 逆流操作模式，即ⅠA效作为固定的结晶增浓效，ⅠB效和ⅠC效作为蒸发效，黑液依次经过ⅠB效→ⅠC效或ⅠC效→ⅠB效后与碱灰混合，再进入ⅠA效进行结晶增浓。从Ⅱ效蒸发器出来的黑液进入ⅠB效和ⅠC效的时间相同，ⅠA效只能在离线状态下清洗。b. 全循环操作模式，即Ⅰ效各体蒸发器均可作为结晶效或蒸发效，根据控制程序交替运行，蒸发器可在线清洗或将结垢严重的效体离线清洗。这2种操作模式均适用于木浆黑液的蒸发。硅含量高的竹浆黑液蒸发则适合采用全循环操作模式，且Ⅰ效宜采用4体蒸发器。

（5）黑液蒸发过程中的防垢技术

在将黑液送入碱回收炉之前，需要将其浓缩到至少 60% 的固含量。当黑液浓缩成高固相时，会面临液体黏度高、结垢的可能性增加、沸点显著升高、局部过浓等问题。当黑液固含量超过 50% 时，黑液是非牛顿型流体，流动性变差；当固体增加超过 60% 时，黑液的黏度迅速增加，例如，在 93℃ 下固含量 65% 的黑液典型黏度达到 200cP（$1cP = 10^{-3} Pa \cdot s$），这已达到离心泵泵送的安全限制（一般在 200～300cP）；当浓度达到 80%～90%，高浓黑液呈胶状，流动性很差，难以泵送或储存；更有害的是降低黑液的传热系数，减少蒸发的生产能力，结垢的趋势显著增强。目前，主要通过黑液的热处理和高温处理来降低高浓黑液的黏度。黑液的热处理系统位于最后的增浓蒸发器（concentrator）之前，黑液先通过热交换器升温至 170～180℃，在高温作用下黑液中的有机物发生热解聚，黏度迅速降低，变成"可泵送的"状态，然后再通过增浓蒸发器浓缩至 65％固含量以上。黑液的高温处理，由于黑液的黏度随温度升高而降低，例如，在 110～121℃时浓度为 70％～75％的黑液仍呈牛顿流体状态，在可能的最高温度下操作是有利的，所以通常将出增浓蒸发器的黑液的最低温度设定在 93～110℃。

　　黑液蒸发系统在被称为临界固相区的蒸发区域内，很容易发生结垢现象。结垢是制约生产的瓶颈问题之一，特别是当蒸发器尺寸过小，或者制浆厂依赖于单一的蒸发器系列，而且稀黑液储存能力有限的时候，蒸发器结垢表明纸浆厂出了问题。非木材原料制浆产生的黑液含有大量的硅和铝，会导致硬而光滑的垢，这些鳞片垢很难被去除。黑液中存在的无机盐垢主要有 2 种类型：a. 水溶性垢，主要是硫酸钠-碳酸钠复盐，一般在黑液固形物含量较高（50％以上）时析出，这种垢虽然普遍存在，但在维持蒸发器容量方面问题不大，因为它们相对容易去除；b. 水不溶性钙垢，碳酸钙结垢是蒸发器结垢的主要原因，也是蒸发器容量降低的主要原因，在所有固含量水平下和温度 120℃以上就会出现碳酸钙沉淀，低浓黑液中钙含量高是造成这些鳞片的原因。不溶性碳酸钙垢也可以像可溶性硫酸钠-碳酸钙垢一样迅速形成，从而影响蒸发器的短期性能和长期性能。另外，还有一种垢是硅酸铝钠垢，主要由硅铝酸盐和少量的碳酸钠、硫酸钠组成。硅酸铝钠垢是坚硬的玻璃状沉积物，可以在加热面上非常缓慢地形成一层不易脱落的薄层，但即使是薄薄的层，也会显著降低热传递效率；沉积物通常在初效和最终浓缩器的加热表面上形成；铝浓度可以决定结垢率，超过 0.02％的铝浓度即可以预测 Al 和 Si 的结垢问题；硅酸盐垢确实困扰着竹子、蔗渣和各种草类蒸发器，但是这些工厂通过清除石灰泥或石灰窑灰来控制硅酸盐，碱法制浆厂建有用于去除黑液中硅酸盐的系统，这些系统通过使用来自石灰窑或其他来源的 CO_2 烟道气来降低液体的 pH 值以实现去除滤液中的硅酸盐。

　　木材是钙的主要来源，使用阔叶木的木材厂发现其钙垢更严重。碳酸钙的结垢率与温度密切相关，但与液体固含量关系不大。在沸腾区，水垢的分布较为均匀。由于黑液中的有机成分如木质素或羟基酸中存在有机物，使得可溶和不可溶的积垢都变得复杂。其中含有绝热羟基，可与钙形成螯合物，大大增加了它们在黑液中的溶解度。这些有机成分根据其对碳酸钙垢的影响分为两组。第一组有机物与钙形成复合盐的能力取决于黑液正常 pH 值范围内的数值，或者它们的稳定常数随温度的升高而降低。随着温度的升高，这些基团会释放离子钙，导致碳酸钙结垢。第二组有机物与钙的相互连接能力随pH 值变化不大，其稳定性常数与温度无关或随温度升高而增加，所以不会导致碳酸钙结垢。因此，只要第一组化合物和足够的钙存在，碳酸钙就会结垢。由于 pH 值与络合钙离子的释放之间的关系，有时在低浓黑液中加入碱液来控制碳酸钙的结垢。另外，厂内减少结垢的措施包括硅酸盐去除系统，但是这仅适用于碱法制浆，其他可能的方法是热冲击或清洁，还可选择酸洗或化学处理。酸洗使用抑制剂来减少其对蒸发器金属表面的腐蚀。

2.6.3.2　黑液的燃烧

　　浓缩后的高浓黑液送入碱回收炉进行燃烧，黑液燃烧后呈液态的渣从炉底排出，生成用于苛化的绿液，产生的蒸气则成为二次能源再利用。燃烧的关键装置就是碱回收炉，最早采用回转炉，后来发展了立式喷射炉，到了 20 世纪 50 年代中期，碱回收炉处理黑液的能力随着纸厂规模的扩大而增加，结构和防爆措施都有所改进，如改进了水冷壁管、过热器、油燃烧系统、紧急排水设施及采用静电除尘等，处理规模也日益增大。20 世纪 80 年代以来，国际上造纸碱回收技术主要向高浓和超高浓黑液技术方向发展，相应的碱回收炉也呈现以下发展趋势。

(1) 单台碱回收炉的生产规模向大型化方向发展

随着碱法制浆造纸企业规模的扩大，碱回收炉的生产能力也不断增大。我国在 20 世纪 60 年代末最大的木浆碱回收炉生产能力为日处理黑液固形物 150t，20 世纪 80 年代初达到 450t，20 世纪 90 年代初达到 1000t，目前国产的碱炉木浆黑液处理能力达到 2200tDS/d，竹浆黑液处理能力达到 1500tDS/d（DS 表示绝干固形物）。

(2) 碱回收炉向高参数方向发展

由于碱法制浆造纸厂对动力的需要量越来越大，为了取得热电平衡，碱回收炉不断提高过热蒸汽参数和燃烧黑液浓度。目前，碱回收炉过热蒸汽压力达到 8.5MPa，过热蒸汽温度 480℃，燃烧黑液浓度在 75％以上。

(3) 碱回收炉向无臭型方向发展

气味是碱回收系统需要解决的难题，为了使烟气排放符合国家对环境保护的要求，需提高入炉黑液浓度，提高黑液浓度可使黑液稳定和无故障地燃烧，控制 H_2S 的形成和使之氧化成 SO_2；取消传统的圆盘蒸发器，这样可减少烟气中 H_2S、SO_2 等有害气体的排放，以达到环境保护的要求。

(4) 碱回收炉趋向采用自动控制系统

采用自动控制系统，不但节省人力，而且有利于安全生产。安装水位自动调节器，同时装设黑液浓度警报器，当黑液浓度连续 20s 低于 55％时能自动发出警报；装设监视燃烧的红外线扫描装置，当燃烧的火焰不正常时，火焰熄灭警报器能在 3s 内发出提示，通过连锁装置在 5s 内快速关闭油阀门；装有紧急停车和炉子放水系统连锁装置，在发出紧急停车信号后，按预先拟定的程序开启或关闭各种有关的阀门与设备，在 26min 内完成停炉操作；采用电子计算机控制上述自控装置和程序控制吹灰装置。

(5) 碱回收炉结构设计上的改进趋势

单汽包低臭型取代双汽包型。在碱回收炉的结构中，单汽包的设计比双汽包要安全得多，开机、停机速度快，并且单汽包碱回收炉的水循环系统比双汽包更可靠，同时因为单汽包锅炉管束无堵灰，吹灰次数比双汽包次数大为减少；采用全焊接结构的膜式水冷壁，这样管间没有缝隙，不会漏熔融物、烟气，水冷壁管背面也不会受腐蚀；炉膛下部的水冷壁管采用双金属管，管外喷镀高铬不锈钢或焊接大型销钉和涂耐腐蚀炉衬，进一步提高其耐腐蚀性能，维修费用低；采用长流型全焊接锅炉管束和省煤器，省煤器设计趋向于立管翅片式结构，不用胀管，减少了漏水的可能，避免了下汽包和烟气挡墙附近的积灰；采用固定式黑液喷嘴，并分布在四周炉墙上，黑液喷嘴的类型可以分为折流板型、涡旋锥型、CEU 型、V 型；改进供风系统，调整一、二、三次风的风量分配，一次风比例由 50％以上降低到 30％～40％，有利于减少钠的升华和还原硫气体的形成，提高二、三次风的风压和风速，加强二、三次风的穿透混合能力，采用可调风嘴，每个风嘴装有风压计，并可单独调整风速；二、三次风改旋转吹风为交错吹风，防止产生中心烟柱，降低了堵风口的概率。

（6）碱回收炉烟气脱硝和消白趋势

在日益严格的环保要求下，国家对烟气的治理越来越严。2011 年，国家环境保护部、国家质量监督检验检疫总局发布了更为严格的《火电厂大气污染物排放标准》（GB 13223—2011），碱回收炉作为生物质发电锅炉也被纳入管理范围。按标准要求，在现有的碱回收系统配置静电除尘、烟气不加任何额外处理的情况下，烟尘和 SO_2 达到此标准问题不大，但 NO_x 要达到 $100mg/m^3$ 几乎无可能性。2014 年，国家又推出《煤电节能减排升级与改造行动计划（2014—2020）》与《全面实施燃煤电厂超低排放和节能改造工作方案》，要求燃煤电厂实施超低排放，对烟气中的颗粒物、二氧化硫、氮氧化物的排放限值要求比全世界最低的尺度限值都要低，已接近燃气电厂污染物排放程度。由于要实现氮氧化物的超低排放，必须加装选择性催化还原装置进行烟气脱硝，将烟气中的氮氧化物还原为氮气，同时烟气中会有少量的二氧化硫被氧化为三氧化硫。另外，由于烟气中含有较多的水汽，在排入大气的过程中因温度降低，烟气中部分气态水和污染物发生凝结，在烟囱出口形成雾状水汽，雾状水汽因天空背景色和天空光照、观察角度等原因发生颜色的细微变化，形成白色、灰白色或蓝色等"有色烟羽"，其中"白色烟羽"较为常见（俗称"大白烟"）。2018 年以来，上海市、浙江省、天津市、邯郸市等地区相继出台了消除有色烟羽、湿烟羽的地方标准，例如浙江发布《燃煤电厂大气污染物排放标准》（DB 33/2147—2018），对燃煤电厂的大气污染物限值、排放绩效值做了具体要求，并附有石膏雨和有色烟羽测试技术要求，显示出各地对湿烟羽问题的重视。

烟气"脱硝"的目的是脱除烟气中的 NO_x，按治理工艺可分为湿法脱硝和干法脱硝。湿法烟气脱硝是利用液体吸收剂溶解 NO_x 的原理来净化燃煤烟气，由于从燃烧系统排放的烟气中的 NO_x 有 90% 以上是 NO，而 NO 难溶于水，因此对 NO_x 的湿法处理不能用简单的洗涤法，一般先将 NO 通过与氧化剂 O_3、ClO_2 或 $KMnO_4$ 反应，氧化生成 NO_2，然后 NO_2 被水或碱性溶液吸收，实现烟气脱硝。干法脱硝主要分为选择性催化还原（SCR）法和选择性非催化还原（SNCR）法。选择性催化还原法脱硝是在催化剂存在的条件下，采用 NH_3、CO 或烃类等作为还原剂，在氧气存在的条件下通过氧化还原反应将烟气中的 NO 还原为 N_2。可以作为 SCR 反应还原剂的除 NH_3、CO、H_2 外，还有甲烷、乙烯、丙烷、丙烯等。催化剂种类主要有 Pt-Rh 和 Pd 等贵金属类催化剂、V_2O_5（WO_3）等金属氧化物类催化剂，以及沸石分子筛类催化剂。选择性非催化还原法脱硝是一种成熟的低成本脱硝技术，该技术以炉膛为反应器，将尿素或氨基化合物等含有氨基的还原剂在较高的反应温度（930～1090℃）下喷入炉膛，还原剂与烟气中的 NO_x 反应，生成 NH_3 和 H_2O，还原剂通常注进炉膛或者紧靠炉膛出口的烟道。

烟气"消白"是减少烟气携带水量，进一步降低污染物排放、回收水资源，消除视觉上的"冒白烟"。对于环保治理设施合格的超低排放机组来说，烟羽的成分以水雾为主，污染物浓度很低，对环境质量没有直接影响，属于视觉污染。在治理有色烟羽时，往往需要采用直接加热或烟气冷凝再加热等技术进行处理。其中，直接加热不减少任何污染物的排放，相反由于烟气加热需要消耗能量，增加能源消耗，反而增加污染物的排放；烟气冷凝再加热，由于总的可凝结颗粒物（CPM）排放浓度很低，即使有较高的脱除效率，脱除的总量依然很小。

烟气消白技术路线及消白效果对比见表 2-23。

表 2-23   烟气消白技术路线及消白效果对比

技术路线	实现方式		消白效果
烟气加热	间接换热加热	GGH(气气换热器)或 MGGH(媒质式气气换热器)	冬季或气温低时不能消除白烟,能耗较高,烟气中的污染物无法消除
		热管换热器	
		蒸汽加热器	
	烟气混合加热	热二次风混合加热	
		燃气直接加热	
		热空气掺混加热	
烟气冷凝	直接换热降温	喷淋降温	烟气降温幅度可达 25～30℃,能除去污染物,但烟气抬升扩散能力差,无法消除白烟
	间接换热降温	冷凝换热器	烟气降温幅度 5～10℃,能除去污染物,但烟气抬升扩散能力差,无法消除白烟
烟气冷凝再加热	喷淋降温+烟气再热		能去除污染物,同时在能耗较低的情况下消除白烟
	浆液冷却+烟气再热		
	冷凝换热器+烟气再热		

2.6.3.3   苛化及白泥综合利用

黑液燃烧后产生的熔融物溶解于稀白液或水中，形成绿液，其主要成分为碳酸钠与硫化钠（硫酸盐法）或碳酸钠（烧碱法），并含有少量的氢氧化铁，然后用石灰苛化，再用预挂式过滤机过滤苛化澄清后的乳泥，通过提高预挂机网槽液位，增加滤饼厚度，提高预挂机的转速，可使白泥干度为 $60\%～65\%$，残碱 $<1\%$。而且，浓白液经多次澄清过滤后，大碱槽积泥量大为减少，大碱槽排泥周期延长至 5 个月，降低了碱的流失量，减少环境污染。

苛化产生的白泥因其带有残碱，外排会造成环境污染，也不能直接回收利用。在白泥的形成过程中由于存在诸多离子和硅酸盐等多种杂质，使得形成的沉淀 $CaCO_3$ 不但结构疏松，而且形状大小也相差较大；又由于绿液中 S、Mg、Si 等多种离子使得形成的颗粒 $CaCO_3$ 部分带电荷，众多的带电颗粒相互吸附，就出现 $CaCO_3$ 颗粒的结构疏松状态，造成 $CaCO_3$ 颗粒密度小、强度低，在纸张中加填后在印刷时易出现掉粉、掉毛的现象。通常来说，每生产 1t 化学浆就会产生 0.8～1t 造纸白泥，目前绝大多数企业对白泥还是采取外运填埋或直接排放掉的措施，不仅浪费资源，同时造成环境严重污染。目前白泥主要的处理方法有 4 种。

（1）煅烧

在日本及欧美发达国家，造纸以纯木浆为主，白泥可以采用直接煅烧的方法制备石灰来回收，只是采用的专用燃烧炉构造特殊，造价昂贵且用白泥烧制石灰的成本也明显高于一般的石灰石，一般情况下是普通石灰石售价的 2～3 倍。由于非木材原料中灰分含量较高，从而使得其碱回收过程中产生的白泥中硅含量较高，白泥澄清分离困难，浓度低，煅烧成本过高，品质不能保证，而且白泥中的硅酸盐具有腐蚀性，在高温煅烧时经常腐蚀石灰窑壁。因此，由于成本及技术等原因煅烧法不适于在国内进行推广。为减少固体废物的排放，提高综合利用的有效性和经济性，在我国应鼓励木材制浆企业碱回收采用成熟的白泥煅烧生石灰并循环使用。

（2）制备造纸填料碳酸钙

白泥的主要成分是碳酸钙，经过中和、多级洗涤和筛选，生产精制碳酸钙产品。生产的精制碳酸钙可以作为造纸填料用于抄纸；生产的精制碳酸钙还可以作为塑料填料。对于非木材碱回收白泥，应鼓励采用精制成填料级轻质碳酸钙等综合利用技术。目前，个别企业将这部分白泥用于制备轻质碳酸钙，但是由于轻质碳酸钙中硅含量较高，这也限制了它在纸中的添加量，同时也降低了纸种的档次。对于非木材苛化白泥，可行处理方法是水洗法，水洗法是将苛化工段排出的白泥经过数道水洗、碳酸化处理及过滤工序除去其中的大部分杂质和残碱制备成可供造纸应用的填料。目前，回收填料碳酸钙粒度的控制和纯度的提高是制约白泥回收的关键。

（3）利用白泥代替石灰石生产水泥及相关制品

白泥可以作为湿法生产水泥的配料，与石灰石、黏土、铁粉、萤石等混合，生产普通硅酸盐水泥，但由于白泥水分高，烘干耗能大，经济性值得考虑。另外，还可以用白泥制作水泥复合板，将白泥、氧化钙、氯化钙加入造纸废弃纤维中一同搅拌，同时加入一定量的水进行搅拌 4～5min，加入水玻璃再搅拌 2～3min；最后加硅酸盐水泥搅拌 3～4min，送入铺装机，在钢板上铺出所需要的毛坯厚度，送入多层热压机压制，热压 10～12min 后卸板、锯边；然后进 80～100℃ 的养护窑，最后进入处理室，分 45℃、85℃、30℃三个不同温度阶段，烘后含水率达到 8%±2%。具体含水率应根据当地的平衡含水率来定，以减少板材变形和翘曲。

（4）白泥用作烟气脱硫剂

由于造纸白泥中含有残余钠、钙碱性物，因此可作为烟气脱硫剂，但应注意防止系统结垢和管道磨蚀。通过控制调节补入新鲜溶液与系统溶液的配比，实现系统溶液最佳 pH 值控制，达到杜绝系统设备、管道结垢的效果；通过白泥补入前的预处理和系统管道的优化设计，达到抑制磨蚀的目的。另外，还需处理白泥中不参与反应的渣，通过调节系统溶液的最适宜循环比例和优化渣消化子系统的配置解决渣的平衡问题。

参 考 文 献

[1] 陈克复. 制浆造纸机械与设备（上）[M]. 3 版. 北京：中国轻工业出版社，2011.

[2] 陈克复. 轻工重点行业节约资源和保护环境的战略研究 [M]. 北京：中国轻工业出版社，2011.

[3] 李威灵. 我国造纸工业的能耗的情况和节能降耗措施 [J]. 中国造纸，2011，30（3）：61-64.

[4] 张升友，曹瀛戈，苏振华，等. 我国制浆造纸 AOX 的来源分析及其减量化建议 [J]. 中国造纸，2015（7）：8-12.

[5] 钟定胜，张宏伟. 等标污染负荷法评价污染源对水环境的影响 [J]. 中国给水排水，2005（5）：101-103.

[6] 申东，黄国，栋李新．基于等标污染负荷法的造纸工业废水处理效果分析与污染源评价——以宜宾纸业为例 [J]．绵阳师范学院学报，2016，35（11）：79-83.

[7] 姜河，周建飞，廖学品，等．基于等标污染负荷法的牛皮加工过程废水污染源解析 [J]．中国皮革，2018，47（5）：39-45.

[8] 刘平，邵世云，王睿，等．环境技术验证评价体系研究与案例应用 [J]．中国环境科学，2014，34（8）：2161-2166.

[9] Jian Er Jiang，Brain F Greenwood，林远球．深度脱木素改良连续蒸煮法（EMCC）[J]．国际造纸，1992，11（5）：16-19，21.

[10] 林乔元．浅谈我国非木材碱法制浆水污染防治技术 [J]．造纸信息，2005（12）：15-16.

[11] 王玉峰．浅谈几种现代制浆蒸煮技术 [J]．西南造纸，2006，35（6）：45-47.

[12] 林小河．连续蒸煮改良技术 [J]．纸和造纸，2006，25（3）：8-10.

[13] 周海东．节能减排与蒸煮节能技术探讨 [J]．湖南造纸，2009（4）：35-37，40.

[14] 汪俊．非木材纤维制浆清洁生产技术方案备料与蒸煮工段 [J]．中华纸业，2013，34（24）：43-46.

[15] 冯宇彤．SuperBatchTM 低卡伯值置换蒸煮 [J]．中国造纸，2003，22（8）：67-70.

[16] 苗庆显，侯庆喜，秦梦华，等．Lo_solids 蒸煮技术的发展与应用 [J]．黑龙江造纸，2007（4）：63-66.

[17] 陈安江．国产鼓式真空洗浆机的现状及发展 [J]．纸和造纸，2017，36（2）：6-10.

[18] 陈安江，吕传山．SP 单螺旋挤浆机的结构及生产应用 [J]．纸和造纸，2009，28（6）：17-19.

[19] 王月洁，陈振，王玉成，等．国产双辊挤浆机的应用 [J]．中国造纸，2012，31（10）：45-50.

[20] 陈振，陈永林，曹钦．大型国产置换压榨双辊挤浆机的开发及投产实践 [J]．中国造纸，2014，33（8）：40-45.

[21] 何金平，解愫瑾．双辊洗浆机、真空洗浆机运行成本对比分析 [J]．中华纸业，2015，36（4）：40-42.

[22] 安国兴．采用封闭压力筛选系统效益显著 [J]．纸和造纸，2001，20（2）：12-13.

[23] 陈安江，吕传山．高浓压力筛在封闭筛选化学浆中存在的问题及建议 [J]．纸和造纸，2009，28（10）：16-18.

[24] 齐秀乐．新型化学木浆封闭筛选洗涤流程设备及操作控制 [J]．中华纸业，2010，31（2）：58-62.

[25] 陈克复，李军．纸浆清洁漂白技术 [J]．中华纸业，2009，30（14）：6-10.

[26] 陈克复，李军．中浓纸浆清洁漂白技术的理论与实践 [J]．华南理工大学学报（自然科学版），2007，35（10）：1-6.

[27] 徐峻，刘鹏，匡奕山，等．利用蔗渣浆生产线试产漂白桉木板皮浆的实践 [J]．中国造纸，2015，34（10）：46-50.

[28] 曾健．非木浆清洁漂白的理论与实验研究 [D]．广州：华南理工大学，2010.

[29] 李军，何水淋，李智，徐峻，等．蔗渣浆 ECF 短序漂白流程的对比 [J]．华南理工大学学报（自然科学版），2014，42（2）：14-20.

[30] 李军，吴绘敏，徐峻，等．已筛选与未筛选麦草浆漂白性能的比较 [J]．华南理工大学学报（自然科学版），2010，38（11）：80-85.

[31] 陈秀玉，王海毅．前途光明的臭氧漂白技术 [J]．纸和造纸，2004（3）：33-35.

[32] PratimaBajpai. Pulp and paper indsstry：Chemical recovery [M]．Amsterdam：Elsevier，2016.

[33] 邝仕均．臭氧轻 ECF 漂白 [J]．中国造纸，2013，32（5）：50-54.

[34] Gaspar A，Evtuguin D V，Neto C P. Oxygen bleaching of kraft pulp catalysed by Mn(Ⅲ)-substituted polyoxo-metalates [J]．Applied Catalysis A General，2003，239（1-2）：157-168.

[35] 黄显南，黄冬梅，李许生．自由基与过氧酸漂白 [J]．西南造纸，2004，33（6）：34-35.

[36] 郑春莉．麦草浆黑液处理及碱回收 [D]．兰州：甘肃工业大学，2001.

[37] 林文耀．我国造纸工业近期木材制浆、碱回收生产线进展情况 [J]．华东纸业，2011，42（6）：16-19.

[38] 曹春华．国产最大碱回收炉——金海浆纸业 2200tDS/d 碱回收炉（RB2）的设计及试车运行 [J]．中华纸业，2008，29（21）：43-47.

第 3 章
机械法制浆水污染全过程控制技术

机械法制浆是一种利用机械的旋转摩擦工作面对纤维原料的摩擦撕裂作用，以及由摩擦所产生的热量对原料胞间层木质素的加热软化塑化作用，将原料磨解撕裂分离为单根纤维的制浆方法。如果在磨浆之前进行一定的化学处理，则被称为化学机械法制浆。不论是机械法制浆还是化学机械法制浆，其制浆过程均是以磨浆机为核心制浆设备，主要包括磨石磨木浆（stone ground wood，SGW）、压力磨石磨木浆（pressurized ground wood，PGW）、木片磨木浆（refined mechanical pulp，RMP）、热磨机械浆（thermo-mechanical pulp，TMP）、化学机械浆（chemi-mechanical pulp，CMP）、化学热磨机械浆（chemi-thermo-mechanical pulp，CTMP）、碱性过氧化氢机械浆（APMP），以及半化学浆（SCP）等，由于纸浆得率较高（65%～95%），这些制浆方法也统称为高得率制浆法。相比于传统的化学制浆方法，高得率浆具有许多优点，在纸浆生产过程中，使用化学品少，废水量少，污染负荷较低，易于生物化学处理，且漂白处理过程以过氧化氢为漂剂，没有毒性物质产生，纸浆清洁、安全。但是，它也存在许多方面的问题，技术水平也有很大的发展空间。因此，发展高得率制浆对于纤维原料短缺的制浆造纸工业而言具有很重要的意义。

由于纯机械法制浆的原材料适应性比较差，木质素含量高，动力消耗大等缺点，逐渐被化学机械法制浆取代。化学机械法制浆的化学预处理比化学法制浆的蒸煮过程温和得多，对原料的脱木质素作用较小，对纤维的破坏也少，仅分子量较低的半纤维素溶出较多，因此所制得的化学机械浆一般含有较高的木质素和纤维素组分，较低的半纤维素组分，这种纸浆的物理强度介于化学浆与机械浆之间，能使成纸具有十分良好的挺度，其漂白、水化和滤水性能比较接近于机械浆。而且，随着化学机械法制浆技术的发展，特别是漂到 80%～85%（ISO）白度的阔叶木 CTMP 和 APMP 纸浆，不仅可以取代机械浆用于印刷纸中，也可以取代化学浆用于涂布纸类，因此可应用的纸种越来越多，目前能够配抄白卡纸、轻型纸、铜版原纸、双胶纸、低定量涂布原纸、静电复印纸等各类纸和纸板，而且在纸浆中的配比越来越大，已成为一种重要的浆种。

我国目前有化学机械浆生产线的厂家有很多，其中主要有山东晨鸣纸业、山东博汇纸业、山东华泰纸业、山东太阳纸业、河南瑞丰纸业、湖南泰格林纸、广西金桂林浆纸一体化项目等，在年产 10 万吨以上项目中基本上全部为整条线引进国外的生产装备。目前，世界上先进的化学机械浆生产工艺分别为美卓公司提供的 BCTMP 及安德里兹公司提供的 P-RC APMP 生产工艺，我国已建成的或正在建的化学机械浆生产线基本上都在这两种生产工艺中选择；同时，这两家供应商在拥有了大量的生产案例后也在对其生产工艺不断进行完善和补充。

3.1 机械法制浆典型生产过程

机械法制浆已有 180 多年的历史,早期所用磨浆设备为粗糙的磨石,原料主要为木段。20 世纪 30 年代开始利用盘磨机制造机械浆,称为盘磨机械浆,除摩擦工作面由磨石改为金属磨盘外,原料也不再限于木段,而可以用木片或其他料片。在生产实践中,人们逐步认识到机械浆的质量在很大程度上取决于磨解工具的表面性状和研磨区间的温度,除了不断改进磨石或磨盘的材质及其表面处理加工方法外,为了使木片在磨浆前得以软化,60 年代开发了热磨机械浆装置,主要是通过对盘磨机械浆的木片采取汽蒸预热以提高研磨区间的温度,所得纸浆物理强度比 RMP 有较大提高。到了 20 世纪 70 年代,通过在磨浆过程中增加一个温和的化学处理段,进一步促进了木材纤维化并使所得纸浆成纸或纸板的质量提高,该方法就是化学机械法制浆(CMP)。

化学机械法制浆,顾名思义就是采用化学预处理和机械磨解后处理的制浆方法。先对木片用药剂进行浸渍处理,以除去料片中部分半纤维素,木质素较少溶出或基本未溶出,但软化了胞间层。再经盘磨机进行后处理,磨解软化后的料片,使纤维分离成纸浆。与化学法制浆的最大不同在于化学处理过程比较温和,如浸渍或蒸煮时间短,温度较低,药品用量少等,但需要机械作用将料片组织磨解成游离纤维方能成浆。传统的化学机械浆生产按照使用药液的不同,分为冷碱法和亚硫酸盐法两种,后者又发展为磺化化学机械法(SCMP)。20 世纪 80 年代末至 90 年代初出现了新型的化机浆生产技术,根据预浸药液和磨浆方式不同,主要分为化学热磨机械浆(chemi-thermo-mechanical pulping,CTMP)和碱性过氧化氢机械浆(alkaline peroxide mechanical pulping,APMP)。

3.1.1 热磨机械法制浆

热磨机械法制浆是主要的盘磨机械法制浆方法之一,是在 RMP 基础上发展起来的。虽然 RMP 的纤维长、强度高,但所得的纸浆具有一种长的挺硬的纤维以及裂开的纤维束,使得用此种浆料抄造的纸张表面均匀性很差,印刷适应性不太好,虽然可以通过筛板和锥形除砂器等分离这些短的碎片,但要消耗大量能量并需要高度稀释。因此,木片在磨浆之前最好进行软化,通常软化温度在 120～130℃(相应于 1～2atm 的蒸汽表压,1atm＝1.01325×10^5 Pa)范围内。用显微镜对不同温度下软化的木片进行观察,结果表明:在室温下破碎主要出现在纤维壁上;提高温度能减少纤维的破裂而在纤维之间的胞间层产生更多的破裂,因而在温度较高时纤维完全不会遭到损伤,而且用加压蒸汽对木片进行渗透,能很好地解离并降低纸浆中的碎片含量,使在 RMP 中存在的短的、裂开的碎片或"碎块"几乎完全消失。其磨浆的基本过程是:木片先用低压蒸汽进行预汽蒸软化,然后进入盘磨机的中心并碰到磨盘的破碎边缘,木片得以初步破碎,形成碎片;然后破碎的小木片相互碰撞进入转动的定盘或动盘边缘的粗齿开始磨浆,在离心力作用下粗木丝和纸浆的混合物沿径向向外流动,此时磨盘间隙变得更小,磨齿变得更密,在磨盘的摩擦力和纤维间的相互作用下使纤维原料离解和细纤维化,并达到所需的游离度水平。在这个过程中，由于纤维与转动磨盘的碰撞、纤维之间的碰撞、纤维与磨盘表面的摩擦以及纤维的内摩擦消耗了大量的能量，并转换成热，使水和纤维的温度升高，产生大量的蒸汽。TMP 法较 RMP 法能耗要高出许多，因此合理利用 TMP 法产生的大量蒸汽是降低能耗的关键。

3.1.1.1　磨浆机理

机械法制浆在时间上有一个循序渐进的过程。Pearson 指出纤维的分离包括对纤维细胞腔的挤压和把纤维压溃时的旋转，盘磨机对纤维进行反复的挤压作用，这会促使次生壁内吸收更多的水分，进而促进纤维柔软性的增加，所以诸如纤维粗度、长度与次生壁厚度都是影响化机浆质量的因素。Frazier 提出，磨浆时盘磨产生水力支撑的作用，而水、纤维等则起到润滑作用。Atack 认为，木片磨浆过程如下：木片在盘磨入口被马上分解为粗纤维，随后粗纤维和纤维束进入盘磨的解离区，纤维在盘磨齿轮的切线方向发生卷曲，纤维长度在尾部磨浆区无损失，之后浆中的短小纤维部分随之流出，长纤维部分则继续进行磨浆。对于纤维分离的具体过程，总结了如下主要步骤：a. 木片的破碎；b. 木片将其网络结构中的纤维释放；c. 表面细纤维化形成，这取决于复合胞间层的分离；d. 细胞壁的剥离造成的内部细纤维化的形成；e. 最后是外部的细纤维化，以及次生壁的细小纤维形成。而对于这种过程，Karnis 也提出了相应的机理，认为纤维性质在磨浆中得到改善，这种改善的机理是：S_1 层与初生壁的脱落。盘磨机对木片进行磨解的过程以及木片解离为纤维的机理较复杂，当前比较被学术界认可的机理如下。

① 破碎区：木片进入位于磨盘中心的破碎区，在此区域磨盘间隙较大，刀片厚且刀数少，温度较高，在此区域木片首先被破碎成火柴杆状木段。

② 粗磨区：对盘磨机，由内及外的间隙逐步变小，这可以延长木片及纤维在其中的停留时间，随着磨浆的进行，这些木段渐渐被磨成细小木丝，这些小木丝在齿轮的机械作用和摩擦作用下，依次解离为纤维束，部分解离为单根纤维。

③ 精磨区：齿数随齿盘的向外扩展而依次增多，齿距变小，由粗磨区流来的纤维束与单根纤维在此细纤维化，再经进一步离解后流出盘磨机。

近年来高速摄影技术的出现和高硬度透明材料的研发为观察和研究磨浆过程对纤维的作用提供了便利，有力地促进了磨浆理论的不断完善和持续发展。

3.1.1.2　TMP 磨浆生产过程

一般来说，TMP 的标准生产流程主要为木片—木片洗涤器—预汽蒸仓—螺旋给料器—第一段压力磨浆机—喷放—第二段压力磨浆机或常压盘磨机—筛选—浓缩储存（图 3-1）。为了制造较高质量的纸种例如超轻纸（WC）或低定量涂布纸（LWC）所需要的纸浆，新的 TMP 浆厂对负荷分配和筛选系统进行了改进。在负荷分配方面，第一段约 $50\% \sim 60\%$，第二段约 $40\% \sim 50\%$；在筛选方面，更加强调筛渣和粗纤维的再磨，目前均采用分开的筛渣再磨系统，并通常采用两段进行。

TMP 磨浆过程中，电力成本约占总制浆成本的 $35\% \sim 40\%$，因此 TMP 技术的发展主要是如何降低能耗。从木材到纸浆的过程，可以分为几个步骤，例如木材的撕碎、

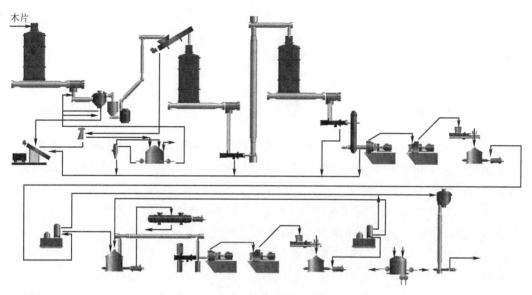

木片

图 3-1　用于生产高质量纸种用浆的两段 TMP 生产线（Metso 公司）

纤维的释放、纤维的分层、纤维素的细纤维化等，不同过程均需要消耗不同的能量，因而影响制浆能耗的主要因素是磨浆力如何施加到木材和纤维上及如何使用这些力的作用。研究表明，通过增加磨盘转速能够降低木片磨浆的比能耗，虽然可能会减小纤维长度和撕裂强度，但是通过限制高速磨浆时间、提高磨浆温度则会保护纤维的长度不受损害。于是 Andritz 公司开发了高级热磨机械法制浆工艺（RTS-TMP 法），在降低电耗、减少温室气体排放、使用新的和/或质量较差木料生产高品质纸浆方面表现卓越，相对于常规 TMP 法，该方法每风干吨浆能耗约 300～800kW·h，而且浆的质量更好，浆的结合强度和白度更高，浆中纤维束含量和可抽提物含量更低。

如图 3-2 所示，该系统采用模块化设计，主要由 3 个模块及热回收组成。

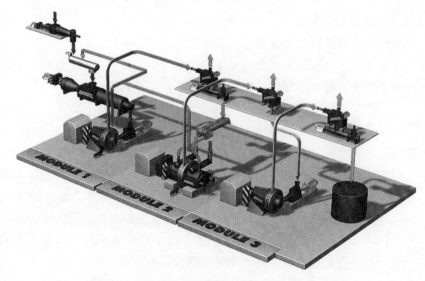

图 3-2　高级热磨机械浆典型流程（Andritz 公司）

（1）RT 木片预磨技术

通过 RT 木片预磨技术在适度压力条件下结合木片的挤压撕裂和初步磨浆实现对木片纤维的分离。首先，预汽蒸软化的木片经一旋转阀进入压力加热螺旋输送机，依次将木片送入螺旋挤压撕裂机（MSD），然后经预浸处理后，再依次经过料塞螺旋给料器和压力运输机，将木丝送入 RTS 高速盘磨机进行轴向分离（图 3-3）。

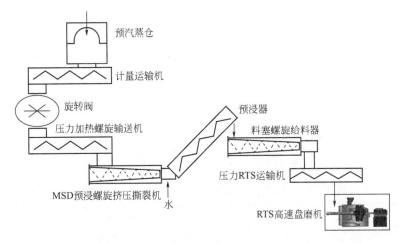

图 3-3　RT 木片预处理过程（Andritz 公司）

螺旋挤压撕裂机是一个多段螺旋装置，是专门设计用于压缩比为 4：1 的木片撕裂装置（图 3-4）。该设备入口段和第一压缩区是锥形钻孔设计，以支持游离水排除。高压缩区用坚固的钢骨架强化，以提供排除最大液体抽提所需的强度。不变的螺旋直径与增加的轴径相结合可以产生较高的挤压，促进液体排出。其工作过程是，在加料侧，从预汽蒸仓来的木片进入入口段，并依此进入第一压缩区和高压缩区，浆料中水和水溶物被大量挤出，木片被挤压分开，细胞壁破裂，木片变成木丝，比表面积大幅度增加，从而在预浸段快速且更均匀地吸收液体和水。

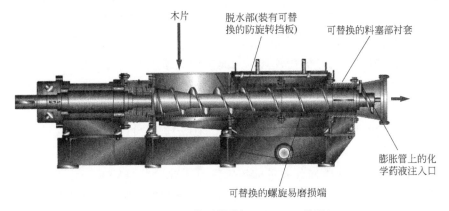

图 3-4　MSD 挤压撕裂机（Andritz 公司）

（2）高强度磨浆工艺

针对预处理后的纤维，一段磨浆在确保纤维质量的情况下提高了磨浆强度。高速度、高磨浆强度结合适当的化学品添加，在生产优秀光学和强度性能浆料的同时实现能耗节省。相比传统的 TMP 磨浆工艺，对预处理后的木片进行高强度磨浆所节省的电能超过 20%。在一段磨浆过程中，加入少量化学药品（如亚硫酸钠）对预磨后的木片进行处理，有助于进一步降低电耗并提高浆料质量，纸浆的强度和白度更高。

（3）第二段高浓或低浓磨浆工艺

两段磨浆能产生良好的纤维结合表面。通过一段磨浆，实现了高质量低游离度浆的目标，二段磨浆则只需较低的磨浆电耗。这为二段磨浆和/或浆渣磨浆中使用低浓磨浆机提供了便利，这样可以进一步降低整个生产线的电耗。

除了上述改变磨浆工艺可以降低纸浆能耗、提高纸浆质量外，盘磨机的类型对纸浆性质也有明显的影响。盘磨机的主要类型有单盘盘磨机（SD）、双盘盘磨机（DD）和锥盘盘磨机（CD、SC）。从表 3-1 不同盘磨机对同种木材原料进行 TMP 磨浆所得的纸浆性能的差异来看，很明显，DD 盘磨机有最高的磨浆强度，而 CD 盘磨机磨浆强度最低，但这种差异随着各种盘磨机的自身优化，特别是不同磨盘大小、磨浆面积、破碎区、磨盘型号等使比较更加困难。

表 3-1 不同盘磨机对同种木材原料进行 TMP 磨浆的质量比较

指标	CD70 带外锥盘	RLP58S 单盘	RGP65DD 双盘
磨盘转速/(r/min)	1500	1500	1500
游离度/mL	200	145	105
能耗/(MW·h/t)	1.68	1.65	1.68
长纤维组分（>30 目）/%	53	40	41
细小纤维组分（<200 目）/%	20	24	31
纸页紧度/(kg/m³)	320	340	355
抗张指数/(N·m/g)	36	36	36
撕裂指数/(mN·m/g)	10.2	8.2	8.0
光散射系数/(m²/kg)	52	53	57

（4）热回收系统

TMP 制浆的缺点就是能耗较高，因此热回收系统对 TMP 浆厂的运行经济性至关重要，目前约 75%～77% 的磨浆能耗能以干净蒸汽的形式回收。图 3-5 显示了一个典型的 TMP 制浆热回收系统的流程。

磨浆机出来的含大量废热蒸汽的浆料先经压力旋风分离器，使蒸汽与纤维分离，但纤维在旋风分离器中的分离是不完全的，因此分离的废热蒸汽（污蒸汽）不可避免地含有一些纤维，除此之外还含有大量的挥发性有机化合物（VOCs），如松节油、低分子醇或酸。所以污蒸汽先进入再沸器中与给水或白水进行间接热交换，冷凝而蒸发出的干净蒸汽进入工厂的低压蒸汽网供生产使用，若不能达到要求的蒸汽压力，可以用离心压缩机或高压风机来提高干净蒸汽的压力。热交换后的污冷凝水排入喷射式冷凝器（涤汽器），系统产生的其他废热蒸汽也直接排入喷射式冷凝器进行洗涤，使其在排放到大气前不含纤维。

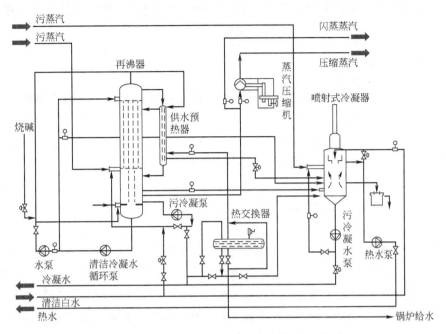

图 3-5　典型的 TMP 制浆热回收系统的流程

3.1.2　化学热磨机械法制浆

　　CTMP 是在热磨机械法制浆的基础上发展起来的，CTMP 制浆涉及一个温和的化学处理段和高强度的机械磨浆段，其关键过程在于磨浆，所以有关 TMP 热磨机械法制浆的所有改进都能用于化学机械法制浆。由于 TMP 这种纸浆的白度不太高，通过漂白来提高白度相当困难，因此主要的应用仍然是新闻纸，而且由于大量抽出物的存在，TMP 在包括绒毛纸及卫生纸的广泛的产品范围内的应用受到了限制。为了扩大 TMP 的应用，通过利用化学药品使得半纤维素润胀以及通过磺化来使木质素软化和/或轻度溶解使其产生附加的软化效果，可以提高纸浆的质量，这就催生了化学热磨机械法制浆。世界上第一套 CTMP 装备于 1965 年在瑞典首次应用，由瑞典顺智公司提供生产技术及装备，在随后的 20 世纪 70 年代和 80 年代，CTMP 的生产有了重大的进展，瑞典、加拿大和其他国家也引入大量的 CTMP 装置用于生产纸尿布的绒毛浆、薄页纸、盒纸板、印刷纸类等。我国第一条生产线是吉林造纸厂自行改造从瑞典引进的装置用于杨木生产并抄造新闻纸的生产线；福建顺昌纸浆厂用国产的生产设备成功地以混合阔叶材制浆，抄制牛皮箱纸板。在生产技术上日臻完善，最初仅限于云杉、杨木及桉木，由于生产设备的改进，生产流程的优选，原料适用范围变广，可用云杉、铁杉、辐射松、美国南方松、杨木、桉木、枫木及混合阔叶材种。

　　CTMP 制浆方法简单，比化学浆生产线投资费用低，而且纸浆性能在很多方面优于 TMP 浆，例如 CTMP 在一定游离度下具有很低的碎片含量，改善了浆的密度和结合性能，降低了光散射系数，而且改变化学浸渍和能耗间的平衡，就能改变 CTMP 的特性，可以生产出类似 TMP 或接近工业化学浆的纸浆，还可以通过漂白在较低的

H_2O_2 消耗水平下生产出白度不同、范围广泛的漂白化学热磨机械浆（BCTMP），从而扩大了未漂和漂白化学热磨机械浆在工业上的应用范围。

3.1.2.1   化学处理段

CTMP 化学处理的目的：一是在保证高纸浆得率的基础上，制造出能满足某些产品性能（物理强度和光学性能）的高得率纸浆；二是为了降低生产成本，少用或者不用高价的长纤维化学浆；三是开辟制浆原料来源，充分利用其他制浆方法不太适宜或较少使用的阔叶木，特别是蓄量较大的中等密度的阔叶木；四是软化纤维，为提高强度、减少碎片、改善质量创造条件。化学处理段为纤维改性和纸浆质量的提高提供多种可能，它可以插入机械磨浆过程的不同位置，而且可用于化学处理的化学品种类也很多。但在工业生产中，CTMP 制浆一般采用亚硫酸钠作为预浸药品，起初主要用于针叶木原料，后来也开始以碱性亚硫酸钠为预浸药剂生产 CTMP 阔叶木浆。CTMP 制浆典型工艺条件如表 3-2 所列。而且，用于化学预处理的化学品用量变化很大，从相对绝干木片 1%～3% 亚硫酸钠用量到相对高的 10%～20% 的用量都有，CTMP 法通常采用低的亚硫酸盐用量，而普通的 CMP 则通常采用高的化学品用量。通过化学预处理，实现了木材的软化，实质是木质素的软化，对木质素进行了改性，即是对含大量木质素的机械浆的一种改性；改变了浆的颜色或白度；提高了纸页紧度，改善了强度。CTMP 制浆的主要化学反应是木质素的脱脂化和磺化反应，其主要作用原理如下。

表 3-2   CTMP 制浆典型工艺条件

木片	常压汽蒸时间/min	化学浸渍		预热时间/min	温度/℃	得率/%
		药品	用量/%			
针叶木	10	Na_2SO_4 NaOH	1～5 0～3	2～5	120～135	91～96
阔叶木	10	Na_2SO_4	1～7	0～5	60～120	88～95

（1）木材纤维软化和润胀

木材的软化实质是组成木材纤维的木质素和半纤维素的软化。木材作为一种黏弹性物质，当木材软化程度提高时其黏性流体的性质增强，而作为弹性体的性质减弱，因此当软化过度时，木质素在热的作用下不仅呈玻璃状覆盖包蔽于纤维表面层，而且复原能力减小，影响能量的吸收，磨浆时细胞壁的破裂将在任意处进行，浆的质量反而变坏。由于半纤维素和木质素的不定型结构，能或多或少地吸收水分，化学处理就是要尽可能使更多的水进入，增加木片或浆料的水合作用，促进纤维的润胀，但水分对木材的软化点有重要影响，木质素软化温度与含水量有很大的关系，半纤维素的软化温度在无水的条件下为 210℃，约含 60% 水分时甚至可降低到 200℃。

（2）化学处理使木质素改性，促进纤维间的结合

CTMP 的化学处理，一般使用 Na_2SO_3 或 Na_2SO_3 和 NaOH 的混合液，虽然在化学处理时引入了 OH^-、SO_3^{2-} 或 HSO_3^-，增加木质素的亲水性，但这种温和的化学处理不能导致木质素结构的广泛断裂和溶解，而只要求实现充分的软化，以利于下一步的机

械离解和磨浆。这种化学处理过的木质素，由憎水性变成亲水性，不仅使纤维柔软，而且有利于提高纤维间的结合力，当抄造纸页时由于氢键作用提高了纸页的物理强度。化学处理对提高强度的效果很明显，但要注意的是，处理后的浆得率必须在机械浆得率的范围内，以保证处理后的纸浆仍具有机械浆的特性。

（3）磺化化学反应

磺酸基和羧基等磺酸基团的加入可以增加木质素润胀性，当用亚硫酸盐溶液在 pH 值为 7 的条件下处理针叶木木片时，木质素亲水性的增加为纤维提供了持久的软化，软化的原因是：高度离子化的磺酸基置换成交联连接的木质素结构上醇羟基和醚基；氢键使木质素链呈交联结合，磺化时氢键被打断引进亚硫酸氢基团，其周围有水包着，这样木质素由憎水性变成亲水性，使针叶木木片磺化后产生持久性木质素软化。在下一步磨浆时，木片磺化度提高对增加 CTMP 长纤维成分有利。此外，增加磺化度，散射系数或不透明度要下降，这是由于增加长纤维组分，减少了细小纤维含量。对于阔叶木，其含有的木质素比针叶木少，限制了可达到的磺酸基含量水平，但由于半纤维素中的酯在磺化过程中会变成羟基，因此磺化后的浆不但磺化度增加，羟基也增加，通过相对温和的碱处理条件可以改善纸浆的强度性能。

木材和亚硫酸盐药液之间的反应是相当复杂的，由于木质素的软化，改变了木材和纤维的动态力学性质。研究表明，木质素的软化以及一些木质素和碳水化合物的溶解也削弱了胞间层，使得纤维壁变得较为强韧且缺少脆性，同时纤维壁和胞间层的弱化改变了木片纤维化时断裂的位置，大部分断裂发生在初生壁和胞间层，从而产生高比例的未损失的长纤维。由于亚硫酸盐处理对木质素的软化作用，与 RMP/TMP 等纯机械法相比，木材原料破损成细小纤维的比例较小，因而化学机械法所得纸浆在高游离度水平下纤维束含量很低，因而这些浆可用于一些高游离度的产品。另外，化学机械浆纤维能通过进一步的磨浆来改进纸浆的性能，满足没有游离度需求的纸和纸板产品。

3.1.2.2　机械磨浆段

机械磨浆段是决定经化学预处理的木片磨解成浆质量的关键环节，实际生产中磨浆方式主要有两种：一是一段压力高浓磨浆；二是两段高浓磨串联磨浆。两种磨后浆料在漂白后的配抄前均需用低浓盘磨进一步精磨匀整到成浆要求的游离度。磨浆过程最重要的参数是比能耗（SEC），纸浆的比能耗和游离度是相互依赖的，化学预处理程度对游离度的变化与比能耗的函数关系有很大影响，一个强的段间化学预处理能降低第二段磨浆的比能耗。通过调节机械磨浆段的比能耗可以得到合适的纸浆质量，并控制纸浆的游离度水平。

3.1.2.3　生产流程

CTMP 制浆基本生产工艺为木片洗涤—化学预浸渍——一段压力高浓磨浆或二段磨浆——一段或两段漂白—洗涤—低浓磨浆—筛选—浓缩—储存，工艺流程简图如图 3-6 所示。木片首先经过木片仓，在木片仓中通入蒸汽（生产时采用高浓磨产生的二次蒸汽），木片在 80～85℃的条件下停留 20min，木片中的空气随温度升高体积膨胀而释放出来，使木片在水洗系统中更容易吸入水分，为加强水洗提供了前提条件；然后，木片由木片仓的底部通过输送螺旋送入水洗系统，在水洗系统中，温度控制在 70℃左右，木片中的水抽提物被溶解到洗涤水中，同时，木片所携带的泥沙、杂物等被洗去；洗后的木片通过斜螺旋脱水机，干度提高后进入预蒸仓，在预蒸仓中，木片的温度控制在 95℃左右，温度的升高使木片软化并膨胀；预蒸后的木片在底部出料螺旋的作用下定量排出，然后进入螺旋挤压机，挤压后的木片干度提升至 50％后加入预浸用的化学品，木片在释压的同时吸入化学品，之后进入预浸器，木片在预浸器中的停留时间为 2～3min；预浸后的木片进入反应仓，反应仓的设计使木片在此停留 40～60min，温度为 70℃，至此完成预处理过程。

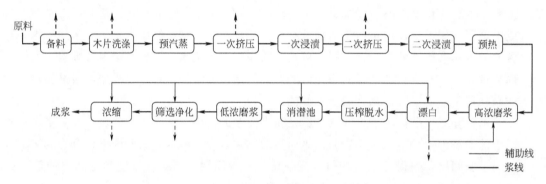

图 3-6   化学热磨机械法制浆工艺流程图

预处理后的木片经喂料器、进料螺旋后进入高浓磨浆，磨浆操作可以采用一段或两段磨浆，用于一段压力高浓磨浆的磨浆能量足以生产高游离度纸浆，而生产低游离度纸浆则需要第二段磨浆，第二段磨浆可采用常压低浓磨浆，以降低能耗。第一段高浓磨后的浆料经旋风分离器分离出纤维，收集后进入螺旋输送机，在输送浆料的过程中加入漂白化学品，然后进入漂白塔，漂白塔的设计有一段的，也有两段的，漂后浆料经洗涤后进入二段低浓磨，低浓磨采用双盘磨，再依次进入筛选、浓缩系统后送入浆塔储存。化学机械浆的筛选和热磨机械浆没有本质的区别，通常情况下由于化学机械浆的纤维束含量较低，所以筛选操作没有后者那么严格，筛选后的渣浆只需要使用一台低浓渣浆磨进行处理即可，处理后的浆料经渣浆筛后并入良浆管道。

筛选后纸浆的洗涤。根据洗净度要求，通常用一段或两段螺旋压榨、双辊压榨或双网压榨进行，如果纸浆要送去漂白，为了尽量减少预浸化学品和溶出的物质带到漂白段，增加漂白负担，通常要配置一个有效的洗涤段。

纸浆的漂白。漂白不单是为了增加纸浆白度，同时也是一个调整纸浆质量的重要环节。通过漂白流程，控制白度和强度关系，可以实现对白度、碎渣率、松厚度、游离度的控制。CTMP 纸浆的难漂白和漂白后返黄是存在的一个很严重的问题，它是制约 CTMP 替换全漂化学浆的主要障碍，漂白化学品一般采用 H_2O_2，用量 2％左右，漂程分为单段漂和两段漂，漂前浆料用螯合剂、Na_2SiO_3、$MgSO_4$ 等试剂处理，漂白浆浓分为高浓和中浓。

3.1.2.4　生产影响因素

（1）木片种类的影响

原料的种类及产地对 CTMP 的生产产生一定的影响。木材水分对质量也有很大影响，木材水分低于饱和点时，纸浆中长纤维含量要减少，纤维束增加，浆强度下降。因此，生产中应尽可能使用新鲜木材。木片的均匀性也会影响 CTMP 的生产，木片过厚和过长、过薄或过短均会造成木片受热不均匀，使木片加热后可塑性不匀整，从而使木片挤压浸渍的药液渗透和化学反应不均匀，同时也会使木片的螺旋输送量不稳定，过厚木片还易使木节混入。

（2）预汽蒸时间的影响

为了取得良好的预浸渍效果，木片在预浸渍之前，必须进行预汽蒸，其目的是排除木片中空气，同时提高木片的温度并使之稳定。木片的预汽蒸，是在常压下进行的，预汽蒸时间对木片化学预浸渍时吸收药液量有一定影响，由于木片厚薄不均匀，在预汽蒸时排出的空气也不均匀，会影响到木片吸收药液的均匀性，生产中预汽蒸时间应在 10min 以内。

（3）预浸渍的影响

为了能保证药液在木片中均匀渗透，木片必须经挤压后才进入预浸渍器。挤压过程中不仅能挤出木片中的水分和空气以减少药液的渗透阻力，而且能挤出水溶性的有色物质和树脂等有机物，使物料干度达到 $50\% \sim 65\%$，并使木片沿纹理方向压溃和撕裂，为物料进入浸渍区产生海绵效应而充分均匀地吸收药液创造了条件。压榨过程的压缩比（指物料压缩前的单位体积与物料经压缩后的单位体积之比）和吸收比（指木片吸收药液量与绝干木片量之比）是两个重要的参数，实践证明，压缩比达到 $4:1$ 及以上时才能使进入预浸渍器的木片吸收更多的药液，同时有利于均匀浸透。

（4）预浸渍的温度、化学药品用量与 pH 值的影响

① 预浸渍温度视不同材种与设备而定，针叶材一般为 $120 \sim 135℃$，阔叶木一般为 $60 \sim 120℃$。

② 预浸渍时间一般为 $2 \sim 5min$。

③ 预浸渍化学药品用量。化学预处理的主要任务是实现纤维的软化，为降低磨浆电耗和提高成浆强度及减少浆料的碎片含量创造条件，它不但与化学预处理的程度有关，而且与药品的种类有密切关系，现阶段阔叶木 CTMP 化学预处理的工艺中，一般采用成熟的 Na_2SO_3 和 NaOH 的混合液对纤维进行比较强烈的处理，这两者的用量对成浆质量、得率等均有影响。NaOH 用量的多少，对纸样强度性质、纤维束含量、纸浆光学性质及磨浆能耗产生影响。加入一定量的 NaOH，可增强半纤维素和木质素的水合作用，促进纤维润胀，有利于磨浆的纤维分离及细纤维化，并可降低磨浆能耗，但会使纸浆白度和光散射系数下降。Na_2SO_3 主要对木质素起磺化作用，使木片的亲水性增加，降低纤维软化温度，并使纤维产生永久性的软化，从而提高纤维的可塑性，有助于后序磨浆有效地离解纤维和纤维的细纤维化，使纤维的柔软性与结合强度有较大的提高。Na_2SO_3 用量的多少，影响木片磺化度大小，进而对纸浆的白度、光吸收系数及光

散射系数也产生影响。随磺化度增加，纸浆的光吸收系数与光散射系数都急剧降低，而浆的白度有一定的提高。

④ 预浸渍处理时，pH 值对磺化度及纸浆白度有影响，在 H_2O_2 用量一定时，磺化 pH=7.5 时，漂白浆白度最高，pH 值升高或者降低都导致漂白浆白度的下降。

（5）磨浆工艺的影响

磨浆工艺是影响 CTMP 纸浆性能的主要因素之一，磨浆浓度、盘磨间隙、磨浆温度、磨盘特性等均能影响磨浆的质量，应严格控制。

3.1.2.5 生产技术的改进

（1）预浸系统的改变

常规 CTMP 的生产工艺一般在木片洗涤和脱水后，采用较少量的化学品进行预处理，化学品以亚硫酸盐和碱液为主，通过预浸器后进入预热器，再经喂料螺旋进入高浓磨（锥形磨），化学品没有足够的停留时间，预浸的反应时间不充足，木片软化的程度不够，导致了磨浆产生的纤维束含量增加，化学品没有得到充分的利用。因此，在新的流程设计中，增加了预浸之后的反应仓，使木片在磨浆前有充分的化学预处理时间，达到降低能耗的目的。

（2）漂白位置的改变

在常规的 CTMP 设计中，高浓磨后的浆料喷放后进入消潜池，再经过筛选系统、多盘和挤浆机进行洗涤，洗涤后的浆料通过混合器加入化学品后进入漂白段，漂白段的布置比较灵活，可以使用单段漂，也可以使用多段漂，主要看成浆的白度要求，因为在加入漂白化学品前经过了多盘浓缩机和挤浆机两道洗涤，浆料中的杂质被洗去，减少了化学品不必要的消耗。同时，在加入化学品前木片已磨解成浆，化学品与浆料有更大的接触面积，因此有更高的漂率，如果是多段漂，因为后段的漂液回流至前一段，所以化学品的利用被进一步加强，并且这样的流程使得制备的 CTMP 浆料白度范围很大，这是 CTMP 流程的优点；缺点是流程线路加长，设备的投入大。所以，在新的流程设计中，将漂白段提前至高浓磨浆之后，在高浓磨后增加了漂白塔，漂白反应提前进行，这与 APMP 的设计是相同的，这样缩短了流程，在磨浆之后将洗涤与漂白同时进行，减少了设备投资。

（3）二段磨的高低浓配置改变

常规设计中，CTMP 多采用一段高浓磨浆的生产工艺，当时的化学机械浆多用于多层纸板的中间层，如白卡纸、铜版纸等，此时采用高游离度的化学机械浆可以满足纸张的生产要求。但随着化学机械浆的应用进一步推广，如今也要求化学机械浆能够应用于文化用纸，如美术纸等，此时要求较低的游离度，对浆料中纤维束含量提出了严格的要求，同时，借磨浆的作用改变成浆的某些性能也是必不可少的。如今，为了满足低游离度的成浆需要，均配置了二段磨，而且二段磨也以低浓磨为主，除非有特殊需要。

3.1.3 碱性过氧化氢机械法制浆

碱性过氧化氢机械法制浆最初由加拿大 Kvaemer-Hymac 公司研发。20 世纪 80 年代宜宾造纸厂引进了第一条 APP 制浆生产线，具体流程是木片先经过筛选和洗涤，接着加入或进入一段预浸，然后是一段或二段碱性过氧化氢预浸，接下来木片在反应仓内以 70～80℃ 的温度停留 60min 左右直至漂白完成。漂白在磨浆之前完成，从一段磨出来的浆料经过稀释之后在压榨机内脱水再进入二段磨。在温度提高的情况下，过氧化氢有分解的趋势，因此运行效果不理想。后来奥地利 Andritz Sprout-Bauer 收购了 Hymac 公司化学机械浆业务，对 APP 技术进行了改进，形成 APMP 制浆技术，它将制浆和漂白工段在化学预浸渍中同时完成，原料在螺旋进料器中进行挤压处理，增强药液浸透，预浸渍阶段采用 NaOH 和 H_2O_2 进行润胀和漂白，简化了工艺流程，无需建造漂白车间，节省了设备及建设投资，降低了化学药品用量，减轻了污染负荷。岳阳造纸厂是国内第一家引进 APMP 制浆技术装备的企业，起初运行效果不尽理想，后进行了改造，改造后消耗指标和纸浆质量显著改善。

APMP 是在漂白 CTMP 基础上发展起来的（见表 3-3），与其他化学机械法制浆相比，具有其他制浆方法不能替代的优点：a. APMP 制浆采用了最新发展的木片预处理技术使制浆与漂白合二为一，不需单独的漂白车间，设备投资减少 25％ 以上；b. 与 CTMP 相比，木片预汽蒸和化学浸渍都是在常压下进行，操作简单且能耗低；c. 磨浆在常压下进行，无需建造热回收系统；d. 采用高压缩比螺旋撕裂机将木片挤成疏松的木丝团，扩大了比表面积，药液渗透作用增强；e. 浆的物理性能和光学性能有所改善，可实现较高强度和较高白度；f. APMP 制浆过程中不使用亚硫酸盐，只使用碱和过氧化氢等化学药品，废水中不含硫的化合物，治理相对容易，减轻了废水的污染负荷。尽管碱性过氧化物机械法制浆有以上诸多优点，但是，制浆时所使用的化学药品和原材料对浆料性能有非常显著的影响，特别是对浆料强度、光学性能和化学品利用率的影响。

表 3-3　化学机械法制浆的发展和特点

方法	开发时间	优点	缺点
CTMP	20 世纪 60 年代	成纸抗张强度与化学法阔叶木浆接近；能够用于生产部分常规纸张，节省成本	制浆能耗较高，排放的废水处理后负荷高，并且废水中有含硫化合物
APMP	20 世纪 80 年代	流程简洁，能耗低，漂白浆可以直接制成，废水污染负荷低，容易处理和生产成本低	纤维表面性能不如 CTMP
P-RC APMP	20 世纪 90 年代	浆料白度进一步提高，能耗低，生产成本低	生产操作较 APMP 复杂

20 世纪 90 年代初，Andritz 技术公司在 APMP 基础上研发了 P-RC APMP（pre-conditioning refiner chemical treatment alkaline peroxide pulping）制浆技术，改进后的 P-RC APMP 制浆工艺可最大限度发挥化学预处理和机械制浆各自的效能，并改善了浆料的光学性能，其关键是先用温和化学品进行预处理（P），然后用盘磨进行化学处理（RC），从而使漂白反应进行得更充分。P-RC 制浆工艺和常规的 APMP 制浆工艺最大的不同之处在于 P-RC 制浆系统在第一道磨浆后设置一个存储浆料的高浓停留塔，设置高浓停留塔的目的在于在磨浆过程中最大限度地改善浆料的光学性能并使残存的化学药品充分作用来提高亮度，而 APMP 制浆工艺则在进行磨浆之前已完成全部或大部分化学预处理过程，因此在改善浆料光学性能（如不透明度和光散射系数）方面存在一定的

局限性。P-RC 制浆系统在两道磨浆中间添加高浓停留塔，从而能更灵活地控制浆料性能，通过改变制浆工艺条件和在磨浆前完成大部分化学预处理过程，P-RC APMP 制浆系统也可完全达到传统的 APMP 制浆系统的效果。另外一个差异是，P-RC APMP 制浆工艺中，木片在预浸段只经过温和的化学预处理，温度只有 50～60℃，减弱了前期木片漂白反应。

P-RC APMP 制浆与其他类型化学机械法制浆的比较见表 3-4。

表 3-4　P-RC APMP 制浆与其他类型化学机械法制浆的比较

	指标	对比结果
浆料质量	结合强度（抗张、耐破等）	基本相同（适应性都特别好）
	松厚性能	相同或更好（取决于材种）
	光散射系数	更好（在强度和亮度相同时）
	可漂性	更好（可漂至更高白度）
	洁净度	更易于洗涤（阴离子残留物含量较少）
工艺	基建投资	较低（无后序漂白）
	能量消耗	较低（对阔叶材或某些针叶材）
	总化学品用量	取决于材种和制浆系统类型
	其他运行费用	较低（流程不太复杂）
	浆料得率	较高
	废水排放	COD 和 BOD 排放量较低
	废水可处理性	较容易（没使用含硫化合物）

3.1.3.1　生产流程

APMP 制浆工艺流程一般为：木片洗涤—螺旋挤压预浸（一段或两段）—一段高浓磨浆—漂白（一段或两段）—螺旋压榨洗涤（一段或两段）—消潜—二段低浓磨浆—筛选净化—浓缩—储存。其生产工艺流程简图如图 3-7 所示。

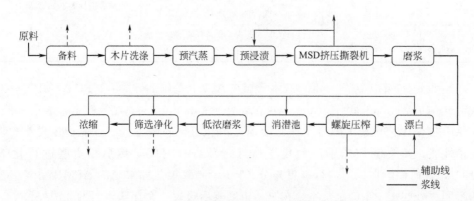

图 3-7　化学机械法制浆生产工艺流程简图

木片经过洗涤后（洗涤的工艺条件与 CTMP 相同），在预蒸仓（即汽蒸仓）进行汽蒸后，送预浸螺旋挤压机（即挤压撕裂机，MSD），其压缩比为 4：1，可将木片中的空气与多余水分及树脂等挤出，并将木片碾细，然后进入与之相连的浸渍器。在预浸器内木片通过突然扩大的体积吸收预浸化学品，以确保化学药品在已被软化的木片内均匀分布，预浸器设计的停留时间为 2min。预浸后的木片进入反应仓，反应时间为 45min 左右，通过反应仓底的出料螺旋定量出料，然后再通过料塞螺旋进入高浓磨浆机，高浓磨浆机为双盘磨，磨浆的浓度为 30%～35%，磨后浆料带压喷放，通过旋风分离器后再经冷却螺旋进入漂白塔，在浆浓 25%～30%、90℃ 的条件下完成漂白反应，漂白后的浆料经洗涤后进入低浓磨，磨后的浆料在消潜池中消潜 30min，浓度控制在 3.5% 左右，消潜后的浆料依次经过筛选系统、浓缩系统然后进入浆塔储存。

　　MSD 挤压撕裂机是 APMP 制浆的关键设备，主要对木片起挤碾作用，挤压效果的好坏影响到浆的均匀性、强度和白度。MSD 关键参数在于 MSD 的压缩比，一般作为密封用的进料螺旋，压缩比在 2∶1 左右，但要将木片碾压均匀，压缩比必须在 4∶1 或更高。

3.1.3.2　生产影响因素

　　（1）挤碾程度的影响

　　螺旋挤碾机的挤压作用对 APMP 浆有着关键的影响，挤压效果的好坏极大地决定了浆的质量。木片受到螺旋挤碾机强有力的挤压作用，结构变得疏松，木片被撕扯开，变成一种立体网状结构，干度达 60%～65%，从而像海绵一样易于吸收药液，使反应能充分进行，而纤维并不会因挤压而受到损伤。经过充分挤压的木片，不仅可以充分吸收化学药液，提高处理的效果，还能起到节约药品用量、缩短反应时间的作用。经挤压的桉木木片在相同的化学预处理条件下，白度可比未经挤压的高 4～5 个白度单位之多。研究证明，4∶1 的压缩比是制 APMP 浆比较适宜的压缩比例。用两段 4∶1 压缩比的挤压和预浸渍处理后浆料白度能达到 80%（ISO），这是未经挤压木片所难以达到的结果。

　　（2）化学药品用量的影响

　　APMP 制浆所用的化学药品为 NaOH 和 H_2O_2，同时加入部分助剂。研究发现，NaOH 和 H_2O_2 的用量是影响纸浆质量的主要因素。NaOH 的用量与纸浆的物理强度有较大的关系，尤其是第一段浸渍的 NaOH 用量，增加预处理时 NaOH 的用量，浆的物理强度提高，而浆的白度降低，得率也降低。H_2O_2 的用量则与纸浆的最终白度有较大的关系，尤其是第二段预浸时的 H_2O_2 用量，当其用量增加时纸浆的白度显著提高，而对浆的得率影响甚小，强度有所降低，松厚度有所提高。许多研究表明，螯合剂［EDTA（乙二胺四乙酸）或 DTPA（二乙烯三胺五乙酸）］和保护剂（Na_2SiO_3 和 $MgSO_4$）的加入对稳定 H_2O_2 和提高浆的白度作用显著。一般情况下，螯合剂用量较小的情况下就可以达到明显提高白度的效果；保护剂的用量有一最佳值，用量过大对浆的白度和强度不利，并易产生结垢现象。资料显示，化学预处理前先用 0.2%～0.4% 的 DTPA 进行预浸，可提高 2%（ISO）左右的白度。此外，化学药品在段间的分配也影响浆的质量，通常对于两段 APMP 制浆工艺，第一段使用高碱度低 H_2O_2 的药液，第二段使用低碱度高 H_2O_2 的药液。

（3）预处理温度的影响

由于预处理药液是 H_2O_2 的碱性溶液，温度过高，会加快 H_2O_2 的分解，从而使得漂白效率下降，浆的最终白度降低。大量的研究也证明了这一点，随着预处理温度的提高，浆的得率和白度下降，裂断长和耐破指数升高，而撕裂指数有一最佳值。为了不使 H_2O_2 受热分解，预处理温度通常必须在 100℃ 以下，视原料种类不同有所差异，一般保持在 60~80℃ 之间，但木片在较高温度下能充分软化，有利于药液的浸透润胀，化机浆强度的提高有利于配抄高质量的纸张，因而目前的研究趋向于高温处理，但在高温条件下需加入适当的螯合剂和保护剂来控制和减少过氧化氢的热分解。

（4）预处理时间的影响

APMP 制浆过程中，预处理时间对浆的各项指标有一定的影响，适宜的预处理时间能较好地提高浆的性能。过长的预处理时间会使浆的得率下降，光学性能降低，同时若药液中有较多 NaOH 残留，会促进浆料的返黄，白度降低，但强度有所升高。时间过短，则浸渍不完全。较合适的预处理时间是 30~60min。

（5）磨浆条件的影响

磨浆质量的好坏受诸多因素的影响，包括喂料速度、磨浆浓度、磨片间隙等。一般采用两段常压盘磨高浓磨浆时，第一段盘磨间隙较大，主要起到破碎作用，同时减少木片的焦煳现象，浆浓 30%~35%；第二段盘磨间隙较小，主要起到离解纤维和细纤维化作用，浆浓 15%~20%。增加磨浆段数可以提高浆的质量，但会增加磨浆能耗和设备投资。此外，盘磨的间隙也不能太小，否则浆的白度和强度都会受到影响。

3.1.3.3　生产技术的改进

（1）压力磨浆的改变

早期的 APMP 一段高浓磨浆是在 30%~35% 左右的浓度下及略高于常压的压力下进行的，二次蒸汽经洗涤器与白水混合产生污热水后进入污水处理站，这样一来，蒸汽没有得到充分利用，产生的污热水加大了污水处理站的负荷，同时，因为污热水的水温较高，改变了污水处理站好氧生物菌的适宜温度（32~35℃ 左右），给污水处理带来负面影响。在新的 P-RC APMP 工艺设计中，也就是在进入一段磨浆前增加了一个旋转阀，木片在进入磨浆段后变成了压力磨浆。而且，另有研究表明，磨浆机在比预汽蒸更高的压力下运行不会影响纸浆的质量，因为木质素在磨浆机内的短时间停留不会产生玻璃化转折。这样，在不改变浆料性质的前提下磨浆会产生 0.25MPa 左右更高压力的二次蒸汽，二次蒸汽回用于磨浆前的加热单元，如木片仓、反应仓等，同时二次蒸汽通过再沸器产生的新鲜蒸汽的压力也足够高（约 0.2MPa），可以通过增压装置（如热泵或机械压缩机）提高压力后回用至其他生产系统，最后只排放少量的污冷凝水，这样就大大降低了污水量，同时能量也得到充分利用。

（2）二段磨高低浓配置

APMP 二段磨高低浓配置与 CTMP 的相同，具体可参见 3.1.2 部分的内容。不同的是，APMP 磨浆主要采用双盘磨，双盘磨的主要优点是空载的能耗低，可以施加较高荷载与较大转速，磨片设计有更大的灵活性。

从表 3-5 与 BCTMP 制浆综合比较来看，P-RC APMP 能耗比 BCTMP 节约近 15%，属于节能型制浆工艺；从环保方面看，P-RC APMP 制浆过程中不使用亚硫酸盐，只用碱和过氧化氢等化学药品，废水中不含硫化物，污水治理相对容易，对环境污染负荷小。BCTMP 的优点是成浆松厚度高，不透明度好；有单独的漂白段，对原料及成浆质量的适应性强。

表 3-5　P-RC APMP 和 BCTMP 两种工艺的综合比较

参数	BCTMP（Metso 公司）	P-RC APMP（Andritz 公司）
磨浆能耗/(kW·h/t 风干浆)	2100	1650
其他能耗/(kW·h/t 风干浆)	150～200	≤200
装机容量/kW	21000+10000+10000 （一段磨+二段磨+浆渣磨）	16000+16000+1200 （一段磨+二段磨+浆渣磨）
水耗/(m³/t 风干浆)	20	20
得率/%	90	88
白度/%	80	80
污水处理	污水 COD 稍低,但含硫, 污水经厌氧、好氧两级处理	污水经厌氧、好氧两级处理
设备投资/处理成本	相似	相似
预浸工艺	一段预浸	两段预浸
原料适应性、调整范围	大	较小
化学品消耗	较低	较高
浆的性能（相同游离度）	松厚度稍高,不透明度稍高	松厚度稍低,不透明度稍低
设备投资/总投资	高	低
综合生产成本	稍高(用电网点)	稍低

3.1.4　半化学法制浆

半化学法制浆与化学机械法相似，也是先对料片进行化学处理，然后再磨成纸浆，但其化学处理程度比化学机械浆剧烈，较化学浆温和，能够除去原料中 25%～50% 的木质素和 30%～40% 的半纤维素，胞间层物质部分溶出。半化学法制浆原料经化学处理后，尚未达到纤维分离点，仍需靠机械方法进一步离解，但其粗渣较软，离解成纤维所需动力较少。因此，半化学浆和化学机械浆同属化学、机械两段制浆，二者的区分往往以得率为标准，即木材原料得率 65%～85% 称半化学浆，得率 85% 以上称化学机械浆。生产半化学浆的方法很多，在通常的化学制浆基础上蒸煮条件缓和些，或者在化学机械浆的基础上加强预处理，均可制得半化学浆。最早的方法是中性亚硫酸盐法半化学浆（NSSC）制浆技术，其他方法还有碱性亚硫酸盐半化学浆（ASSC）制浆技术、硫酸盐法半化学浆制浆技术、亚铵法半化学浆制浆技术和绿液法半化学浆制浆技术等。半化学法的蒸煮设备与碱法制浆类似，比较适合于采用连续操作，产量较大的工厂更是如此。

3.1.4.1　中性亚硫酸盐半化学法

中性亚硫酸盐半化学法通常是将阔叶材或草类原料切成小片，在适当的高温（170～190℃）下，用含有少量碳酸钠、碳酸氢钠或烧碱液的亚硫酸钠溶液，在 pH 值为 7～9 的条件下，经过一定时间的蒸煮，然后在圆盘磨中进一步分离成纤维来制得。改变化学处理和机械磨碎的操作条件，就可制得从生产瓦楞纸板到证券纸等需要的各种不同要求的半化学浆。这种浆料保留了大量的半纤维素，具有良好的挺硬度，它是瓦楞纸板最重要的一个性质，所以这种方法主要用来生产瓦楞纸板。由于半纤维素含量高，也用它来生产防油纸。在生产电脑纸、新闻纸和杂志纸的工厂，可以使用适当得率的这种浆来代替一部分化学浆或机械浆。影响 NSSC 制浆的主要因素包括材种、蒸煮药液组成和蒸煮条件。在材种方面，较适宜的原料是阔叶木，密度小，易渗透；蒸煮药液的组成随亚硫酸盐种类、使用的缓冲剂和它们的浓度而变化，缓冲剂会影响纸浆白度，使用碳酸氢钠可以获得较高白度的纸浆，另外，增大药品用量，纸浆得率会降低，但筛渣相应较少；蒸煮温度在中性条件下宜高一些。改进的中性亚硫酸盐法制半化学浆的措施主要有两种：一是添加蒽醌及其他助剂；二是回收和利用蒸煮废液。如在蒸煮阔叶材的蒸煮液中加 0.01%～1.00% 的蒽醌，可缩短蒸煮周期 16%～24%，减少药液用量 22%。

3.1.4.2　硫酸盐半化学法

硫酸盐半化学浆的生产过程与硫酸盐法化学浆类似，中小规模生产线采用管式连蒸，大产能生产线采用塔式连蒸。在蒸煮过程中，蒸煮终点应该控制在大量脱木质素阶段的前期或者中期，通过脱木质素反应降解溶出原料中 30%～60% 的木质素，因此，能赋予纸浆良好的挺度，适合于生产包装纸和纸板；半纤维素溶出 30%～60%，因此本色浆容易打浆；纤维素影响很小，1% NaOH 抽出物几乎全部溶出，纸浆得率 60%～75%。在生产半化学浆时，蒸煮出的浆料较硬，易发生架桥现象，解决架桥问题需从多个角度考虑：a. 在喷放仓结构上想办法，目前喷放仓经过这几年的实际运行与不断改造，架桥问题已经得到了很大改善；b. 将喷放仓改为喷放锅，降低浆料出浆浓度，选用这种方法，对保护高浓磨非常有利，但对后续提取工艺方案的确定有一定影响。浆料蒸煮之后先提取再高浓磨浆这样的流程，不仅满足了浆料的高浓磨解，同时也可以使提取出的黑液有很高的温度与浓度，对提高浆料提取率、降低黑液蒸发成本很有意义。

3.1.4.3　不含硫的半化学法

这是为了防止空气污染而在最近几年新出现的半化学制浆方法，药液是碳酸钠或碳酸钠与烧碱的混合液。将木材用 6% Na$_2$CO$_3$ 在 170℃下蒸煮 30min，可制得率 85% 的桦木浆和 88% 的山毛榉浆，这种方法与中性亚硫酸钠半化学法相比，在得率和强度性质上相似。用它抄造瓦楞纸板，比同等质量的中性亚硫酸盐半化学浆能节约 5%～10% 的生产费用，这种方法与硫酸盐工厂联合操作或者单独生产均可。原料经过蒸煮，不等于制出了半化学浆，温和的化学作用只使纤维组织受到一定程度的松弛，要得到符合造纸要求的半化学浆，还需要进行机械处理。机械处理的作用：a. 利用相互摩擦产生的热量来软化蒸煮过的原料，进一步削弱纤维的连接；b. 裂开纤维的连接以离解成单根纤维；c. 单根纤维的细纤维化，即将完整的纤维部分变成比表面积很大的小纤维，从而提高纤维间的结合能力。离解纤维和细纤维化的程度在很大程度上取决于输入的功率和浆料通过量，这可根据用途来控制。机械处理所发生的这些作用可按一段或多段来实现。这与原料种类、大小、蒸煮方法和程度及抄造要求有关。

3.1.5　其他机械法制浆

CTMP 和 APMP 是目前市场上最主流的机械制浆方法，近年来由于纤维原料的短缺，特别是废纸进口受限之后，中大型产能的半化学法制浆在国内也得到了发展。除此之外，还有磺化化学机械法（SCMP）和生物机械法（Bio-MP）等其他机械制浆方法，这里仅做简要介绍。

3.1.5.1　磺化化学机械法

SCMP 浆是 20 世纪 70 年代开发的浆种，可用于生产新闻纸、印刷纸、薄型纸等纸种，具有减少污染、得率高、节约能源和纸浆强度高等优势，因此也受到世界各地企业的关注。后来，发展为不同亚硫酸盐化学预处理，尤其对于 TMP 制浆，加入磺化预处理后，就成为 CTMP 化学热磨机械法制浆方法。SCMP 工艺如此受欢迎的原因是：

① 纸浆质量好。SCMP 工艺重要的优势是初步磺化使木片软化，SCMP 的得率和光学性质与化学热磨机械浆相近，SCMP 强度与化学浆相似，这是由于中长纤维组分高和具有良好滤水性。

② 可以控制污染。磨浆时完全分离纤维和极少损坏纤维。SCMP 浆纤维长又直，不填充细小纤维。SCMP 系统得率高，在排放过程中很少损失纤维，因此可以控制 BOD。SCMP 能代替部分硫酸盐法纸浆，同时，也减少制备硫酸盐纸浆排放 BOD 的量，还有从 SCMP 系统废液中分离蒸煮过的木片，挤压出废液 50％用于循环利用。

③ 消耗能量低。两段常压磨浆，从软化木片中分离纤维只需花一秒钟，极大地节约能耗，还有研究发现在分离纤维之前软化木材，这比其他机械浆磨浆时节约 25％能耗。

④ 对原料通用性强。SCMP 技术适用于各种造纸原料。

SCMP 制浆的基本原理是利用亚硫酸钠与木片进行磺化反应，使木片亲水性增大，产生永久性软化，从而提高了木片的塑性，在磨浆过程中，可以更完整地分离纤维及细纤维化，使纤维的柔软性与结合强度有较大的提高，可以获得最佳的撕裂度与抗张强度的关系。木片的软化温度随木质素磺化度的增加而直线下降。在生产 SCMP 浆时，当磺化度低于 1.2％时，仅胞间层的木质素被磺化而软化，有助于纤维的完整离解；磺化度在 1.2％～2.0％时，磺化反应将在纤维细胞壁中进行，在磨浆中才能有助于微细纤维的游离，产生细纤维化，从而提高浆的结合强度。其生产流程是，木片经洗涤机与预热器进行洗涤与预热后，进入 MD 型斜管式连续蒸煮器，用亚硫酸钠药液（pH＝7.5～8.0）进行蒸煮，蒸煮后木片用压榨机挤压出废液后，约为 50％干度，再经二段盘磨，进行常压磨浆。回收蒸煮器、压榨机的废液，并补充氢氧化钠和二氧化硫，配制成蒸煮液，重复使用。

SCMP 制浆的主要影响因素：

① 亚硫酸钠用量。在其他条件不变的前提下，磺化度随亚硫酸钠用量增大而增大，提高浸渍液的浓度，虽然增大了磺化度，同时也使废液中残留的亚硫酸钠增多，亚硫酸钠的消耗或浓度下降变化不大。由此可见，亚硫酸钠用量虽然对增加磺化度有利，但有一定的限度，残液中亚硫酸钠浓度很高，必须进行回收利用，因此，为了增加磺化度必须与其他条件配合。回用预浸渍液，会降低浆得率及白度，但纸页的松厚度与耐破度有一定的改善。

② 浸渍液的 pH 值。在其他条件不变的前提下，浸渍液的 pH 值越高，木片的磺化度也越高，但同时会使纸浆白度下降。浆的白度在微酸性或中性条件下最高，但同时返黄值也最大。pH 值增大，木质素的溶出量也增多，导致纸浆得率下降。因此，使浸渍液的 pH 值保持在弱碱性范围内进行磺化较为合适，所需的亚硫酸钠浓度在 0.1～0.2mol/L。

③ 预浸渍温度及时间。其他条件相同时，提高浸渍温度，有利于磺化反应进行，但同时溶出物增多，纸浆得率降低。一般预浸渍时间不超过 1h，通常为 30～40min。

3.1.5.2　生物机械法

研究表明，在机械法制浆过程中辅以生物酶处理，可以达到降低磨浆能耗及提高纸浆强度的目的，同时减轻制浆过程所带来的环境污染，但因处理周期长，需占大量的空间，降低了生产效率，提高了生产成本。因此，在实际工业生产中较少用生物酶直接制浆。近些年来，由于环保的日益严格，低能耗、高强度、低污染成为制浆造纸行业的重要需求，为了降低生产成本，提高纸浆强度性能，生物酶的研究得到越来越多的关注，重新受到重视。采用生物制浆技术，可以利用微生物/酶的专一性特点，高效地脱除木质素，尽可能地保留纤维素，改善纸浆强度，降低环境污染负荷，降低能耗。Bio-MP 法以其得率高、污染少得到了迅猛的发展，但仍存在磨浆能耗较高、纸浆强度较低、易返黄等不足。

Bio-MP 制浆基本原理是利用微生物或微生物产生的酶对原料进行预处理，改变原料的化学结构，选择性脱除木质素，再进行机械法或化学机械法制浆。生物酶的菌丝在木片上生长，使木材结构发生润胀作用，对坚固管状细胞起到软化和松弛作用，而且菌丝生长的地方使细胞壁变薄，以上变化使得磨浆变得容易，从而降低了磨浆能耗，菌处理后增加了纤维的柔韧性，同时润胀作用使得纤维间接合键能提高，从而大大提高了纸浆强度性质。从 20 世纪 60 年代开始，人们开始从自然界被腐蚀的木材中筛选菌株，研究发现能降解木质素的微生物很多，包括真菌和放线菌等，按木材的腐朽类型可把降解木质素的真菌分为软腐菌、褐腐菌和白腐菌 3 类。其中最主要的是白腐菌。木材白腐菌在分解木质素的过程中会产生分解木质素的酶系统，氧化与分解木质素，这些酶系统主要包括细胞外过氧化物酶（锰过氧化物酶，MnP；木质素过氧化物酶，LiP）和细胞外酚氧化酶（漆酶，laccase）。在降解木质素的过程中，由于木质素聚合体的庞大结构，因此白腐菌的木质素降解酶系统是细胞外的，而且，木质素结构是由内部单元 C—C 键和醚键构成的，所以与降解纤维素和半纤维素的酶系统相比较来说，木质素降解酶的催化机制是氧化作用而不是水解作用。另外，由于木质素聚合体立体结构的不规则性，因而降解木质素的酶系统在很大程度上必须是非专一性的酶系统，非特异性地分解木质素结构。氧化后的木质素经过产生不稳定的自由基，然后可进行一系列的非酶催化的自发裂解反应，从而引起木质素聚合体的氧化与断裂。其他与分解木质素有关的酶还有纤维二糖脱氢酶（cellobiose dehydrogenase，CDH）、乙二醛氧化酶（glyoxal oxidase，GLOX）和芳基醇氧化酶（aryl alcohol oxidase，AAO）等。

Bio-MP 制浆的主要影响因素：a. 协同代谢基质。白腐菌不能以木质素为唯一碳源，所以需另外的碳源（如碳水化合物等）作协同代谢基质，否则白腐菌会首先利用木片中的半纤维素和纤维素，影响纸浆强度。b. 氧压。研究人员发现氧分子对木质素的降解起决定性作用，当氧压过低、氧浓度低于 5％时，白腐菌不降解木质素。因此，当用白腐菌处理木片时一定要保持一定的氧压。c. 缓冲剂。降解木质素的最适 pH 值为4.5，pH 值低于 3.5 或高于 5.5 都会严重抑制木质素降解，所以在培养介质中缓冲剂的选择对木质素降解十分重要，通常聚合物、聚丙烯酸等作培养缓冲剂较好，另有报道用价格便宜的乙酸缓冲液效果也较好。d. 无机物和痕量元素。培养介质的矿物供应如钙、铜、锰等金属离子对酶的合成很重要。e. 氮源。研究发现，木质素的降解发生在次生代谢过程中，限量的氮源能诱导木质素降解酶类的产生，而过量的氮源会抑制菌的生长。f. 菌丝的培养方式。可分为振荡式和固定式培养。对两种培养方式进行比较，固定培养略好，主要因为在振荡条件下培养，白腐菌会形成菌丝球，菌丝球内部缺氧会抑制木质素降解。一般解决办法是加入吐温 80（即聚山梨酯-80）等表面活性剂，促进木质素降解酶类的分泌。g. 原料。生物制浆多数以木材为原料，但也有少数以非木材为原料，如麦草、红麻、蔗渣等，不同原料具有不同的木质素结构，因此应选用不同种类的微生物及酶。h. 预处理时间。处理时间的长短对生物机械浆能否实现工业化是非常重要的，不同菌种或酶液由于其对原料中木质素、纤维素等主要组成降解特性的不同，处理时间也有较大差异。一般来讲采用白腐菌处理所需时间较长，为 7～21d，而采用酶液处理的时间则可大为缩短。

3.2　化学机械法制浆污染源解析

3.2.1　化学机械法制浆主要的废水产生源

化学机械法制浆过程产生的向外排放的需要处理的废水称为制浆废水。化学机械法制浆生产流程主要包括备料、预处理、磨浆、漂洗、筛选等工段。备料工段主要为原木的干法剥皮、削片，以及木片筛选和木片洗涤；预处理工段主要包括预汽蒸、MSD 挤压撕裂、预浸渍；磨浆工段主要是指高浓磨浆、低浓磨浆；漂洗工段主要是指高浓过氧化氢漂白、螺旋压榨洗涤；筛选工段主要是压力筛、渣浆磨、浓缩机等。其中，木片洗涤、MSD 挤压撕裂、螺旋压榨洗涤、筛选及浓缩等过程均会产生废水。通过对 P-RC APMP 制浆各主要工序产生的废水、循环回用中间池的废水等废水中的污染物进行现场取样和测试分析，废水中主要污染物有木质素降解产物、残余的化学药品、流失的细小纤维、多糖类和有机酸类等，各工序的废水主要组成简述如下。

① 备料过程。制浆造纸工业以植物纤维，包括木材和各种非木材等为原材料，且耗用量很大，需要有用于储存原材料的原料场。从林场运来或收购来的原材料先储存在原料场中，再经过剥皮、切片、除尘、洗涤和预浸渍等备料工序处理，成为可用于制浆的物料，在备料过程中，原料场的清洗，物料的洗涤、筛选和预浸渍产生了废水，成为制浆废水的组成成分之一。备料废水中污染物主要为树皮、泥沙、木屑及木材中水溶性物质，包括果胶、多糖、胶质及单宁等。

② 预浸系统。主要包括预汽蒸仓、木片挤压撕裂机、预浸器和反应仓，预浸系统通过对木片的挤压挤出热熔型物质、树脂、单宁等色素，并脱出多余的化学药品，成为制浆废水的主要污染物。预浸系统产生的废水中含有残碱、不溶的细小纤维、泥沙，以及溶出的木质原料组分，包括多糖、胶质及单宁等。

③ 压榨浓缩过程。压榨浓缩主要是脱除浆料中的水分和化学物质，其污染物主要来自漂白过程降解去除的残余木质素。在漂白过程中，纸浆中的残余木质素与漂白剂反应而溶解出来，接着在纸浆的洗涤过程中实现与纤维的分离而进入漂白废水。漂白废水中含有较高浓度的各种漂白剂与木质素反应生成的木质素溶解产物，也包含部分半纤维素和纤维素的降解产物，还含有残余的漂白剂、碱等化学品，以及细小纤维等悬浮物，成为制浆废水污染物的主要来源。

④ 筛选净化。筛选净化的排渣废水中，污染物主要是粗纤维、泥沙等不溶物，以及降解溶出的木质素、半纤维素、纤维素等组分。

化学机械法制浆各工序废水来源和污染物特性见表 3-6。

表 3-6　化学机械法制浆各工序废水来源和污染物特性

工段	项目	内容
备料	废水来源	木材湿法剥皮，木片洗涤
	主要污染物	树皮、泥沙、木屑及木材中水溶性物质，包括果胶、多糖、胶质及单宁等
	污染物指标	COD、BOD、SS、氨氮、总氮、总磷
木片洗涤	废水来源	木片洗涤
	主要污染物	泥沙、木屑及木材中水溶性物质，包括果胶、多糖、胶质及单宁等
	污染物指标	COD、BOD、SS、氨氮、总氮、总磷
洗涤筛选净化	废水来源	浆料洗涤和浓缩工序
	主要污染物	残碱、溶解性有机物、细小纤维悬浮物等
	污染物指标	COD、BOD、SS、氨氮、总氮、总磷
漂白	废水来源	漂白工序
	主要污染物	残酸、降解木质素等
	污染物指标	COD、BOD、SS、氨氮、总氮、总磷

化学机械法制浆废水具有产生量和有机物浓度变化大、有机物浓度高、水温高、色度大、毒性物质含量高、可生化性较差等特点。化机浆生产过程产生的废水主要来自制浆和洗涤过程，其废水中含有可溶性木质素、水溶性多糖以及木质素碳水化合物复合体

（LCC），导致制浆造纸废水颜色较深，毒性较大，废水的可生化性较差。但是，由于没有经过蒸煮大量脱木质素的阶段，制浆过程产生的废水和洗涤、筛选过程产生的废水混在一块，所有污染负荷都集中在一起，产生的废水浓度很高，并且成分变化较大，较复杂，使得化机浆废水处理成为制浆造纸废水中较难处理的一种。化学机械法制浆废水中的污染物质，主要来源于生产过程中溶出的有机物、残余的化学药品和流失的细小纤维。通常，化学机械法制浆过程的废水排放量约为 $20\sim30m^3/t$，生化耗氧量和化学耗氧量分别为 $35\sim80kg/t$ 和 $30\sim200kg/t$，并且含有大量的悬浮物，有较深的色度。COD 和 BOD 的主要成分是木质素降解产物、多糖类和有机酸类等，其中木质素降解产物占 30%～40%，多糖类占 10%～15%，有机酸类占 35%～40%。化机浆废水中对水生生物有很大毒性的物质，主要有低分子挥发酸、高分子树脂酸、脂肪酸、酚类、多酚类等。从 CTMP、APMP 废水对鱼类的急性毒性研究中可以看出，化机浆废水的毒性亦与原料种类有关，由于原料种类不同，在制浆过程中溶出物的种类和浓度有较大的差异，因而导致它们对鱼类毒性有较大的差别。例如，当制浆工艺相同时，松木和桉木的溶出物的浓度明显比杨木、杉木的高，因而其 CTMP、APMP 废水的有毒物质含量亦较高，表现为废水对鱼类有较大的毒性作用，而杨木、杉木的废水生物毒性则较小。表 3-7 为我国 BCTMP、APMP 化机浆生产线废水的污染负荷。

表 3-7　我国 BCTMP、APMP 化机浆生产线废水污染负荷

项目	废水量/(m³/t)	COD/(kg/t)	BOD/(kg/t)	SS/(kg/t)
金桂纸业(桉木 BCTMP)	15	135	62	10
龙丰纸业(杨木 P-RC APMP)	20	160	75	15
华泰纸业(杨木 BCTMP)	10.8	103	42	6
泉林纸业(杨木 P-RC APMP)	14.7	113	49	8
沈阳金鑫(杨木 P-RC APMP)	9.6	119	42	10
金隆纸业(杨木 P-RC APMP)	7	107	37	12
重庆纸业(杨木 P-RC APMP)	22	166	66	17
晨鸣汉阳(杨木 P-RC APMP)	18	151	61	15

3.2.2　水污染源解析方法

化学机械法制浆水污染源解析方法采用等标污染负荷法，详见 2.2.2 部分相关内容。

3.2.3　化学机械法制浆污染因子筛选

化学机械法制浆产生的污染物主要有以下几种。

① COD。COD 是指在规定条件下，水样中易被强氧化剂氧化的还原性物质所消耗的氧化剂量。COD 反映了水体受还原性物质污染的程度。水中还原性物质包括有机物、亚硝酸盐、亚铁盐、硫化物等。

② BOD。BOD 是指在规定条件下通过微生物的新陈代谢作用降解废水中的有机污染物时，其过程中所消耗的溶解氧量。纤维原料在蒸煮漂白和抄造工艺过程中，半纤维素降解后成为 BOD 的主要来源。废水中 BOD 越多，在微生物的作用下大量消耗水中

的溶解氧，因此耗氧量就越大。当耗氧速度大于水表面溶解氧的速度时，就会出现水体缺氧现象，从而破坏水体氧的平衡，使水质恶化。

③ SS。SS是指废水中所有不能溶解的物质。制浆造纸工业废水中的悬浮固形物主要是细小纤维、填料、涂料、胶料、树脂酸、松香酸等。细小纤维分解时会大量消耗水中的溶解氧，树脂酸和松香酸则会直接危害水生生物。

④ 氨氮。制浆造纸废水中氨氮污染物主要来源于3种途径：a. 制浆造纸原料中本身含有部分氨氮；b. 亚铵法制浆工艺过程中投加的含氮化学药品；c. 碱法制浆和造纸废水末端处理时采用生化处理工艺，需投加一定量的含氮营养盐类。

⑤ 总氮。水体中含有超标的氮类物质时造成浮游植物繁殖旺盛，出现富营养化状态。

⑥ 总磷。磷是生物生长必需的元素之一，但水体中磷含量过高（如超过 0.2mg/L），可造成藻类的过度繁殖，使湖泊、河流富营养化，透明度降低，水质变坏。

根据国家环保部与国家质量监督检验检疫总局联合发布的《制浆造纸工业水污染物排放标准》（GB 3544—2008），同时，考虑化学机械法制浆生产的特征污染物，确定筛选的污染因子为 COD、BOD、悬浮物、氨氮、总氮、总磷，并以表2"制浆企业"排放式标准作为计算依据。

3.2.4   化学机械法制浆排水节点

化学机械法制浆生产工艺过程：植物原料经备料工段处理后，在化学药液作用下预浸渍，而后送磨浆工序对原料进行磨解，漂白处理后经过筛选净化生成纸浆。化学机械法制浆废水主要由备料、木片洗涤、筛选等工段产生，污染物主要为 COD、BOD、悬浮物及氨氮。化学机械法制浆废水中主要污染物有木质素降解产物、残余的化学药品、流失的细小纤维、多糖类和有机酸类等。化学机械法制浆（P-RC APMP）工艺过程排水节点简图如图 3-8 所示。

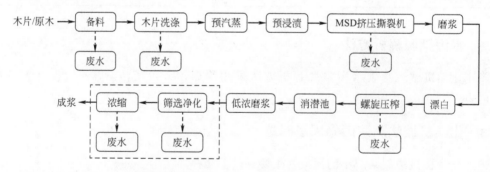

图 3-8   化学机械法制浆（P-RC APMP）工艺过程排水节点简图

3.2.5   化学机械法制浆废水等标污染负荷解析

3.2.5.1   备料

备料是造纸植物纤维原料的堆放储存、切断破碎、除尘筛选等基本过程，其主要目的是除去杂质，将原料按要求切成一定规格。备料废水含有料渣、泥沙、果胶、粉尘等污染物。

（1）主要污染物及其来源

化学机械法制浆备料废水中污染物主要为树皮、泥沙、木屑及木材中水溶性物质，包括果胶、多糖、胶质及单宁等物质，而对于草类原料，则主要包括蜡脂、果胶、薄壁细胞、二氧化硅、泥沙、碎草屑等。

通过调研和查阅文献资料，备料工序平均排放废水量为 $1m^3/t$，各污染物浓度、等标污染负荷及负荷比如表 3-8 所列。按各污染物负荷大小从大到小排序，顺序为 COD＞悬浮物＞BOD＞总氮＞氨氮＞总磷，可以看出在化学机械法制浆备料工序中 COD 排放量最大，其废水中浓度达到 1000mg/L 以上。COD 和 BOD 主要来自树皮、泥沙、木屑及木材中的水溶性物质，包括果胶、多糖、胶质及单宁等物质，以及草类原料中的蜡脂、果胶、薄壁细胞等；悬浮物主要来自原料中的泥沙、灰尘及不溶的细小纤维等。

表 3-8　化学机械法制浆备料雨淋废水污染源解析数据

特征污染物	COD_{Cr}	BOD_5	悬浮物	氨氮	总氮	总磷
浓度/(mg/L)	1000～2000	100～300	500～1000	0.5～2	1～4	0.2～2
负荷/(kg/t)	1.00～2.00	0.10～0.30	0.50～1.00	0.0005～0.002	0.001～0.004	0.0002～0.002
等标污染负荷/(m³/t)	10.0～20.0	5.0～15.0	10.0～20.0	0.04～0.17	0.1～0.3	0.3～2.5
污染负荷比/%	34.52～39.44	19.72～25.89	34.52～39.44	0.16～0.29	0.26～0.46	0.99～4.32

（2）等标污染负荷法解析

采取等标污染负荷法对备料工序废水进行解析，通过计算得到各污染物的等标污染负荷和负荷比，结果如表 3-8 所列。按等标污染负荷的大小排序，从大到小的顺序为 COD≈悬浮物＞BOD＞总磷＞总氮＞氨氮，可以看出在备料雨淋废水中等标污染负荷最大的污染物是 COD 和悬浮物，它们的等标污染负荷比达到了 34.52％～39.44％，其次是 BOD，它的等标污染负荷比为 19.72％～25.89％，这三种污染物的累计负荷比达到 80％以上，根据等标污染负荷法的筛选原则，可以得到 COD、悬浮物和 BOD 是备料工序的主要污染物。排在第四的污染物是总磷，其等标污染负荷比为 0.99％～4.32％。

3.2.5.2　木片洗涤

木片洗涤的作用是：a. 清除木片中夹带的金属、砂石和杂物等，防止设备损坏，同时去除了细小的砂石，可以减少对磨片的磨损，延长磨片的使用寿命；b. 平衡木片内部的水分，保证产品质量均匀一致；c. 木片经过汽蒸以后，可以去除木片内部的气体，增加吸收化学品的能力；d. 去除木片中夹带的锯末和细小杂质，减少了纸浆中的尘埃；e. 在汽蒸过程中对木片进行加热使木片软化。木片洗涤段废水量大且含有碎木屑、树皮、泥沙等污染物。

（1）主要污染物及其来源

化学机械法制浆木片洗涤废水中污染物主要为树皮、泥沙、木屑及木材中水溶性物质，包括果胶、多糖、胶质及单宁等，而对于草类原料，则主要包括蜡脂、果胶、薄壁细胞、二氧化硅、泥沙、碎草屑等。

通过调研和查阅文献资料，木片洗涤工序平均排放废水量为 1.0m³/t，各污染物浓度、等标污染负荷及负荷比如表 3-9 所列。按各污染物负荷大小从大到小排序，顺序为 COD>悬浮物>BOD>总氮>氨氮>总磷，可以看出在木片洗涤工序中 COD 排放量最大，其废水中浓度达到 3000mg/L 以上。这是因为木片洗涤工序废水中含有一定量的木材抽出物，这些木材抽出物以溶解胶体的形式存在。例如，木质素溶解后成为 COD 的主要来源。悬浮物主要来自不能溶解的细小纤维、泥沙、灰分等。废水中的氨氮、总氮、总磷主要来自溶解性蛋白等。

表 3-9　木片洗涤废水污染源解析数据

特征污染物	COD$_{Cr}$	BOD$_5$	悬浮物	氨氮	总氮	总磷
浓度/(mg/L)	3000~4000	800~1000	1000~2000	1~5	2~9	0.2~2
负荷/(kg/t)	3.00~4.00	0.80~1.00	1.00~2.00	0.001~0.005	0.002~0.009	0.0002~0.002
等标污染负荷/(m³/t)	30.0~40.0	40.0~50.0	20.0~40.0	0.08~0.42	0.13~0.60	0.25~2.50
污染负荷比/%	29.96~33.16	37.45~44.22	22.11~29.96	0.09~0.31	0.15~0.45	0.28~1.87

（2）等标污染负荷法解析

采取等标污染负荷法对木片洗涤工序废水进行解析，通过计算得到各污染物的等标污染负荷和污染负荷比，结果如表 3-9 所列。按等标污染负荷的大小排序，从大到小的顺序为 BOD>COD>悬浮物>总磷>总氮>氨氮，可以看出在木片洗涤工序中等标污染负荷最大的污染物是 BOD，其等标污染负荷为 40.0~50.0m³/t，其等标污染负荷比达到了 37.45%～44.22%。其次是 COD，它的等标污染负荷比也有 29.96%～33.16%。排在第三的是悬浮物，它的等标污染负荷比为 22.11%～29.96%。这三种污染物的累计负荷比达到 80% 以上，根据等标污染负荷法的筛选原则，可以得到 BOD、COD 和悬浮物是木片洗涤工序的主要污染物。排放量较小的总磷的等标污染负荷却是氨氮、总氮和总磷中最大的，这是因为总磷的排放限值相对较低，进行标准化处理后数值反而较大。

3.2.5.3　MSD 挤压撕裂机

MSD 挤压撕裂机的主要作用是：a. 对木片进行挤压，使木片的结构变得松散膨胀，增加了与药液的接触面积；b. 在一段预浸过程中挤压出了热溶性物质、树脂、单宁等色素，在二段预浸过程中进一步挤压出树脂和化学品的反应物、反应过的重金属离子等物质；c. 在磨浆前通过挤压使木片的均一性更好，增加磨浆的稳定性。MSD 挤压撕裂机产生废水量较小，其废水含纤维原料溶出的有机酸、木质素等有机物，以及粗大纤维等杂质，色度深。

（1）主要污染物及其来源

挤压撕裂工序废水中会含有残碱、不溶的细小纤维、溶出的木质原料组分、灰分等，主要特征污染物为 COD、BOD、悬浮物、氨氮、总氮、总磷等。

通过调研和查阅文献资料，挤压撕裂工序平均排放废水量为 0.8m³/t，各污染物浓度及负荷如表 3-10 所列。按各污染物负荷大小从大到小排序，顺序为 COD>悬浮物>BOD>总氮>氨氮>总磷。MSD 挤压撕裂机排放废水中 COD 含量仍然很高，其废水中浓度达到 11000mg/L 以上。悬浮物浓度也较高，主要来自细小纤维、泥沙、灰分等。

表 3-10　化学机械法制浆 MSD 挤压撕裂机挤出废水污染源解析数据

特征污染物	COD$_{Cr}$	BOD$_5$	悬浮物	氨氮	总氮	总磷
浓度/(mg/L)	11000～19000	4000～9000	3300～10000	5～150	20～290	3～25
负荷/(kg/t)	8.80～15.20	3.20～7.20	2.64～8.00	0.004～0.120	0.016～0.232	0.0024～0.0200
等标污染负荷/(m³/t)	88.0～152.0	160.0～360.0	52.8～160.0	0.3～10.0	1.1～15.5	3.0～25.0
污染负荷比/%	21.04～28.83	49.83～52.43	17.30～22.15	0.11～1.38	0.35～2.14	0.98～3.46

（2）等标污染负荷法解析

采取等标污染负荷法对 MSD 挤压撕裂机工序废水进行解析，通过计算得到各污染物的等标污染负荷和污染负荷比，结果如表 3-10 所列。按等标污染负荷的大小排序，从大到小的顺序为 BOD>COD>悬浮物>总磷>总氮>氨氮，可以看出在挤压撕裂工序中等标污染负荷最大的污染物是 BOD，其等标污染负荷为 160.0～360.0m³/t，其等标污染负荷比达到了 49.83%～52.43%。其次是 COD，它的等标污染负荷比为 21.04%～28.83%。然后是悬浮物，其等标污染负荷比为 17.30%～22.15%。这三种污染物的累计负荷比达到 80% 以上，根据等标污染负荷法的筛选原则，可以得到 BOD、COD 和悬浮物是 MSD 挤压撕裂工序的主要污染物。

3.2.5.4　螺旋压榨

螺旋压榨机的主要作用是对高浓漂白后的浆料进行洗涤。

（1）主要污染物及其来源

通过调研和查阅文献资料，螺旋压榨废水排放量平均为 7m³/t，各污染物浓度、等标污染负荷及负荷比如表 3-11 所列。按各污染物负荷大小从大到小排序，顺序为 COD>悬浮物>BOD>总氮>氨氮>总磷，可以看出在化学机械法制浆螺旋压榨工序中 COD 排放量最大，其废水中浓度达 17000mg/L 以上。

表 3-11　化学机械法制浆螺旋压榨挤出废水污染源解析数据

特征污染物	COD$_{Cr}$	BOD$_5$	悬浮物	氨氮	总氮	总磷
浓度/(mg/L)	17000～26000	5000～7000	7500～10000	5～150	20～290	3～25
负荷/(kg/t)	119.00～182.00	35.00～49.00	52.50～70.00	0.04～1.05	0.14～2.03	0.02～0.18
等标污染负荷/(m³/t)	1190.0～1820.0	1750.0～2450.0	1050.0～1400.0	2.9～87.5	9.3～135.3	26.3～218.8
污染负荷比/%	29.54～29.78	40.09～43.44	22.91～26.06	0.07～1.43	0.23～2.21	0.65～3.58

（2）等标污染负荷法解析

采取等标污染负荷法对螺旋压榨工序废水进行解析，通过计算得到各污染物的等标污染负荷和负荷比，结果如表 3-11 所列。按等标污染负荷的大小排序，从大到小的顺序为 BOD>COD>悬浮物>总磷>总氮>氨氮，可以看出在螺旋压榨废液中等标污染负荷最大的污染物是 BOD，其等标污染负荷比达到了 40.09％～43.44％。其次是 COD，它的等标污染负荷比为 29.54％～29.78％。排在第三的是悬浮物，其等标污染负荷比为 22.91％～26.06％。这三种污染物的累计负荷比达到 90％以上，根据等标污染负荷法的筛选原则，可以得到 BOD、COD 和悬浮物是螺旋压榨工序的主要污染物。

3.2.5.5　筛选净化浓缩

经过磨浆得到的浆料含有一些杂质，主要有纤维束，同时也有与木片一起带进来的树皮、砂子和金属。杂质对最终产品质量有负面影响，可能会损坏过程设备，也会引起运行问题。筛选系统的作用与目标是对纸浆的纤维通过压力进行选择，分离出纸浆中的不良纤维成分，包括粗大的纤维和没有精磨好的纤维，分离以后的浆渣再通过浆渣磨进行单独的处理。筛选是获得高质量机械浆和使纸机良好运行的关键，浆和纸的质量主要依赖于筛选的质量。

纸浆净化的目的是除去浆料中的粗大纤维与重杂质。除砂器的工作原理是利用离心力，在泵的压力作用下，将低浓度的纸浆沿切线方向送入除砂器，纸浆进入除砂器以后沿外壁旋转，密度比较大的杂质被离心力推向外壁向下移动，最后到达排渣口，从排渣口排出。筛选后的良浆浓度仅仅为 1.5％，不适于储存，还需要进行浓缩。浓缩系统主要包括多圆盘、破碎螺旋、中浓泵。多圆盘浓缩机是一种真空浓缩设备，使用流体的落差产生的真空脱水，脱水后的纸浆可以达到 8％～10％的浓度，另外多圆盘过滤机在主要的浓缩作用下可以最大限度地回收纤维。纸浆筛选净化浓度低，用水量大，筛选出的浆料通过多圆盘过滤机进行纤维浓缩和滤液分离，分离的滤液分为浊滤液和清滤液，浊滤液循环回用到漂白塔、消潜池等地方用于浆料的稀释，清滤液则循环回用到系统各补水点：a. 洗网和冲网喷淋，如用于多圆盘过滤机、双网压榨机、斜筛等；b. 精磨机喂料稀释；c. 筛选净化尾渣的稀释；d. 木片洗涤系统，减少清水用量。

(1) 主要污染物及其来源

通过对化学机械法制浆企业调研和文献查询，筛选净化浓缩工序废水排放量平均为 24m³/t，各污染物浓度、等标污染负荷及负荷比如表 3-12 所列。按各污染物负荷大小从大到小排序，顺序为 COD＞BOD＞悬浮物＞总氮＞氨氮＞总磷，可以看出在化学机械法制浆筛选净化浓缩工序中 COD 排放量最大，其废水中浓度达到 7000mg/L 以上。

表 3-12　化学机械法制浆筛选净化浓缩工序外排渣浆废水污染源解析数据

特征污染物	COD_Cr	BOD_5	悬浮物	氨氮	总氮	总磷
浓度/(mg/L)	7000～10000	2000～2500	1000～1500	5～100	20～180	2～15
负荷/(kg/t)	168.00～240.00	48.00～60.00	24.00～36.00	0.12～2.40	0.48～4.32	0.05～0.36
等标污染负荷/(m³/t)	1680.0～2400.0	2400.0～3000.0	480.0～720.0	10.0～200.0	32.0～288.0	60.0～450.0
污染负荷比/%	34.00～36.04	42.51～51.48	10.20～10.30	0.22～2.83	0.69～4.08	1.29～6.38

(2) 等标污染负荷法解析

采取等标污染负荷法对筛选净化浓缩工序废水进行解析，通过计算得到各污染物的等标污染负荷和负荷比，结果如表 3-12 所列。按等标污染负荷的大小排序，从大到小的顺序为 BOD＞COD＞悬浮物＞总磷＞总氮＞氨氮，可以看出在筛选净化浓缩工序中等标污染负荷最大的污染物是 BOD，其等标污染负荷比达到了 42.51％～51.48％。其次是 COD，它的等标污染负荷比为 34.00％～36.04％。排在第三的污染物是悬浮物，它的等标污染负荷比为 10.20％～10.30％。这三种污染物的累计负荷比达 90％左右，根据等标污染负荷法的筛选原则，可以得到 BOD、COD 和悬浮物是筛选净化浓缩工序的主要污染物。

3.2.5.6　水污染源解析结果分析

（1）各工序总等标污染负荷及负荷比

通过以上分析，在计算各工序污染物等标污染负荷后，对化学机械法制浆全过程中各个工序所排放的污染物的等标污染负荷求和，得出各工序总等标污染负荷值，并计算等标污染负荷比，结果如表 3-13 所列。从计算结果可以看出：各工序等标污染负荷总和从大到小的顺序是筛选净化浓缩＞螺旋压榨＞MSD 挤压撕裂＞木片洗涤＞备料，其中筛选净化浓缩工序等标污染负荷比为 50.12％～51.17％，螺旋压榨工序为 43.40％～44.21％，MSD 挤压撕裂工序为 3.35％～5.13％，木片洗涤为 0.95％～0.99％，备料工序为 0.28％～0.41％。可以看出污染主要集中在筛选净化浓缩工序和螺旋压榨工序，这两个工序等标污染负荷比累积达到 90％以上。

表 3-13　化学机械法制浆各工序污染物等标污染负荷总和及负荷比

工序	各工序等标污染负荷 /(m³/t)	各工序等标污染负荷比 /%	累积负荷比 /%
备料	25.4～57.9	0.28～0.41	0.28～0.41
木片洗涤	90.5～133.5	0.95～0.99	1.27～1.36
MSD 挤压撕裂	305.2～722.5	3.35～5.13	4.62～6.49
螺旋压榨	4028.5～6111.6	43.40～44.21	48.83～49.89
筛选净化浓缩	4662.0～7058.0	50.12～51.17	100.00

（2）各污染物总等标污染负荷及负荷比

为了确定整个化学机械法制浆过程中的主要污染物，在分析各工序污染物等标污染负荷的基础上，对某一污染物在制浆过程中各个工序的等标污染负荷累计求和，得出其总等标污染负荷，并计算其等标污染负荷比，结果如表 3-14 所列。由表中数据可得：各污染物等标污染负荷总和从大到小的顺序是 BOD＞COD＞悬浮物＞总磷＞总氮＞氨氮。其中 BOD 的等标污染负荷比为 41.72％～47.80％，COD 的为 31.47％～32.90％，悬浮物的为 16.62％～17.70％，总磷的为 0.99％～4.96％，总氮的为 0.47％～3.12％，氨氮的为 0.15％～2.12％。化学机械法制浆过程中的主要污染物为 BOD、COD 和悬浮物，累计负荷比达到了 80％以上，是污水治理的重点关注对象。

表 3-14 各污染物等标污染负荷总和及负荷比

特征污染物	各污染物等标污染负荷 /(m³/t)	各污染物等标污染负荷比 /%	累积负荷比 /%
COD_{Cr}	2998.0～4432.0	31.47～32.90	31.47～32.90
BOD_5	4355.0～5875.0	41.72～47.80	73.19～80.70
悬浮物	1612.8～2340.0	16.62～17.70	89.80～98.40
氨氮	13.4～298.1	0.15～2.12	91.92～98.55
总氮	42.6～439.7	0.47～3.12	95.04～99.02
总磷	89.8～698.8	0.99～4.96	100.00

3.3 化学机械法制浆预处理技术

化学机械浆生产工艺中木片的预处理主要包括木片的筛选、洗涤、预汽蒸以及螺旋挤压、预浸渍等。木片预处理的主要目的就是在尽可能多地保留木材中的化学组分的前提下，较好地软化纤维，特别是软化胞间层或细胞壁中的木质素，以使后续磨浆过程中能够分离出更多的完整纤维，增加长纤维组分，减少碎片。与此同时，达到降低磨浆能耗、提高纸浆强度和有利于漂白的效果。

3.3.1 多段预汽蒸技术

经过筛选、洗涤后的木片在化学预处理之前首先要经过预汽蒸预热木片，排出木片内部的空气，以利于化学药液的渗透和扩散。木片的预汽蒸通常在木片仓中进行，根据需要设有 2～3 段，甚至 4 段。预汽蒸的温度一般不超过 90℃，时间 30～60min。为了节省能源，预汽蒸的蒸汽来源多以制浆过程中产生的二次蒸汽为主，例如高浓磨浆时产生的二次蒸汽等。预汽蒸仓的设备以立式结构为主，蒸汽由底部经蒸汽分配器管均匀地输送至仓内，自上而下的木片经汽蒸后从底部的输送螺旋送出。保证预汽蒸仓内的木片能与蒸汽均匀接触和汽蒸程度，防止木片在仓内搭桥和不均匀排料，是预汽蒸仓设计制造中需要注意的地方。

3.3.1.1 CTMP/BCTMP 制浆工艺采用的预汽蒸技术

典型的 CTMP/BCTMP 制浆工艺中采用的预汽蒸方式如图 3-9 所示，两段预汽蒸之间有螺旋挤压机和预浸器。1# 木片仓为常压预汽蒸，预汽蒸后的木片在木片仓底部出料螺旋的作用下定量排出，然后进入螺旋挤压机，挤压后的木片/木丝干度可升至50%左右，然后加入冷的碱性亚硫酸钠预浸渍液。木片在释放压力的同时，能够很好地吸收化学药品，之后进入预浸器停留 2～3min，预浸器有时也用于均衡木片的水分或减少木片的抽出物含量。预浸进入木片的水量约为 0.5～1.0m³/t，水分含量增加约6%～7%。

预浸渍后的木片/木丝进入 2# 木片仓进行预汽蒸，在温度为 80～90℃的条件下停留 30～60min，以提高化学预浸渍的效果。如果预汽蒸温度过高则会造成纤维过度软

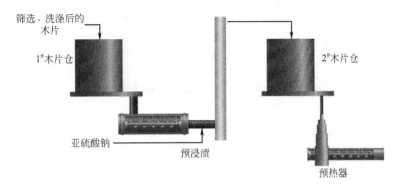

图 3-9　典型的 CTMP/BCTMP 制浆工艺中采用的预汽蒸方式

化，表面被木质素包覆的纤维增多，一段磨浆后浆料冷却下来，原来软化的木质素容易变硬或形成玻璃状外壳，给二段磨浆带来困难，导致难以细纤维化，磨浆动力消耗增大，浆料白度下降。

3.3.1.2　APMP 制浆工艺中采用的预汽蒸技术

APMP 制浆工艺中由于成浆的白度需要，采用多段预汽蒸的方式强化漂白化学品向木片内部渗透和扩散，以保证在磨浆机完成磨浆的同时，纸浆白度也达到目标要求。从如图 3-10 所示的四段预汽蒸处理过程可以看出，只有第一段预汽蒸仓内没有加入化学品，仅通入了蒸汽，而后面的三段预汽蒸，由于木片经过了螺旋挤压撕裂机的作用，汽蒸仓内不仅有木片或木丝，而且还有漂白化学品，所以预汽蒸仓同时还发挥着反应仓的作用，亦即在预热木片的同时，还起到促进漂白化学品向木片内部充分均匀地渗透和扩散的作用，使漂白反应充分、均匀。4# 木片仓温度大约为 70～80℃，停留时间为60min 左右，直至漂白完成后木片/木丝才被送至一段磨浆机磨浆。

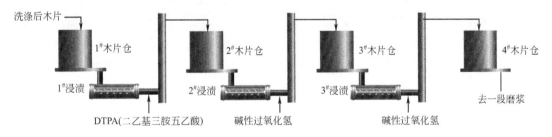

图 3-10　APMP 制浆工艺中采用的预汽蒸方式

3.3.1.3　P-RC APMP 制浆工艺中采用的预汽蒸技术

P-RC APMP 制浆工艺中采用的预汽蒸方式如图 3-11 所示，三段预汽蒸处理的主要目的有所不同。第一段预汽蒸主要是以预热木片为主，后两段预汽蒸都兼顾着预热木片和促进木片或木丝与漂白化学品快速均匀反应的双重作用。一段挤压浸渍前的汽蒸仓的温度一般控制在 90～95℃，时间 10min 左右；后两段的汽蒸仓温度多在 80℃ 左右。

以上所述的预汽蒸技术的共同特点是，在预汽蒸过程中，木片中的空气随温度升高

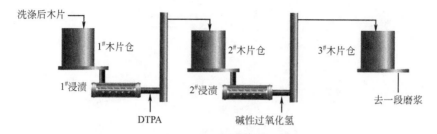

图 3-11　P-RC APMP 制浆工艺中采用的预汽蒸方式

后因体积膨胀而释放出来，此时加入化学药液，既减小了化学药液向木片或木丝内部渗透和扩散的阻力，又加大了木片或木丝内外部化学药液的渗透压差，进一步促进了化学药液向木片或木丝内部的渗透和扩散，也加快了化学药液与木材原料中木质素间的化学反应。

3.3.2　螺旋挤压处理技术

化学机械制浆工艺中的木片挤压处理是将来自预汽蒸之后的木片中的空气、水分或药液等挤出，木片的干度提高至 50%～60%，并使木片结构变得疏松，以利于化学药液的浸渍，同时还起到封闭系统的作用。木片厚度尺寸不均匀，在预汽蒸时排除空气的程度也不均匀。所以，为了保证药液对木材原料的均匀浸透，木片必须经过挤压处理之后才进入预浸渍器。木片挤压处理所采用的设备主要是螺旋挤压机，其最大特点是采用了变径甚至变距且耐磨的输送螺旋。

螺旋挤压机运行时，随着输送螺旋的螺距和螺叶直径的逐步减小，输送木片的空间容积被不断压缩，导致木片受到较大程度的挤压、剪切、扭曲作用，以致木片软化裂解为小块或木丝。木片的挤压程度直接影响成浆的白度和强度性能以及纤维束的含量，而且主要受螺旋挤压机螺旋压缩比的影响，因为螺旋压缩比是控制挤压木片程度的关键参数。目前，化学机械浆生产企业的温度为 70～80℃，停留时间为 60min 左右，直至漂白完成后木片/木丝才被送至一段磨浆机磨浆。生产实践证明，挤压螺旋的压缩比控制在 4∶1 较为妥当。压缩比太大，不仅会造成螺旋挤压机的动力消耗迅速升高，对木材纤维损伤较大，而且因生成的大量热能致使木片升温过高，给漂白带来较大困难；压缩比太小，木片得不到较好的药液浸渍效果，进而影响成浆质量。

螺旋挤压设备的结构主要为单螺旋和双螺旋两种方式。在螺旋挤压机的木片压缩段，由于螺旋轴和叶片的磨损非常严重，实际生产中除选用强度高、耐磨性好的材料之外，对于磨损非常严重的部位，其外表面结构设计成可拆卸和更换的由标准配件组合而成的形式，避免了因螺旋轴或叶片局部磨损而更换整个螺旋轴所带来的麻烦，以及由此造成的停机时间长的生产损失。

3.3.3　高效化学预处理技术

木片的化学预处理技术是整个化学机械制浆技术中十分重要的组成部分，化学机械制浆技术的发展在很大程度上归因于木片的化学预处理技术的进步。由于纤维细胞壁各层纤维形态和化学成分不同，纤维细胞壁各层的软化温度存在着差异，化学预处理对木片的软化效果影响很大。

3.3.3.1　完全以软化木片为目的的化学预处理技术

完全以软化木片为目的的化学机械制浆技术所采用的化学品主要是 NaOH 和 Na_2SO_3，这种化学机械制浆技术称为 CTMP/BCTMP 制浆技术，也是较早诞生的经典的化学机械制浆技术。木片经化学处理后，其磨浆性能和纤维特性会发生显著的变化，与只用热预处理相比，这种变化是不可逆的。加入碱液 NaOH 是为了向化学预处理反应介质中引入 OH^-，促进木片中的半纤维素和木质素的水合作用，进而促进纤维的润胀，并且较容易通过后续磨浆获得细纤维化的长纤维和细小纤维；加入 Na_2SO_3 是为了向化学预处理反应介质中引入 H^+ 和 SO_3^{2-}，使木片中的木质素得到充分软化。木材原料中的木质素与 NaOH 和 Na_2SO_3 反应后，产生了磺酸基、羧基等亲水性基团，促进了木片的润胀和软化。木材原料中的聚糖在化学预处理过程中也发生了脱乙酰基、水解反应，并有部分溶解。由于针叶木与阔叶木的木质素结构不同，阔叶木中木质素磺化的速度相对较慢。因此，针叶木的碱性亚硫酸钠预处理中发挥主要作用的是亚硫酸钠，而在阔叶木碱性亚硫酸钠预处理中发挥主要作用的是 NaOH，NaOH 在木片的软化润胀中占主导地位。由于化学药品与热的作用，在木质素中会产生新的发色基因，致使原料变黑。一般来说碱性药品的用量越大，预热温度越高，预热时间越长，木片的颜色越深。合理控制预处理工艺条件将为取得理想的漂白效果奠定良好的前期基础。

经过了化学预处理之后，木片中的部分木质素由憎水性变为了亲水性，不仅软化了木片中的纤维，而且使木片在磨浆过程中纤维的分离点（亦即木材纤维结构的薄弱点）由细胞壁之间（未经化学预处理）转移至胞间层，以致纤维很容易从胞间层分离，在相对较低的机械强度条件下获得纤维长度较长且柔软性较好的纸浆纤维。因此，与机械制浆方法相比，化学机械制浆的磨浆能耗、纤维碎片含量有了较大的降低，纸浆强度特性相应得到了改善。

我国的杨木资源远远满足不了制浆产量的需求，桉木、相思木等也是常用的原料，但这些原料色深，木质硬度大，必须在预处理时适当加大 NaOH 的用量，否则浆的强度和磨浆能耗将受很大影响。亚硫酸钠的使用量同时也必不可少，否则将导致后序漂白剂的大量消耗。在一定范围内增加亚硫酸钠的用量，浆的可漂性能随之提高。因为亚硫酸钠是一种弱还原剂，它在木片的化学预热阶段不仅引入磺酸基，使木片软化，还相当于进行了一次较弱的木片还原漂白，减轻了后序氧化漂白的负担。上述化学预处理技术应用于杨木时，加入 $4\%\sim5\%$ 的氢氧化钠即可；根据木材原料材种和成浆性能要求的不同，Na_2SO_3 用量一般不超过 7%，通常在 $2\%\sim4\%$，pH 值控制在 $7\sim9$；针叶木的化学预处理温度一般为 $120\sim135℃$，阔叶木的处理温度为 $60\sim120℃$，处理阔叶木必须配比一定的氢氧化钠，预处理时间 $2\sim5min$。虽然 $NaOH+Na_2SO_3$ 的化学预处理技术对木片有较好的软化效果，但是经过化学预处理的木片磨浆之后得到的纸浆白度较低，难以满足许多纸或纸板生产的要求，还需进一步对纸浆进行漂白。另外，Na_2SO_3 的使用造成制浆废液中存在含硫化合物，这给制浆废液的生化处理带来了一定的困难；考虑到有利于制浆废液处理等因素的影响，NaOH 用量远高于亚硫酸钠。

在相对温和的碱性预处理过程中，半纤维素具有一定的抵抗降解的稳定性，半纤维素的保留和润胀有利于提高浆的强度。增加预处理体系的 pH 值能够促进磺化反应，但木质素和聚糖溶出的风险加大，并且过高的 pH 值反而会降低木质素的磺化速度，还容易导致木质素的碱性发黑。有研究表明，磺化速度前期很快，前 15min 磺化反应所能达到的磺化度的 75% 在反应的最初 1min 内即可达到。而后期的磺化反应速度趋缓，但后期反应所占的时间很长。磺化反应的均匀性也是影响后期磨浆性能的重要因素。在木片硫化物含量相等的条件下，木片磺化不均匀也会造成木片磨浆性能下降。预处理体系中不同金属离子对木片的润胀能力也有差异，如 Na^+ 的润胀作用就大于 Ca^{2+}。

3.3.3.2　兼顾软化和漂白木片的化学预处理技术

兼顾软化和漂白木片的化学预处理技术所使用的化学药液为 NaOH 和 H_2O_2，这种预处理已经应用在 APMP 和 P-RC APMP 制浆方法中，由于该化学预处理技术的开发，APMP 成为继 CTMP/BCTMP 之后又一得到推广应用的化学机械浆制浆方法。APMP 秉承了 BCTMP 工艺的一些优点，将 BCTMP 化学预处理段使用的 NaOH 和 Na_2SO_3 变为 NaOH 和 H_2O_2。APMP 制浆方法适用于阔叶木，特别是低密度的阔叶木材，如杨木等，其得率高达 85%～90%。由于制浆废液中不再存在含硫化合物，废水较容易处理。

在这种化学预处理过程中，加入 NaOH 一方面是为化学预处理药液提供一定的碱度和调整反应介质的 pH 值，促使 H_2O_2 离解出过氧氢根离子，使 H_2O_2 能充分发挥漂白效果；另一方面是要对木材纤维产生一定的润胀和软化作用以利于磨浆。但 NaOH 的加入也会伴随有抽出物或短链半纤维素的溶出。加入 H_2O_2 的目的是使在碱性条件下离解出的过氧氢根离子与木质素结构中的醌型、α-羰基以及侧链上的共轭双键等发色基团结构发生反应，最终将这些发色基团氧化为无色木质素分子，并且木质素大分子侧链在碱性过氧化氢的作用下发生断裂，变成小分子木质素溶出。此外，在碱性条件下还可向预处理反应体系中引入羧基，增加木质素分子的亲水性，使木质素软化。碱性过氧化氢预处理技术克服了 $NaOH+Na_2SO_3$ 预处理技术不具有漂白功能的缺陷。

根据所使用木片材种的不同，预处理用的化学品量存在差异。该化学预处理技术实施时，为防止过渡金属离子造成化学预处理过程中 H_2O_2 的无效分解，加入 H_2O_2 之前，首先加入金属离子螯合剂（EDTA 或 DTPA）和碱液，DTPA 加入量为 0.03%～0.05%。过氧化氢可分两次加入（参见图 3-10），以提高 H_2O_2 对木片的预处理效果。NaOH 加入量高，有助于提高成浆强度和降低磨浆能耗，但木质素和抽出物以及小分子的半纤维素溶出会有所增加，造成成浆得率下降。H_2O_2 的加入对成浆白度有较大的贡献。对于杨木和桉木的化学预处理而言，H_2O_2 的总用量一般为 4%～6%，NaOH 用量大约为 4%。如生产低白度浆种，NaOH 的用量可多些，至少要保证漂白起始 pH 值为 10.5～11.0，而终点时的 pH 值保持在 9.0～9.5。由于预处理时所使用的化学品均添加在磨浆前的预浸渍机中，所以磨浆过程的结束意味着化学预处理过程的完全终止。

从以上介绍中不难看出，这种兼顾软化和漂白木片的化学预处理技术中所实施的碱性过氧化氢预处理，实际上主要是对木片或经过挤压撕裂后的木丝进行漂白。当后续的磨浆过程完成时，漂白过程也随之结束。

3.3.3.3　木片化学预处理的改进

（1）提高对不同材种的适用性

化学机械制浆方法中木片的预处理主要包括热、化学和机械三个方面的综合作用。针对不同材种的木材原料，采取相适宜的木片预处理工艺，通过热、化学和机械不同的组合方式和工艺条件的调节，达到满意的预处理效果，最终获得最佳的纸浆质量。

（2）通过改变化学品的加入方式提高预处理效果

与传统 APMP 制浆相比，P-RC APMP 制浆系统的主要优势在于药液加入方式的改变，具体表现在药液分多点加入提高了浆料质量控制的灵活性。药液从不同点的加入和药液在不同点的比例分配都会影响浆料质量。一般来说，提高二段预浸渍的用碱量可以提高成浆的打浆度及结合强度，而且还可降低磨浆能耗，但用碱量增加不利于浆料光学性能及松厚度的提高；控制一段磨浆后喷放管中药液（尤其是 H_2O_2）的加入量可以很好地控制成浆白度。因此，通过不同加药点预处理药液用量的调控，可生产出不同质量要求的浆料，成浆质量控制较为灵活。

（3）进一步提高木片挤压设备的使用寿命

化学机械浆生产中的木片挤压设备如螺旋挤压撕裂机，在压缩比较高、木片洗涤不十分洁净的条件下运行，对挤压螺旋工作面的磨损非常不利。一旦磨损较严重后不及时更换，将影响成浆质量。可采取的措施有两个方面：一是选用适宜的耐磨合金提高材质的耐磨性能；二是将螺旋易磨损部位设计成由表面耐磨材料和内部普通基材组合而成的结构，当螺旋表面磨损严重时只需将螺旋相关部位的表面部件拆下更换即可。

（4）全面认识木片挤压程度对成浆质量的影响

近年来，许多新的化学机械浆生产线不断投入运行。在生产实践中，如何掌握木片预处理过程中木片的挤压程度，存在着不同的看法。一种观点是主张不太高的木片压缩比，亦即不宜将木片挤压得太碎，否则会造成挤压螺旋打滑和降低成浆的强度，还有可能导致高浓磨浆机喂料螺旋打滑，以及因喂料间断引起磨片碰片的可能；另一种观点是推崇较高的木片压缩比，因为将木片挤压得较碎些更有利于减少纤维束含量。以上看法或问题有待通过进一步的深入研究和实验加以验证或澄清，并在此基础上完善现行的预处理技术。

3.4　化学机械法制浆磨浆新技术

木片/木丝磨浆过程基本上可以分为两步：首先，将粗大的木片/木丝离解成单根纤维，在保持纤维长度的情况下尽量减少碎片产生，因而磨浆浓度应高一些，磨浆间隙要大一些，使它们在相互摩擦作用下离解，减少纤维的切断；然后，将离解的纤维束及单根纤维进一步纤维化和细纤维化，纤维应受较多的机械摩擦与剪切作用，增加单位时间内纤维与磨盘刀缘接触的次数，因而磨浆浓度应低些，磨盘间隙适当小一些。由此可见，在盘磨机磨浆时，只经过一次磨浆处理就想获得高度纤维化和细纤维化的浆料是比较困难的，所以化学机械法制浆的生产通常采用分段磨浆。

化学机械制浆方法中的磨浆工艺通常分为两段，根据磨浆浓度的高低划分为高浓磨浆、中浓磨浆和低浓磨浆。磨浆浓度不同，磨浆作用机理存在差异。高浓磨浆主要是依靠纤维之间的摩擦和撕裂作用使木片分离为纤维，磨盘盘齿对纤维的剪切作用相比低浓磨浆减弱，在促进纤维分离和细纤维化的同时，较大限度地保留了纤维的长度，因此成浆强度高且磨浆能耗较低。相反，在低浓磨浆时，磨盘间隙较小，盘齿对纤维的剪切和切断作用较大，而纤维间的相互摩擦和揉搓作用较小，磨浆能耗较高，产能较低。

3.4.1 高浓磨浆技术

高浓磨浆技术是在解决了纸浆的浓缩和输送技术的基础上发展起来的最新磨浆技术。高浓磨浆的浓度范围一般为 25%～35%，所采用的磨浆设备为单盘或双盘磨浆机，目前采用单盘磨浆机的数量较多。根据磨浆压力的不同有常压磨浆和压力磨浆之分。目前高浓压力磨浆机已配备有完善的热回收装置，有效地提高了热能的回收利用。采用高浓磨浆的主要原因是顺应木材原料纤维的结构特点。研究表明，木材纤维的分离点一般位于木材结构中最薄弱的部位，通常随着纤维化温度的提高，纤维分离区域会由次生壁外层向初生壁和胞间层转移，这非常有利于磨浆后得到更多的长纤维组分，减少细小纤维的含量。高浓磨浆机磨浆时，由于木片/木丝水分含量的减少，提高了纤维化温度，磨盘之间的木片/木丝会产生更多的挤压、剪切、破碎和揉搓等作用，其机械能转换所产生的热量又进一步促进了木片/木丝的纤维化进程。另外，高浓磨浆时，纤维之间的相互摩擦作用增大，纤维的柔软性和内部细纤维化程度增大，减小了磨浆机磨齿对纤维的切断和损伤，有利于提高纸浆中的长纤维组分。因此，高浓磨浆技术具有磨浆效率和产量高、磨浆质量好、磨浆能耗和水耗相对低的优点，是现代磨浆技术发展的主流，但设备投资也略高一些。

目前实际生产中，高浓磨浆通常作为磨浆操作的第一段（或第一、二段），第一段主要以木片/木丝的破碎和粗磨为主，因此磨浆时采取稍大些的磨盘间隙（2.0～4.0mm），以避免木片/木丝产生焦煳现象，减少对成浆白度和强度性能的影响。有研究表明，当磨浆机磨盘间隙增大时磨后纸浆的游离度和纤维束含量呈现上升的趋势，存在的这些问题可通过后续的磨浆来解决。因此，采用第二段高浓磨浆时的磨盘间隙较小，主要起到离解纤维和细纤维化的作用。

3.4.2 中浓磨浆技术

中浓磨浆技术是在低浓磨浆技术的基础上发展起来的，其在生产实际中的应用早于高浓磨浆技术。中浓磨浆的浓度范围一般为 8%～20%。中浓磨浆技术与高浓磨浆技术两者间基本不存在本质上的差异，在能耗、磨浆效率、磨浆质量方面，中浓磨浆技术略占下风，但明显高于低浓磨浆技术。在磨浆机进浆的连续性保障和磨盘间隙控制调节等方面，中浓磨浆技术比高浓磨浆技术的难度相对小些。中浓磨浆不仅仅是靠磨片刀齿的机械剪切作用，而主要靠纤维间的"内摩擦效应"及"溢出效应"来完成。在浓度增大至 6% 以上时，浆料则由悬浮液状态转变为拟塑性流态，从而具有较高强度的网络包和体，在该包和体中，纤维与纤维之间交织紧密，在相互移动时表现较大的内摩擦力，因此在中浓磨浆过程中，由于动、定盘间较大的转速差值及磨片的特殊构造，使得磨浆作用力由传统的机械剪切力转变为主要靠纤维间的内摩擦力，机械剪切力退居次要地位。在内摩擦力作用下，纤维产生了强烈的分丝、帚化现象，纤维表面微细丝化并游离出大量的游离羟基，从而赋予纸浆纤维较强的结合力，浓度越高效果越明显。另外，在中浓磨浆过程中，就单根纤维而言，在其纵向纤维长度上有多处纤维交叠现象；由于中浓磨浆所用磨齿齿面较宽，所以纤维在齿间所受剪切力不是线压力而是一种面压力，再加上磨片转速较快（1480r/min），这就使得纤维所受的周期性剪切应力近似于一种瞬间周期性的面压力，该力在时间极短的情况下作用于单根纤维纵向长度上，由于纤维相互交织而形成多个块区，则造成在若干块区中纤维细胞腔瞬时受力，而该力由于纤维交织而无法及时传递给整根纤维，那么就使得纤维侧缘即纤维在动、定盘间隙处爆裂，次生壁纤维离解、挤出而成须状排列，即产生"溢出效应"。在这三种效应的共同作用下，不仅使较长的纤维得到适当切断，而且纤维的内、外分丝帚化显著改善，纤维的均一性较好，这就使得中浓磨浆处理后的浆料不仅能赋予纸张较高的强度，同时其他指标也得到不同程度的提升。

3.4.3　低浓磨浆技术

低浓磨浆技术是最先发展起来的一种磨浆技术，磨浆浓度在 6% 以下，其中磨浆浓度 3.5%~4.5% 所占比例较高。低浓磨浆过程中，纤维之间的相互作用减少，磨盘对纤维的切断作用增加。经过一段高浓磨浆（粗磨）之后的化学机械浆，其游离度和纤维束或纤维碎片含量仍比较高，通常情况下还不能达到成浆的质量要求，需要进一步精细磨浆。因此，化学机械浆的二段磨浆和筛选之后的浆渣较多采用低浓磨浆技术。低浓磨浆时，磨盘间隙很小，理想条件下的磨盘间隙应控制在纤维平均宽度范围内。通常情况下，这一间隙尺寸是难以精确测量并进行校正的，实际生产中往往是通过调节磨浆时的功率消耗（磨浆电流）来间接实现磨盘间隙的调节的。木片材种、化学预处理程度和低浓磨浆条件都会影响最终磨浆的质量。经低浓磨浆后，纸浆的游离度、细小纤维含量、光散射系数等指标都将得到改善，并最终达到预期的纸浆质量指标。

3.4.4　磨浆技术的改进

3.4.4.1　节能磨浆技术

化学机械浆生产过程中，能量的消耗主要集中在挤压螺旋和磨浆过程尤其是中、高浓磨浆机。通过一定的化学法或生物法预处理，适当改善原料的化学物理特性，例如在预浸渍段改变 NaOH 的用量和预浸渍时间、调整漂白试剂的加入点等，均可有效地降低磨浆段的能耗。另外，将高浓磨浆和中浓磨浆或低浓磨浆相结合，发挥各自的优势，也能起到降低能耗的作用。当然，最主要的还是在磨浆设备上做进一步的技术改进。

单盘磨是目前为止应用最广的高浓磨浆机，但要增加产量需要加大磨片直径，而过大的直径会产生较强的离心力，加速浆料排出，降低了磨浆效果。一般认为，当产量超过 250t/d 时已不适宜选用单盘磨。单盘磨的另一个缺点是动盘的传动需要强大的止推力，这必将产生一定的能量消耗，并且需要结构坚固的机体设计。单盘磨的改进形式是带锥形磨段的磨浆机（CD refiner），其磨区内段是一平盘磨区，外围是锥形磨区，两个磨区的间隙可以分别调整。由于磨浆区可以在轴向锥面上延伸，增加磨浆区面积不会引起磨盘直径的显著增加，因而增加了产能，同时避免了过高的离心力带来的不利影响。此外，锥形转子直径较小端的中心部位设有类似涡轮结构的齿盘。磨浆机运行时，该齿盘首先会将送入磨浆机的待磨料片迅速进行初步的破碎，然后通过自身具有涡轮状的叶片给予初步破碎了的料片一定高的能量，将料片泵入磨浆机的磨浆区进行粗磨和精磨。这种锥形磨浆机结构上的改进，使得料片被快速分离成纤维，并进行了有效的打浆，不仅降低了磨浆能耗和纤维碎片含量，而且浆料的温度升高不大，光学性能和抗张强度都得到了改善。目前带锥段的单盘磨浆机在规模较大的生产线上有应用。

双盘磨浆机（double disc refine，DD）有两个安装在悬臂轴上的磨盘，每个磨盘由分开的电机驱动，两个磨盘相对转动形成一个磨区。从表面上看似乎只是一台单盘磨，只不过是将磨盘机的相对转速提高而已。其实不然，由于两个动盘转向相反，其产生的离心力反而降低；当两动盘转速相同时磨盘的相对速度增加 1 倍，提高了磨齿作用于木片的频率。基于木片的软化受脉冲影响的机理，与同等转速的单盘磨相比，双动磨产量增加而且可节能 15% 左右。两个动盘的转速也可以采取不同的设计，据称与两个动盘以 1200r/min 的相同转速相比，将一端动盘的转速设为 1200r/min，而另一端的转速为 1800r/min，可以节能 20%。在相同的游离度下，DD 磨后的浆纤维长度稍低，但纸浆的结合性能大体相同，而光散射能力较强。

三盘磨浆机也是一种适用于高产量的双盘磨，是由安德里兹公司首先推出的。它由一个带有双面磨片的动盘和两个定盘组成，因此有两个磨区，在同等直径下加大了产量，但产量增加并非该双盘磨的唯一设计目的。为了克服单盘磨设置强大的止推力而带来的能耗损失，根据低浓双盘磨的工作原理，高浓双盘磨的两个磨区轴向推力相等且方向相反，从而使动盘的轴向推力相互抵消，可省去动盘传动轴的轴向推力轴承，达到节能的目的。该高浓双盘磨其盘磨间隙依靠支架上的液压系统来调整，为了不产生净轴向推力（即轴向推力的合力为零），动盘两侧的间隙调整系统压力是相同的。然而，这样控制的高浓双盘磨的实际运行效果并不十分理想，高浓双盘磨处理的是木片或高浓度浆料，磨区压力的变化受到两端进料量和进料器的推力的影响，很难同时保持动盘两侧的轴向推力相等且波动较大。因此，后来设计的三盘磨浆机两个磨区的压力允许有一定的差别，不得不在轴向上设置一定的止推补偿。总的来看，高浓三盘磨浆机抵消了大部分的轴向止推力，比单盘磨的能耗低。将三盘磨浆机作为第二段高浓磨浆机可能更能发挥它的优势，因为木片经一段磨浆后已经呈纤维状，进入二段磨浆机后引起的载荷波动小，动盘两侧的压力会更均衡一些。有研究证实，高浓三盘磨浆机除了节能外成浆强度还有一定改善。

3.4.4.2　磨浆机磨盘间隙控制技术

高浓磨浆技术在现代化学机械制浆生产中的应用越来越多，已成为现代磨浆技术中的主流。高浓磨浆机高速运转时，其进浆的稳定给进和出浆的顺利排出，对保证磨浆机的稳定运行影响较大，因而高浓磨浆机磨盘的间隙控制至关重要，直接影响着磨浆的质量。目前通过安装在磨盘上的 AGS（adjustable gap sensor）盘磨间隙传感器来实现磨盘间隙的动态调控，该传感器是一种采用 TDC（time-to-digital convertor）原理的新型磨盘间隙传感器。带有 AGS 的磨盘间隙控制系统可在盘磨机运行中动盘与定盘不接触的条件下，不停机对磨盘间隙进行自动较准，保证磨盘间隙精准地恒定在设定范围内，精确度可达到 0.01mm。图 3-12 为一种安装有磨盘间隙传感器的磨浆机结构示意图。

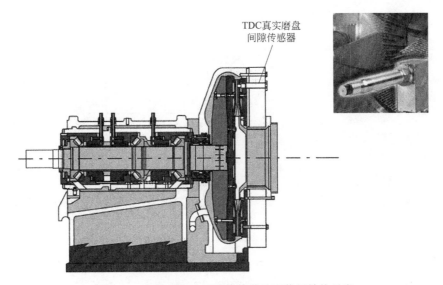

TDC真实磨盘
间隙传感器

图 3-12　安装有磨盘间隙传感器的磨浆机结构示意

3.4.4.3　磨浆工艺的优化

在磨浆工艺参数设定时需要考虑以下几个方面的因素。

① 提高磨浆机转速，可以降低电耗，纤维长度会降低，撕裂度下降，但光散射能力提高。磨浆转速主要是设备特性决定的。

② 较低的磨浆浓度有利于降低游离度，但纤维长度和强度将降低，因为增加浆料的通过量必然要减小盘度间隙，因而纤维的切断作用增加。常用的磨浆浓度为 25%～35%（高浓磨浆）。

③ 缩小盘磨间隙有利于降低纤维束的含量，但过小的间隙会对纤维造成一定损伤，增加磨盘磨损的风险。在保证磨浆质量的情况下，缩小盘磨间隙的途径有减少空气的进入和提高磨浆压力。

④ 一段高浓磨浆时，磨浆温度一般控制在 120～130℃，二段可再略高一些（150℃左右）。磨浆温度高有利于降低磨浆能耗，但过高的磨浆温度不利于纤维细胞壁的破除，不利于使次生壁中更多的微细纤维游离出来，会对成浆强度产生不利影响。当采用压力式磨浆机时，一段磨浆时所产生的较高压力可将浆料压送至旋风分离器以分离浆中的蒸汽。随后，在冷却螺旋处加入低温清水使纸浆温度降低至大约为 80℃，以减少高温下

H_2O_2 的无效分解。如果二段磨浆也为压力磨浆机，其进浆浓度比一段磨浆偏低。二段磨浆后的浆料经旋风分离器后进入消潜池消潜 40min 左右，消潜时的浆料浓度为 4.0% 左右。但是，二段压力磨浆的方式有被低浓磨浆取代的趋势。浆料经低浓双盘磨打浆后，消除了前面高浓磨浆时可能产生的纸浆游离度高和不均匀的现象。表 3-15 列出了某杨木 P-RC APMP 工艺关键控制参数及消耗指标。

表 3-15　某杨木 P-RC APMP 工艺关键控制参数及消耗指标

项目		参数值
预处理	木片预汽蒸仓温度	100℃
	1# 反应仓温度	85℃
	2# 反应仓温度	97℃
一段磨浆	一段高浓磨浆浓度	21.3%
	一段高浓磨浆间隙	4mm
	一段高浓磨浆压力	1.86bar
	一段卸料管压力	0.69bar
漂白	漂白温度	90℃
	漂白时间	80min
二段磨浆	二段高浓磨浆间隙	2.23mm
	二段高浓磨浆压力	1.87bar
	二段卸料管压力	1.09bar
消潜	消潜温度	90.5℃
水电消耗	电	1100～1150kW·h/t
	清水	10t/t
主要化学品消耗 /(kg/t 风干浆)	H_2O_2	68
	NaOH	46
	DTPA	3.6
	Na_2SiO_3	27

注：$1bar=10^5Pa$。

3.4.4.4　磨浆过程的热能回收和废气处理技术

磨浆过程的热能回收及废气处理系统是化学机械制浆工艺中重要的附属系统。磨浆过程中约 2/3 的能耗可以利用热回收装置转变成清洁的蒸汽，回收的热量可用于木片的预热和系统用水的加热，多余部分可用于纸机干燥。同时将排放的废气进行洗涤，减少易挥发物对大气的污染。从磨浆机内喷发出的浆和蒸汽先进入旋风分离器，分离后的蒸汽进入再沸器产生清洁蒸汽。再沸器的冷凝水通过热交换器用清水回收热量，再用白水进一步冷却。再沸器排放的废气进一步加热来自热交换器的热水，最后经洗涤器喷淋后排放。洗涤器清除了废气中的纤维，同时还能作为消声器使用。再沸器产生的清洁蒸汽根据需要，可以用蒸汽喷射器或离心压缩机加压至更高的压力。

在热回收过程中，木材组分中部分挥发物随磨浆产生的热汽排出，这些易挥发组分含有松节油、甲醇、乙酸、甲酸等。这些物质冷却后会溶解在废气的冷凝液里，致使冷凝液的 pH 值达到 2~4，加大了回收利用和处理的难度。

　　高效的热回收是降低化学机械法制浆能耗的一种补充方式。在国内的一些中小型化学机械浆生产企业，蒸汽回收系统并不完善，甚至没有配备，这不仅造成了能源损失，还使一些易挥发物扩散到空气中，污染周边环境。国内生产热回收配套设备的企业还比较少，设备生产厂家应引起重视。

3.5　化学机械法制浆清洁漂白技术

　　前已述及，化学机械浆的漂白有两种操作方式，即独立漂白或是在磨浆过程中同时进行。考虑到化学机械浆的纸浆白度和漂白得率等因素，目前主要以碱性过氧化氢漂白工艺为主，所使用的漂白化学品除关键的 H_2O_2 和 NaOH 之外，还包括漂白助剂如 $MgSO_4$、Na_2SiO_3、金属离子螯合剂 EDTA 或 DTPA 等。

3.5.1　独立的化学机械浆漂白技术

　　独立的纸浆漂白技术，首先表明了制浆过程与漂白过程是分开进行的，其次表明该项技术所针对的漂白对象是纸浆，而不是木片或经挤压撕裂后的木丝。该项技术典型的应用案例是 BCTMP 制浆方法，如图 3-13 所示。从图 3-13 中可以看出，以储浆塔为分界点，之前的工艺流程是 CTMP 制浆过程，之后是 CTMP 的漂白过程，采取先制浆后漂白的操作顺序。从漂白效率、不同材种的适用性以及漂白的经济性等角度出发，独立的纸浆漂白技术一般采用两段漂白工艺流程，以中浓漂白后接高浓漂白的方式占据主导地位，特别是对于白度要求较高［80％（ISO）或以上］的纸浆，与中浓漂白相比，高

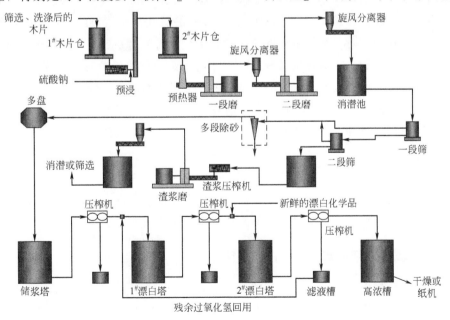

图 3-13　典型的 BCTMP 生产工艺流程

浓漂白可获得更高的纸浆白度。采用两段漂白比采用一段漂白具有许多优势：首先，新鲜漂液在第二段高浓漂白后段加入，漂后的漂白残液可回用到第一段，使漂白化学品得到充分利用，特别是二段漂后残余的 H_2O_2；其次，两段漂白之间可增加段间洗涤，使进入二段漂时的纸浆更加清洁，有利于提高第二段漂白的效率；再次，由于不同的漂白温度在达到最佳漂白效果时对应的最佳漂白浓度有区别，所以采用二段漂时不存在漂白温度对漂白浓度的限制，可根据不同漂白浓度采用不同的漂白温度（见图 3-14）。例如，当 H_2O_2 消耗量为每吨绝干浆 50kg 时，在 26％的漂白浓度下，最佳漂白效果所对应的漂白温度大约为 88℃。

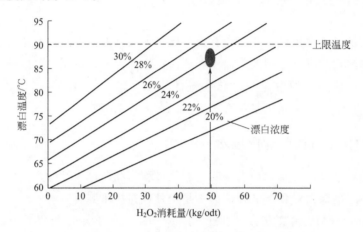

图 3-14　最佳漂白效果时漂白浓度与漂白温度之间的关系

注：单位中 odt 表示绝干吨。

独立的纸浆漂白技术适用性较强，实际生产中可根据纸浆的材种及其可漂性、目标白度要求等较灵活地调整漂白工艺条件，这也正是 BCTMP 制浆方法能够有较强生命力的一个关键所在。有研究发现，H_2O_2 漂白段中的碱和预浸渍段的碱一样，对纸浆有软化和润胀的作用。对一给定游离度值，抗张指数和光散射系数是预浸渍中加碱量和漂白中加碱量和的函数，亦即总用碱量越高，漂后纸浆的抗张指数越高，光散射系数越低。采用独立的纸浆漂白技术，纸浆的白度可通过一段或两段漂达到 75％～85％（ISO）。

近年来，BCTMP 生产也把漂白段前移至一、二段磨浆之间，漂白段可以为一段，也可以为两段，这种改进与 P-RC APMP 工艺非常类似，具体工艺过程如下：预处理后的木片经过喂料器、进料螺旋后进入一段高浓磨浆，高浓磨也可采用锥形磨浆机；一段磨浆后的浆料经过旋风分离器收集后进入螺旋输送机，在输送浆料的过程中加入漂白化学品，然后进入高浓漂白塔漂白；漂白后的浆料经洗涤后进入二段低浓磨浆机，低浓磨采用大锥度的锥形磨浆机；浆料再经筛选、浓缩系统后送入浆塔储存。

3.5.2　磨浆过程中同时进行漂白的技术

在磨浆过程中同时进行漂白主要是指 APMP 和 P-RC APMP 纸浆的漂白，这是因为碱性过氧化氢机械法制浆所用的主要化学品为 H_2O_2 和 NaOH，NaOH 既有对木片的润胀、软化和为 H_2O_2 漂白提供碱性环境的作用，同时 H_2O_2 又有对木片漂白的作用。

从漂白的角度看，APMP 制浆方法中漂白（亦即化学预处理）的对象完全是木片或被挤压撕裂后的木丝，化学预处理过程的结束即宣告漂白过程的终止。然而，从 APMP 发展起来的 P-RC APMP 制浆方法，克服了 APMP 加药点固定、调节不灵活致使预处理效果差和浆料质量难以控制的问题，它在一段磨浆机后增设了一个高浓漂白塔（图 3-15），对一段磨后的纸浆进行高浓漂白，所以 P-RC APMP 制浆方法中既对木片/木丝漂白又对纸浆进行漂白，而且对木片/木丝的漂白仍在磨浆机磨盘中继续，磨浆过程会促进漂白剂向纤维中的进一步渗透、扩散并加速漂白反应。

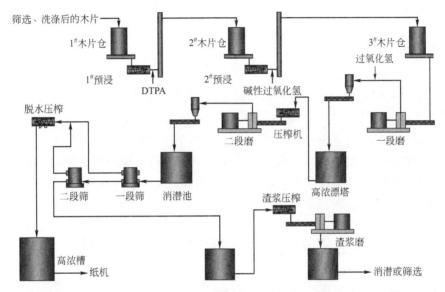

图 3-15　典型的 P-RC APMP 生产工艺流程

与 APMP 相比，P-RC APMP 的优势主要体现在：通过在一段磨浆机喷放管中加入漂白化学药液，充分利用其高温、高浓、高压等有利条件，促进了漂白药液与浆料的混合，有利于浆料在高浓塔中的漂白反应，从而使系统药品需要量及漂白设备投资大大减少；取消了一、二段磨浆机之间的中间浆池，设置高浓漂白反应塔，保证了漂白反应时间，提高了漂白效率，且后面不再设置漂白工序；漂白液的多点加入有利于对漂白工艺及成浆白度进行控制，浆料的漂白潜能得到提高，成浆质量控制更灵活。

尽管 P-RC APMP 的漂白效率较传统 APMP 高，但与 BCTMP 相比，还是有些差距的。在 P-RC APMP 工艺的浸渍段会有过渡金属离子存在于纸浆系统中，从而使后续漂白过程中 H_2O_2 的无效分解加剧，降低了漂白效果。为解决上述问题，可以在漂白阶段加入阴离子捕集剂、螯合剂或者 H_2O_2 保护剂，通过降低 H_2O_2 的无效分解来提高漂白效率。另外，合理调整预浸渍段的碱用量，一方面可以较大幅度地降低磨浆能耗，另一方面也可以提高纸浆的强度性能。但应当注意的是，碱用量过高会加速 H_2O_2 的无效分解，因此合理调节 NaOH 与 H_2O_2 两者间的比例，才可以有效地提高漂白效率。总之，合理调节 NaOH 用量，加快研发 H_2O_2 的保护剂，也是提高漂白效率的一个有效途径。

3.5.3 化学机械浆漂白技术的改进

（1）以弱碱为碱源的碱性过氧化氢漂白技术

在碱性过氧化氢机械浆的生产过程中，有设备结垢的现象发生，严重时不得不停机清理，已经引起生产企业的高度重视。造成设备结垢的原因尚不十分清楚，可能与采用的漂白助剂如 Na_2SiO_3 等有一定的关系。有研究指出，加入弱碱如氧化镁或氢氧化镁，可以减少设备的结垢。以氧化镁或氢氧化镁为碱源的过氧化氢漂白从研究到应用上取得了一定进展，有消息称国外已有 10 多家使用氢氧化镁为碱源的过氧化氢漂白工艺的工厂，漂白后化学机械浆白度可达到 80%（ISO）以上，但这在国内的应用基本上还属于空白，有待进一步发展。

（2）其他漂白工艺的应用

化学机械浆中含有大量木质素，应选择尽量保留原料中木质素的漂白工艺，以保持较高的漂白浆得率。漂白剂除了应用最多的 H_2O_2 之外，还有连二亚硫酸钠、甲脒亚磺酸钠、硼氢化钠等其他漂白化学品，这三种属于还原性漂白剂。还原性漂白剂用量较少，成本低，漂白溶出物少，易洗涤甚至可以不洗涤。但还原性漂白工艺条件要求苛刻，且漂白白度提高值比较低，最重要的是白度稳定性差，易返黄。因此，要研究开发经济有效的方法消除漂白浆纤维的返黄。

3.6 化学机械法制浆水污染全过程控制应用案例

该化学机械法制浆生产线采用 P-RC APMP 制浆工艺，如图 3-16 所示。针对化学机械法制浆废水排放点多、排放相对分散的特点，通过系统改造，加强过程废水的收集与净化，实现废水浊清分流、分层处理、分段回用，减少纤维流失，提高废水回用率，降低了废水量。水污染控制关键技术如下所述。

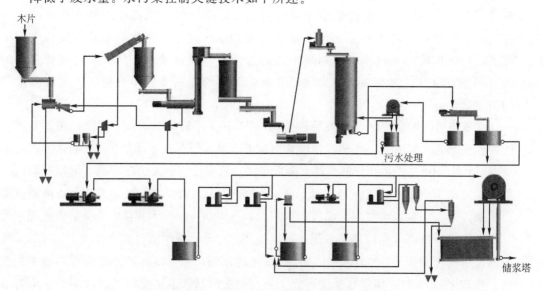

图 3-16　化学机械法制浆工艺流程示意

3.6.1　废水污染源高效控污减排

通过现场勘验，结合资料分析，解析出化学机械浆生产过程的主要废水产生源为：木片洗涤废水，挤压撕裂废水、螺旋压榨废水、筛选净化废水。这四部分废水的物化特性如表 3-16 所列。

表 3-16　化学机械法制浆过程主要废水产生源及其废水物化特性分析

项目	COD /(mg/L)	电导率 /(mS/cm)	固形物含量 /(g/L)	元素分析/(mg/L)					
				Na	K	Si	Ca	Mg	Cl
木片洗涤废水	2500	1.59	2.41	345	91	50	53	22	43
挤压撕裂废水	11000~19000	4.06	10.35	1145	536	149	112	78	290
螺旋压榨废水	17000~26000	11.47	23.61	7869	517	560	44	50	265
筛选净化废水	约7000	1.61	11.6	197	32	77	27	12	41

另外，通过研究发现（图 3-17 和图 3-18），随着木片洗涤废水循环次数的增加，废水的电导率及 COD 呈线性增大，但木片洗涤的主要目的是除去树皮、泥沙等轻重杂质，所以电导率和 COD 并不影响洗涤效果，只要把洗涤废水中的轻重杂质去除后，可全部循环回用，达到节水目的。

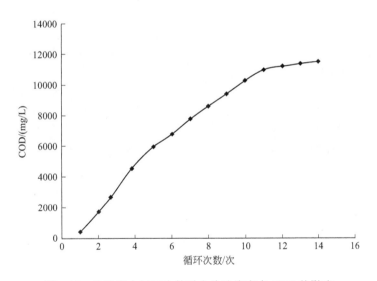

图 3-17　洗涤废水循环次数对木片洗涤废水 COD 的影响

研究也发现，化学机械法制浆过程化学药品用量对废液中污染物浓度也有显著影响，随着过氧化氢用量的提高，废水中 COD 和 BOD 的产生量也逐渐提高（表3-17），通过循环回用提高化学品利用率或减少化学品消耗，既能节约用水也能有效降低废水污染负荷。

基于上述研究，对化学机械法制浆生产线进行技术优化提升，并对各工序产生的废水采用不同的处理方式进行处理，主要包括以下环节。

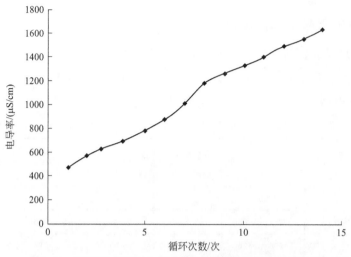

图 3-18　洗涤废水循环次数对木片洗涤废水电导率的影响

表 3-17　化学机械法制浆过程主要废水产生源及其废水物化特性分析

H₂O₂ /%	得率 /%	白度(ISO) /%	各组分溶出量/(kg/t)				发生量/(kg/t)	
			苯醇抽出物	半纤维素	纤维素	Klason 木质素	COD_{Cr}	BOD_5
3	94.86	69.21	33.64	24.65	25.97	26.95	89.18	14.74
4	94.31	73.75	34.02	24.60	26.41	35.06	98.61	14.28
5	93.64	74.84	34.59	24.71	30.88	39.85	105.40	19.48
6	93.02	75.22	35.14	24.90	34.22	42.75	107.07	22.57

3.6.1.1　备料过程优化

该生产线所用原料种类多,包括杨木片、相思木片、桉木片、松木片板皮等,如果要使原料配比准确度高,则需要对这些原料分别进行储存,计量卸料,因此配比较难。再者,目前是用挖掘机打垛,油耗较高。拆垛时还要用挖掘机、装载机、大卡车来运输到上料口,过程复杂。如果用圆形料仓堆料,尤其对杨木等大量储存的原料来说,非常方便,储存后出仓也方便。针对以上等情况,新设计一套圆形料仓堆垛装置,来解决原料配比问题,可省略挖掘机和装载机拆垛、倒垛。通过这一措施,在料场增加圆形堆垛装置,方便原料的存储及使用,满足多种原料储存、精确配比要求,同时还减少堆垛、拆垛、运输等费用。

3.6.1.2　木片洗涤水的净化回用

木片通常采用浓度 4%～6% 的水进行洗涤,平均用水量约需 20m³/t 木片,洗涤废水中含有碎木屑、树皮、泥沙等杂质及成分复杂的溶解性物质。实践发现,添加化机浆抄出的纸在成纸中发现有部分小硬点,经分析该硬点为含二氧化硅物质。根据以上情况,对木片洗涤水系统做了大量的过滤试验,发现纤维原料带入的一些泥沙等杂质进入木片洗涤水,取样过滤(用滤纸),同样发现部分细小颗粒。在 300 倍的放大镜下可以看到,通过把木片洗涤水中的颗粒和成纸中的颗粒进行对比,两者很相似,由此推测出成纸中出现的部分硬质颗粒和亮点是木片洗涤水中带入的砂砾造成的。

因此，研发了组合净化处理技术。首先采用水力弧形筛进行固液分离，分离的固体进入排渣槽，然后通过斜螺旋进一步分离，得到的废渣送生物质锅炉燃烧处理；同时，分离的含有泥沙的废水进入特殊设计的洗涤水沉淀槽，沉淀后上清液根据现有的集水池的形式，基于平流沉淀原理，用 500 目斜网过滤再次除沙后全部送回木片洗涤机进行循环；将斜螺旋排除的少量水和除渣器排出的水，再通过滚筒筛进行分离，分离的水回到沉淀槽。通过这一技术升级，解决泥沙带入浆料的可能性给纸机带来的影响及降低设备的磨损，提高废水循环回用次数和回用率，实现废水的全回收利用，循环回用率达到 95% 以上，减少新鲜水用量和排水量。

3.6.1.3　预蒸仓底部卸料装置改造

经过板皮线的改造运行实验和评价分析，在保证正常生产的情况下，通过掺配板皮，可节约生产成本。但现有预蒸仓的下料螺旋密封圈经常泄漏、架桥或是下料不稳定，导致计量不准，影响正常生产，造成经常停机。针对以上情况，通过对预蒸仓底部卸料装置改造，将预蒸仓下料底部由单一螺旋下料，更改成中间转子拨料，双螺旋出料的形式，下料均匀，计量准确，减少了下料螺旋的磨损，增加了撕裂机运行的稳定性。

3.6.1.4　挤压撕裂机改造及废水回收利用

经过分析和实验，对于挤压撕裂机来说，不同的原料采用不同的压缩比进行匹配，会有不同的效果：一段挤压撕裂机用压缩比较小一点，二段则可以使用较大一点的压缩比。这样配合使用，能使木材内不利于漂白的单宁、色素等杂质有效地排出来，从而使废水内的浓度升高，有利于蒸发处理，可以节约漂白过程中化学品的使用。针对以上等情况，通过将挤压撕裂机压缩比由 1 : 2.7 改造为 1 : 2.8，加大了撕裂效果，排除更多的色素等，提高废水浓度，且减少漂白化学品用量，降低了生产成本。另外，挤压撕裂机在将纤维原料撕裂分丝的同时，也会将预汽蒸过程降解的有机酸、单宁等组分挤出，另外还有一些粗纤维也可能从滤板孔中挤出，对这部分废水，原采用弧形筛过滤后送中间池，粗纤维则作为废渣，未得到回用。为充分利用纤维原料，重新设计了废水处理装置，新增圆筒筛，将这部分滤液泵送到圆筒筛，粗纤维直接进入预浸渍仓，废液送中间池。

3.6.1.5　螺旋压榨废水回收利用

原生产流程只有一台 SCP1005 螺旋压榨机（图 3-19），洗涤后电荷能从 4000ueq/L 降到 2000ueq/L（ueq 表示离子浓度），成浆电荷需求量较高，不能满足纸机的需要。针对以上等情况，经过大量的分析和验证，通过新增一台螺旋压榨机，并提高压缩比，能够有效地在不降低产量的情况下降低成浆电荷需求量，保证洗涤效果，来满足生产需求。通过增加一台螺旋压榨机，和原来的压榨机串联，提高浆的洗涤质量，降低浆内电荷，两段不同压缩比配合使用，增加废液挤出，从而使废水有机物浓度升高，有利于后续废水蒸发处理。

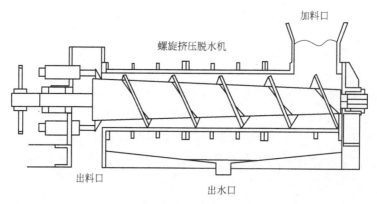

图 3-19　螺旋压榨机结构示意

3.6.1.6　低浓磨浆系统改进

原来生产线有一台低浓磨和一台渣浆磨，对于成浆游离度来说，最低只能做到340mL，距离文化纸机所使用的游离度 240mL 相差 100mL 左右。如果要把成浆游离度再往低的方向打浆，则会降低产量，且电耗会损失很大，大约吨浆要损失电 150kW·h，长期这样运行吨浆成本会升高。因此需要增加低浓磨，使低浓磨和渣浆磨都做到可并联、可串联运行，来满足浆料生产需要。

3.6.1.7　筛选系统的改进

原来的筛选系统是适合于板纸级的筛选系统，筛缝是 0.15mm 的，所以，根据新的设计，计划把原来的 F50 和 F40 压力筛作为一段主筛，筛缝更改为 0.12mm。再新增一台 F50 压力筛作为渣筛，筛缝也设计为 0.12mm，以保证成浆质量，使化机浆用于生产文化纸。

由于筛选浓度限制，所以用水量很大，筛选出的浆料通过多圆盘过滤机进行纤维浓缩和滤液分离，分离的滤液在滤液槽中沉淀后分为浊滤液和清滤液，浊滤液循环回用到漂白塔、消潜池等地方浆料的稀释，清滤液则循环回用到系统各补水点，并做以下用途：a. 洗网和冲网喷淋，用于圆盘过滤机、转鼓洗浆机、双网压榨机、双辊压榨机、斜筛等设备；b. 精磨机喂料稀释，使用清洁白水替代浓白水，可减少白水中细小纤维对纸浆游离度的影响；c. 筛选净化的尾渣再磨前的稀释，可最大化粗节子和纤维束的回用；d. 最后一段纤维回收净化器的稀释，可最小化纤维的流失；e. 回用到木片洗涤系统，可减少清水补充水。

通过以上技术升级，进一步完善了化学机械法制浆的水循环回用网络（见图3-20），化机浆木片洗涤水经内部处理后回用，部分废水随渣带走；MSD 挤压撕裂机、SP 螺旋压榨机、筛选净化浓缩挤出废液经处理后回用，多余部分进废液收集池，经进一步过滤净化处理后，送 MVR 蒸发系统。采用新的水循环路线后，生产线的废水产生量降至 10m³/t 以下，各工序产生的废水及外排废水的物化特性如表 3-18所列。

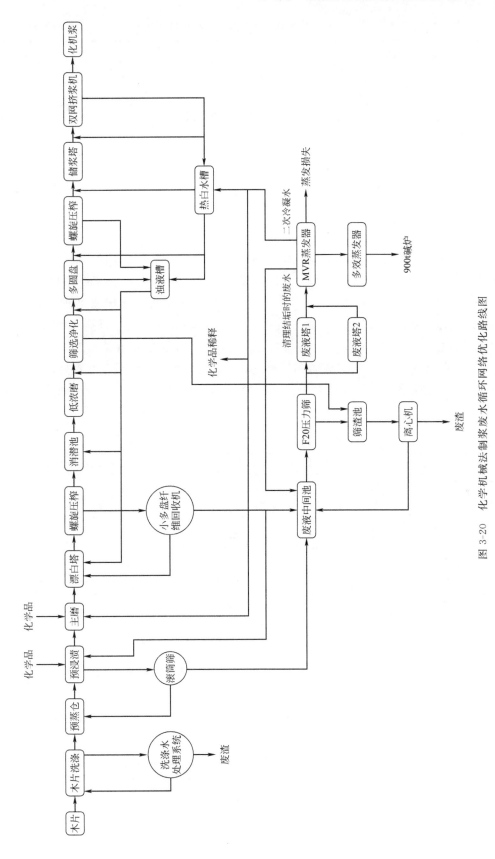

图 3-20　化学机械法制浆废水循环网络优化路线图

表 3-18　化学机械法制浆废水物化特性分析

项目	COD /(mg/L)	电导率 /(mS/cm)	固形物 /(g/L)	元素分析/(mg/L)					
				Na	K	Si	Ca	Mg	Cl
木片洗涤水	约 3000	1.59	2.41	345	91	50	53	22	43
MSD 废水	15000～19000	4.06	10.35	1145	536	149	112	78	290
SP 废水	17000～26000	11.47	23.61	7869	517	560	44	50	265
筛选废水	约 7000	1.61	11.6	197	32	77	27	12	41
送蒸发废水	17000～20000	10.64	22.57	4706	512	504	104	44	270

3.6.2　废水近"零排放"技术

通过对化学机械法制浆外排废水污染物解析发现,采用水封闭循环后,我国化机浆吨浆耗水量从过去的 20m³ 以上降至现在的 10m³ 化机浆废水,COD 浓度由过去的 5000～7000mg/L 增加到 10000～20000mg/L,如果按常规三级废水处理,即使达到 98% 的处理效率,外排废水 COD 浓度仍有 300～400mg/L,无法直接达到 GB 3544—2008 的排放限值要求。因此,大多数企业通过提高废水排放量或是与造纸等废水混合稀释后,降低废水的 COD 浓度,然后再进行三级废水处理,但也存在水处理成本高等难题。有关制浆造纸综合废水三级处理详见第 6 章的内容。国外一些化学机械浆企业的废水量和污染负荷量见表 3-19。

表 3-19　国外一些化学机械浆企业的废水量和污染负荷量

厂名	国家	工艺	废水量/(m³/t)	COD 浓度/(mg/L)	COD 负荷/(kg/t)
M-real,Joutseno	芬兰	杨木 BCTMP	10	15000	150
M-real,Kaskinen	加拿大	杨木 BCTMP	10	15000	150
Meadow Lake	加拿大	杨木 BCTMP	12	14000	168
Tembec, Matane	加拿大	杨木 BCTMP	24	7000	168
美国某企业	美国	杨木 BCTMP	10	15890	159

通过对化机浆废液与化学浆黑液的对比分析发现(见表 3-20 和表 3-21),化学机械法制浆产生的废液,其固形物元素组分与黑液固形物很相似,且碳、氢、氧含量更高,这显示其有机物含量比化学浆高,因而其发热量还要高一些;Na^+ 含量略低于化学浆,这主要是因为其用碱量少。单从这些数据来看,化学机械法制浆废水采用碱回收处理来实现近"零排放"理论上是可行的,但其废液固形物浓度仅 2% 左右,而化学浆黑液固形物浓度在 10% 左右,因此碱回收运行成本较高,必须从化机浆生产的经济效益中获得补偿。

表 3-20　化学机械法制浆外排废水固形物组分

测定项目	C	H	O	N	S	Na	K	Si	Cl
化学浆黑液/%	28.5	2.69	35.74	0.19	1.34	27.28	2.53	0.51	1.02
化机浆废液/%	31.82	3.91	37.8	0.44	—	19.12	4.3	1.58	0.83

表 3-21 化学机械法制浆废水固形物组成

测定项目	有机物/%	无机物/%	木质素/%	发热量/(MJ/kg)
化学浆黑液	58.62	41.38	20.84	10.97
化机浆废液	62.57	37.43	13.28	12.03

20 世纪 80 年代加拿大制浆造纸研究所首先提出化学机械法制浆废水零排放概念；废水近"零排放"不是意味着没有任何废水排出，而是生产中的所有废水统一收集起来，先经澄清器去除悬浮物，沉淀的污泥经脱水后送重油锅炉焚烧，澄清后的污水由蒸发站浓缩，将固形物浓度提高到碱回收炉的燃烧要求，然后进行燃烧资源化处理。2005年以来，在北美、欧洲地区的一些化机浆厂，采用碱回收工艺，实现了化机浆废液零排放，如加拿大的 Meadow Lake SK 化机浆厂，经过不断摸索改进，该公司现用三台蒸汽压缩再压缩蒸发器（MVR）并联将废液浓度从 2%浓缩至 35%，再用二效降膜增浓器浓缩至 67%，浓液送至燃烧炉燃烧，燃烧废液产生的中压蒸汽回用到制浆和蒸发车间用于加热木片和蒸发稀废液，蒸发工段的冷凝水回用于制浆工段。该系统的核心是一套大型蒸发系统。

化学机械浆废水的"零排放"处理技术是目前对环境影响最小的污水处理技术，虽然运行成本及投资偏高，但符合环保要求，已成为大型化学机械浆废水处理的主要方法，被列入国家环保部 2010 年度《国家鼓励发展的环境保护技术目录》。如何将化学机械法制浆废液的固形物浓度从 1.5%浓缩到 65%以上，是碱回收蒸发系统的关键工艺技术，目前，根据所采用的蒸发方式的不同，国内企业采用了两种不同的技术路线。

3.6.2.1 常规多效蒸发碱回收技术

广西金桂浆纸业有限公司采用单一的机械法制浆碱回收工艺，采用十体八效管式降膜蒸发器及强制循环效蒸发器（见图 3-21），蒸发站强制循环效分为（强 A、强 B、强 C）三体，其中两体工作、一体可在线洗涤。1 效也分为 3 体，分别为 1-A、1-B 和 1-C，其中三体切换工作。该蒸发系统公称生产能力蒸发水量为 800t/h，出站黑液固含量

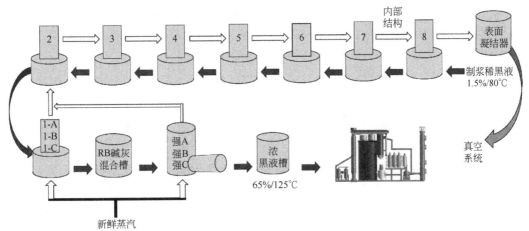

图 3-21 化学机械法制浆废水多效蒸发碱回收系统示意图

65%以上。工艺流程为：由制浆车间送来的约1.5%浓度的废液进入蒸发工段稀黑液槽，由供液泵送入稀黑液闪蒸罐，依次经过 PF-8、PF-7、PF-6、PF-5、PF-4、PF-3、PF-2、PF-1C、PF-1B、PF-1A、浓黑液闪蒸罐，得到固含量为 45%、温度约为 110～120℃的半浓黑液，然后送入碱灰混合槽与碱灰充分混合，再用强制循环蒸发器进行增浓至 65%，最后浓黑液经泵送至黑液间接加热器，用新蒸汽间接将黑液进一步加热至 125～135℃后进入黑液燃烧器，最后喷入碱回收炉燃烧。

3.6.2.2　"MVR+多效蒸发"组合蒸发碱回收技术

国内的山东太阳纸业公司采用节能型机械蒸汽再压缩蒸汽器（MVR），对化学机械法制浆车间送来的约1.5%浓度的废液先进行预浓缩，浓缩分为两个区域，在第一个区域污水的浓度达到7%，在第二个区域时浓度达到15%；然后选用国产的多效板式降膜蒸发器和国内先进的结晶蒸发技术，蒸发效率约为 5.2kg 水/kg 汽，较之传统工艺（蒸发效率为3.5kg 水/kg 汽）节省用汽量，产出的废液固形物浓度达65%；最后，采用国内先进的低臭型次高压碱回收炉来燃烧黑液，碱回收率在98.0%以上，远远高于传统碱回收率85%～93%的指标，同时回收热量，减少恶臭气体排放；再之后，采用国内先进的连续苛化工艺，白泥干度可达70%，用来生产碳酸钙。最终，达到化学机械浆制浆废水零排放的目的，其工艺流程示意如图3-22 所示。

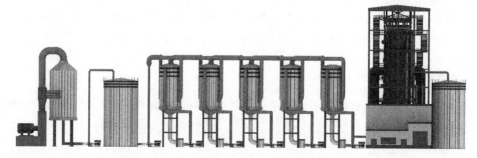

图 3-22　化学机械法制浆废水 "MVR＋多效蒸发" 碱回收系统示意

MVR 技术是重新利用蒸发浓缩过程中产生的二次蒸汽的冷凝潜热，从而减少蒸发过程中对外界能源需求的一项先进节能技术，其原理是利用蒸汽压缩机对二次蒸汽进行机械压缩，提高二次蒸汽的热焓值，用于补充或完全替代新鲜蒸汽，与传统的多效蒸发相比，MVR 技术具有能耗低、效率高、占地面积小等优点。MVR 系统具有先进的冷凝水分离技术，能把降膜蒸发器产生的干净冷凝水和污冷凝水分离，使得前者完全回到化学机械浆车间作为清水使用，后者则全部应用于化学机械浆车间的木片洗涤工段，实现化机浆废水梯级循环回用过程。实践证明，与直接多效蒸发工艺相比，采用机械蒸汽再压缩（MVR）技术与多效蒸发相结合的组合蒸发工艺具有优势，废液的起始浓度越低，优势越明显。

如表 3-22 所列，MVR 技术的主要运行成本是电耗，电耗与二次蒸汽的压缩比等有关，在设计中，需要进行多方面的计算，例如针对不同的废液浓缩比、不同的二次蒸汽的压缩比以及各种条件下 MVR 蒸发器的面积、电耗等各方面进行计算，以选择一种在技术上、经济上具有明显优势的 MVR 技术与多效蒸发相结合的组合工艺。但值得注意的是，如表 3-23 所列，化学机械法制浆废水普遍存在悬浮物含量高、蒸发易结垢等难题，需要在生产过程中加以解决。

表 3-22　两种蒸发工艺处理 APMP 废水的运行情况

项目		八效蒸发站	组合蒸发工艺	
			MVR 预浓缩	三效蒸发站
蒸发水量/(t/h)		588	556	32
进站浓度/%		1.5	1.5	19.63
出站浓度/%		65	19.63	65
蒸发器面积/m²		39200	40000	3300
冷凝面积/m²		3600	—	400
消耗量	蒸汽/(t/h)	91		15
	电/(kW·h/h)	2940	11000	380
	水/(t/h)	3500		400
运行成本	元/h	17164	6600+2678=9278	
	元/t 蒸发水量	29.2	16.8	
	万元/24h	41.2	22.3	
	万元/340d	14008	7582	

表 3-23　化学机械法制浆废水中的纤维含量与 TSS 数据对比

项目	APMP 废水			CTMP 废水				
纤维含量/(mg/kg)	45.47	43.92	42.91	79.05	95.37	136.25	68.68	72.71
TSS/(mg/kg)	860.0	890.4	837.7	589.0	521.4	496.6	477.6	501.4

蒸发过程产生的垢主要是纤维类垢和无机物垢，对于纤维类垢，通过加强废液的过滤，及时更换污水筛的筛框等方式，可以把悬浮物含量控制在 ≤50mg/kg，结垢后也可以碱煮的方法去除纤维垢，但无机垢无法去除。仍要寻找除去无机垢的适用方法才能解决此问题。通过对垢样进行分析，由表 3-24 的数据可知，垢样中的水不溶物占 94.03%，总 CaO 占到 20.55%，总 MgO 为 5.77%，以 SiO_2 为主的酸不溶物含量为 29.17%，另外磷酸盐含量占 4.64%，铁铝氧化物为 1.69%，硫酸盐及水溶性碱等的含量相对较少。进一步对各组分来源作分析，由表 3-25 的数据可知：垢层中 Ca 元素主要来源于纤维原料，所用清水硬度较高，也是 Ca 的主要来源之一；Mg 元素主要来源于清水；P 元素主要来源于 DTPA 溶液；Na 元素是 NaOH 和 Na_2SiO_3 的主要成分；Mn 元素主要来源于桉木；Si 元素是 Na_2SiO_3 的主要成分，而且 DTPA 中也含有较高的 Si 元素。此外，原料中所带的砂石、尘土也对钙盐、硅酸盐含量有贡献。

因此，为了从源头对垢进行防控，需要使用硬度低的新鲜水以尽量减少钙镁垢的形成；调整或替代 Na_2SiO_3 的加药量来降低系统中硅元素；尽量避免使用含铝的衬材，减少硅酸铝顽固垢的形成；改善洗浆效率，降低废液中的纤维含量，减少有机垢的形成；

加入合适的阻垢剂（抑制草酸钙类垢），通过晶格畸变、络合增溶、凝聚与分散等作用使离子难以结晶，减缓垢层的生长。另外，针对化学机械法制浆废液易结垢的特点，还需要对机械蒸汽再压缩式 MVR 蒸发系统进行适用性改造，实现非均质化机浆低浓废水的 MVR 高效预浓缩技术。

表 3-24　垢样的组分分析

组分	含量/%
水不溶物	94.03
CO_3^{2-}	6.93
总 CaO	20.55
总 MgO	5.77
酸不溶物（以 SiO_2 为主）	29.17
水溶性碱（以 Na_2O 计）	0.19
铁铝氧化物	1.69
PO_4^{3-}	4.64
SO_4^{2-}	0.46

表 3-25　垢样和不同纤维原料、化学品和清水的元素分析

元素	Ba	Al	Ca	Fe	K	Mg	Zn	Mn	Na	P	S	Si
垢样/%	0.03		15.74	0.08	0.03	1.47	0.02	0.19	0.49	1.54	0.01	0.24
杨木/%			18.57	0.63	22.11					1.90	1.75	
桉木/%			18.82	1.89	18.09			1.31		2.90	1.44	
清水/(mg/L)			68.24		23.31				20.95	15.03		10.37
NaOH/(mg/L)		9.60	1.54	3.23							2.93	39.25
Na_2SiO_3/(mg/L)		5.11	1.20	1.55				N/A(不适用)			1.90	N/A(不适用)
DTPA/(mg/L)		9.97	4.29			1.05				524.9		385.1

①　把 MVR 蒸发系统内的废液循环泵由恒速控制改为变频控制。恒速控制流量稳定，但结垢现象随使用时间日趋严重，蒸发效率下降，改为变频控制可在蒸发效率下降时提高频率，增加废水流量和速度，提高了冲刷能力，延缓结垢进度，使 MVR 蒸发系统的清垢时间延长 5～10d，拉长稳定运行时间，提高了使用效率。

②　在 MVR 蒸发系统内部增焊清洗设备，为清理人员彻底清理检查设备内部洁净度创造条件。由于化机浆废水杂质多，含硅量大，易结垢，而原 MVR 蒸发系统由于没有用于化机浆废水蒸发的实践，没有设计彻底清洗装备，只在需清洗时停机用水枪清洗，清洗强度不大，并存有死角，清理后使用周期为 1 个月，1 个月后蒸发效率下降。本技术在 MVR 蒸发系统内每两米焊接一清洗装备，并焊接环形走台，保证操作人员安全并方便检查，大大提高了蒸发系统内洁净度，使清理后使用周期提高 1 倍，维持 2 个月。

③　提高 MVR 蒸发系统的散热速度，减少停机时间。原 MVR 蒸发系统在顶部只设

计一个人孔，停机清理时单靠这一人孔自然散热，由于内部温度较高，散热面积少，需 10h 后才能进人。通过增开 4 个人孔，并配备辅助风机，停机清理时可迅速排风散热，散热时间由 10h 缩减为 4h。

④ 把变频蒸发风机改为恒速蒸发风机，节省 480 万元费用。原 MVR 系统设计的蒸发风机配套电机为 3000kW，3000r/min，变频控制，价格昂贵（约 600 万元），且控制不稳定。而采用国产 3000kW、1500r/min 的恒速电机和 2 倍增速机，总投资才需 120 万元，控制稳定，且不受国外限制。

⑤ 增设废液过滤槽，实现 MVR 蒸发系统废液与固废的循环回用。原设计没有废水过滤槽，清理结垢时，产生的垢片夹杂废液一同排地沟。通过在 MVR 蒸发系统底部增设废液过滤槽，实现固液分离，固态垢片与废液按所设计的新流程回用和处理，每次清理可循环回用 $100m^3$ 的废液，相当于节约清水 $100m^3$。

⑥ 增加碱回收白液膜过滤系统，替代商品碱用于生产过程。经过分析和实验，证明化机浆车间所使用的部分商品碱可以被碱回收的白液替代。但是，如果直接替代，则会有以下问题：碱回收的白液中含有 $CaCO_3$ 和其他不可溶性物质，当白液在参与漂白时，白液中的 OH^- 与 H_2O_2 反应产生过氧氢根离子（HOO^-），使纸浆中的发色基团褪色，从而提高纸浆白度。但同时 H_2O_2 也会和白液中的 $CaCO_3$ 和其他不可溶性物质发生无效反应，减少了用在漂白上的 H_2O_2 量，从而造成了 H_2O_2 的浪费。采用过滤的目的就是去掉这部分 $CaCO_3$ 和其他不可溶性物质，减少 H_2O_2 的无效分解，降低漂白时的 H_2O_2 用量，降低生产成本。针对以上等情况，新设计一套不锈钢膜过滤系统，对白液进行过滤，这种膜优于其他种类的膜，滤液用于预浸渍段，能够满足生产需求。通过这一改造，去掉回收白液中 $CaCO_3$ 和其他不可溶性物质，大大降低了碱回收白液的浊度，黑色杂质完全被去除；使用过滤后白液，可减少 H_2O_2 用量 6%，有助于降低废水产生量和生产成本。

⑦ 二次蒸汽有机物清除技术。随着时间的推移，MVR 蒸发器蒸汽侧板片出现了结垢问题，经分析垢的组分主要是树脂，主要来自二次蒸汽冷凝析出物。通过对 MVR 蒸发器结构进行优化设计，在二次蒸汽管道上增设一个洗汽塔，利用气液传质理论，把蒸汽中夹带的有机组分洗涤下来，从而减缓蒸发器的结垢，清垢周期增加到 40d 以上。

总的来说，与传统生物处理技术相比，化学机械法废水近"零排放"处理技术不仅能满足最严格的制浆造纸水污染物排放标准，而且能回收废水中的纤维、碱和水，节约了能源和资源，产生较好的经济效益，综合成本已经低于传统水处理成本，真正实现了清洁生产和循环经济，对加速推进我国林纸一体化进程具有重要意义和良好的经济效益、社会效益、环境效益。因此，目前国内新建的大型化学机械法制浆生产线基本上都采用化机浆废水碱回收工艺来处理废水。

参 考 文 献

[1] 李元禄. 高得率制浆的基础与应用 [M]. 北京：中国轻工业出版社，1991.

[2] 陈克复. 中国造纸工业绿色进展及其工程技术 [M]. 北京：中国轻工业出版社，2016.

[3] Bruno Lönnberg. 机械制浆（第六卷　中芬合著）[M]. 詹怀宇，译. 北京：中国轻工业出版社，2015.

[4]　李元禄．高得率制浆更上一层楼 [J]．纸和造纸，1999（1）：6-7．

[5]　崔红艳，刘玉．高得率制浆技术的发展与应用 [J]．华东纸业，2011，42（3）：7-11，25．

[6]　周亚军，张栋基，李甘霖．漂白高得率化学机械浆综述 [J]．中国造纸，2005，24（5）：51-60．

[7]　Xu E C，Sabourin M J，孙来鸿．速生材的新型盘磨机械法制浆工艺及其在中国制浆造纸工业中的发展潜力 [C]．1999 中国造纸学会学术报告会论文集，1999．

[8]　Zhou Y，Yuan Zhirun，Jiang Zhihua．Overview of High Yield Pulps（BCTMP）in Paper and Board [C]．PAP-TAC 90th Annual Meeting，Montreal，Canada，2004，B1429．

[9]　林艳提．浅谈瑞丰纸业化机浆工艺及设备的选择 [J]．中国造纸，2007，26（9）：31-32．

[10]　郭玉倩，田中建，吉兴香，等．化学机械浆工艺技术的研究综述 [C]．中国造纸学会第十八届学术年会论文集，2018．

[11]　洪露露，刘文波．典型高得率化学机械浆论述 [J]．华东纸业，2009，40（1）：4-11．

[12]　夏永强，宋国强．CTMP 制浆技术 [J]．黑龙江造纸，2008（2）：33-35．

[13]　赵桂玲．桑枝 SCMP 制浆工艺以及抄纸性能研究 [D]．南宁：广西大学，2014．

[14]　马乐凡．木材硫酸盐半化学浆制浆技术 [J]．湖南造纸，2012：13-15．

[15]　钟香驹．美国中性盐半化学浆生产近况 [J]．国际造纸，2004，23（2）：1-6．

[16]　胡潇雨，兰晓琳．基于化学反应原理的 SCMP 内涵解析 [J]．黑龙江造纸，2016（4）：24，26．

[17]　房桂干．我国化学机械浆废水处理技术的发展 [J]．江苏造纸，2010（1）：11-17．

[18]　黄再桂，王爱荣，马平原．化机浆黑液碱回收的运行经验与存在问题的分析及应对措施 [J]．中华纸业，2019，40（12）：40-48．

[19]　黄再桂，史忠丰，石海信．化机浆碱回收利用技术在造纸过程中的应用 [J]．广州化工，2013，41（6）：165-166，189．

[20]　赵云松，胡海军，张丹．机械蒸汽再压缩（MVR）技术在制浆废液蒸发中的应用 [J]．中国造纸，2013，32（2）：45-47．

[21]　袁金龙，梁斌，李文龙，等．MVR 技术在化机浆废液处理中的应用 [J]．中国造纸，2015，34（7）：37-40．

[22]　李录云，李文龙．化学机械浆在我国的应用与发展 [J]．中国造纸，2012，31（8）：66-69．

[23]　魏晓芬，等．低浓磨浆对杨木 BCTMP 成纸性能的影响 [J]．纸和造纸，2010，29（8）：25-27．

[24]　梁芳敏，房桂干，沈葵忠，等．高得率浆漂白过程中垢的形成与抑制 [J]．中华纸业，2011，32（6）：54-58．

[25]　张倩，付时雨，李海龙，等．化学机械浆过氧化氢漂白过程中草酸根产生的研究 [J]．造纸科学与技术，2013，32（4）：1-5．

[26]　郭海泉，刘钢飚．漂白化学机械浆废水处理技术及运行成本分析 [J]．中华纸业，2008，29（19）：54-57．

[27]　冯东望，武彦巍，杜家绪．杨木化机浆制浆造纸废水处理工艺运行实例 [J]．纸和造纸，2019，38（5）：47-50．

[28]　盘爱享，施英乔，丁来保，等．催化氧化深度处理高浓化机浆废水及工程设计 [J]．林产化学与工业，2012，32（3）：38-42．

[29]　崔延龄．谈化学机械浆废水处理 [J]．中华纸业，2008，29（13）：62-65．

[30]　房桂干，施英乔．中国化学机械浆废水深度处理 [J]．华东纸业，2011，42（5）：67-76．

[31]　李华杰．APMP 化机浆蒸发系统结垢分析及处理 [J]．中华纸业，2018，39（6）：59-62．

[32]　乔军，安庆臣，应广东．化学机械浆浓废水零排放技术的研究 [J]．华东纸业，2014，45（6）：43-46．

第4章
废纸制浆造纸水污染全过程控制技术

废纸制浆是利用使用过的纸和纸板等回收纸为原料，经过碎浆处理，必要时进行脱墨、漂白等工序制成纸浆的生产过程。利用回收纸生产各种纸和纸板，可减少森林砍伐和废纸垃圾，是一项有利于节能环保的绿色工程。与原纤维制浆相比，生产 1t 化学浆需 $4\sim5m^3$ 原木，而利用废纸原料，约 1.25t 废纸就可生产 1t 再生纸浆，不需蒸煮化学品并减少了化学品用量，节水节能，而且还可减少大气污染物排放 $60\%\sim70\%$，生化耗氧量减少 40%，且回收利用废纸可大大减少项目投资，降低运行成本，提高经济效益和竞争能力。因此，世界各国都高度关注废纸资源的回收和利用，废纸的回收率和利用率逐年快速增长，处理废纸的方法和技术也在快速地改进和完善，目前废纸已成为全球纸和纸板生产中最主要的原料，约占全世界造纸用纤维原料的 50% 以上。中国是全球废纸回收量最大的国家，2017 年废纸回收量达到 5447 万吨，占全球废纸回收量的比重为 23.69%；与此同时，中国也是全球最大的废纸进口国，进口量 2921.5 万吨，占全球废纸进口量的比重为 49.37%。

废纸制浆在我国制浆造纸工业中占有重要的地位，近 30 年来我国纸浆原料结构也发生了很大的变化，国内废纸制浆造纸获得了迅猛的发展，2017 年我国废纸浆生产量6302 万吨，占我国纸浆生产总量的 79.3%。大量增加各种纸和纸板中二次纤维的配比，使用回收纤维与原料搭配抄纸将是造纸工业生产发展最明显的趋势之一，采用废纸生产的彩色新闻纸、高强瓦楞原纸、强韧箱纸板、涂布白纸板、文化印刷纸以及生活用纸，产品质量有些已达到国外同类产品的先进水平，有些可与国外优质产品媲美，废纸已成为当今中国造纸工业发展不可缺少的主要纸浆原料。

目前，国内对废纸制浆和再生主要有两种方式，即脱墨废纸制浆生产和非脱墨废纸制浆生产。近几十年来，尽管脱墨废纸制浆技术的发展使回收纸用于制造文化纸的比例有所增加，但绝大部分回收纸还是采用非脱墨制浆技术用于箱板包装纸和纸板。回收的木浆纸如旧报纸和杂志纸，可用于生产新闻纸，而非木浆纸（如混合办公废纸）主要用来生产薄页卫生纸。在欧洲，用其他种类的废纸生产超级压光纸、低定量涂布纸的比例不到 10%。目前，随着欧洲制浆造纸企业废纸利用比例的增加，不同种类的废纸利用比例都在增加，其中有几个工厂几乎已经用 100% 的脱墨浆来抄造超级压光纸和低定量涂布纸。

回收的废纸是由不同等级的纸品构成的，每种纸含有不同的纤维，可能还含有填料、颜料、交联剂或者其他添加物，有的废纸可能被涂布、印刷或者后加工，有的废纸还含有塑料等非纸的成分。因此，废纸需要经过各种方法处理，需要除去不适合造纸的成分，使之满足各种纸品的质量标准。由于原料成分不像原生纸浆那样稳定，所以废纸纤维的处理技术比原生化学浆纤维和机械浆纤维更复杂，虽然相比较直接采用木材等原材料造纸，废纸造纸已经在很大程度上节约用水，但仍需耗费大量水资源，并由此产生大量的废水，这些废水若不经处理即外排，必然严重污染江河水体，特别是废纸制浆造纸厂大多靠近或位于城市，对城市水体的污染危害更是不容忽视。加强对废纸制浆造纸水污染控制与治理，直至最终实现"零排放"已势在必行。

4.1　废纸制浆造纸典型生产流程

废纸制浆在 20 世纪以来有了很大的技术进步，目前有较为成熟的工艺生产条件。在国内，尤其是 20 世纪 90 年代以来废纸制浆理论与技术方面的研究进展，为我国造纸行业发展奠定了良好的理论与实践基础。

废纸制浆就是去除废纸中的杂质，实现纸浆纤维再利用的过程。这些杂质根据来源分为三类：第一类是造纸过程的添加物，包括填料、染料、涂料组分及功能化学品；第二类是根据纸张的用途加入的化学物质，如印刷油墨、涂料、铝箔和胶黏剂；第三类是在使用和后续回收过程中混入的杂物，如铁丝、塑料、砂石、订书钉和文件夹等。大规模制备废纸浆料有几个分离过程，分离过程根据需要除去的杂质类型（见图 4-1）和含量变化而变化，而且相同的分离操作在实际生产中可能需要重复几次才能获得更好的效果，并提高操作的可靠性。废纸制浆产品包括本色浆和漂白浆，前者主要通过非脱墨废纸制浆生产得到，后者则通过脱墨废纸制浆过程生产得到。

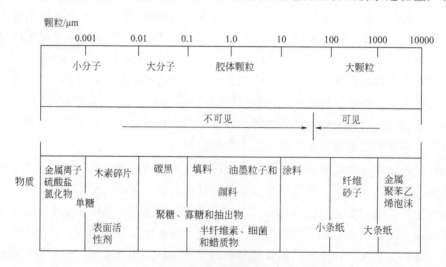

图 4-1　废纸处理过程中的杂物尺寸分类

生产废纸本色浆时制浆流程主要为废纸的碎解、筛选净化、热分散去热溶物、纤维分级等，该生产流程几乎全是机械处理，用于再生纸板、瓦楞原纸及分拣后的较清洁的废纸生产薄页纸。生产漂白废纸浆时，则在非脱墨制浆流程基础上增加了脱墨和漂白的工艺处理过程，可用于白板纸、印刷纸、生活用纸及新闻纸等的生产。下面以脱墨废纸制浆流程做简要说明。

① 碎浆。首先将铁丝和大的杂质在推入链板机之前从废纸纸包中分拣出去。链板输送机的输送速度是变频控制的，在链板机水平段与倾斜段拐点处有废纸匀料装置，保证废纸原料均匀平稳地进入称重部分。废纸在进入水力碎浆机或鼓式碎浆机之前在链板机上予以称重，进入碎浆机的废纸在入口处被水和化学药品稀释到一定的浓度，稀释水和化学药品的数量通过进入碎浆机废纸的量按比例加入。

② 粗筛选。经过碎浆以后，除去浆料中杂质的第一道工序由一段粗筛、二段粗筛，接着高浓除渣器和三段粗筛来完成。这道工序如此设计有两点作用：一是用以除去所有可能通过鼓式碎浆机筛孔的重杂质，包括曲别针、订书针、石块、绳索、矿渣、塑料碎片、玻璃或砂子等所有会对下一工序设备操作产生危害的物质；二是用以除去仍存在于浆料中未被完全碎解的纸片。用筛孔直径为 2.0mm 的筛鼓实现上述两种目的。粗筛良浆进入卸料塔。如果生产新闻纸，用卸料浆泵将浆料送入前浮选供料槽，如果生产低定量涂布纸，浆料则从卸料塔经预精筛后进入前浮选供料槽。

③ 预精筛。经过碎浆以后，除去浆料中杂质的第二道工序是第一段预精筛、第二段预精筛、高浓除渣器和第三段预精筛。如此设计有两个作用，目的之一是用以除去例如矿渣、较小的塑料碎片、砂子和小铁丝等杂质。

④ 前浮选。前浮选是脱墨浆生产线中除去污染物的一个重要的部分。过去对生产的脱墨浆质量要求不高，因此脱墨线大都采用单段浮选脱墨，生产实践证明，脱墨浆中的油墨和胶黏物会吸附在毛毯上，粘辊粘缸，影响纸机的正常抄造，纸面上的油墨点影响纸张外观质量，当浆料中脱墨浆含量超过 1/2 以上时脱墨浆的清洁度尤其重要。因此，现在的脱墨生产线基本都采用了二级浮选脱墨。浆料中大部分的油墨在这一工序中被除去，也带走一些通过了前面筛选系统的非常轻的污染物和灰分，浆料浓度大约为1.2%。前浮选供料槽在前浮选进浆泵入口处的浓度大约为 2.5%，一段前浮选进浆泵所需的稀释水来自前浮选稀释水槽。以产量为基础，通过流量控制调整浮选进浆流量。浮选槽进浆浓度保持在 1.0%～1.2%之间。前浮选的良浆进入一段离心除渣器，浮选的空气从浮选槽的底部进入，旋转的转子使空气以气泡的形式分布于浆料中，每一个转子的空气数量由就地的流量计测定并通过共有的手阀来控制，空气泡的尺寸通过控制转子的转速来调节。空气由风机产生，变速风机控制进入浮选槽里空气的流量。一段浮选的油墨以 3.5%的浓度进入油墨槽，通过喷淋管在油墨槽中被稀释到一定的浓度，泵送至二段浮选槽，二段浮选良浆返回到一段浮选浆泵的入口处。二段浮选出来的油墨进入污泥处理系统。

⑤ 离心除砂。在精筛之前，需要用离心除砂系统清除砂子。除重质除砂器之外，该工序也增加了除去浆料中空气及轻杂质的轻质除杂器，这一系统采用了四段串联的设计方案，以实现最大的除渣效率和最少的纤维流失，操作浓度在 1%左右。

⑥ 精筛选。精筛选的一个主要作用是除去胶黏物。精筛的原理很简单，例如比筛缝宽度大点的固体微粒与比筛缝小点的颗粒相比较，被除去的概率就较高。然而，胶黏

物却不同于固体微粒，如果筛鼓表面的筛选条件比较苛刻，柔软的胶黏物就可能被强迫通过筛缝。所以使用筛缝良好的筛鼓是很必要的，因此精筛用的都是筛缝为 0.10mm 的筛鼓，精筛得到的良浆进入多圆盘浓缩机进行浓缩。

⑦ 浓缩与第一回路气浮。精筛良浆经多圆盘浓缩机浓缩后，出口浓度大约为 10%，浆料被剥浆喷淋器从多盘的扇面上剥下后落入中浓泵的立管，然后被中浓泵送入下一工序。浓缩出的滤液分为清滤液和浊滤液两部分，清滤液进入清滤液槽，浊滤液进入浊滤液槽，残余滤液也进入浊滤液槽。浊滤液用于调节浆浓，也作为鼓式碎浆机的稀释水用泵送入碎浆白水塔，还有一部分也送入澄清器。清滤液一部分用泵送入澄清水槽，另一部分也用于清洗多盘网面和剥离并排出扇面上的浆层。

⑧ 澄清。由清浊滤液槽来的滤液在澄清器供水泵入口处与絮凝剂混合后，再与溶气水在溶气槽中混合，然后进入气浮澄清池，这时饱和的空气以微小的气泡释放出来，这些气泡附带着固体小微粒，并把这些微粒浮到澄清器的表面。

⑨ 热分散。热分散的目的是分散所有仍然黏附在纤维上的油墨微粒，以及将残余胶黏物分散为眼睛看不见的微粒，或者通过后续设备除去。经过多圆盘浓缩机的浆料经中浓泵送入双辊压榨机，双辊压榨机的滤液进入浊滤液槽，浆料进入料塞螺旋，脱出水分后的浆料浓度大约为 30%，经破碎后送入加热螺旋，在加热螺旋中分散板将浆料打散为小而均匀的浆料，这就使得加热蒸汽能与浆料有效地混合，通入蒸汽把浆料温度升到 80～120℃。经过加热，浆料被喂料螺旋送入热分散机，在浆料进入喂料螺旋处加入双氧水。热分散机锥形表面之间，黏附于纤维表面的油墨被剥离并分散到足够小的尺寸，胶黏物和其他残余的微粒也被分散得足够小，以致它们不再影响纸机的生产和成纸质量。此外，经热分散处理后的浆料性质比较均匀，打浆度得以提高。经热分散后的浆料由螺旋输送机送入漂白塔。

⑩ 漂白。热分散处理后的浆料经螺旋输送机送到漂白塔的顶部，漂白塔的顶部安装有一个浆料分散器，以便于浆料均匀地送入漂白塔，漂白塔的液位可以通过控制漂白塔送出的浆量控制。

⑪ 后浮选。浆料中被热分散了的小油墨微粒将在后浮选工序中被除去，也带走一些通过前工序没有除去的很轻的污物和灰分。浮选进浆流量根据生产能力通过流量控制来调节。浮选槽进浆浓度大约为 1.0%～1.2%，浮选良浆经供料泵送入双网浓缩机进行浓缩。一段浮选出来的已稀释的油墨大约以 3% 的浓度进入油墨槽，然后泵送至二段浮选槽，二段浮选良浆返回到一段浮选浆泵的入口处，浮选出来的油墨进入污泥处理系统。

⑫ 还原漂白。双网洗浆机出来的浆料进入还原漂白供料泵的浓度为 10%。当生产新闻纸时，浆料经中浓泵直接送入储浆塔；当用于配抄低定量涂布纸时，浆料还需要经过加热器和混合器，在加热器中浆料用饱和蒸汽加热到 65～70℃，在混合器内加热的浆料同加入的甲脒亚磺酸（FAS）漂白剂混合，然后通过一根漂白管以延长漂白时间，最后浆料进入储浆塔后和氧气接触，漂白作用随即停止。储浆塔的浆料送往纸机进行抄造。

4.1.1　非脱墨废纸制浆造纸

我国目前的废纸制浆造纸厂，绝大多数是非脱墨性的，即利用 OCC 等废纸制造瓦楞纸、粗纸板或挂面纸板。该生产工艺简单，无需投加过多药剂，产品对于颜色无过高要求，因此无需漂白，其生产工艺流程及产污环节如图 4-2 所示。主要分为三个工段：备料工段主要为废纸原料分选、碎浆；筛选净化工段主要包括高浓除渣、低浓除渣、粗筛和精筛；分级工段主要对纸浆进行长、短纤维分级。根据纸浆质量的要求，还可配套热分散。

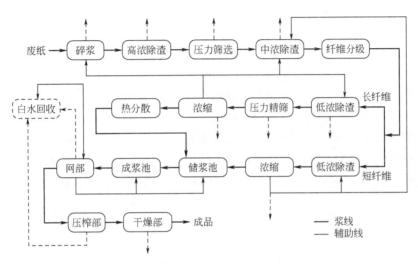

图 4-2　典型非脱墨废纸制浆生产工艺流程及产污环节

非脱墨废纸制浆造纸厂对水质要求不高，资料显示循环水 COD 维持在 8000mg/L 的水平就可以满足瓦楞原纸的水质要求，因而大部分排水经过适当处理即可回用于生产。因此，国外对这类废水排入水体的污染负荷要求也较严格。如美国环境保护署要求，新建的非脱墨再生纸和纸板厂不应将废水排入美国的任何水体，即必须做到"零排放"。废水"零排放"的概念是，进入系统的清水和原料中水分应等于蒸发汽化水、成品中水分和筛渣及污泥中水分的总和。废水"零排放"的具体做法也因其制造产品的不同而有所不同。在碎浆机用水上，有的厂如生产对外观性能要求不高的产品，如瓦楞纸、油毡原纸的工厂，碎浆机用水直接使用纸板机排出的水，不增加任何设备即可实现循环回用，且不需设厂外废水处理设施；有的工厂如用废纸生产折叠纸板的工厂，一般都保留有单独的白水澄清处理系统，面层和底层网笼排出的水直接回用于面层浆或底层浆的碎浆机，中间层网笼排出的水经澄清后回用于中间层碎浆机；还有的工厂，如生产非涂布纸板则其全部排水必须经两级处理澄清和生化处理后再循环回用。

但由于在废纸回收过程中不可避免地带入大量杂质，所以在废纸浆的利用过程中仍旧产生了很多新的问题和困难，加上现代造纸系统越来越封闭，使纤维原料中很多杂质、胶黏物、离子垃圾等持续在系统内循环。随着废纸回用次数提高，再生纤维衰变及受到系统内杂质、胶黏物、阴离子垃圾等影响，对后续纸机运行及成品纸质量带来不同程度的负面影响，尤其是胶黏物对造纸生产带来的困扰已然成为众多造纸企业难以解决的难题，例如流浆箱出口浆液温度较高，根据封闭程度在 24～60℃ 之间，浆液温度超过 38℃ 即会产生水雾问题，多数厂在湿部有一个大容量抽风机将水雾抽出，个别厂甚至将湿部完全密封以免水汽逸出。另外，湿部的设备和管道较易腐蚀，因此控制过程 pH 值很重要，湿部与浆液接触的部分最好使用不锈钢材质，或将过程 pH 值控制在 8 以上。此外，在循环水封闭系统中易滋生细菌等，特别是在使用淀粉作助剂时，因此通常需用杀菌剂，或尽量不用淀粉助剂。

4.1.2　脱墨废纸制浆造纸

脱墨废纸制浆生产过程要比非脱墨制浆复杂，最主要的是增加了前浮选和后浮选脱墨工序，另外由于大多数废纸脱墨浆较原纸白度较低，还多了废纸浆的漂白工程，其工艺流程及产污环节如图 4-3 所示。通过对废纸进行碎解、净化、筛选、脱墨、洗涤、浮选、热分散、漂白等处理以获得高质量的纸浆。碎浆一般由水力碎浆机进行，废纸或纸板在转子叶片的机械作用和水力剪切作用下被解离，质量、体积大的杂质与纤维有效分离，杂质由渣口排出，粗浆通过筛板由浆泵抽出送入高浓除渣器除砂，为不过多损伤纤维，有时浆料需要经过纤维分离机进一步的疏解来完成纤维后续碎解。由粗筛选和精筛选系统筛出残余的胶黏物及细小而较重的杂质，之后浆料进入浮选或洗涤设备，使油墨与纤维分离，再进入热分散系统，进一步促进油墨的分散。

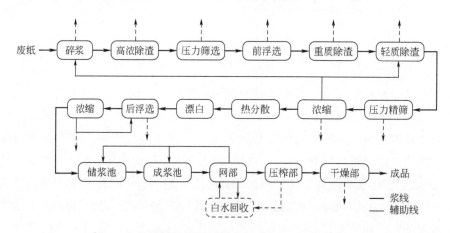

图 4-3　典型脱墨废纸制浆生产工艺流程及产污环节

从上述流程可以看出，在脱墨过程中需要加入大量各种化学品，以确保在洗涤阶段和浮选阶段能有效地脱墨。此外，还必须对再生纤维进行漂白，即需加入必要的漂白化学品以获得所要求的白度。据统计，在脱墨系统中所用的化学品有氢氧化钠、氯化钙、硅酸钠、分散剂、螯合剂、次氯酸钠、过氧化钠、表面活性剂等 10 余种。其中含钠化学品对封闭循环有害，增加了废水治理难度，随着废水封闭循环程度的提高而会使系统中钠离子逐渐积聚，其浓度越来越高，从而对系统产生高度腐蚀作用，使生产无法进行。因此，脱墨废纸制浆造纸厂暂难实行"零排放"，虽然技术可行，但配套水处理设施费用高昂，因此应从尽量减少清水用量和增加回用率入手，逐步实现封闭循环。

4.2 废纸制浆造纸污染源解析

4.2.1 废纸制浆主要的废水产生源

废纸制浆产生的废水主要来自废纸的碎浆、疏解，废纸浆的洗涤、筛选、净化、脱墨及漂白过程。通常无脱墨工艺的废纸浆比有脱墨工艺的废纸浆的废水排放量及有机物浓度均低很多。废纸造纸废水的特性与原料、设备、工艺操作过程、产品品种以及用水水质等因素有关，当用废纸生产本色纸时一般不必除去纸面上的油墨，吨浆产生约30～70kg 的 COD，而当废纸用于生产白色纸或者通过漂白后染色生产色彩鲜艳的纸张时需要脱墨，浮选脱墨可以分离出高浓度的油墨，作为固体废弃物加以处置或燃烧，所以废水中的污染物要少得多，吨浆产生约 80～150kg 的 COD，是国内外大厂普遍使用的工艺。

废纸制浆因废纸的种类、来源、处理工艺、脱墨方法及废纸处理过程的技术装备情况的不同，排放的废水特性差异很大。废纸制浆废水中各类有机杂质、微小颗粒含量、金属离子含量、胶体物质含量等都会随纤维回用次数的增加而增加，浓度会随新水补充量的减少而增加。废纸制浆造纸过程中的废水主要来源于碎浆工序、筛选净化工序、脱墨工序、浓缩工序、抄纸工序等。

4.2.2 水污染源解析方法

废纸制浆水污染源解析方法采用等标污染负荷法，并以标准 GB 3544—2008 表 2 中"制浆和造纸联合生产企业"限值作为计算依据，详见 2.2.2 部分相关内容。

4.2.3 废纸制浆污染因子筛选

废纸制浆产生的污染物主要有以下几种：

① COD，还原性物质如木质素、碳水化合物、无机盐等；

② BOD，可生物降解物质如半纤维素、树脂酸、低分子糖、醇、有机酸和腐败性物质等；

③ SS，不溶于水的细小纤维、无机填料等；

④ 氮，造纸过程中添加助剂和原料带入废纸中；

⑤ 磷，原料和添加剂带入废纸中。

4.2.4 废纸制浆排水节点

非脱墨废纸制浆工序和脱墨制浆废水排放节点简图如图 4-4、图 4-5 所示。

4.2.5 非脱墨废纸制浆造纸废水等标污染负荷解析

4.2.5.1 碎浆

碎浆工序是二次纤维处理流程中的第一个操作单元，在处理无油墨的废纸中其主要

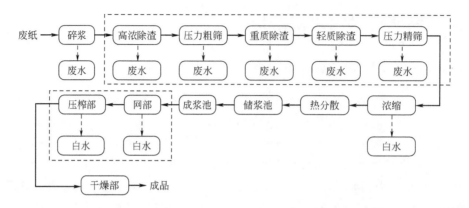

图 4-4　非脱墨废纸制浆工艺过程排水节点简图

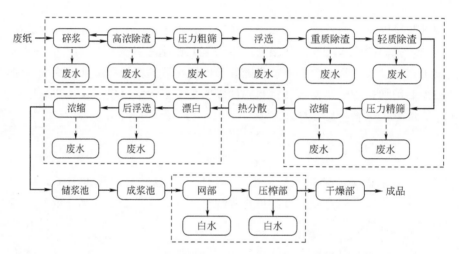

图 4-5　脱墨废纸制浆工艺过程排水节点简图

是将废纸润湿，通过机械力、摩擦力和剪切力，将废纸碎解，分散形成浆料。除了碎解纸张外，碎浆段还可以去除浆中的部分粗大杂质，包括不能被很好碎解的呈片状、长条状纤维性物质和杂质等。

（1）主要污染物及其来源

废纸碎浆后被解离成纸浆，后续需除去废纸中的固体污染物如砂石、金属等重杂质及绳索、破布条、玻璃纸、塑料薄膜等体积大的杂质；碎浆工序的排渣废水中含有的特征污染物有 COD、BOD、悬浮物、总氮、氨氮、总磷等。通过调研和查阅文献资料，碎浆工序废水排放量平均为 $1m^3/t$，各污染物浓度及负荷如表 4-1 所列。按各污染物负荷大小从大到小排序，顺序为 COD＞悬浮物＞BOD＞总氮＞氨氮＞总磷，可以看出在碎浆工序中 COD 排放量最大，这是因为废纸原料中各种杂质较多，除了细小组分、木质素外，还有一些生活垃圾夹杂，这是碎浆工序中 COD 的主要来源。废水中来自废纸的细小纤维、无机填料、半纤维素、树脂酸、低分子糖等是悬浮物和 BOD 的主要来源。废水中的氨氮、总氮、总磷主要来自原料废纸。

表 4-1　碎浆工序排渣废水污染源解析数据

特征污染物	COD$_{Cr}$	BOD$_5$	悬浮物	氨氮	总氮	总磷
浓度/(mg/L)	7000～15000	1200～2500	1500～5000	5～10	20～25	2～5
负荷/(kg/t)	7.00～15.00	1.20～2.50	1.50～5.00	0.005～0.010	0.020～0.025	0.002～0.005
等标污染负荷/(m³/t)	77.8～166.7	60.0～125.0	50.0～166.7	0.6～1.3	1.7～2.1	2.5～6.3
污染负荷比/%	35.62～40.39	26.71～31.16	25.96～35.62	0.27～0.32	0.45～0.87	1.30～1.34

（2）等标污染负荷法解析

采取等标污染负荷法对碎浆工序废水进行解析，通过计算得到各污染物的等标污染负荷和污染负荷比，结果如表 4-1 所列。按等标污染负荷的大小排序，从大到小的顺序为 COD＞悬浮物＞BOD＞总磷＞总氮＞氨氮，可以看出在碎浆工序中等标污染负荷最大的污染物是 COD，其等标污染负荷比达到了 35.62％～40.39％；其次是悬浮物，等标污染负荷比为 25.96％～35.62％；排在第三的是 BOD，等标污染负荷比为 26.71％～31.16％。这三种污染物的累积负荷比达到 90％以上。依据等标污染负荷法的筛选原则，可以得到 COD、悬浮物和 BOD 是碎浆工序的主要污染物，与污染物排放量的顺序相同，而这三种污染物主要是原料废纸中带来的，废纸的干净度、废纸的回用次数、废纸的来源地等都造成了污染物排放量的变化，因此对原料废纸进行前期分拣，做好废纸分类，购买废纸时严格把关避免带进外来的污染物。碎浆工序中对碎浆机出来的浆渣进一步合理化处理可减少渣浆中纤维的排放，从而可以减少三种污染物的排放。表 4-1 中虽然总磷的负荷最少，但等标污染负荷和污染负荷比与总氮和氨氮相比较高，这是因为总磷的排放限值要求高。

4.2.5.2　筛选净化

废纸经碎浆机碎解疏解分离成纤维之后，废纸浆中含有较多的杂质，重杂质如小石块、砂粒、玻璃屑、铁屑、黏土，轻杂质如木片、塑料膜片、树脂、橡胶块、纤维束等。去除废纸浆中杂质的过程称为筛选净化。筛选净化过程包括筛选、除渣两个工序，分别由除渣器和筛浆机完成。处理废纸的工艺过程，就是有针对性地分离这些杂质，并尽量减少处理过程中纤维的损失。

（1）主要污染物及其来源

废纸在收集和使用过程中不可避免地混杂了各种杂质，如热溶性蜡、石蜡、聚合物、热溶物、重的金属类杂质等，这些杂质在筛选净化过程中不断被分离出来，筛选、净化排渣废水中包含这些物质，产生了 COD、BOD、悬浮物、总氮、氨氮、总磷等特征污染物。

通过调研和查阅文献资料，筛选净化工序废水排放量平均为 10m³/t，各污染物浓度及负荷如表 4-2 所列。按各污染物负荷大小从大到小排序，顺序为 COD＞悬浮物＞BOD＞总氮＞氨氮＞总磷，在筛选净化工序中 COD 排放量仍然最大，这是由于非脱墨浆在筛选净化过程中其排渣废水中微小颗粒、胶体物质随着废水排出，导致 COD 污染负荷高，废纸中增强淀粉、胶黏物、矿物颜料等也导致了筛选净化工序中悬浮物和 BOD 浓度也较高。

表 4-2   筛选净化工序排渣废水污染源解析数据

特征污染物	COD_{Cr}	BOD_5	悬浮物	氨氮	总氮	总磷
浓度/(mg/L)	6000~14000	1100~2500	1200~5500	5~10	20~25	2~5
负荷/(kg/t)	60.00~140.00	11.00~25.00	12.00~55.00	0.05~0.10	0.20~0.25	0.02~0.05
等标污染负荷/(m³/t)	666.7~1555.6	550.0~1250.0	400.0~1833.3	6.30~12.5	16.7~20.8	25.0~62.5
等标污染负荷比/%	32.85~40.05	26.40~33.04	24.03~38.72	0.26~0.38	0.44~1.00	1.32~1.50

（2）等标污染负荷法解析

采取等标污染负荷法对筛选净化工序废水进行解析，计算得到各污染物的等标污染负荷和污染负荷比，结果如表 4-2 所示，按等标污染负荷的大小排序，从大到小的顺序为 COD＞悬浮物＞BOD＞总磷＞总氮＞氨氮。其中，COD 的等标污染负荷比达到了 32.85%～40.05%；其次是悬浮物，等标污染负荷比为 24.03%～38.72%；排在第三的是 BOD，它的等标污染负荷比为 26.40%～33.04%。总磷、总氮、氨氮排在后三位，等标污染负荷比分别是 1.32%～1.50%、0.44%～1.00%、0.26%～0.38%，可以得到 COD、悬浮物、BOD 是筛选净化工序中主要的污染物，这主要是因为排放的渣中有各类杂质和少量纤维。为了减少这三种污染物的排放，合理地制订筛选净化工艺流程，在碎浆后进行高浓除渣，其后进行粗筛，再进行低浓除渣和纤维精筛选，或者采用纤维分级筛对长、短纤维分别处理。选择合理的筛选净化设备，减少纤维的流失，筛选排渣效率提高，从而减少筛选、净化中渣浆废水的排放，减少污染。

4.2.5.3 浓缩

废纸非脱墨浆经筛选、净化后，为便于浆料的储存和满足流程后面工段特别是热分散的工艺要求，筛选后需要对废纸浆进行浓缩。浓缩脱水是一个机械压榨的过滤过程，在过滤初期，过滤网的孔较大，许多固体组分都能通过，只有较大粒子的固体留在滤网上，因此初期固体的流失率较大，而随着大组分的积聚，形成了一个辅助滤层，更多的固体组分被留在滤层上。

（1）主要污染物及其来源

废纸浆浓缩时有低浓、中浓和高浓浓缩过程。在脱水的同时，一些细小的微粒、无机盐、胶体物质、细小的纤维等都随着水的滤出而穿过滤网进入水中，所以浓缩废水中主要产生 COD、BOD、悬浮物（SS）、总磷、总氮、氨氮等特征污染物，这些污染物主要来源于废水中的木质素、无机盐、胶体物质、细小纤维、低分子糖等。调研结果表明，浓缩工序滤液一般为 24m³/t，各污染物浓度及负荷如表 4-3 所列。按各污染物负荷大小从大到小排序，顺序为 COD＞BOD＞悬浮物＞总氮＞氨氮＞总磷，浓缩废水中细小纤维、无机盐、胶体组分等很高，因此导致废水中 COD、BOD 和悬浮物浓度较高。废纸浆中的木质素、碳水化合物、无机盐等随着浓缩设备的滤出进入废水中，是导致 COD 负荷量大的主要原因；BOD 是因为浓缩时废纸浆中浓缩下来的淀粉、树脂等有机成分而导致含量较高；悬浮物主要是来自脱水时过滤下来的纤维，所以浓缩废水中含有大量的悬浮物。其他污染物如总磷和氨氮浓度相对较低。

（2）等标污染负荷法解析

浓缩工序滤液采用等标污染负荷法进行解析后，得到各污染物的等标污染负荷和污染负荷比，结果如表 4-3 所示。按等标污染负荷的大小排序，从大到小的顺序为 COD＞BOD＞悬浮物＞总磷＞总氮＞氨氮，可以得到浓缩工序主要污染物是 COD，其等标污染负荷比达到了 45.53%～50.70%；BOD 居第二位，其等标污染负荷比是 24.45%～40.98%；悬浮物再次之，其等标污染负荷比也在 9.56%～21.73%。浓缩过程中，细小组分、无机物、有机组分等进入滤液中，致使三者都不同程度地增高。可以采用浓缩后的滤液循环回用稀释调浓，减少废水的排放，达到降低污染物排放量的目的。

表 4-3　浓缩工序滤液污染源解析数据

特征污染物	COD_{Cr}	BOD_5	悬浮物	氨氮	总氮	总磷
浓度/(mg/L)	5000～14000	1000～1500	350～2000	5～10	20～25	2～5
负荷/(kg/t)	120.00～336.00	24.00～36.00	8.40～48.00	0.12～0.24	0.48～0.60	0.05～0.12
等标污染负荷 /(m³/t)	1333.3～3733.3	1200.0～1800.0	280.0～1600.0	15.0～30.0	40.0～50.0	60.0～150.0
等标污染负荷比 /%	45.53～50.70	24.45～40.98	9.56～21.73	0.41～0.51	0.68～1.37	2.04～2.05

4.2.5.4　造纸

非脱墨废纸浆经打浆、流送上网、压榨、干燥等工序抄造出纸张，主要用于生产包装纸和纸板，此处造纸车间的废水污染源解析是以牛皮箱板纸造纸过程作为调研对象。造纸过程中虽然浆料经过网部过滤脱水、压榨部压榨脱水和干燥部的蒸发脱水，但是网部产生的浓白水和稀白水以及压榨部产生的稀白水在生产过程中大部分已循环回用，干燥部的蒸发水也在进行处理后回用，所以此处解析的废水是整个造纸车间剩余的白水。

牛皮箱板纸在抄造过程中除了废纸非脱墨浆原料带入废水中的污染物外，还包含造纸过程中添加的染料、增强剂、喷淋淀粉、表面施胶剂等化学助剂。造纸助剂是为了达到纸张的性能必须添加的，这些助剂在配制和使用过程中就会部分带入白水中，产生一定的水体污染。

（1）主要污染物及其来源

牛皮箱板纸造纸过程中产生的白水主要包含细小纤维、无机盐、有机溶剂、淀粉等，会产生 COD、BOD、SS、总氮、氨氮、总磷等特征污染物。

通过调研和查阅文献资料，得到造纸机产生的白水平均为 98m³/t，但是其中约 85m³/t 是成形脱水区下来的高固含量的浓白水回用于机前来浆稀释，高压脱水区形成的稀白水少部分回用于制浆过程及锥形除渣器各段渣浆的稀释，因此纸机产生的多余白水平均为 13m³/t，其中各污染物浓度及负荷如表 4-4 所列。按各污染物负荷大小从大到小排序，顺序为 COD＞BOD＞悬浮物＞总氮＞氨氮＞总磷，造纸废液中 COD 和 BOD 浓度较高，这是因为多余稀白水中含有大量溶解物质和胶体物质，导致白水中含有大量的有机物，致使废水中 COD、BOD 浓度较大。悬浮物浓度高是因为网部过滤脱水和压榨部挤压脱水时，一些细小纤维和填料等进入废水中，导致悬浮物含量高。

表 4-4 造纸白水污染源解析数据

特征污染物	COD$_{Cr}$	BOD$_5$	悬浮物	氨氮	总氮	总磷
浓度/(mg/L)	1000～4000	500～1500	500～1000	5～10	10～20	1～4
负荷/(kg/t)	13.00～52.00	6.50～19.50	6.50～13.00	0.07～0.13	0.13～0.26	0.013～0.052
等标污染负荷/(m³/t)	144.4～577.8	325.0～975.0	216.7～433.3	8.1～16.3	10.8～21.7	16.3～65.0
等标污染负荷比/%	20.02～27.66	45.06～46.67	20.74～30.04	0.78～1.13	1.04～1.50	2.25～3.11

（2）等标污染负荷法解析

经过等标污染负荷法的解析，获得牛皮箱板纸造纸工序各污染物的等标污染负荷和污染负荷比，结果如表 4-4 所列。按等标污染负荷的大小排序，从大到小的顺序为 BOD＞悬浮物＞COD＞总磷＞总氮＞氨氮，可以得到牛皮箱板纸造纸工序主要污染物是 BOD，其等标污染负荷比达到了 45.06％～46.67％，悬浮物等标污染负荷比为 20.74％～30.04％，COD 等标污染负荷比为 20.02％～27.66％，其余污染物累积负荷比约 6％。BOD、悬浮物、COD 的等标污染负荷比的顺序与各污染物负荷大小的顺序不同，是由各污染物的排放限值不同造成的。废水中总磷的含量和浓度不是高的，但是其等标污染负荷却比氨氮和总氮的高，这是因为总磷的排放要求很高，排放限值很低，所以导致标准处理后，等标污染负荷较氨氮和总氮高。为减少污染物的排放，可以用多圆盘纤维过滤机处理造纸工序中多余的白水，回收纤维，产生的超清滤液用于洗毯、洗网等，固形物含量较高的滤液可以作为调浆稀释用水或送往制浆车间。

4.2.5.5 水污染源解析结果分析

（1）各工序总等标污染负荷及负荷比

通过对非脱墨浆废纸制浆造纸全过程中各个工序所排放的污染物的等标污染负荷求和，得出各工序总等标污染负荷值，并计算等标污染负荷比，结果如表 4-5 所列。从表中数据可以看出：各工序等标污染负荷总和从大到小的顺序是浓缩工序＞筛选净化工序＞造纸工序＞碎浆工序，其中浓缩工序等标污染负荷比为 50.24％～53.18％、筛选净化工序为 30.23％～32.31％、造纸工序为 13.10％～14.25％、碎浆工序为 3.19％～3.50％。可以看出污染负荷主要集中在浓缩工序、筛选净化工序和造纸工序，这三个工序的污染负荷比累积达到 96％以上，根据等标污染负荷法筛选原则，这三个工序是整个非脱墨浆制浆造纸过程中的主要污染工序。

表 4-5 各工序污染物等标污染负荷总和及负荷比（传统工艺）

工序	各工序等标污染负荷/(m³/t)	各工序等标污染负荷比/%	累积负荷比/%
碎浆	192.6～467.9	3.19～3.50	3.19～3.50
筛选净化	1664.6～4734.7	30.23～32.31	33.72～35.50

工序	各工序等标污染负荷/(m³/t)	各工序等标污染负荷比/%	累积负荷比/%
浓缩	2938.3~7363.3	50.24~53.18	85.75~86.90
造纸	721.3~2089.0	13.10~14.25	100.00

为了减少这些工序的污染物，以及节省清水的用量，在浓缩工序中的废水部分循环回用进入碎浆工序、筛选净化工序中稀释调浓，平均剩余约为 3m³/t；筛选净化工序的排渣废水可以利用节浆器、缝筛等技术，减少纤维的流失，使得排渣废水平均降到 6m³/t；造纸工序中的多余白水采用多圆盘纤维过滤机，得到的滤液循环回用，其中超清滤液用于洗网或洗毯，其他滤液用作筛选除渣的稀释水和制浆部分用水，外排水接近零。因此废纸非脱墨浆制浆造纸车间在采用了以上清洁工艺后很大程度上减少了污染物的产生，其数据见表 4-6。由表 4-6 中可以看出，筛选净化工序的污染物等标污染负荷降低了 40.00%，浓缩工序的污染物等标污染负荷降低了 87.54%，造纸工序的污染物等标污染负荷降低了 100%。

表 4-6　清洁工艺各工序污染物等标污染负荷总和

工序	各工序等标污染负荷/(m³/t)	与传统工艺相比降低率/%
碎浆	192.6~467.9	—
筛选净化	998.8~2840.8	40.00
浓缩	366.0~920.4	87.50
造纸	0	100

（2）各污染物总等标污染负荷及负荷比

为了确定整个非脱墨废纸制浆造纸过程中的主要污染物，在分析各工序污染物等标污染负荷的基础上，对某一污染物在制浆造纸过程中各个工序的等标污染负荷累计求和，得出其总等标污染负荷，并计算其等标污染负荷比，结果如表 4-7 所列。由表中数据可得：各污染物等标污染负荷总和从大到小的顺序是 COD>BOD>悬浮物>总磷>总氮>氨氮，其中 COD 的等标污染负荷比为 40.35%~41.20%、BOD 为 28.32%~38.77%、悬浮物为 17.19%~27.52%、氨氮为 0.41%~0.54%、总氮为 0.65%~1.26%、总磷为 1.88%~1.94%。根据等标污染负荷法筛选原则，累计百分比到 80% 的污染物为主要污染物。可以得出：COD、BOD 和悬浮物是非脱墨制浆造纸过程中的主要污染物。

表 4-7　各污染物等标污染负荷总和及负荷比（常规工艺）

特征污染物	各污染物等标污染负荷/(m³/t)	各污染物等标污染负荷比/%	累积负荷比/%
COD_{Cr}	2222.2~6033.3	40.35~41.20	40.35~41.20
BOD_5	2135.0~4150.0	28.32~38.77	69.49~79.12
悬浮物	946.7~4033.3	17.19~27.52	96.32~97.01

特征污染物	各污染物等标污染负荷/(m³/t)	各污染物等标污染负荷比/%	累积负荷比/%
氨氮	30.0～60.0	0.41～0.54	96.86～97.42
总氮	69.2～94.6	0.65～1.26	98.06～98.12
总磷	103.8～283.8	1.88～1.94	100.00

　　筛选净化工序、浓缩工序和造纸工序采用清洁生产工艺后减少了 BOD、COD 和悬浮物等污染物的排放量，清洁生产后的各工序的等标污染负荷结果如表 4-8 所列，计算出 COD 总等标污染负荷降低了 71.00%～74.03%、BOD 降低了 73.49%～74.71%、悬浮物降低了 63.64%～65.70%、氨氮降低了 79.17%、总氮和总磷降低了 75.90%～77.97%。废纸非脱墨制浆造纸过程中虽然会产生大量的污染物，但是其污染是完全可以削减和治理的，在末端治理的同时从生产过程中削减污染的思路已得到制浆造纸行业的广泛认同。采用过程水封闭循环技术在很大程度上减少污染物，减少非脱墨制浆造纸企业对环境的污染。

表 4-8　清洁生产非脱墨制浆造纸各污染物等标污染负荷总和

特征污染物	各污染物等标污染负荷/(m³/t)	与常规工艺相比降低率/%
COD_{Cr}	644.4～1566.7	71.00～74.03
BOD_5	540.0～1100.0	73.49～74.71
悬浮物	325.0～1466.7	63.64～65.70
氨氮	6.3～12.5	79.17
总氮	16.7～20.8	75.90～77.97
总磷	25.0～62.5	75.90～77.97

　　总的来看非脱墨废纸制浆造纸整个加工过程中主要污染物是 COD、BOD 和悬浮物，累积负荷比达到了 96% 以上。因此，这三种污染物为废纸非脱墨浆制浆造纸企业废水污染治理重点。

4.2.6　脱墨废纸制浆造纸废水等标污染负荷解析

　　废纸脱墨过程是一个化学反应和物理处理相结合的过程。废纸和水、脱墨剂进入碎浆机中，在机械剪切和揉搓作用下，废纸疏解成纤维，油墨从纤维表面剥离。油墨粒子从纤维上分离后仍留在纸浆中，必须将油墨粒子从纸浆中除去才能达到脱墨的目的。脱除油墨的方法一般有洗涤法、浮选法或洗涤与浮选。

　　脱墨废水与一般的制浆车间废水不同，它的污染特征与用于脱墨的废纸种类、脱墨工艺及废纸处理过程中的技术装备等有关。其主要特点有：a. 废水量大，生产 1t 脱墨纸浆废水量可达 20～40m³/t；b. 悬浮物含量高，主要有细小纤维、涂料、油墨粒子、填料、助剂等；c. BOD、COD 等污染指标较高。

4.2.6.1　碎浆-前浮选

　　这部分将碎浆、高浓除渣、粗筛、前浮选、浓缩产生的废水作为整体研究，简称碎浆-前浮选工序。不同类型的废纸，由于印刷方式的不同，油墨占总固体物质量的比率有一定差异，新闻纸的油墨质量比约为 1.5%，书刊纸约为 5%，非接触印刷（激光打印、喷墨印刷、静电复印等）纸可多达 6%。油墨所占比例越大，脱墨的难度自然增长越大。印刷油墨的组成对碎浆和浮选工艺影响很大。凸版印刷油墨的树脂含量低（3%~5%），胶版油墨的树脂含量高（11%~13%），而非接触印刷的墨粉，就是靠热熔性树脂黏结于纸面的。树脂含量越高，与纤维结合的强度越高，越难以脱墨，且这些树脂在浆中残留会导致胶黏物增多，同时也会带入浆渣和废水中。浮选是目前二次纤维回用过程中去除油墨粒子的主要技术手段，部分工厂配合洗涤法进行。洗涤法脱墨是一个传统的工艺，其污染物的浓度低，但污染负荷比浮选法高一些，所以现在企业大多采用浮选法，省水并且降低污染负荷。因此本部分主要研究的是浮选法脱墨工艺下的排放废水。

废纸在碎浆-前浮选过程中加入脱墨剂，随着废纸中的油墨与纤维分离，随着杂质和浮选浮渣排除出去，也成了污染的主要来源。

（1）主要污染物及其来源

含油墨的废纸在碎浆时加入脱墨剂，常用的脱墨剂由表面活性剂和无机药品组成，或是多种表面活性剂的复配物。在碎浆机的机械作用下，废纸中的颜料粒子从纤维上分离后仍留在纸浆中，废水中主要成分有脱墨剂、颜料、油墨粒子、溶解物质和胶体物质等，其特征污染物由 COD、BOD、悬浮物、总氮、氨氮、总磷来代表。

（2）等标污染负荷法解析

对脱墨新闻纸制浆造纸企业调研后，得到碎浆-前浮选工序排放废水量及废水中各污染物浓度数据。碎浆-前浮选工序总的废水平均排放量约为 20m³/t，各污染物浓度、等标污染负荷及负荷比如表 4-9 所列。

表 4-9　废纸（脱墨）制浆碎浆-前浮选废水污染源解析数据

特征污染物	COD$_{Cr}$	BOD$_5$	悬浮物	氨氮	总氮	总磷
浓度/(mg/L)	2000~6000	600~1800	350~600	3~8	15~25	2~4
负荷/(kg/t)	40.00~120.00	12.00~36.00	7.00~12.00	0.06~0.16	0.30~0.50	0.04~0.08
等标污染负荷/(m³/t)	444.4~1333.0	600.0~1800.0	233.3~400.0	7.5~20.0	25.0~41.7	50.0~100.0
等标污染负荷比/%	32.67~36.08	44.11~48.71	10.83~17.15	0.54~0.55	1.13~1.84	2.71~3.68

表 4-9 中按各污染物等标污染负荷从大到小排序，顺序为 BOD>COD>悬浮物>总磷>总氮>氨氮。由此表可得，碎浆-前浮选工序中等标污染负荷最大的特征污染物是 BOD，其废水中浓度和污染负荷不如 COD，但等标污染负荷和污染负荷比比 COD 大，等标污染负荷比最大时占负荷比 48% 以上，这主要是因为 BOD 排放限值要求高，其最主要的成分是纤维素或半纤维素的降解物，或是胶体物质等。其次是 COD，最大时占负荷比 36.08%。废水中油墨粒子、木质素、纤维素、半纤维素和无机盐等是 COD 的主要来源。BOD 和 COD 至少占据了整个工序中 76%~80% 的污染负荷，是碎浆-前浮选工序最主要的特征污染物。悬浮物的主要来源是细小纤维、无机填料、涂料、

油墨微粒等，废水中的氨氮、总氮、总磷主要来自废纸原料。为了减少 BOD、COD、悬浮物的产生量，可以采用近中性脱墨和中性脱墨技术，降低碱性脱墨的弊端，由于少用了氢氧化钠或不用，减少了过氧化氢、硅酸钠和螯合剂的量，使得废水中 BOD、COD 的含量降低，减少了细小胶黏物的产生。

4.2.6.2　漂白-后浮选

脱墨纸浆为了达到纸品的白度要求，需要补充漂白，这个过程带入的化学品和脱除的木质素、半纤维素和油墨粒子等，也会增加废水污染负荷。

（1）主要污染物及其来源

漂白工序主要的漂剂是过氧化氢、氢氧化钠和硅酸钠等溶剂，用来改变木质素中的发色基团，同时可以脱除部分油墨粒子。以 COD、BOD、SS、总氮、氨氮、总磷等特征污染物为代表。通过调研和查阅文献，漂白-后浮选工序废水平均排放量为 $8m^3/t$，各污染物浓度、等标污染负荷及负荷比如表 4-10 所示。

表 4-10　脱墨废纸制浆漂白-后浮选白水污染源解析数据

特征污染物	COD_{Cr}	BOD_5	悬浮物	氨氮	总氮	总磷
浓度/(mg/L)	1500～4000	400～1200	200～400	3～8	15～25	2～4
负荷/(kg/t)	12.00～32.00	3.20～9.60	1.60～3.20	0.024～0.064	0.12～0.20	0.016～0.032
等标污染负荷/(m³/t)	133.3～355.6	160.0～480.0	53.3～106.7	3.0～8.0	10.0～16.7	20.0～40.0
等标污染负荷比/%	35.12～35.31	42.14～47.67	10.59～14.05	0.79～0.80	1.66～2.63	3.97～5.27

表 4-10 中按各污染物负荷大小从大到小排序，顺序为 COD>BOD>悬浮物>总氮>氨氮>总磷。废纸脱墨制浆漂白-后浮选工序废液中 COD 浓度较高，这是因为漂白过程中加入了漂剂，导致废水中含有大量溶出木质素、半纤维素和无机盐等。BOD 和悬浮物多是因为漂白和后浮选过程中产生了有机物和固体悬浮物。其余污染物含量相对较少。

（2）等标污染负荷法解析

经过等标污染负荷法的解析，获得废纸脱墨浆漂白-后浮选工序各污染物的等标污染负荷和污染负荷比，结果如表 4-10 所列。按等标污染负荷的大小排序，从大到小的顺序为 BOD>COD>悬浮物>总磷>总氮>氨氮，可以得到漂白-后浮选工序的主要污染物是 BOD，其等标污染负荷比达到了 42.14%～47.67%、COD 等标污染负荷比为35.12%～35.31%、悬浮物等标污染负荷比为 10.59%～14.05%，三者至少占据了整个工序 90% 左右的污染负荷，是漂白-后浮选工序最主要的特征污染物。为了减少漂白-后浮选工序的污染，可以在系统中添加水处理装置，如气浮池进行气浮处理，使处理过的水再回用到生产流程中，使水的各种物质维持在一个合理的水平，减少了清水的加入，降低了漂白-后浮选废水排放量。

4.2.6.3　造纸

目前新闻纸是典型使用废纸脱墨浆为原料的纸种，因此此处是以新闻纸为例研究废纸脱墨浆制浆造纸过程的水污染源解析。

（1）主要污染物及其来源

在以脱墨废纸浆为原料生产新闻纸的过程中，除了原料之外，还需添加填料、增白剂、增强剂等辅助助剂。这些助剂在纸页的成形脱水过程中进入废水中，形成污染源，产生 COD、BOD、悬浮物（SS）、总磷、总氮、氨氮等特征污染物，这些污染物主要来源于废水中的木质素、无机盐、胶体物质、细小纤维、有机物等。通过调研和查阅文献，可知造纸机产生的白水平均为 $98m^3/t$，但是其中约 $85m^3/t$ 是成形脱水区下来的高固含量的浓白水，回用于机前来浆稀释，高压脱水区形成的稀白水少部分回用于制浆过程及锥形除渣器各段渣浆的稀释，因此纸机产生的多余白水平均为 $13m^3/t$，其中各污染物浓度及负荷如表 4-11 所列。按各污染物负荷大小从大到小排序，顺序为 COD＞BOD＞悬浮物＞总氮＞氨氮＞总磷。废纸脱墨浆造纸工序的废液中 COD、BOD、悬浮物这三者是主要的污染物，这是因为造纸过程中加入了填料、增强剂、助留剂、施胶剂等，所以造纸脱水过程中，滤液中含有大量的无机盐、细小纤维、填料等物质，导致污染负荷偏高。

表 4-11 废纸脱墨浆造纸白水污染源解析数据

特征污染物	COD_{Cr}	BOD_5	悬浮物	氨氮	总氮	总磷
浓度/(mg/L)	4500～8000	1200～2500	300～600	3～6	12～22	1～3
负荷/(kg/t)	58.50～104.0	15.60～32.50	3.90～7.80	0.039～0.078	0.16～0.29	0.013～0.039
等标污染负荷 /(m³/t)	650.0～1156.0	780.0～1625.0	130.0～260.0	4.88～9.75	13.0～23.8	16.25～48.75
等标污染负荷比/%	37.00～40.77	48.93～52.04	8.16～8.33	0.306～0.312	0.76～0.82	1.02～1.56

（2）等标污染负荷法解析

经过等标污染负荷法的解析，获得废纸脱墨浆造纸工序各污染物的等标污染负荷和污染负荷比，结果如表 4-11 所列。按等标污染负荷的大小排序，从大到小的顺序为 BOD＞COD＞悬浮物＞总磷＞总氮＞氨氮，可以得到造纸工序的主要污染物是 BOD，其等标污染负荷比达到了 48.93％～52.04％；其次 COD，其占比也很高，其等标污染负荷比为 37.00％～40.77％。为了减少造纸工序的主要污染物，可以对造纸白水采用气浮和多圆盘纤维过滤机等方法，使处理后的水充分地循环利用，减少清水的使用量，达到降低污染物排放量的目的；提高前面制浆段的浆料质量，减少造纸工序中废水污染物原料浆带来的影响，严格控制造纸过程中助剂的加入，减少废水污染物的排放。

4.2.6.4 废纸脱墨制浆造纸废水污染源解析结果分析

（1）各工序总等标污染负荷及负荷比

通过对废纸脱墨浆制浆造纸全过程中各个工序所排放的污染物的等标污染负荷求和，得出各工序总等标污染负荷值，并计算等标污染负荷比，结果如表 4-12 所列。从计算结果可以看出：各工序等标污染负荷总和从大到小的顺序是碎浆-前浮选工序＞造纸工序＞漂白-后浮选工序。其中碎浆-前浮选工序的等标污染负荷比为 40.80％～47.22％，占比最高，造纸工序等标污染负荷比也较高，为 39.91％～47.81％；这两个工序的累积负荷比可达到90％左右。根据等标污染负荷法筛选原则，这两个工序是整个废纸脱墨浆制浆造纸过程当中的主要污染工序。这两个工序：一是主要的油墨粒子排放工序，废水中油墨粒子、残余的脱墨药品等较多；二是造纸废水排放量大，而且造纸过程中加入了填料、高分子有机助剂、表面施胶剂等，这些物质会导致废水中含有大量的COD、BOD和悬浮物等特征污染物，因此其等标污染负荷较大，是主要的污染工序。

表 4-12　各工序污染物等标污染负荷总和及负荷比（常规工艺）

工序	各工序等标污染负荷/(m³/t)	各工序等标污染负荷比/%	累积负荷比/%
碎浆-前浮选	1360.3～3695.0	40.80～47.22	40.80～47.22
漂白-后浮选	379.7～1006.9	11.39～12.87	52.19～60.09
造纸	1594.1～3122.9	39.91～47.81	100.00

制浆造纸企业近年来为了减少这些工序的污染物，采用了清洁的脱墨技术，如酶法脱墨等，或采用中性或近中性油墨；也可采用车间内处理与终端废水处理相结合的技术，如微气浮装置，加大废水的循环回用，减少外排废水的排放量。采用了这些清洁技术后，碎浆-前浮选工序的废水平均排放量降到12m³/t，漂白-后浮选工序的废水平均排放量降到1m³/t，造纸工序的废水平均排放量降到2m³/t。在分析计算各工序污染物等标污染负荷后，得出各工序总等标污染负荷值，并计算等标污染负荷比，结果如表4-13所列。

表 4-13　清洁工艺各工序污染物等标污染负荷总和

工序	各工序等标污染负荷/(m³/t)	与传统工艺相比降低率/%
碎浆-前浮选	665.04～1815.7	50.86～51.11
漂白-后浮选	44.42～118.5	88.23～88.30
造纸	191.9～369.3	87.96～88.18

由表 4-13 中可以看出碎浆-前浮选工序的污染物等标污染负荷降低了50.86％～51.11％，漂白-后浮选工序的污染物等标污染负荷降低了88.23％～88.30％，造纸工序的污染物等标污染负荷降低了87.96％～88.18％。

（2）各污染物总等标污染负荷及负荷比

为了确定整个脱墨废纸制浆造纸过程中的主要污染物，在分析各工序污染物等标污染负荷的基础上，对某一污染物在制浆造纸过程中各个工序的等标污染负荷累计求和，得出其总等标污染负荷，并计算其等标污染负荷比，结果如表4-14所列。由表中数据可得：各污染物等标污染负荷总和从大到小的顺序是 BOD＞COD＞悬浮物＞总磷＞总氮＞氨氮。其中 BOD 的等标污染负荷比为 46.19％～49.91％、COD 为 36.35％～36.83％、悬浮物为 9.55％～9.80％，三者的累计等标污染负荷超过90％，废水中氮、磷相对较小。因此，BOD、COD 和悬浮物是废纸脱墨制浆造纸过程中的主要污染物。

表 4-14　各污染物等标污染负荷总和及负荷比

特征污染物	各污染物等标污染负荷/(m³/t)	各污染物等标污染负荷比/%	累积负荷比/%
COD$_{Cr}$	1227.8～2844.4	36.35～36.83	36.35～36.83
BOD$_5$	1540.0～3905.0	46.19～49.91	83.02～86.26
悬浮物	416.7～766.7	9.80～12.50	95.51～96.06
氨氮	15.4～37.8	0.46～0.48	95.97～96.54
总氮	48.0～82.2	1.05～1.44	97.41～97.59
总磷	86.3～188.8	2.41～2.59	100.00

碎浆-前浮选工序、漂白-后浮选工序和造纸工序采用了清洁生产工艺后减少了 BOD、COD 和悬浮物等污染物的排放量，清洁生产后的各工序的等标污染负荷结果如表 4-15 所列。COD 总等标污染负荷降低了 69.92%～72.76%，BOD 降低了 70.29%～72.73%，悬浮物降低了 76.96%～78.24%，氨氮降低了 70.20%～75.61%，总氮降低了 68.75%～69.57%，总磷降低了 56.52%～60.27%。由此可见，废纸脱墨制浆造纸过程中虽然产生了较大量的污染物，但是在采用清洁的脱墨工艺技术和流程中水处理并循环回用的技术后污染是完全可以降低和治理的。

由以上分析可知，脱墨废纸制浆造纸废水主要污染负荷集中在碎浆-前浮选工序和造纸工序，累积负荷比达到 80% 以上，是产生污染物的主要工序，主要特征污染物是 BOD、COD 和悬浮物，应重点加以关注。

表 4-15　清洁生产废纸脱墨制浆造纸各污染物浓度及等标污染负荷总和

特征污染物	各工序污染物浓度/(mg/L)			各污染物等标污染负荷/(m³/t)	与常规工艺相比降低率/%
	碎浆-前浮选	漂白-后浮选	造纸		
COD$_{Cr}$	1800～5000	1500～4000	3500～6500	334.4～855.6	69.92～72.76
BOD$_5$	500～1500	400～1200	1000～2000	420.0～1160.0	70.29～72.73
悬浮物	200～400	120～200	100～150	90.7～176.7	76.96～78.24
氨氮	2～6	2～6	2～6	3.8～11.3	70.20～75.61
总氮	12～20	12～20	12～20	15.0～25.0	68.75～69.57
总磷	2～4	2～4	2～4	37.5～75.0	56.52～60.27

4.3　废纸高浓碎浆技术

碎浆通常是废纸制浆的第一步，目的是在最大限度地保持废纸中纤维的原有强度的情况下将废纸分散成纤维悬浮液，并将废纸中砂石、金属等重杂质及绳索、破布条、塑料薄膜等体积大的杂质与纤维有效分离。在处理需要脱墨的废纸时，还需在碎浆设备中加入一定量的脱墨剂及化学药品、通汽加热等，以期达到将纤维与油墨分离的目的。废纸碎浆利用了机械、温度和化学品的共同作用，其主要作用包括：润湿回用纸并降低其结合力；将纸分散成单根纤维或碎片；脱出纤维上的油墨离子；分离出粗渣；添加化学助剂；使纸浆均匀。在碎解过程中，要避免把杂质过度破碎，以免引起筛选和净化困难，同时，要避免油墨离子回吸。废纸碎浆过程按操作方式分为间歇式碎浆和连续式碎浆，按碎浆浓度不同分为高浓碎浆和低浓碎浆，碎浆设备主要有水力碎浆机和转鼓式碎浆机。高浓度制浆是废纸制浆行业发展的主要方向。

4.3.1 高浓水力碎浆技术

水力碎浆机是传统的常用的碎浆设备，从结构形式上分为立式碎浆机和卧式碎浆机；从操作方法上分为连续式碎浆机和间歇式碎浆机；从处理废纸浆浓度上分为低浓碎浆机、中浓碎浆机和高浓碎浆机。高浓碎浆和中浓碎浆一般是间歇式的，低浓碎浆（约6％）通常是连续的。水力碎浆机的碎浆作用主要是转子的机械作用和转子回转时所引起的水力剪切作用，碎解力必须大于原料的结合力以及杂质对纤维的黏附力。转子回转时，一方面是转子上叶片强烈地击碎与它相接触的废纸原料；另一方面，由于转子产生强力涡旋，在转子周围形成一个速度很高的湍流区域，而且接近机体内壁的废纸浆速度低于湍流区域的速度，两者间存在着速度差，于是废纸浆料间互相摩擦，最终达到碎浆目的。对于难碎解成浆的纸，需要加热至75℃以上，有时还需要加入化学药品，用酸性或碱性化学药品来破坏回收纸中的湿强剂。

高浓水力碎浆机的基本结构包括槽体、螺旋转子、支架、传动装置，工艺过程包括加水、喂废纸料、碎浆、稀释、出料、清洗等步骤，采用间歇式运行模式。主要优点是：高浓度可以增加纤维与纤维之间的互相摩擦，有助于油墨从纤维上脱落；良好的碎浆可控性；可减少对杂质的碎解，以利其后杂质更好地去除；降低能耗；节省化学品；油墨的去除更完全；杂质不易变小、变细，从而不影响后段的处理；对于生产高质量的脱墨浆，如生产品质要求高的文化用纸浆，生产能力在200t/d以下时，倾向选用高浓水力碎浆机。其作用原理是，在碎浆初始阶段，块状废纸被螺旋转子的叶片撕成小片，随后在螺旋叶片作用下，槽体底部的料液被从中央推向圆周，并沿内壁向上运动，在槽体上部由外圆周向圆心螺旋聚集，并自上而下产生回流。整个碎解过程中，废纸在螺旋叶片的作用力下，使湿润的纤维间产生剧烈的摩擦和搓揉，进而将块状废纸撕裂、碎解成浆。为了缩短总的操作时间，进出料口直径都需要足够大。高浓水力碎浆一般选择三螺旋的锥形转子结构，转子上部叶片具有传送作用，可以把上层失去动力的料液带入搅动强烈的湍流区，因此可以松开废纸包；转子底部叶片的作用主要是产生的剪切力，使料液产生湍流和涡流循环。福建轻机开发的高浓水力碎浆机，转子类型为三螺旋变径变距，强化浆料循环和柔性疏解，碎浆浓度可达15％～17％，碎解温度45～50℃，碎解时间15～20min，具有疏解浓度高、碎解时间短、放浆速度快、生产能力大等优点，在国内处于领先地位。

4.3.2 高浓转鼓碎浆技术

转鼓式碎浆机是20世纪70年代在欧洲发展起来的，自90年代以来，欧洲、加拿大和美国等的一些大型制浆厂已陆续开始采用，拥有该技术的公司有安德里茨公司、福伊特公司和KBC公司等。目前，虽然这些公司的设备结构形式各不相同，但总体看大同小异，都已广泛应用于国内外各大制浆造纸公司。

转鼓式碎浆机是一种柔和的碎浆设备，在去除胶黏物和油墨方面效率优于高浓水力碎浆机，而且能够连续生产，因此应用不断增加。转鼓式碎浆机多用于大型废纸纸浆厂，可实现碎浆和筛选功能，后跟脱墨系统，最常见的就是应用于报纸和杂志纸，由于作用力柔和，特别适合于低湿强度的纸和纸板。市场上转鼓式碎浆机有多种，例如：Andritz 公司的 SD 系列转鼓碎浆机，是将碎浆段与筛选段连成一体，且转鼓直径及其长度都随产能不同而不同；Metso 公司的 OSD 型转鼓碎浆机，也是将碎浆段与筛选段连成一体，其长度则随产能的增加而增加，但转鼓直径只有一种，均为 4m，这种转鼓式碎浆机是使用轮胎代替齿轮传动，因此运行噪声小，吸收冲击负荷好，维护简单，但摩擦传动的效率比齿轮传动低；美国 KBC 公司的 ZDG 型转鼓碎浆机结构和 Andritz 公司产品类似；Voith 公司的 Twin Drum 转鼓型连续碎浆机，将碎浆段和筛选段分成两段，分别进行传动，其另一个特点是碎浆段内增设了 D 形鼓芯，可以提高废纸在提升挡上升的高度，同时也可以提供额外的剪切力，能用于含有一定湿强剂的废纸碎解。

高浓转鼓碎浆机碎解废纸的过程更加温和，机械作用在碎解过程中仅仅起到抬高浆料，把动能转换成势能的作用。因此，转鼓式碎浆机对纤维的保护作用更强，这对角质化程度较重，很难正常润胀的二次纤维来说很重要。但也正是因为碎解作用温和，废纸要由纸张碎解成单根纤维，要在转鼓式碎浆机中停留的时间较水力碎浆机长，特别是较连续式的水力碎浆机长。一般转鼓式碎浆机废纸的停留时间为 10~20min，而连续式水力碎浆机的碎解时间可以缩短到 7~8min。长时间的碎解作用会造成已经碎解下来的细小油墨粒子在纤维表面的重新吸附，这些吸附有部分是不可逆的。因此，对于转鼓式碎浆机来说，在保证浆料碎解效果的前提下需尽可能缩短废纸在碎浆机内的停留时间。有学者曾经对比转鼓式碎浆机和水力式碎浆机碎浆后浆料的白度，发现转鼓式碎浆机碎解后浆料的白度要比水力式碎浆机碎解后浆料的白度低 3.0%~4.0%（ISO），然而，在近中性 pH 条件下，使用转鼓式碎浆机碎解水性油墨时，油墨粒子的黏附却比水力式碎浆机少。另外，转鼓式碎浆机在保留大胶黏物方面要比水力式碎浆机做得好。由于碎浆作用温和，废纸中的胶料可以保持较大尺寸，在筛选阶段及时从浆料体系中排出，防止胶黏物的碎解。由于转鼓式碎浆机可在 20%~25% 的高浓度下工作，较高浓水力碎浆

图 4-6　国产转鼓式碎浆机（郑州运达）

机的浓度高很多，相应的动力消耗较间歇式高浓水力碎浆机低约 50%，其缺点主要是占地面积大，设备投资费用大。

国内在转鼓式碎浆设备研发方面也不断突破，20 万～30 万吨/年的废纸成套处理设备已经实现国产化。例如郑州运达开发的转鼓式碎浆机（图 4-6），在高浓（14%～22%）下运行，产生柔和的揉搓、摩擦运动，使纤维充分润胀分离，充分保留了废纸纤维的强度和长度；连续碎解和粗筛选时，由于无强烈运动的转子结构，无需耗能于不必要的搅拌和剪切运动，能量仅消耗在转鼓的旋转上，比传统高浓碎浆机节能 50% 左右。近期开发的 ZDG425 型转鼓式碎浆机，转鼓直径 4250mm，最大废纸处理量 1200～1600adt/d（adt 表示吨风干浆），适用于 OCC、ONP、OMG 等多种原料，分类拣选效率提高 60%～70%，重渣去除率达 90%，电机功率仅 1000～1400kW。

4.4 废纸制浆新型脱墨技术

油墨是通过印刷把其中的色料粒子黏附在纸张纤维上，而脱墨的原理是破坏这些粒子对纤维的黏附力。废纸脱墨过程是一个化学反应和物理反应相结合的过程。脱墨是根据油墨的特性，采用合理的方法，利用脱墨设备对废纸进行疏解，再通过脱墨剂的湿润、渗透、分散、乳化等作用来破坏油墨粒子对纤维的黏附力，即通过机械力、化学药品和加热等综合作用，将印刷油墨粒子与纤维分离，并将其从纸浆中分离出去的工艺过程。整个脱墨过程大致可分为以下步骤：a. 疏解分离纤维；b. 使油墨从纤维上脱离；c. 将脱离下来的油墨和颜料粒子等杂质从浆料中除去。为了获得较高质量的再生纸浆纤维，不仅要去除非纤维杂质，更重要的是要去除印刷油墨，脱出油墨主要通过化学作用，使油墨易于从纤维上剥离下来，并从系统中去除。多年以前脱墨多以废旧报纸为主要原料，随着社会的飞速发展，胶版纸、铜版纸、凸版纸以及应用于办公自动化系统的记录纸、复印纸、压感纸、激光印刷纸日益增多，由于不同纸种用于印刷的油墨种类不同，回收废纸脱墨难度越来越大，这样就对脱墨提出了更高的要求。

常规废纸脱墨采用碱性脱墨法，即在碎浆过程中加入氢氧化钠、过氧化氢、表面活性剂和螯合剂等化学试剂，油墨在碱性条件下被皂化从纤维上脱落，然后利用洗涤、浮选等方法将油墨从纸浆中除去，各化学品在废纸脱墨中的作用各不相同。在正常的碎浆条件下，加入氢氧化钠的目的在于将环境的 pH 值调节至碱性范围（pH 9.5～11.0），纤维会吸水润胀并变得更加柔软，但如果加入的 NaOH 过量，会使含机械浆的废纸浆变黄发黑，因此加入的 NaOH 量既不能太低也不能太高，加入的 NaOH 量过低，不足以保证油墨树脂的皂化和水解以及纤维的柔软性；加入的 NaOH 量过高，就不能发挥 H_2O_2 的效能，减少发色体的形成。另外，在脱墨时加入硅酸钠有助于油墨的分散，并且能有效阻止油墨粒子重新沉淀在纤维表面；加入螯合剂，可与金属离子形成可溶性的络合物，阻止重金属离子分解 H_2O_2，从而提高脱墨效率；加入一定量的表面活性剂，不仅能软化油墨，而且表面活性剂能渗透到油墨与纤维之间，使它们之间的连接断裂。但是要使油墨完全从纤维上分离，除了化学作用，还需要机械力的协同作用才能更加有效地将油墨从废纸浆中除去。由于碱性脱墨需要在较高 pH 值下进行，这就导致了漂白后的纸浆容易返黄，不透明度和白度均有所下降，当加入过量的氢氧化钠时会导致制浆过程中脱水困难和得率下降，同时会影响纸页抄造过程中纸浆的滤水性和产品的强度性能以及纸机的正常运行。此外，由于化学脱墨要使用大量的化学助剂，导致絮凝剂的作用被削弱，加大污水处理的难度，加大了环境污染，增加了环保负荷，因此发展了近中性脱墨和酶法脱墨等新技术。

4.4.1　近中性脱墨技术

近中性脱墨或弱碱性脱墨始于 1967 年，1992 年 7 月第一个用普通废纸来生产印刷纸的中性脱墨系统开始在瑞士的 Zwingen 运转。2000 年之后中性/近中性脱墨技术迅速展开应用，主要原因在于：a. 碱性脱墨条件下，为减少返黄，需要添加过氧化氢，以及硅酸钠和螯合剂，造成废水中的 COD 含量大，污水处理费用增加，致使废纸制浆厂寻找减少化学品用量的新脱墨方法；b. 碱性条件下，胶黏物容易润胀碎解并形成微细胶黏物，这给本身就深受胶黏物危害的废纸浆抄纸带来更大的处理问题，尤其是含有机械木浆的废纸存在时，这种危害更加明显。近中性脱墨和中性脱墨能够很好地降低碱性脱墨的弊端，并且可以利用现有的碱性脱墨设备实现，操作上需要的改变小，替代方便，推广容易。目前大型废纸制浆厂很多已采用近中性脱墨，由于少用了氢氧化钠或不用，纤维的润胀程度有一定程度的降低，油墨（特别是油性油墨）的剥离会比碱性脱墨时困难，可以采用添加亚硫酸钠和一定量表面活性剂的方法来提高油墨剥离效果。但在脱苯胺油墨废纸时，这种中性脱墨环境就会体现出更好的油墨剥离效果，表现在剥离下来的油墨粒子有更大的粒径。采用转鼓式碎浆机在中性或弱碱性条件下处理水性油墨废纸，能够取得较好的脱墨效果，油性油墨的废纸脱墨效果会稍差，两者兼顾时，碎浆浓度可稍微降低。中性和近中性条件下的碎浆时间会比碱性条件下稍长，但不宜过长，如果碎浆时间过长则油墨粒子发生再沉积的可能性较大。

对近中性亚硫酸盐浆废纸脱墨的实验室和工厂实际应用表明，在近中性的碎浆环境下（添加亚硫酸钠，pH 7.5～8.0），废纸的碎解（ONP＋OMG）时间比碱性碎浆能够增加 3min 左右，碎解过程中油墨粒子的再沉积情况与碱性条件下相差并不明显。但中性 pH 条件下碎浆时更适宜采用低浓（4.0% 左右），碱性碎浆可以采用 10.0%～18.0% 的碎浆浓度。从最终浮选后的结果来看，采用近中性碎浆的方法与碱性方法获得的白度接近。另外，对 ONP/OMG 混合废纸碎解时只加缓冲剂和亚硫酸钠以增强脱墨效果的研究表明，油墨剥离程度提高，油墨碎片化程度减小，纸浆深色化程度降低，纸浆漂白效果增加。而在对含有苯胺凸版印刷和胶版印刷的废纸脱墨研究中发现，先中性条件后碱性条件的脱墨系统适合于这种混合废纸的脱墨，脱墨浆白度较单用碱性条件时高。近年来，在国内大型废纸制浆厂进行近中性脱墨的探讨中发现，在不影响脱墨效率的情况下，脱墨系统排水 COD_{Cr} 可以明显下降，污染物减排成效十分显著，与皂化钠碱性脱墨系统相比，近中性脱墨系统中的 $NaOH$、H_2O_2、H_2SO_4 等生产用化学品用量都有明显降低甚至停用。近中性脱墨系统可以更好地保持油墨的粒径，使更多的油墨粒子大小保持在可浮选的范围，从而提高了浮选时去除油墨的效果。从新闻纸的质量指标看，试验前后比较稳定，没因为试验而出现波动。可以认为，近中性脱墨技术的应用将给以废纸为主要原料的造纸企业带来可观的效益。

这些实际应用的例子表明，由碱性脱墨变为近中性或中性脱墨完全有可能，且不会引起脱墨效果的降低，即便采用胶版印刷的油性油墨废纸，也能够收到好的效果，近中性脱墨的优点可以体现在各种废纸的脱墨中。

4.4.2 酶法脱墨技术

随着生物技术的发展，自1991年韩国学者首次报道应用纤维素酶及木聚糖酶能有效脱除ONP浆中的油墨后，众多研究机构和广大学者加入这个研究方向中，并相继取得了丰富的研究成果，推动了酶法脱墨的工业化应用进程，部分技术已经开始进入实际应用阶段。与传统碱性化学脱墨相比，酶法脱墨具有以下优点：a. 能够减少化学品用量，在中性条件下脱墨，还能显著减少废纸中的溶出物，降低脱墨废水中的BOD和COD，减少废水处理的负荷，减少环境污染，也能减少浆中的阴离子垃圾，清洁白水系统，利于抄纸系统；b. 提高纸浆白度1.0%～2.0%（ISO），减少尘埃度和灰分含量；c. 在脱墨的同时还可以减轻胶黏物障碍问题；d. 酶（纤维素酶）对比表面积大的微细纤维有酶解作用，因此还可以修饰纤维，保证纤维的长度，增加浆料滤水性能，对纸张物理性能提高有很好的效果；e. 降低打浆的能耗，研究表明，采用酶处理后的废纸浆，打浆时能耗能够降低15%；f. 酶法脱墨（中性条件）对于苯胺水基油墨印刷的报纸脱墨效果比传统碱性脱墨要好，白度值可以明显提高。

用于废纸脱墨的酶制剂有很多，一般有纤维素酶、半纤维素酶、木质素降解酶、果胶酶、淀粉酶及脂肪酶，其中研究最多、应用最广的是纤维素酶、半纤维素酶和脂肪酶等。纤维素酶脱墨的主要作用机理有水解说和纤维剥离说。水解说认为，酶把固定油墨的纤维素部分水解和降解，使它们开裂而彼此分离，油墨粒子得以释放分散到悬浮液中；纤维剥离说认为，纤维素酶能够促进油墨粒子从纤维表面层剥离，从而增大油墨粒子脱除的效率。半纤维素酶脱墨的作用机理是通过破坏木质素-碳水化合物（LCC）的键合，从纤维素表面上释放木质素，油墨随着木质素的脱除而被除掉。脂肪酶的作用是部分降解油墨中的联结料和甘油酯，从而将油墨基团从纤维上脱除，达到脱墨的目的。

虽然酶法脱墨在实验室阶段取得了良好的效果，但是要大量投入工业生产还有待加强。通常酶法脱墨的成本比化学脱墨要高，酶的使用不当也会造成纤维素降解，制浆得率降低，尤其是在使用纤维素酶和半纤维素酶的时候需要注意。而且，影响酶应用的环境因素较多，废纸种类、油墨特性、酶类型及性质，以及酶脱墨条件如pH值、温度、反应时间、机械剪切力、金属及其他抑制酶活性的溶解物的存在等。由于目前脱墨环境主要为碱性/近中性，一些酸性及微酸性条件下更能发挥作用的酶，在工业化应用上会有一定困难。此外，酶法脱墨纸溶解电荷和Zeta电位均低于化学脱墨纸浆，会影响到一些电荷助剂与纤维的吸附，降低助剂的功效。因此，酶法脱墨还需要解决以下几个主要问题。

① 进一步缩短酶的作用时间。酶法脱墨需要给酶留出一定的作用时间，通常为30～60min。一般认为在碎浆阶段添加酶的作用效果会更好，但碎解时间也少于酶的作用时间，如何在这么短的时间内发挥酶的作用是亟待解决的问题。

② 增强酶的适应性。在碎浆阶段，废纸中还存在大量杂质，酶在这个阶段要想发

挥作用，需要克服复杂环境的干扰。由于废纸来源经常发生变化，对酶活性有影响的杂质也有变化，因此需要酶的适应性进一步增强。

③ 能够在中性浮选脱墨环境下发挥作用，无需更改或仅需少量更改工艺及设备便可投入实际使用。

④ 减少纤维损失，降低酶的用量，降低生产成本。

4.4.3　水性油墨脱墨技术

水性油墨以水作为溶剂，对环境友好，而且印刷适应性好，近些年来得到广泛应用。与油性油墨不同，水性油墨是由特定的水性高分子树脂、颜料、水、添加助剂经物理化学过程组合而成的油墨，水性高分子树脂是水性油墨最主要的组成部分，它在水性油墨中主要起连接料的作用，使油墨具有一定的流动性，并提供与承印物材料的黏附力，使油墨能在印刷后形成均匀的墨层。在碎解时，连结料溶解在水中，使颜料颗粒在水中均匀分散，形成微米甚至纳米级的油墨颗粒，使常规油性油墨的脱墨方法失效。由于水性油墨废纸通常很难从外观上与油性油墨废纸分辨出来，但一旦废纸中含有的水基油墨含量超过 10%，常规浮选方法浮选脱墨时就会遇到困难，脱墨后依然有大量油墨存留在浆中，甚至吸附在设备上。

水性油墨废纸浮选脱墨存在的问题是油墨粒子不仅不能被有效地浮选出去，而且还具有较强的再沉积于纤维表面或内部的趋势，水性油墨粒子的再沉积作用是导致白度损失的主要原因。如何更好地利用浮选方法去除水性油墨粒子，主要有以下两个途径。

4.4.3.1　减少水性油墨粒子的沉积

水性油墨粒子粒径小，分散在水中具有一定的胶体性质，带有阴电荷，可以通过添加阳离子无机电解质造成水性油墨粒子聚集，增大水基油墨粒子的粒径，从而减少沉积的可能。研究表明，在模拟体系中加入无机钙离子和铝离子均可有效抑制油墨粒子的沉积，无机钙离子效果更佳。无机钙离子对于实际水性油墨废纸最优的浮选脱墨条件为：$CaCl_2$ 用量 2%、碎浆温度 50℃、碎浆时间 4min、碎浆浆浓 8%、浮选浆浓 1%、浮选时间 10min、浮选温度 50℃、活性剂用量 0.3%。钙离子过量反而效果不好。还有研究表明，在脱墨过程中加入 2% 的木质素磺酸盐可以促进油墨的分离，同时抑制油墨粒子的再沉积。另外，调整浆料体系的 pH 值，采用中（酸）性-碱性双回路脱墨工艺也可减少沉积，在第 1 段中，为了防止水性油墨粒子的过度分散，混合废纸应该在中性或酸性条件下碎浆，然后在中性或酸性条件下浮选，这对水性油墨废纸具有较好的浮选效果。由于这些条件对油性油墨的脱除不利，所以浓缩后的浆料进入第 2 段碱性条件脱墨，第 2 段脱墨与常规的脱墨方法相同。尽管这些方法有一定作用，但操作复杂，成本增加。除此之外，水性油墨废纸的碎浆时间要尽可能短，即在能够疏解开纤维的最短时间内完成，以减少沉积现象发生。

4.4.3.2　选用合适的表面活性剂

对阳离子、阴离子、两性和非离子表面活性剂对水性油墨胶体稳定性的影响研究结果表明，在水性油墨胶体溶液中加入十六烷基三甲基溴化铵时可以转变油墨粒子的 Zeta 电位，使炭黑粒子的平均粒径稍微增加，但这种增加程度低，并不能有效增加浮选效果，可能水性油墨溶液的胶体稳定性主要由空间位阻效应决定；加入十二烷基磺酸钠时，可以使炭黑粒子表面的负电性更强，这会使得水性油墨胶体溶液变得更稳定，炭黑粒子的平均粒径反而下降了；加入椰油酰胺丙基氧化胺时，炭黑粒子平均粒径也稍微增大；加入脂肪醇聚氧乙烯时，炭黑粒子平均粒径从初始的 154nm 增至 240nm，但这也并不足以减轻水性油墨粒子的沉积和提高气泡的捕集效率。

4.5 废纸制浆高效浮选技术

浮选是废纸制浆过程的重要操作单元，能够利用颗粒表面不同的物理化学性质，使颗粒物有选择性地向气泡附着，这些聚集体上升到悬浮液的表面，形成泡沫，进而从表面去除。影响表面性质的主要因素包括吸附、润湿性、氧化、分散、溶解、表面电性和絮凝等。在造纸工业中有两种浮选系统：一种是选择性浮选，主要是脱墨浮选；另一种是微气浮或溶气气浮（DAF），主要用于过程水和废水除渣，也被称为总溶解气体浮选或微气浮。

4.5.1 脱墨浮选技术

脱墨浮选是基于颗粒和纤维的表面能不同而进行杂质分离的，其原理是将空气注入浆料中，并使固形物杂质从纤维中分离出来，可分三个阶段，即碰撞、附着和分离。第一阶段是固形物杂质和空气泡碰撞；第二阶段是固形物杂质和空气泡黏附在一起；第三阶段是气泡携带固形物杂质浮到浆料液面形成含固形物杂质的泡沫，然后从浆料中分离出来。浮选设备包括浮选槽、浮选槽扩散器和消泡器等主体设备，同时配备有多盘浓缩机和尾段精筛。

脱墨浮选能有效地除去粒径为 $50 \sim 250\mu m$ 的颗粒，包括印刷油墨、胶黏物、填料、涂布颜料和黏合剂。为了保证有效浮选，油墨粒子必须首先从纤维上脱离，以便可以在浆料中自由移动，另外其粒径大小必须在合适的范围内，因此废纸的机械和化学处理非常重要。浆料中无附着的油墨粒子粒径分布很宽，例如炭黑和颜料构成的油墨粒子大小为 $0.02 \sim 0.1\mu m$，水性柔性印刷的油墨粒子聚集体粒径为 $1 \sim 5\mu m$，胶印油墨粒子聚集体尺寸达到 $100\mu m$，氧化的油墨聚集体粒径达到了 $500\mu m$ 以上，对于过大的油墨粒子通常要采用分散剪切力来降低尺寸，而对于小的粒子则需要采用凝聚处理来使它们的尺寸变大一些。

最常见的印刷油墨是疏水性的，可以用钠皂增强其疏水性，在浮选过程中，钠皂与水中的钙离子发生反应生产钙皂，作为捕集剂使小油墨粒子聚集，同时还能改变涂料颗粒的性质，使其易于浮选。为了获得高的纸浆得率和最有效的杂质去除率，通常采用两段浮选：一段浮选的目的是改进浆料白度和洁净度，满足纸浆质量的要求；二段浮选则是在不牺牲白度和洁净度的前提下，对一段浮选的浮渣进行再浮选，以回收其中的纤维，减少细小纤维损失，同时去除灰分。

4.5.2　DAF 气浮技术

DAF 气浮技术是一种先进的悬浮颗粒分离技术，该技术用于废纸制浆过程水处理和纤维回用自 20 世纪 60 年代就开始了，它和选择性浮选技术在很多方面相同，但其目的和工艺参数与脱墨浮选是不同的（见表 4-16）。

表 4-16　脱墨浮选与 DAF 气浮的对比

脱墨浮选	DAF 气浮
分离印刷油墨、填料、胶黏物	分离颗粒(非专一)
浆料悬浮液的浮选	过程水的浮选
浆浓:0.8%~1.8%	浓度:<0.5%
加入表面改性助剂	加入絮凝剂或絮聚剂
气泡大小:0.3~3.0mm	气泡大小:0.01~0.1mm
空气含量(体积分数):100%~400%	空气含量(体积分数):2%~5%

DAF 气浮能有效地除去粒径为 $1\sim100\mu m$ 的颗粒，更大粒径的颗粒需要降低尺寸或通过其他技术，比如过滤除去；小的阴离子垃圾或者细小纤维需要聚集成物理上可以处理的絮凝物，或是通过絮凝剂吸附到大粒子上。很多脱墨废纸制浆厂采用升级版DAF，即利用添加剂的特殊组合来去除水中的微细胶黏物、胶体、溶解性有机物和阴离子垃圾。

DAF 气浮的作用机理主要分为 3 步（见图 4-7）：a. 过程水和阳离子聚合物进行电荷中和，并有短链聚合物通过补丁絮凝机理形成微絮团，此阶段的微絮团不稳定，必须进行聚集形成更为稳定的大絮团；b. 聚集过程，通常称为桥连阶段，是由加入的长链阳离子或阴离子聚合物引起的，很容易通过测定浊度的方法来监测，絮凝剂在进入浮选槽前不久加入；c. 浮选过程，这一步在溶气混物和絮凝剂混合的那一刻就开始了，絮凝和气浮几乎是同时发生的。工艺过程是：通过加压通气，向待处理的循环水中通入大量密集的微细气泡，使其与水中的细小纤维、絮粒互相黏附、裹挟形成整体密度小于水的浮体，从而依靠浮力上升至水面，达到固液、液液分离目的；同时通过特殊结构的溶气管集成的大量微气泡改变了水的表面张力，吸附有色基团及部分亲水性胶体，使净化效率得以大幅提高。

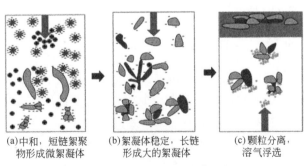

(a)中和，短链絮聚　　(b)絮凝体稳定，长链　　(c)颗粒分离，
物形成微絮凝体　　　形成大的絮凝体　　　溶气浮选

图 4-7　溶气气浮（DAF）作用原理

DAF 气浮最大的优势是处理量大，能更好地去除小颗粒，通常情况下处理后的水

中可过滤固形物含量小于 150mg/L。另外，DAF 占地小，能自动控制，易于管理，保养容易，价格低廉，只要设计正确，处理水质要比沉淀法好，动力也小于沉淀法，出水水质稳定。缺点是动力消耗较大，同时操作较为复杂。近年来国内外都在不断开发新型高效气浮设备，由于工作效率的提高，能耗显著降低。随着过程水封闭循环程度的提高，废纸制浆过程中过程水的净化处理越来越重要，目前国内绝大多数废纸制浆造纸厂的循环水处理都是采用气浮的手段。

4.6　废纸制浆漂白技术

废纸浆料是各种纤维的混合物，其纤维包括各种机械浆纤维和化学浆纤维。还含有一些在抄纸过程中加入的填料、染料和颜料，以及在印刷过程中附着在纤维表面上的油墨颗粒等杂质。废纸浆料经过筛选、净化、洗涤和脱墨处理后，废纸浆的色泽一般会发黄和发暗，而且浆料中仍含有一些杂质影响纸浆的颜色和漂白性能。已有研究表明，颜料一般不受漂白的影响。染料一般也不受氧化性漂白（如过氧化氢漂白）的影响，但可以通过还原性漂白而脱除。因此选择废纸浆的漂白工艺时，要根据废纸原料的情况确定。目前废纸脱墨浆的漂白一般采用如下几种环境友好的漂白剂：过氧化氢（P）；连二亚硫酸钠（Y）；甲脒亚磺酸（FAS）。这些漂白剂具有漂白效率高、环境污染低的优点。

4.6.1　废纸浆过氧化氢漂白技术

过氧化氢是一种高效的漂白剂，常用于机械浆或化学机械浆的漂白，因此在漂白机械浆含量高的废纸如旧报纸、旧杂志纸、旧电话簿纸时也显示出它的优点。一些纸厂在水力碎浆机中加入 0.5%～0.8% 的过氧化氢，以补偿浆料因 NaOH 与机械浆纤维反应导致的白度损失，在这种情况下即使少量的过氧化氢也会导致白度稳定，因此不建议将过氧化氢的剂量增加到超过 2%。对于磨木浆和未漂纤维含量较高的纸浆，如旧报纸和纸袋纸，如果其最终产品白度要求不太高，这时可将脱墨与漂白作用结合在一起，在脱墨的同时进行漂白，最后浆料的白度可在 60%～70%（ISO）范围内，也可以在浆料洗涤后采用单段 H_2O_2 进一步漂白。对用于生产新闻纸的旧报纸和旧杂志纸的浆料的漂白，浮选后采用 H_2O_2 单段漂白可使白度增加到 64%（ISO）。

4.6.2　废纸浆连二亚硫酸盐漂白技术

连二亚硫酸盐是典型的还原性漂白剂。20 世纪 30 年代，连二亚硫酸盐首次用于机械浆的漂白，进而用于漂白废纸脱墨浆。连二亚硫酸盐能有效脱去颜色，并可以去除许多类型的染料，大多数酸性染料和直接染料会被连二亚硫酸钠永久脱色，因为它破坏了偶氮基团，部分碱性染料暂时脱色。连二亚硫酸盐有时与氧化剂结合使用，因为一些不与氧化剂反应的染料可以与一些还原剂反应。与过氧化氢相比，连二亚硫酸盐具有更高的动力学反应速率，在连二亚硫酸盐漂白中反应时间明显缩短。研究表明，漂白反应需要几分钟，在有利于连二亚硫酸根离子扩散到纤维孔壁中的较高温度下漂白效果好。由于连二亚硫酸盐对氧气的敏感性，因此设立单独的漂白阶段至关重要。在脱墨浆漂白过程中，如果除了使纤维增白外，还需要通过剥离染料进行颜色校正时，采用连二亚硫酸钠漂白是非常重要的。该漂白方法在较高的温度下可获得较高的白度，尤其是对于具有较高机械浆纤维含量的废纸浆料，当温度超过 60℃时白度增加更大；但如果反应时间太长，由于没有残留的漂白剂，高温下热反应占主导，导致白度稳定性降低，引起纸浆发黄。在较高的温度下，尤其是对于具有较高机械纤维含量的配料，可以观察到白度恢复。

连二亚硫酸钠主要以干粉形式供应。1906 年，巴斯夫在德国首次生产粉末状连二亚硫酸盐。该产品最初是通过锌粉工艺获得的。首先在含二氧化硫的水溶液中将锌转化为连二亚硫酸锌，然后通过氢氧化钠将其转化为连二亚硫酸钠和氧化锌。后来，开发了一种方法，该方法使用氯化钠溶液中汞电池电解产生的汞齐钠并将其直接与二氧化硫转化为连二亚硫酸钠。此过程产生的材料不含重金属，因此很稳定。后来，巴斯夫开发了甲酸盐工艺，其中将甲酸钠与亚硫酸氢盐转化为连二亚硫酸钠。连二亚硫酸盐也可通过硼醇与二氧化硫水溶液或硫酸氢钠反应制得，硼醇是 12％硼氢化物、40％氢氧化钠和48％水的混合物。商业连二亚硫酸钠产品可能包含稳定剂、缓冲剂（磷酸盐、碳酸盐）和螯合物。当暴露于空气中时，连二亚硫酸钠迅速分解；当暴露于水时，该固体释放出对设备和建筑物具有腐蚀性的硫气，因而其水溶液通常存储在带有氮气垫的密闭罐中。

连二亚硫酸盐在脱墨浆中应用主要集中在多段漂白，如 PY 两段漂。大量研究和生产实践表明，连二亚硫酸钠用于脱墨浆漂白和机械浆漂白的作用机理、漂白效果、影响因素等各方面基本相同。研究表明，连二亚硫酸盐漂白纸浆时，主要是利用 $S_2O_4^{2-}$ 中的三价硫被氧化成 HSO_3^- 中的四价硫这一还原反应来提高纸浆白度。其作用主要体现在：减少 α、β 位置上的末端饱和羰基；还原纸浆中的醌结构，使其成为无色的酚衍生物；还原纸浆中的松柏醛结构及黄酮型的有色成分；使纸浆中的 Fe^{3+} 还原成 Fe^{2+}；在漂白过程中产生 HSO_3^- 和 SO_3^{2-}，作用于共轭双键系统的异丁香酚和查耳酮的化合物。

4.6.3　废纸浆甲脒亚磺酸漂白技术

甲脒亚磺酸（FAS），工业上又称为二氧化硫脲，是在低温、至中性 pH 的条件下，由两个过氧化氢分子和一个硫脲分子形成的。FAS 是一种淡气味的结晶还原剂，白色至浅黄色粉末，不易燃，但与所有还原性漂白剂相同，FAS 容易被大气中的氧气氧化，但与连二亚硫酸盐相比，FAS 的倾向性明显降低。这不仅为单独的漂白阶段，而且可以结合原料加工操作的其他阶段，为漂白提供了广泛的应用可能性。与连二亚硫酸盐相比，FAS 的硫含量更低，这对白水回路的硫酸盐负荷有积极影响，漂白废水中的硫酸盐含量最多可降低 75％，减少了硫化氢引起的难闻气味的产生，并且降低了设备和仪器的腐蚀敏感性。FAS 仅微溶于水，在碱性条件下其溶解度会增加，但其水溶液会很快分解。甲脒亚磺酸的漂白作用正是因为在碱性溶液中水解生成亚磺酸根阴离子和尿素，亚磺酸根阴离子具有高的负氧化还原电势，可以改变纸浆中发色基团的结构，将有色的醌和羰基还原为更浅色的酚和羟基，减少对光的吸收，提高纸浆白度。因此，碱性漂白溶液仅在连续添加之前不久制备，然后必须尽快进行反应。FAS 漂白操作方便，漂白效果较好，废水无污染，可以直接排入农田。与连二亚硫酸盐相比，当两种化学物质都处于碱性条件下时 FAS 的还原电位略高。

FAS 可以用于所有类型的废纸，用于纤维的辅助增白和脱色，特别适合用于含有染色纸的废纸浆，通过在配料中添加少量碱性 FAS，可以还原多种碱性染料和直接染料并使其脱色，典型的 FAS 使用量为 0.2%～0.4%，会提高 8%～10%（ISO）的白度。影响 FAS 漂白的参数包括温度、时间、碱度、浓度和浆料类型，其中最重要的工艺参数是反应温度，这是控制漂白反应的最有效因素，在较低的温度下，增加反应时间对于提高白度是必要的，但仅增加反应时间不足以完全补偿在较低温度下发生的较低白度水平，在 80℃ 的温度下，只需 0.2% 的 FAS 可获得约 72%（ISO）的白度，而在 50℃ 的温度下，需要 3 倍的 FAS 才能达到相似的白度效果。另外，浆料中的金属离子对 FAS 漂白也有影响，硅酸钠可通过有效地钝化过渡金属来改善 FAS 漂白，当将螯合剂和硅酸钠都按 FP 顺序添加到 FAS 处理中时会观察到一种附加效应，在更高的温度下可以获得更高的白度，因此在热分散器中应用 FAS 非常有效。在热分散装置中，FAS 与氢氧化钠一起以 25%～30% 的高浓度添加到分散装置的加热螺杆中，在热分散装置中的保留时间最多为 2min，随后以较低的浓度进行后续反应，且保留时间为 15min。

当过氧化氢和 FAS 都用于脱墨生产线时，在 FAS 处理之前除去或减少残留的过氧化氢非常重要，因为残留的过氧化氢会消耗 FAS；反之亦然。尤其重要的是，如果在过氧化氢漂白阶段之后立即进行 FAS 处理，因为通常会产生大量的过氧化氢残留，可能消耗更多的 FAS。相反，由于所施加的 FAS 含量低并且在 FAS 阶段结束时剩余的量可忽略不计，因此过氧化氢之前的 FAS 残留量通常不需要考虑。当然，如果是在碎浆机中使用过氧化氢而在下游使用 FAS 时，过氧化氢在 FAS 阶段之前存在的可能性很小，其残留量可忽略不计，如果需要在 FAS 处理之前立即消除残留的过氧化氢，可以使用亚硫酸氢盐。

4.7　废纸制浆水污染全过程控制应用案例

该废纸制浆生产线采用脱墨制浆生产新闻纸、双胶纸等文化用纸，工艺流程如图 4-8 所示。

碎浆设备采用 VOITH 公司生产的双鼓式碎浆机，分别由以碎浆作用为主和筛选作用为主的两个圆鼓构成，浮选采用前后两段、两级浮选槽，纸机具有 3 个多盘，白水封闭循环程度高。通过调研发现，废纸制浆造纸过程的主要水污染源为制浆和造纸白水，主要成分除了细小纤维和填料外，其主要危害性污染物质为胶体和溶解性有机物质（DCS），DCS 是 DS 及 CS 的混合物，DS 为溶解物，CS 为胶体物质。DCS 物质以溶解物的形式与胶体状态存在于浆水体系中，是影响生产过程白水回用的主要危害性污染物。随着造纸机运行时间的增加及白水循环次数的增多，白水中的 DCS 会逐渐积累，达到一定程度时就会使许多负面影响凸显出来，被称为"阴离子垃圾"。这些负面影响包括：使阳离子助剂的作用效率降低；DCS 发生失稳产生絮聚，形成次生胶黏物并沉积出来；增加停机清洗时间，影响纸机运行以及纸张质量；加剧微生物的积累以及设备腐蚀问题等，如图 4-9 所示。因此，生产中应当明确这些 DCS 的分布及其特性，采取

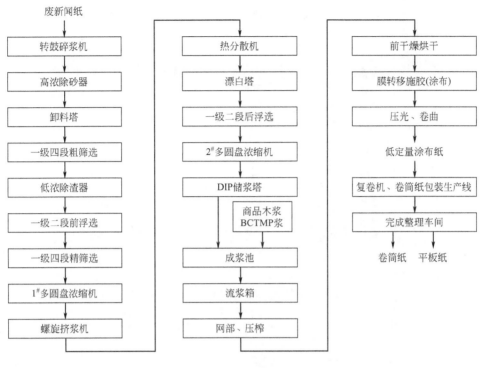

图 4-8　脱墨废纸制浆工艺流程示意

(a) 沉积在纸机成形网上的胶黏物　　　(b) 沉积在纸机烘缸刮刀上的胶黏物

(c) 沉积在纸机烘缸上的胶黏物　　　(d) 沉积在纸机压光软辊上的胶黏物

图 4-9　DCS 在纸机各部件表面上的沉积

有效措施控制白水中 DCS 的积累问题，以保障造纸机系统的正常运行。

（1）白水中的 TS、DCS 及 DS

在生产流程中选取 7 个白水取样点，分别为制浆白水塔、2# 微气浮池的进出口、造纸机网部机外白水槽、压榨部白水槽和 1# 微气浮池的进出口，检测白水中的 TS、

DCS 和 DS 含量。不同取样点白水中的总固形物（TS）、DCS 和 DS 的检测结果如图 4-10 所示，图 4-11 显示了 DCS 与 TS 的比值。

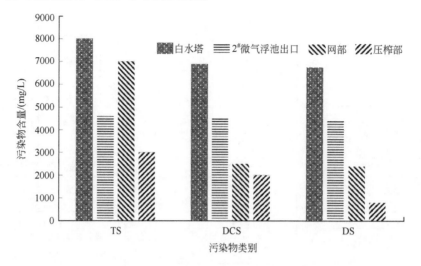

图 4-10   不同取样点白水中的污染物及其含量

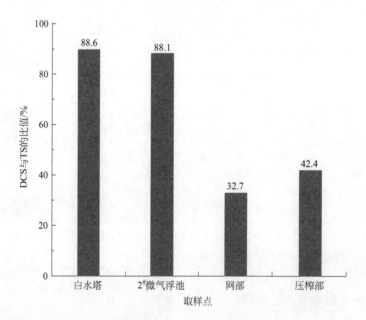

图 4-11   不同取样点白水中 DCS 与 TS 的比值

由图 4-10 和图 4-11 可以看出，在水循环系统中的不同取样点，三者含量的变化较大。以 TS 含量为例，制浆白水塔的白水中最多，其次是网部白水，然后是 2# 微气浮池进水和压榨部白水。就 DCS 和 DS 含量来说，制浆白水塔白水中的最多，其次是 2# 微气浮池进水，然后是网部白水和压榨部白水。在筛选和前浮选水循环回路中，白水中的污染物主要以 DCS 的形式存在。在漂白和后浮选水循环回路中，2# 微气浮池进水中的 TS 含量，比制浆白水塔的白水减少了 39.1%，DCS 含量比制浆白水塔的白水减少了 40.5%。在造纸机网部白水循环回路中含有大量的 TS，DCS 的含量相对较低，只占

TS 的 32.7%，这是由于网部白水中含有更多的细小组分和填料。压榨部白水中的 DCS 和 DS 均比较低。制浆白水塔白水中 DCS 的含量占 TS 的 88.6%，这是由于筛选和前浮选水循环回路中的白水未经过处理直接回用，加上碎浆过程中产生的 DCS 不断积累。漂白和后浮选水循环回路中，2# 微气浮池水中的 DCS 与 TS 的比值也达到 88.1%。网部白水由于含有更多的 TS，因而 DCS 与 TS 的比值（32.7%）低于压榨部白水 DCS 与 TS 的比值（42.4%）。

　　DS 和 DCS 含量的比值如图 4-12 所示。从图 4-12 中可以看出，水循环系统各个取样点水样的 DCS 中，DS 含量均占了 90% 以上，其中压榨部白水中 DS 与 DCS 的比值达到了 98.2%。表明在 DCS 中，主要成分为 DS，仅有少量的 CS。

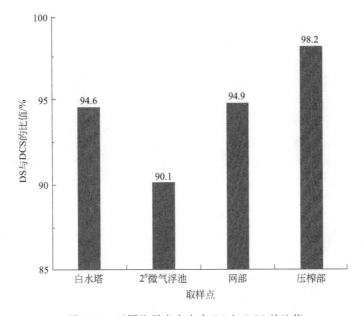

图 4-12　不同取样点白水中 DS 与 DCS 的比值

（2）不同取样点水样的浊度

　　不同取样点水样的浊度如图 4-13 所示。以网部白水为例，含 DS 水样的浊度只有含 DCS 水样浊度的 3.2%，结合图 4-12 可知，网部白水中 DS 与 DCS 的比值为 94.9%，

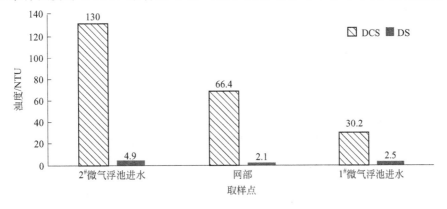

图 4-13　不同取样点含 DCS 水样和含 DS 水样的浊度

2#微气浮池白水 DS 与 DCS 的比值为 90.1％，而这两个取样点含 DS 水样的浊度占含 DCS 水样浊度的比例分别为 3.2％和 3.7％。这从另一个侧面表明，含 DCS 水样的浊度主要来自 CS 的贡献。

（3）对微气浮处理白水净化效率的评价

微气浮池是目前纸厂通用的白水净化装置，其运行控制和净化效率对整个水循环系统的正常运转极为重要。图 4-14 和图 4-15 分别显示了 1# 和 2# 微气浮池去除污染物质的状况。

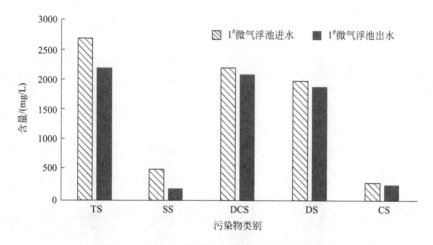

图 4-14　1# 微气浮池去除污染物质状况的比较

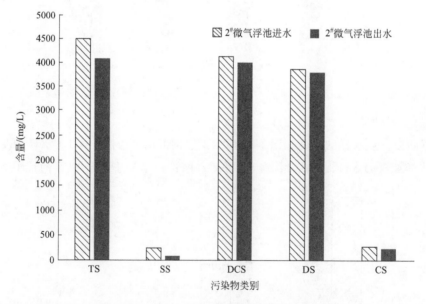

图 4-15　2# 微气浮池去除污染物质状况的比较

由图 4-14 和图 4-15 可以看出，微气浮池对固体悬浮物有良好的作用。经过 1# 微气浮池处理，悬浮固形物（SS）从 486mg/L 降至 93mg/L；经过 2# 微气浮池处理，SS 从 366mg/L 降至 73mg/L，即 80％以上的固体悬浮物能够被去除。微气浮池对 DCS 的去除效果有限，在 1# 和 2# 微气浮池中都是仅有少量的 DCS 被去除。但是，即使是有限的 DCS 去除也对减轻整个系统中 DCS 的积累起着不可忽视的作用。DCS 的降低主要是由 CS 的去除所致的，在微气浮池中添加凝集剂和絮凝剂，可以促使 CS 失稳而絮聚成团，然后被空气泡吸附而带走。经过 1# 微气浮池和 2# 微气浮池处理，CS 分别降低了 23.1% 和 9.7%，1# 微气浮池和 2# 微气浮池处理后出水中的 TS 分别降低了 16.9% 和 7.0%。

4.7.1　废水污染源高效控污减排

4.7.1.1　高浓碎浆和近中性脱墨

废纸浆利用的关键技术主要取决于废纸脱墨效果与再生纤维质量的提升。目前，废纸脱墨生产工艺采用典型的碱性化学脱墨法。在碱性脱墨过程中使用大量化学药品，生产成本与水污染负荷较高；对于含有机械浆的废纸来说，还易产生"碱性发黑"和纸页返黄的现象。针对碱性化学法脱墨的弊端，研发了弱碱性制浆条件下进行脱墨的技术，通过表面活性剂被油墨吸收并渗透到油墨与纤维的界面，在机械洗涤与表面活力的双重作用下脱除油墨。

在废纸脱墨过程中，脱墨剂起着不可忽视的作用。脱墨剂的作用是将油墨中的连接料成分——黏结剂皂化或乳化，使它们溶于水中，并防止从纤维上脱墨下来的油墨粒子再附着于纤维上。具体来说，它的功能主要体现在对废纸原料的润湿以及对油墨粒子的乳化、洗涤、分散、捕集等作用方面。常用的脱墨剂由表面活性剂和无机药品组成，或是多种表面活性剂的复配物。

（1）新型中性脱墨剂的复配

脱墨剂通过降低废纸纤维与印刷油墨的表面张力而产生皂化、润湿、渗透、乳化、分散和脱色等多种作用，其中表面活性剂在脱墨的两个重要阶段即油墨解离（将油墨与纤维分离）和浮选（除去油墨）都起到非常重要的作用。因此表面活性剂的选择是脱墨成功与否的关键。复配脱墨剂的小试实验流程如图 4-16 所示。

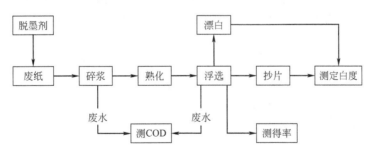

图 4-16　新型中性脱墨剂小试实验流程

① 单一表面活性剂的脱墨效果。在碎解时间 15min，浆浓 10%，熟化时间 5min，浮选浓度 1%，浮选时间 10min，添加量 0.3%（绝干废纸）的实验条件下，分别将选择的适用于废纸脱墨的 2 种脂肪酸类（Z）、4 种阴离子表面活性剂（Y）和 7 种非离子表面活性剂（F）单独使用，对同一种原料进行中性脱墨实验，并与不加表面活性剂的

空白实验的实验结果相比较，用脱墨浆的白度表征脱墨效果，实验结果见表 4-17。

表 4-17　单一表面活性剂的脱墨效果

表面活性剂	HLB(亲水亲油平衡值)	白度/%
Z1	16.4	45.6
Z2	18.0	44.8
Y1	10.6	46.2
Y2	40.0	44.2
Y3	—	46.5
Y4	32.4	46.7
F1	14.5	48.4
F2	16.5	47.6
F3	13.5	48.2
F4	12.0	47.8
F5	—	47.1
F6	—	44.8
F7	—	44.3
空白试验		41.1

由表 4-17 可以看出，和空白实验相比较，加入表面活性剂后脱墨浆的白度都有所提高，这是由于表面活性剂具有洗涤、润湿、渗透、乳化等性能，和机械外力相结合，加速了油墨粒子从纤维上脱除的速度。单独使用阴离子表面活性剂的纸浆白度平均提高 4.8%，单独使用非离子表面活性剂的纸浆白度平均提高 5.8%，这是由于阴离子表面活性剂的洗涤、去污能力强，润湿、渗透、乳化能力弱，而非离子表面活性剂却具有较强的润湿、渗透、乳化能力，单独使用时，非离子表面活性剂要比阴离子表面活性剂的脱墨效果好。实验结果表明，单独使用表面活性剂进行的中性脱墨实验，相比较脱墨效果较好的是 Y1、Y3、Y4、F1、F2、F3、F4、F5。

② 双组分表面活性剂复配体系的脱墨效果。目前在各个应用表面活性剂的领域，表面活性剂往往都不是以单一组分存在，而是以混合物的形式存在。表面活性剂复配的目的是产生加和增效作用，也可以叫作协同效应。脱墨剂中的各种表面活性剂之间并不是孤立的，通常需将两种或两种以上的表面活性剂复配以获得最佳的脱墨效果。

表面活性剂之间复配的原则为：a. 根据表面活性剂的亲水亲油平衡值（HLB 值）选定适合脱墨用的表面活性剂，一般只有 HLB 值大于 8 的表面活性剂才适用于脱墨；b. 选用的表面活性剂应具有良好的渗透能力、适当的乳化分散能力、适当的起泡能力及较好的油墨捕集功能；c. 双组分复配体系脱墨剂的成本分析。

在与之前相同的条件下进行中性脱墨实验，分别实现阴离子与阴离子表面活性剂、非离子与非离子表面活性剂、阴离子与非离子表面活性剂等不同表面活性剂之间的复配，根据脱墨效果分别探讨在中性脱墨实验中不同表面活性剂之间的协同增效作用。

从表 4-18 的实验结果来看，在中性脱墨实验中，大部分使用两种表面活性剂复配的脱墨剂的脱墨浆白度要高于使用单一表面活性剂的脱墨浆白度，脱墨效果最好的是阴离子与非离子复配的结果（Y1+F1），这说明不同种类的表面活性剂按照不同的形式进行组合能提高脱墨效果，两种不同的表面活性剂混合后，两种分子之间发生了相互作用，产生了加和增效作用。

表 4-18　表面活性剂不同复配组合的脱墨效果

表面活性剂复配组合	白度/%	表面活性剂复配组合	白度/%
Y0+Y3	47.2	Y1+F3	48.9
Y1+Y4	46.9	Y1+F4	49.0
Y1+Z1	48.3	Y1+F5	48.7
Y3+Y4	47.2	Y3+F1	49.3
Y3+Z1	47.7	Y3+Y2	48.9
Y4+Z1	47.4	Y3+F3	48.5
F1+F2	49.4	Y3+F4	48.3
F1+F3	49.0	Y3+F5	48.0
F1+F4	49.0	Y4+F1	48.7
F1+F5	48.4	Y4+Y2	48.3
Y2+F3	48.8	Y4+F3	48.3
Y2+F4	48.5	Y4+F4	48.8
Y2+F5	48.2	Y4+F5	47.9
F3+F4	48.3	Z1+F1	48.9
F3+F5	48.4	Z1+Y2	48.1
F4+F5	48.1	Z1+F3	48.2
Y1+F1	49.7	Z1+F4	48.5
Y1+F2	49.2	Z1+F5	48.2

③ 三组分表面活性剂复配体系的脱墨效果。为了进一步探讨表面活性剂之间的相互作用和协同效应，在双组分表面活性剂的实验基础上，选择脱墨较好的复配组合，分别再加入一种表面活性剂，三种表面活性剂的质量比为 1∶1∶1，在和之前相同的条件下进行一组三种表面活性剂复配的脱墨实验。表面活性剂的复配组合和实验结果见表 4-19。

表 4-19　三组分表面活性剂复配后的脱墨效果

表面活性剂复配组合	白度/%
Y1＋F1＋F4	51.4
Y1＋F1＋F3	49.6
Y1＋F1＋Z1	52.3
F1＋F2＋F4	50.8
F1＋F2＋Y1	51.2
F1＋F2＋Y3	51.4
F1＋F2＋Z1	51.6
Y3＋F1＋F4	50.6
Y3＋F1＋F3	49.8
Y3＋F1＋Z1	51.9
Y1＋F2＋F4	51.3
Y1＋F2＋Y3	51.4
Y1＋F2＋Z1	52.0
Z1＋F1＋F4	52.0

由表 4-19 可以看出，三种表面活性剂复配后的脱墨效果一般要比两种表面活性剂复配体系的脱墨效果好，这是由于随着脱墨过程中表面活性剂种类的增加，不同表面活性剂之间的相互作用力增多，协同效应变强，表面活性剂与油墨粒子的相互作用也增强，更有利于油墨的脱除，使脱墨作用更完全，脱墨浆白度提高。特别是在阴离子和非离子表面活性剂复配体系中，加入脂肪酸类后脱墨效果更明显，主要是由于其中的阴离子表面活性剂起到洗涤、去污的作用，非离子表面活性剂起到润湿、渗透、乳化的作用，使油墨粒子从纤维上剥离下来，而脂肪酸主要起到捕集油墨粒子的作用，使脱除的油墨粒子从纸浆中浮选除去。

（2）合成脱墨剂的实验室对比

合适的脱墨剂，不仅可以保证脱墨浆的白度，同时还能尽可能多地去除浆料中的油墨，降低残余油墨含量。在实验室中对合成的脱墨剂 HT-TM-1 与各种厂家的脱墨剂（A、B、C）进行了比对。实验的方法为：添加化学品后进行碎浆，将碎解好的浆料倒入浮选槽中进行浮选。取浮选前、后的浆料测定白度，抄片，用扫描仪扫描残余油墨量。实验数据见表 4-20。

表 4-20　不同品牌脱墨剂对比结果

检测指标	HT-TM-1	A	B	C
浮选前白度/%	43.5	43.5	41.5	44.4
浮选后白度/%	50.4	49.4	47.4	49.5
白度增加值/%	6.9	5.9	5.9	5.1
浆料灰分/%	22.87	36.56	36.56	23.03

同时，对残余油墨值进行了比对，结果见表 4-21。

表 4-21 残余油墨对比表

脱墨剂编号	HT-TM-1	A	B	C
总油墨数	864	908	954	948
平均油墨量/10^{-6}	24.8	34.2	26.2	28.4

通过实验室中的比对，肯定了弱碱性脱墨剂的效果。该脱墨剂不仅能有效地提高纸浆白度，更重要的是极大地降低了纸张的残余油墨值，这对于扩大废纸利用率、降低废纸制浆造纸的成本等具有重要意义。

（3）合成脱墨剂的生产线应用中试

合成脱墨剂的首选添加点为碎浆机的加药槽内，以原液形式连续添加。用量方面，完全取代皂化钠，碎浆机用量为 1.0～1.5kg/t；部分代替用量为 0.6～1.0kg/t；后浮选皂化钠用量为 0.5～1.0kg/t。为了保证生产和脱墨浆质量的稳定，在原有脱墨工艺的基础上采用逐步调整的方式，如表 4-22 所列。其他脱墨工艺条件：碎浆温度 45～55℃；前浮选浓度 0.9%～1.1%，温度 45～55℃。H_2O_2 用量视废纸情况由 0.70% 先降为 0.35%，进一步降为 0。试验情况如下所述。

表 4-22 逐步调整的脱墨工艺

步骤	碎浆机					前浮选	后浮选	监控时间	
	脱墨剂		NaOH	H_2O_2	EDTA	脱墨剂	脱墨剂		
	皂类 /(kg/t)	HT-TM-1 /(kg/t)	%	%	%	皂类	皂类		
空白	1.0	0.0	0.9	0.7	0.3	1.0	1.0		
第一步	0.0	0.5	0.9	0.7	0.3	1.0	1.0	4～6h	第 1 天
第二步	0.0	0.8	0.9	0.7	0.3	0.5	1.0	12～16h	
第三步	0.0	0.8	0.4	0.7	0.3	0.5	1.0	3h	第 2 天
第四步	0.0	0.8	0.4	0.3	0.3	0.5	1.0	3h	
第五步	0.0	1.2	0.4	0.3	0.0	0.0	1.0	14～16h	
第六步	0.0	1.3	0.0	0.0	0.0	0.0	1.0	4～6h	第 3 天
第七步	0.0	1.5	0.0	0.0	0.0	0.0	0.5	3h	
第八步	0.0	1.5	0.0	0.0	0.0	0.0	0.0	15～17h	

① 卸料塔 pH 值变化图。从图 4-17 的趋势可看出，复配 HT-TM-1 可将碎浆的 pH 值从 8.5 降至 8.0，减少碱对油墨、胶黏物等杂质在碎浆过程中的碎化作用，更有利于后段筛选的去除，同时可防止碱黑，有利于系统 COD 的降低。

② 残余油墨浓度 ERIC 和白度的变化。从图 4-18 可以看出：试验前后卸料塔残余油墨浓度（ERIC 值）在同一水平的情况下，使用弱碱性脱墨剂后，出前浮选的 ERIC 明显降低，说明 HT-TM-1 在碎浆段能更好地完成油墨的剥离过程，使得在前浮选阶段有更多剥离下来的油墨粒子容易被浮出。同样白度的浆料，ERIC 越低，可漂性越好，漂白效率可提高。

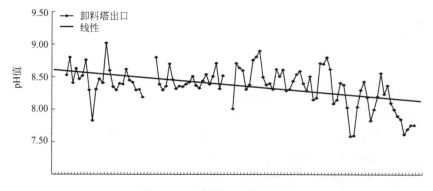

图 4-17 卸料塔 pH 值变化图

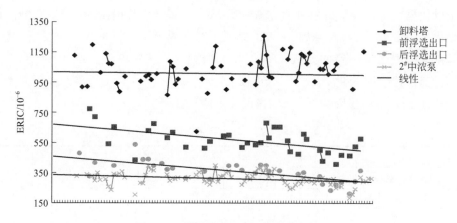

图 4-18 脱墨过程 ERIC 值的变化图

③ $2^\#$ 中浓泵白度及残余油墨变化。在双氧水总用量降低的情况下，$2^\#$ 中浓泵出浆白度呈上升趋势，ERIC 有所降低，如图 4-19 所示。

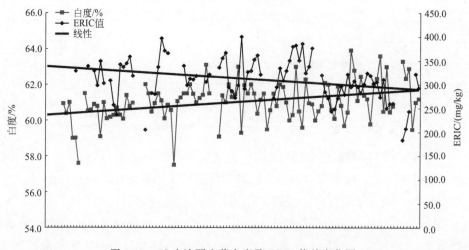

图 4-19 $2^\#$ 中浓泵出浆白度及 ERIC 值的变化图

④ 上网及网下白水白度变化。试验初期白水中浆料白度及上网浆料白度有所波动，调整方案后白水白度及上网白度保持稳定（图 4-20）。

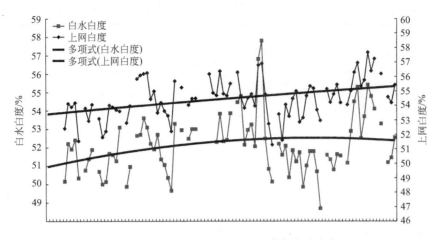

图 4-20　上网浆料白度及白水中浆料白度变化

⑤ 车间总排与 3# 微气浮 COD 数据如图 4-21 所示。从图 4-21 中可看出，用弱碱性脱墨剂复配低用量皂化钠使用时，总排 COD 和 3# 微气浮的 COD 比以前有明显降低：3# 微气浮由试验前平均 4204mg/L 降至试验后的 3314mg/L，降低了 890mg/L；总排的 COD 也由试验前的 2965mg/L 降至 2437mg/L，降低了 528mg/L。

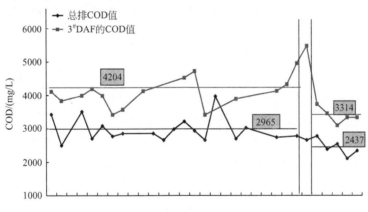

图 4-21　车间排放废水 COD 的变化

⑥ 成本分析。由表 4-23 中数据可以看出：调整优化阶段化学品综合使用成本较试验前略有上升，稳定阶段成本比试验前下降约 39.74 元/t。

表 4-23　脱墨剂试验前后的化学品成本比较

项目	试验前	调整优化期	稳定运行
皂化钠成本/(元/t)	22.3	6.37	12.74
总双氧水成本/(元/t)	138.93	126.77	102.48
氢氧化钠成本/(元/t)	36.03	27.63	20.91
硅酸钠成本/(元/t)	23.46	23.46	23.46
EDTA 成本/(元/t)	5.26	5.26	2.63
增白剂成本/(元/t)	20.42	22.94	24.78

续表

项目	试验前	调整优化期	稳定运行
HT-TM-1 成本/(元/t)	0	39.31	19.66
总成本/(元/t)	246.38	251.74	206.64
成本对比/(元/t)	0	5.36	−39.74

4.7.1.2 DCS 捕集技术

通过对废纸脱墨浆生产过程与造纸生产过程进行分析，影响水重复利用率的主要因素有技术装备先进性和生产工艺等，可以通过技术升级改造提高水重复利用率。从生产工艺角度来看，影响水重复利用率的因素主要是废纸制浆造纸过程的白水循环回用程度。在生产过程中，白水循环程度越来越高，随着开机运行时间的增加，白水中的污染性物质 DCS 和危害性会逐渐积累，严重时会显著影响造纸机的运行以及产品的质量。

减少胶黏物对造纸负面影响的方法有很多。目前用于胶黏物控制的代表性方法是机械法和化学法。纸厂的设备（如筛子，除砂、气浮和洗涤设备）以机械法清除诸如尘埃、碎片、胶黏物等杂质。纤维回收系统中需要清除胶黏物的点或设备的确定，取决于胶黏物本身的性质。例如，胶黏物的大小、熔点及一致性等。然而，由于普通废纸中胶黏物组成的多样性，有些胶黏物经过一段工艺就能除去，而另一些胶黏物需要经过多步处理才能够除去。这也就意味着没有一台甚至一组设备能一次性除去所有的胶黏物。

化学处理是 DCS 捕集技术的重要方法，主要使用分散剂、聚合物和吸收剂使胶黏物或纸浆表面钝化，或者是将附着在设备表面的胶黏物去除。

（1）碎浆 pH 值对浮选脱墨过程胶黏物去除的影响

在实验过程中，尝试改变 pH 值进行碎浆，并对不同脱墨剂的浮选效果进行了比较。结果表明：随着碎浆 pH 值的增加，浆料中胶黏物含量相对有所增加。加入脱墨剂进行浮选后，胶黏物含量有了很大程度的降低。此外，通过优化碎浆 pH 值发现，pH 接近中性时进行碎浆，废纸浆中胶黏物含量较少，浮选对胶黏物的去除效果较好。由于胶黏物筛选仪的筛缝为 0.1mm，筛选后得到的胶黏物尺寸大小应该大于 0.1mm，染色压片后得到的胶黏物尺寸大小应该大于 $0.00785mm^2$，尺寸大小在 $0.00785mm^2$ 以下的应该归为杂质一类。

从表 4-24 中可以看出，随着碎浆 pH 值的不断提高，大胶黏物的含量也随之不断增加。pH 值从 5.5 上升到 11.3，胶黏物个数从 13 个增加到 167 个，胶黏物含量从 303mg/L 增加到 520mg/L，胶黏物的面积从 $2.563mm^2$ 增加到 $23.878mm^2$。可见，碱性条件下碎浆，浆料中胶黏物含量较多，不利于胶黏物的去除。

表 4-24　pH 值对纸浆中胶黏物含量的影响

碎浆 pH 值	胶黏物颗粒数量/个	胶黏物含量/(mg/L)	胶黏物面积/mm²	胶黏物平均大小/mm
5.5	13	303	2.563	0.197
7.5	33	312	6.733	0.204

碎浆 pH 值	胶黏物颗粒数量/个	胶黏物含量/(mg/L)	胶黏物面积/mm²	胶黏物平均大小/mm
8.6	61	400	12.653	0.207
9.5	96	453	17.782	0.185
10.2	133	498	21.032	0.158
11.3	167	520	23.878	0.143

图 4-22 中主要描述了 pH 值为 7.0 时，脱墨剂的用量对纸浆中大胶黏物去除效果的影响。可以看出，脱墨剂用量增加到 0.20%（绝对干量）时，大胶黏物的含量从 312mg/L 减少到 65mg/L，脱墨剂用量增加到 0.30% 时胶黏物的含量减少趋势较为缓慢。故可将脱墨剂的用量控制在 0.20% 左右。

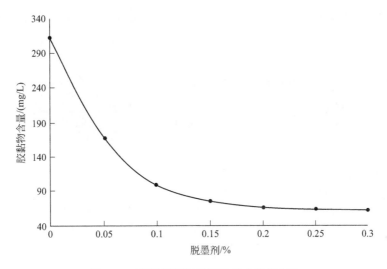

图 4-22　脱墨剂用量对胶黏物去除的影响

在整个生产循环过程中，微细胶黏物也很重要。微细胶黏物主要表现为可溶性的胶黏物，它们溶解在过程水中，随着工段的不同其表现形式也有所不同。所以，要想解决微细胶黏物的问题，就应该将重点放在生产过程回用水上。表 4-25 为浮选前后浆中微细胶黏物含量变化情况。从表 4-25 中数据可以看出，浮选后微细胶黏物含量从 13.3mg/L 下降到 3.4mg/L，添加脱墨剂去除效果更为明显。这主要是由于加入脱墨剂以后，废纸浆溶液的表面张力降低，微细胶黏物和空气泡之间的黏结力发生了变化，它能够黏附在气泡表面上浮到液面被带走。另外，由于脱墨剂还具有捕集作用，能够更好地将纸浆中的微细胶黏物附聚在泡沫上面脱除掉，进一步提高了微细胶黏物去除效率。

表 4-25　浮选前后浆中微细胶黏物的含量变化

项目	微细胶黏物含量/(mg/L)
碎浆后	13.3
浮选后（未加脱墨剂）	7.9
浮选后（加入脱墨剂）	3.4

通过研究发现在中性条件下碎浆，能够减少胶黏物之间的黏结，在浮选过程中添加生物酶进行处理可以有效地去除大胶黏物。浮选脱墨过程中通过添加脱墨剂能够改变脱墨浆溶液的表面张力，这在不同程度上改变了气泡和胶黏物颗粒之间的黏结力，对胶黏物的去除具有很好的作用。

（2）改性滑石粉吸附控制技术

化学处理方法就是往浆中施加胶黏物控制剂使胶黏物溶解或分解，或保持分散状态，或降低黏性使之吸附在纤维上并被抄进纸页中，从而脱离纸浆系统和白水系统。国内外常用的胶黏剂控制剂主要有吸附型、分散型、溶解型和分解型胶黏物控制剂四种。滑石粉是制浆造纸中常用的吸附剂。

滑石粉是自然界中存在的硅酸镁，具有扁平状结构，纯的滑石粉对亲脂性物质具有高的亲和性。滑石粉亲脂性的一面是层间断裂并由中性氧原子组成，其亲脂性使它不发生分散而在水面结成块状，亲水性边缘使其在水中易于分散。用于控制沉积的滑石粉通常粒子细小，如图 4-23 所示。

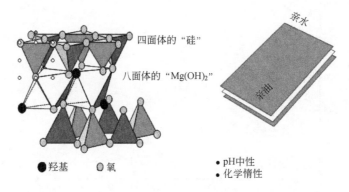

图 4-23　滑石粉结构示意

表 4-26 列出了几种常见的矿物质在浆料中颗粒吸附的自由能。从表 4-26 中数据可以看到，滑石粉对浆料中的胶黏物、蜡、油墨和热熔胶等吸附能力最好。单个滑石粉粒子能够吸附 14 个树脂颗粒，而当亲脂性物质存在于滑石粉两个表面之间时整个黏度得到下降。经过对比发现，加入绝对干纤维质量 0.6%～1.9% 的滑石粉可以降低脱墨浆的整体黏性。分散的滑石粉可添加于造纸过程的不同部位，通过研究和生产实践，发现在整个生产过程中应尽早加入滑石粉。较早地加入，可使悬浮液中的胶体颗粒聚集到固体表面，有助于减少它们发生凝聚的可能性，从而避免影响成纸的表观特性。

表 4-26　几种常见的矿物质在浆料中颗粒吸附的自由能　　　单位：mN/m

矿物质	胶黏物	蜡	油墨	热熔胶
滑石粉	−34.33	−42.66	−30.05	−23.40
膨润土	−4.95	−9.83	−7.96	2.93
GCC（重质碳酸钙）	9.28	3.16	1.87	20.73
高岭土	−4.86	−11.24	−8.38	5.07
硅	4.52	−1.30	−1.44	14.82

注：数值的负值越高说明和胶黏物的亲和性越高。

滑石粉与其他助剂相比，价格比较低，易于使用。用改性滑石粉控制胶黏物是物理作用，使胶黏物失去黏性并阻止其聚集。其主要优点为：a. 失去黏性的胶黏物颗粒可以充当填料保留在产品里取代纤维，滑石粉本身可以增加产品得率约 $1\%\sim2\%$；b. 滑石与树脂之间的吸引力强，不受剪切力的影响；c. 滑石与滑石之间的吸引力弱，剪切力将滑石剥开分层产生了新的滑石表面，增加其吸附和包裹能力；d. 因胶黏物的留着率提高，白水的浊度会明显降低，这样在水系统高度封闭的情况下，不会产生胶黏物的累积，属于良性循环；e. 其本身为化学惰性，不影响纸机的湿部化学性能；f. 纸机保持长久清洁，减少停机和清洗时间；g. 产品质量得到改善（减少了尘埃点、透明点和破洞）。

（3）采用 ATC（阴离子垃圾捕捉剂）和助留剂控制废纸浆微胶黏物

次生胶黏物是指碎解等生产过程中已进入溶解状态或者已经形成稳定的胶体状态的物质，即 DCS。在后续的抄造系统中这些 DCS 物质会因温度、浓度、剪切、pH 值或化学环境的突变而失稳析出，沉积在纸网、毛布、真空辊、吸水箱、烘缸、纸页等处，造成生产不稳定和纸张质量下降。因此，次生胶黏物具有更大的控制难度和更严重的危害性。另外，随着用水封闭程度的提高和原料成分的进一步复杂化，废纸浆系统必将越来越具有高电导率和高阴离子性的特征，因此，控制该类系统中的微胶黏物问题是生产上急切需要解决的问题。这里采用一种经特殊阳离子改性的新型支化聚丙烯酰胺助留剂（S-CPAM），研究它们对阴离子垃圾的捕捉作用。

① S-CPAM 用量的影响。由图 4-24 可以看出，漂白废新闻纸脱墨浆纸料组分的留着率及滤水性能随着 S-CPAM 加入量的增加而逐渐提高。当 S-CPAM 用量为 0.5% 时，漂白废新闻纸脱墨浆的留着率可达 95.45%。

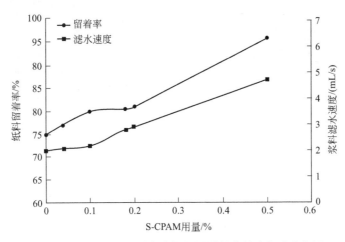

图 4-24　S-CPAM 对漂白废新闻纸脱墨浆的助留助滤作用

S-CPAM 用量对加入后漂白废新闻纸脱墨浆的 Zeta 电位的影响见图 4-25。可以看出，随着 S-CPAM 加入量的增加，纸料的 Zeta（ζ）电位（负值）降低。但由于废纸浆中的阴离子垃圾含量较高，较高的 S-CPAM 加入量才可使纸料的 Zeta 电位接近零。S-CPAM 主要靠桥连机理引发纸料组分间的絮聚，其多臂支化的分子结构有利于纸料组分间的桥连，对高阴离子垃圾含量的废纸脱墨浆有良好的助留助滤作用。

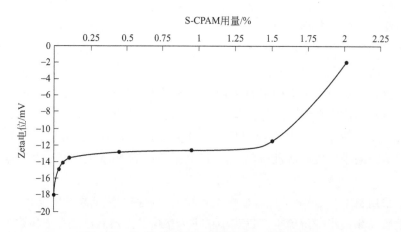

图 4-25　S-CPAM 用量对浆料 Zeta 电位的影响

② 作用时间对 S-CPAM 作用效果的影响。如图 4-26 所示，S-CPAM 可以在很短的时间内吸附到填料及纤维上，引发纸料组分间的絮聚，起到助留助滤作用。在作用 30s 时助留效果最好，纸料的滤水速度也较高；而随着作用时间的延长，纸料留着率逐渐降低，滤水速率也下降。作用时间越长，纸料组分间形成的絮聚体受到剪切作用的破坏程度越高，而 S-CPAM 分子在纤维表面发生重构采取平伏构象的概率也会增大，从而使助留助滤效果下降。

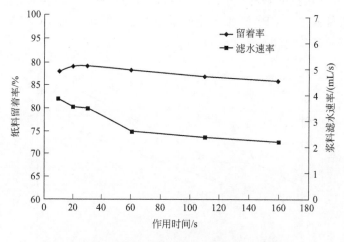

图 4-26　作用时间对 S-CPAM 助留助滤效果的影响

③ 浆料体系 pH 值对 S-CPAM 作用效果的影响。如图 4-27 所示，随着浆料体系 pH 值的升高，纸料的留着率和滤水速率都呈下降趋势。在酸性条件下，S-CPAM 的阳离子电荷密度较高，与表面带负电荷的纤维、细小纤维及填料的结合能力较强，且此时阴离子垃圾中的酸性基团电离程度也较弱；而在碱性条件下，S-CPAM 的阳离子电荷密度会有一定程度的降低，阴离子垃圾中的酸性基团在碱性条件下更易电离，对助留助滤的影响更大。因此，随着 pH 值的升高，S-CPAM 助留助滤作用效果逐渐减弱。但 S-CPAM 在较宽的 pH 值范围内均有一定的助留助滤作用。

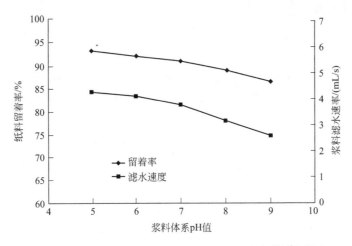

图 4-27　浆料体系 pH 值对 S-CPAM 助留助滤效果的影响

4.7.2　热分散处理胶黏物技术

热分散技术是当前废纸制浆厂广泛采用的处理胶黏物的成熟技术，通过加热揉搓、熔化方式分离混杂在纤维中的油脂、油墨、石蜡、橡胶等杂质。热分散的作用很多，包括：

① 剥离纤维上残留的油墨，使它们能够被后浮选或洗涤法去除。

② 把大的色团粉碎，减少成纸上的斑点，减少视觉缺陷。

③ 改变胶黏物表面性质使其能够被浮选去除，或者将其粉碎，减少大胶黏团的黏附性，避免出现胶黏物大量积累，或黏附在成形网或压榨辊上的问题。

④ 粉碎涂布或施胶留下的蜡颗粒，使其分散。

⑤ 混合漂白试剂。

⑥ 通过高温可适当润胀纤维，并轻微打浆，提高成纸强度。

⑦ 还可以减轻微生物的污染。

热分散一般都在 20％以上的浓度下工作，有的可达到 35％。热分散系统的稳定运行对浆料的白度、纤维质量，尤其是纸机的抄造影响尤为重要。该技术可有效分散浆料中残留的胶黏物、油墨等，并可改善纸张的物理性能。

4.7.3　白水封闭循环

优化脱墨废纸制浆和造纸生产过程的白水循环系统，可提高过程用水重复利用率。从降低水耗、减轻水污染的要求出发，脱墨废纸制浆及造纸生产过程中的白水封闭循环程度越来越高。生产工艺流程中采用生产用水封闭循环，设置白水回收装备，回收纤维及填料，充分利用处理后的纸机白水，减少清水用量，提高水的重复利用率。白水回用途径有内部回用、直接或处理后再回用和混合废水经外部处理后回用于生产系统等多种方式，回收设备主要采用多盘浓缩机和微气浮装置。微气浮装置是以废纸脱墨浆为原料生产低定量涂布纸系统重要的白水处理回收装置，并在其中加入具有聚集和絮凝作用的化学品以提高处理效率。

改进后的白水循环系统大体可以分为三个部分，分别以三个多圆盘浓缩机作为分界，包括：

① 废纸碎浆、净化、筛选和前浮选的水循环为第一循环回路。1#多圆盘浓缩机分离的白水，主要用于废纸的碎浆处理，以及浆料的净化、筛选和前浮选时稀释过程。

② 漂白和后浮选部分的水循环为第二循环回路。2#多圆盘浓缩机的白水经过 2#微气浮池处理后，澄清水回供漂白和后浮选作为稀释纸浆用。

③ 造纸机网部多余白水的循环处理为第三循环回路。造纸机网部的浓白水首先用于上浆系统的上网纸浆稀释调浓，此部分白水浓度较大。多余部分和稀白水经收集后，送入纸机多圆盘浓缩机处理，得到的清液除了用于造纸机网部的喷淋清洗之外，亦供打浆工段和制浆工段稀释用。纸机压榨部的稀白水经过 1#微气浮池处理后，抄纸车间多余白水用于制浆车间，补充到漂白和后浮选等处，供调节浆料浓度所用，减少清水用量。同时将这三部分循环回路过量的废水和纸机、脱墨生产线其他部位的废水混合在一起，经废水处理厂处理后再替代部分清水进入生产系统。

通过上述技术应用，废纸脱墨制浆废水循环利用率达到 95% 以上，造纸过程水循环利用率达到 90% 以上，综合制浆造纸废水排放量降至 $10m^3/t$ 以下，COD 浓度降至 2500mg/L，为后续达标处理创造了良好条件。

参 考 文 献

[1] 王钦池. 2017 年全球纸业发展报告 [J]. 中华纸业，2018，39 (23)：32-37.
[2] 高玉杰. 废纸再生实用技术 [M]. 北京：化学工业出版社，2003.
[3] 陈克复. 中国造纸工业绿色进展及其工程技术 [M]. 北京：中国轻工业出版社，2016.
[4] 陈克复，张辉. 制浆造纸机械与设备（上）[M]. 3 版. 北京：中国轻工业出版社，2011.
[5] UInch Höke，Samuel Schabel. 回收纤维与脱墨（第二十一卷 中芬合著）[M]. 付时雨，译. 北京：中国轻工业出版社，2018.
[6] 陈庆蔚. 废纸处理设备的新进展 [J]. 中华纸业，2005，26 (2)：41-45.
[7] 张运展. 现代废纸制浆技术问答 [M]. 北京：化学工业出版社，2009.
[8] 汪平保. 最新 Vortech 碎浆技术及应用 [J]. 中华纸业，2009，30 (10)：98-100.
[9] 吴大旭. 两种不同形式碎浆机在废纸制浆生产中的比较 [J]. 中华纸业，2019，40 (20)：12-16.
[10] 许银川，陈小龙. 废纸制浆创新节能技术与装备 [J]. 中华纸业，2019，40 (15)：72-75.
[11] 徐世荣. 一套优良的脱墨浆筛选设备 [J]. 中华纸业，2008，29 (6)：57-59.
[12] 冯文英，倪新芳. 碎浆和浮选条件对混合办公废纸脱墨的影响 [J]. 中国造纸，2002，21 (1)：9-11.
[13] 孙楠楠. 中性化学法废纸脱墨研究 [D]. 哈尔滨：东北林业大学，2004.
[14] 任静，孙广文，李海明. 中性脱墨剂和酶法脱墨国内研究进展 [J]. 中国造纸，2012，31 (12)：61-64.
[15] 逄勃越. 废旧新闻纸中性脱墨剂的初步筛选与应用 [J]. 日用化学品科学，2011，34 (4)：25-27.
[16] Lee C K，Darah I，Ibrahim C O. Enzymatic deinking of laser printed office waste papers：Some governing parameters on deinking efficiency [J]. Bioresource Technology，2007，98：1684-1689.
[17] 顾琪萍，尤纪雪，勇强，等. 脂肪酶和纤维素酶/木聚糖酶混合用于 ONP 脱墨 [J]. 中国造纸，2004，23 (2)：7-9.
[18] 张学铭，何北海，邹军. 水性油墨废纸脱墨研究进展 [J]. 中国造纸，2006，25 (4)：40-44.
[19] 张学铭，何北海，李军荣，等. pH 值和金属阳离子对水性油墨胶体稳定性的影响 [J]. 中国造纸学报，

2007，22 (1)：59-62.

[20] Pratima Bajpai. Pulp and Paper Chemicals [M]. Elsevier，2015.

[21] 云娜. 废纸脱墨浆镁基碱源过氧化氢漂白及其机理研究 [D]. 广州：华南理工大学，2014.

[22] 韩武鹏，公维雁，刘新春. 脱墨剂应用 FAS 进行漂白生产 [J]. 中国造纸，2004，23 (3)：43-45.

[23] 李小红. 提高废纸脱墨浆洁净度的工艺控制与优化 [D]. 广州：华南理工大学，2012.

[24] 张凤山. 废纸再生新闻纸生产过程中胶黏物的表征和控制 [D]. 南京：南京林业大学，2010.

[25] 孙丹丹，王永全. 热分散机结垢与磨损问题及其对浆料性质的影响 [J]. 中华纸业，2013，34 (4)：58-60.

[26] Gao Yang, Qin Menghua, Yu Hailong, et al. Effect of heat-dispersing on stickies and their removal in post-flotation [J]. BioResources，2012，7 (1)：1324-1336.

[27] Miao Q，Huang L，Chen L. Advances in the control of dissolved and colloidal substances present in papermaking processes：A brief review：A Brief Review [J]. Bioresources. 2013，8 (1)：1431-1455.

[28] Gao Yang，Qin Menghua，Li Chao，et al. Control of sticky contaminants with cationic talc in deinked pulp [J]. BioResources，2011，6 (2)：1916-1925.

[29] 汪运涛. 造纸系统白水封闭循环与回用技术 [J]. 上海造纸，2008 (4)：55-60.

[30] 杨家万. 纸浆浮选及白水气浮技术改造在废纸制浆中的应用 [D]. 杭州：浙江理工大学，2017.

第 **5** 章
机制纸和纸板生产过程水污染全过程控制技术

机制纸和纸板（machine made paper）区别于手工纸而言，是指在各种类型的造纸机上抄造而成的纸和纸板，具有定量稳定、匀度好、强度较高的特点。机制纸和纸板的种类繁多，多达上千种，我国国家统计局制定的《统计用产品分类目录》中，把机制纸及纸板产品分为未涂布印刷书写用纸、涂布类印刷用纸、卫生用纸原纸、包装用纸及纸板、感应纸及纸板、纤维类过滤纸及纸板和其他机制纸及纸板七大类产品。但习惯上，我们将机制纸和纸板分为包装用纸、文化用纸、生活用纸和特殊用纸四大类。

① 包装用纸指的是用于包装的纸，主要品种有瓦楞原纸、箱板纸、白纸板等。在我国纸张消费中，包装用纸的需求始终占纸张品种的主导地位，2017 年包装用纸的消费量占我国纸及纸板总消费量的比例达 64%。产品的包装是产品的重要组成部分，它不仅在运输过程中起保护的作用，而且直接关系到产品的综合品质。与其他包装材料比，纸及纸板从生产加工、运输到回收等环节在成本和广泛的适用性方面具有明显的优势，是一种绿色包装材料。

② 文化用纸是用于传播知识的书写和印刷纸张，包括新闻纸、未涂布印刷书写纸和涂布印刷纸。我国 2017 年生产总量为 2790 万吨，消费量为 2645 万吨。2017 年，文化用纸的消费量占我国纸及纸板总消费量的比例达 24%。

③ 生活用纸是纸张品种中与消费者关系最为密切的日常生活用品，产品主要包括卫生纸、面巾纸和一次性护卫用品等。伴随着我国经济的发展及消费习惯上的变化，人们对生活类用纸的需求不断提高，2017 年生活用纸的消费量占我国纸及纸板总消费量的比例达 8%。

④ 特殊用纸是指具有特殊用途的、产量比较小的纸张，种类繁多，在我国纸及纸板总消费量中所占的比例不高，近些年基本保持稳定不变。

5.1 机制纸和纸板典型生产流程

机制纸和纸板的生产靠造纸机完成，造纸机是将符合造纸要求的纸浆悬浮液经滤网脱水成形、机械挤压脱水和干燥等过程而抄制成纸的机器。造纸机包括完成以上工艺过程的成形、压榨、烘干 3 个主要部分，根据产品要求还可能增加施胶或涂布部分，并配有必要的整饰、卷取及传动装置，以及供浆、浆料及白水循环、真空、通风排气、损纸处理和润滑、自控等辅助系统（见图 5-1）。造纸机的规格常以其所抄造的成纸幅宽（简称抄宽）、工作车速来表示。习惯上按所采用的纸页成形器类型将纸机分成长网、圆

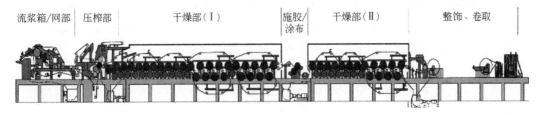

图 5-1　现代造纸机的典型组成

网、夹网及长圆网混合等机型；也依其主要产品品种而分成文化用纸纸机（包括新闻纸）、板纸机（包括包装用纸）、卫生纸机、特殊纸机；或按产纸厚薄分为薄型纸机、纸板机和常规纸机。

典型的机制纸及纸板生产工艺流程简图如图 5-2 所示。

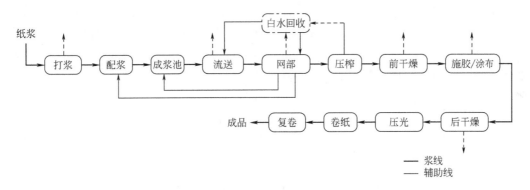

图 5-2　典型的机制纸及纸板生产工艺流程简图

5.1.1　纸页成形

纸页成形起始于流浆箱，流浆箱连接着纸机的"流送"和"成形"两大环节，是由上浆泵、进浆管道和流浆箱本身组成的整个流浆箱系统的主要组成部分，它是整个纸机网部中最关键的部件，也被称为造纸机的心脏。流浆箱的功能，概括地说就是沿着造纸机的幅宽方向以一定的喷射角度向网部喷射出纸机抄造工艺所需的均匀一致的一定压力、速度、流量且内部纤维尽可能地均匀分散的上网浆流，同时提供纸机幅宽方向的定量、水分的微细调节，以保证获得所要求的纸。

流浆箱是随着长网造纸机的出现而问世的，最早的是敞开式流浆箱，它结构简单，用调浆箱内浆位的高低来控制上网的浆速，适用于低速纸机；20 世纪 40 年代发明了气垫式封闭流浆箱，它能通过气垫来调节上浆压力，消除微小的压力波动，适用于中高速纸机；20 世纪 60 年代出现了满流气垫结合式流浆箱，其特点是综合了气垫式流浆箱和满流式流浆箱的优点，消除了满流式流浆箱无回流、不能除气消泡的缺点，适用于高速长网造纸机、夹网造纸机；20 世纪 80 年代出现了水力式流浆箱，采用高效水力布浆整流元件，重视稳浆室的作用，采用狭长流道以产生可控的微细湍流、一次布浆整流及稀释水浓度控制技术，适应于高速夹网纸机；进入 21 世纪，造纸机流浆箱的发展除在水力流浆箱方面有进一步的开发外，在多层成形流浆箱或多流道流浆箱向薄页纸的推广中也有新的进展，在高浓技术成形方面也取得了新的进展。

网部是整个造纸机最主要的脱水单元，浓度不足 1% 的浆料在网部经逐渐滤水并最终形成湿纸幅。纸页在网部的脱水量占整台造纸机总脱水量的 95% 以上，纸页离开网部时干度为 18%~23%，高速造纸机可达到 27%。在常规的长网成形过程中，纸浆透过水平成形网向下脱水，整个网案包括胸辊和伏辊之间的各类元件都具有支撑网和脱水的双重功能，根据特定需要，可使用多种不同的脱水装置，目前大多数纸机在紧接着胸辊之后使用一个成形板，接着是脱水板组件，然后是低真空度的湿吸箱和高真空度的干式真空箱，最后是高真空度的伏辊。在新型的夹网成形过程中，从流箱喷出的浆料在两网形成的楔形区内两面脱水，脱水作用是借助两网张力与脱水元件所引起的真空所产生的。在网子行进的方向上，第一个实际的脱水元件是成形辊，它配置了一个真空室；下一个脱水元件是装配有加载元件的加载单元，加载元件的刮刀把网子压到真空单元真空室的表面，对夹在网子中间的纸页产生一个压缩的载荷，使水分由两张网排走；接下来的脱水元件是三个平真空吸水箱和一个转移真空吸水箱，吸水箱装配有陶瓷面板，真空箱的真空宽度和真空大小可以调节；最后一个脱水元件是一个装有陶瓷狭槽面板的高真空吸水箱，高真空吸水箱的真空度和真空宽度是可以调节的。

5.1.2 湿压榨

湿压榨是纸和纸板生产过程中的重要部分，是利用机械挤压作用从湿纸幅中进一步除掉水分，压区由两个或多个压榨辊，或一个压榨辊和一个靴形支撑装置（靴形压榨）组成，其主要作用可分为 3 个方面：a. 脱水，采用双辊挤压的方式尽可能多地脱水，可以通过改变线压力和车速来进行脱水控制，同时尽量减少对纸幅的回湿，以减少后期干燥过程的蒸汽消耗；b. 改善纸幅性能，增强纸幅内部结合力，同时提高纸幅表面平滑度，降低纸幅两面差；c. 传递纸幅，将纸幅从成形部传递到干燥部。出压榨部的纸幅干度可达到 45%~50%。脱水的效果主要和压榨部设备的选择和操作、纸幅本身特性、压榨部毛布的选择等因素有关。

压榨部在压区的脱水主要可分为四个不同的阶段：第一，纸幅和毛布在闭合的压区开始压缩，只有少量的脱水以及气体从压区排出；第二，气体排出后，纸幅非常湿，压区压力增加使水进入毛布及辊子沟纹，在压区的中间位置，压力达到最大，毛布可通过毛布真空箱进行脱水，辊子沟纹的水通过离心力脱水；第三，压力开始降低，继续对纸幅进行脱水，纸幅干度在压榨压区达到最高值；第四，纸幅继续在压榨压区，在纸幅和毛布区域出现真空，会从毛布吸收水分到纸幅而出现回湿，为了减少回湿，纸幅和毛布在出压区后应当尽快分离，在分离的过程中水膜的分离也会使一部分水流进入纸幅增加回湿。

压榨部根据压区类型分为常规压辊压区压榨和宽压区压榨，前者主要是利用压榨毛毯接受水分的平辊压榨，后者常用的结构形式包括四辊三压区压榨和直通式靴形压榨。对于大型高速纸机，一般采用宽压区压榨。四辊三压区压榨的一压是上下两面脱水，二压和三压由于中心辊为石辊，所以二压和三压的脱水只在一面脱水，脱水量随着纸幅干度的提高而减少；直通式压榨有两个靴形压区，一压是两面脱水，二压由于下毛布通常使用传动带，所以造成二压下不脱水。四辊三压区压榨的优点是结构紧凑、投资少，缺点是从压榨到干燥部开式引纸，容易断纸，石辊的研磨，压区互相影响等。直通式压榨的优点是全封闭式引纸，成纸水分均一，有利于稳定高速运行，缺点是投资大，占地面积大。

5.1.3　干燥

纸浆通过造纸机网部脱水及压榨处理后，湿纸页的干度可以提高到50％左右，这个干度远达不到我们日常所使用的纸张的干度，其干度一般在90％以上。由于纸页的承压能力有限，若强压会破坏湿纸页，因而纸页中残余水分必须通过加热干燥的方法进行脱除，这个过程就是干燥，其基本原理是蒸汽与烘缸相组合将热能传递给纸页，继续蒸发纸页水分。干燥装置位于造纸机的末端，是整台造纸机面积占比最大的部分，其主要作用就是用加热蒸发扩散的方法脱去纸页中多余的水分，把纸页的干度提高到92％～95％。同时，通过干燥，纸页得到收缩，纤维间氢键增加，结合得更加紧密，纸页的物理强度和平滑度得到提高。另外，通过加热可以完成表面施胶（70～80℃），并进行涂布。

根据不同纸种，干燥部烘缸可有多种配置。目前，绝大部分生产纸和纸板的纸机主要采用单排烘缸干燥。在单排烘缸干燥中，干燥装置中所有通蒸汽加热的烘缸均在上部，而下部所有的辊子均为真空辊，纸页被支撑通过整个干燥部，纸页的运行性能更稳定，又由于纸页与干网包绕烘缸的弧长更长，有利于传热，纸页沿下辊运行有更大的蒸发距离，故干燥效率更高。单排烘缸干燥装置的主要缺点是干燥装置较长，为了克服这一缺点，许多研发工作者多年前就开始重点开发一种新型的、运行可靠的干燥方法，其主要宗旨是提高干燥部单位长度的干燥效率、运行稳定性以及获得优异的纸质，同时尽量减少蒸汽消耗。目前，已发展了穿透干燥方式的立式干燥机，纸幅垂直方向运行，用燃烧天然气产生的热风均一地喷射纸幅，干燥能力飞跃提高，同时干燥部的长度也比单排烘缸干燥装置缩短25％左右。

5.2　机制纸和纸板污染源解析

机制纸及纸板制造生产工艺过程：外购商品浆或自产浆经打浆处理后，由流送工段配浆并去除杂质、脱气等后，上网成形，经压榨部脱水，干燥部烘干，并根据产品要求选择施胶或涂布，再经压光、卷纸生产纸或纸板。目前机制纸及纸板产量最大的是包装纸和纸板、文化用纸、新闻纸三大类，因为包装纸和纸板、新闻纸类用的原料以废纸浆居多，其造纸废水情况已在废纸制浆造纸水污染源解析中做了分析，因此此部分主要对文化用纸造纸车间的水污染源进行解析。

5.2.1　机制纸和纸板主要的废水产生源

机制纸和纸板的生产过程初始浆料浓度不足1％，而产品的浓度（干度）高达90％，因而会产生大量的废水，主要包括流送系统的排渣废水、网部过滤产生的浓白水、网部真空吸水箱之后和压榨部的稀白水及其他废水，主要含有大量的细小纤维、填料等悬浮物，以及助留剂、施胶剂、防腐剂、增强剂等，同时含有很多的溶解性胶体物质（DCS）。

5.2.2　水污染源解析方法

机制纸和纸板水污染源解析方法采用等标污染负荷法，详见 2.2.2 部分相关内容。

5.2.3　机制纸和纸板废水污染因子筛选

机制纸和纸板产生的水污染物主要有 COD、BOD、SS、总氮、氨氮、总磷。

5.2.4　机制纸和纸板排水节点

机制纸及纸板制造工艺过程及其工序排水节点简图如图 5-3 所示。

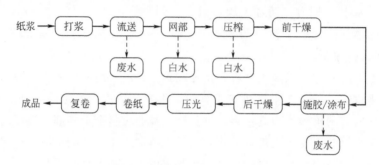

图 5-3　机制纸及纸板制造工艺过程及其工序排水节点简图

5.2.5　机制纸和纸板生产过程废水等标污染负荷解析

在造纸车间，按照白水的特性和回用水质要求，网部成形脱水区下来的浓白水直接回用于机前来浆的稀释，高压脱水区形成的稀白水回用于制浆过程以及锥形除渣器各段渣浆的冲洗和稀释等。因此，此处分析的是文化纸整个造纸工艺流程的多余白水的污染状况。

5.2.5.1　主要污染物及其来源

文化用纸造纸工序为了达到纸张强度、表面性能等指标的要求，将加入填料或涂料，如钛白粉、硫酸铝、碳酸钙、滑石粉、瓷土等无机物，还加入淀粉、杀菌剂等有机物，这造成了白水中溶解性胶体物质和悬浮物增多。因此，会产生 COD、BOD、SS、总氮、氨氮、总磷等污染物。

通过企业调研和查阅文献，得到其造纸工序排放废水量及废水中各污染物浓度数据。文化用纸工序产生的白水量平均为 $200m^3/t$，其中 $185m^3/t$ 是成形脱水区下来的高固含量的浓白水，直接回用于机前来浆稀释，高压脱水区形成的稀白水少部分回用于制浆过程及锥形除渣器各段渣浆的稀释，因此纸机产生的多余白水平均为 $15m^3/t$，各污染物浓度及负荷如表 5-1 所列。按各污染物负荷从大到小排序，顺序为 COD＞悬浮物

＞BOD＞总氮＞氨氮＞总磷，造纸废液中 COD 和悬浮物浓度较高，负荷也最大，是因为造纸过程中填料或涂料以及助剂的加入，使得废水中除了细小纤维外还有各种填料等，使悬浮物和无机盐增多，导致了 COD 和悬浮物的数值偏高。

表 5-1　文化用纸造纸废水污染源解析数据

特征污染物	COD$_{Cr}$	BOD$_5$	悬浮物	氨氮	总氮	总磷
浓度/(mg/L)	1000～2500	300～400	400～600	5～8	15～25	2～4
负荷/(kg/t)	15.00～37.50	4.50～6.00	6.00～9.00	0.08～0.12	0.23～0.38	0.03～0.06
等标污染负荷/(m³/t)	187.5～468.8	225.0～300.0	200.0～300.0	9.4～15.0	18.8～31.3	37.5～75.0
等标污染负荷比/%	27.65～39.39	25.21～33.18	25.21～29.49	1.26～1.38	2.63～2.76	5.53～6.30

5.2.5.2　等标污染负荷解析

文化用纸造纸工序各污染物采用等标污染负荷法解析，得到各污染物的等标污染负荷和污染负荷比，结果如表 5-2 所列。按等标污染负荷的大小排序，从大到小的顺序为 COD＞BOD＞悬浮物＞总磷＞总氮＞氨氮，可以得到文化用纸造纸工序的主要污染物是 COD、BOD 和悬浮物，其等标污染负荷比分别达到了 27.65%～39.39%、25.21%～33.18%和 25.21%～29.49%。为了减少了造纸工序的污染，剩余白水采用多圆盘纤维过滤机处理后进一步进行水的封闭循环回用，助剂制备过程中减少助剂的损失，降低造纸工序废水的排放量，目前废水平均排放量降低至 4m³/t，很大程度上减少了造纸工序的污染，如表 5-2 所列，COD 总等标污染负荷降低 73.33%～75.47%，BOD 降低 76.67%～77.77%，悬浮物降低 90.00%～91.11%，氨氮、总氮和总磷降低 73.33%。

表 5-2　清洁生产文化用纸各污染物浓度及等标污染负荷总和

特征污染物	污染物浓度/(mg/L)	各污染物等标污染负荷/(m³/t)	与常规工艺相比降低率/%
COD$_{Cr}$	1000～2300	50.0～115.0	73.33～75.47
BOD$_5$	250～350	50.0～70.0	76.67～77.77
悬浮物	150～200	20.0～26.7	90.00～91.11
氨氮	5～8	2.5～4.0	73.33～73.40
总氮	15～25	5.0～8.3	73.38～73.40
总磷	2～4	10.0～20.0	73.33

通过上述分析，文化用纸造纸加工过程中 COD、BOD 和悬浮物的累积等标污染负荷比达到了 80%左右。因此，这三种污染物为文化用纸造纸企业废水污染治理重点，采用白水梯级封闭循环回用等清洁生产工艺可大幅降低污染物排放量。

5.3　智能型白水稀释水流浆箱技术

在现代造纸机关键技术装备中，智能型稀释水流浆箱是现代造纸机最为核心的装备之一，对纸页的质量起着决定性作用，其设计加工技术和智能化控制技术要求都很高，代表了目前流浆箱的最高技术。稀释水调节的原理是在流浆箱横幅方向定量变化的地方，加入或减少此处白水使浆流浓度变化而校正定量，这个方法可以改善原来使用的唇口机械微调装置调节精度差、相邻调节点相互影响较大的缺点，显著降低横幅定量差值，由原来最好的±1.5%降低到±1%以下，甚至达到±0.5%，有效提高了纸张产品质量。

智能型白水稀释水力式流浆箱由等压布浆总管、管束、平衡混合室、高强微湍流发生器、唇板通道及开度微调机构、稀释水总管、稀释水浓度调节控制系统及相关软件组成。白水稀释系统是由带执行器的智能稀释水控制阀、阀控制系统、稀释水进料阀等组成，稀释水混合调浓模块安装在稀释水流浆箱的上浆总管与布浆管束之间，沿横向方向按适当的间隔距离排布稀释水加入调浓装置，稀释水量为总进浆量的7%～8%。稀释用的白水由稀释水管从稀释水总管分送到各稀释水支管中，每条支管都安装稀释水阀门，调节各条支管的稀释水阀门的开度，以一定流量的稀释水注入布浆管束中。在稀释水流浆箱中，进入各布浆管束的浆流浓度和流量是恒定的，即不加稀释水时进入各个管束的浆流浓度和流量也是均匀一致的。当纸页横幅上某处的定量偏离标准定量时，向对应于该处的管束的上游增加或减少稀释水的注入，在管束里与主浆流混合，调节该处的稀释水量与纸浆流量的比率，即调节该处的纸浆浓度，从而保持纸页横向定量的均匀一致。稀释水的加入量是通过稀释水阀门控制的。采用稀释水调节纸页横向定量的方法，可保证流浆箱的唇板开口沿纸机横幅保持一致，不再需要唇板的局部调节，消除了由唇板口变形引起的横流和偏流问题，也分离了横幅定量波动与纤维定向偏离的连带关系，从而保持横幅纸页纤维定向分布的一致。稀释水横向分区间距通常为50～120mm，我国已研发成功间距50mm的调节执行器，达到国际先进水平，唇板开度调节量为5～18mm。

5.4　靴形压榨节水技术

早期的靴形压榨是把靴形压榨放在四辊三压区的第三压，在开放引纸之前，这虽然提高了纸幅的干度，但是纸幅从中心辊剥离的牵引力随纸机车速提高而增大。这仍然是压榨部产生纸幅断头和妨碍纸机车速进一步提高的因素，因此出现了直通式靴形压榨。Metso公司的OptiPress采用封闭引纸方式，有两个压区，第一压区是辊式双毛布压榨，第二压区上辊为靴形辊，有毛布，靴套上有沟纹，下辊SymZL是传动辊，下辊采用传动带的目的是防止纸页回湿，减少一个真空辊和一个传动点。Voith的Tandem-NipcoFlex是串联式双靴压。

进入21世纪后，靴形压榨的新进展是单靴压技术。单靴压技术的压榨部只有一道靴形压榨，适用于不含磨木浆的未涂布纸种，目前主要用于复印纸纸机。单靴压压榨部仅有一个压区，两面双毛布。单靴压的主要优势是由于辊子和各种元件的数量很少，因而运行和维护成本低；紧凑的设计有利于节省空间，尤其适用于对已有系统的改造。单靴压后干度可以达到48%～55%，比常规的三压区辊压要高得多，常规的三压区辊压只能达到 42%～44% 的干度。单靴压形成的较高的纸页干度以及压榨部与干燥部之间的封闭引纸设计，使得纸机可以有较高的车速和较好的运行性能。对于单靴压，正确地选择毛布很重要，毛布必须在提供理想纸页表面性能的同时保证稳定的脱水。正确的靴形设计可以获得最佳的压区压力曲线，从而形成良好的脱水而不会造成纸页平滑度的损失。

5.5　高效节能干燥技术

干燥部是造纸机最长的部位，重量占造纸机总重的 60%～70%，蒸汽消耗占生产成本的 10%，脱水经济成本是压榨部的 10 倍。因此干燥技术与装备的关键点为节能降耗，特别是蒸汽的高效利用和热回收是非常重要的。

5.5.1　具有热回收系统的封闭汽罩通风系统

干燥部通风系统的主要任务是从干燥部捕集和除去水汽，使干燥能力和纸机产量达到最高，提供可控的干燥环境，稳定纸幅，提高纸机效率，保护纸机装备，优化节能效率，主要组成部分有汽罩、汽罩排风机、汽罩供风装置、袋区通风装置、稳定纸幅的设施、热回收设备。

纸机进干燥部的水分一般为 65% 左右，出干燥部的成纸水分一般控制在 3%，干燥部需蒸发大量的水分，因此需要大量的热量满足水分蒸发及干燥部低湿度下运行的需要。干燥部烘缸及汽罩热风系统能够满足供热的需要，而强制排风系统能提供较高的排风量，汽罩的密封性能及运行控制是高效汽罩的保证。封闭式汽罩将纸机的整个干燥部严实地围护起来，从一楼基础直至汽罩顶棚实现全封闭。操作侧设有带通长隔热玻璃观察窗的电动提升门，且电动提升门与断纸信号连锁。这样，汽罩内和厂房内的空气就可以分别独立进行控制。

由于密闭气罩的使用，排风温度和含湿量均较高，这为排风的热回收创造了条件，封闭式汽罩的排风温度一般在 82℃ 左右，含湿量在 0.16kg(水)/kg(干空气)，每千克排风中热焓约为 507kJ，每小时蒸汽消耗量约为 1000kg，蒸汽消耗较大，热风焓值相当可观，因此必须对热排风进行回收。通常将排风进行二级热回收：

① 气/气热回收，将收集的排风直接回用来预热气罩内送风系统，这种热回收的利用价值最高，一年四季都在回收热量，是任何封闭式气罩排风都必须设置的。一级热回收装置采用管式换热器，由于是气-气换热，换热系数小，回收热量比较有限，只占排风总热焓的 6% 左右，经过一级热回收后，送风温度可达 60℃ 左右，排风温度在 62℃ 左右，排风热焓仍然很高。

② 水热回收，是用排风来加热工艺用水，工艺上洗毛毯要用大量热水，如果用蒸汽来加热清水则要消耗大量的蒸汽，完全可以利用排风来加热这部分水。水热回收采用不锈钢换热管，气-水换热系数较高，回收热量较高且是全年运行。经过二级热回收装置后，水温可达 45℃ 左右，排风温度约 45℃，回收的热量约占排风总热焓的 20%。

经过二级热回收后，排风的温度已很低，一般为 35℃，回收的价值已不大，可直接排出室外。

5.5.2 烘缸的冷凝水快速排出技术

大多数烘缸都以蒸汽为热源，由于蒸汽的冷凝，烘缸内就会产生冷凝水。当烘缸旋转时，冷凝水在烘缸内受到黏滞力、惯性力、离心力及重力的作用。冷凝水的受力情况与烘缸的直径、冷凝水量及纸机的车速有关。当烘缸直径和水量一定时，随着纸机车速的提高，冷凝水在烘缸内可以出现不同的形态。当车速继续增加到 $300m/min$ 以上，冷凝水受到的离心力超过重力时，沿烘缸的内壁形成一个完整均匀的水环。冷凝水在烘缸内积存会产生很多危害。首先，冷凝水的热导率只有铸铁热导率的 $1/88$，烘缸内积存冷凝水会增加烘缸的热阻，降低干燥效率，增加纸机功耗；其次，车速较高时，烘缸内冷凝水环的形成和破坏（临界厚度），引起烘缸传动功率的剧烈波动，影响纸机的正常运行；最后，冷凝水积存还会导致烘缸部出现不规则的温差，造成纸幅干燥不均匀。因此，必须快速有效地排除烘缸内的冷凝水。

对于中高速造纸机，烘缸的冷凝水排出装置主要使用具有吸水头的虹吸管，吸水头与烘缸内表面的距离为 $2\sim3mm$。虹吸管排水时，除了克服提升凝结水产生的阻力外，还要克服离心力上升的助力，特别是高速造纸机，冷凝水受到的离心力成倍增加，烘缸和排水管之间的压差要非常大。这时烘缸内壁即使只有很薄的滞留层水环，仍会产生很大的热阻，影响传热效率和纸机运行性能。为解决冷凝水滞留问题，可以在烘缸内设置扰流棒，其作用是加强烘缸内冷凝水层的扰动，使冷凝水环产生振荡，然后冷凝水被扰流棒导向成为轴向流动进入端部环形槽内，被固定虹吸管排出。这种扰流棒是用不锈钢制成的安装在烘缸内壁上沿烘缸轴向布置的筋条，一般高 $60mm$，宽 $50mm$ 左右，可以采用磁力固定或是弹性加紧环固定。利用固定式虹吸器和扰流棒，在提高沿纸机方向的热传导速率的均匀性方面比为改变烘缸的内部结构而采取的任何措施显得更为有效。

5.5.3 蒸汽引射式热泵技术

热泵是一种不需要消耗机械能或电能就可以将低品位热能转化为高品位热能的高效节能设备，没有运转部件，主要由喷嘴、接收室、混合室和扩散室 4 部分组成。热泵的工作原理是高压蒸汽以很高的速度通过喷嘴时充分扩张，从而将较低压力的吹贯蒸汽由吸入口吸入，在通过热泵混合室时共同被提升到很高的速度，混合的蒸汽通过扩压室时因速度降低而压力提升。因此，高压蒸汽的能量被用来压缩低压蒸汽到较高压力的蒸汽，故而热泵也被称作热力压缩机。

在干燥部蒸汽供热系统中，蒸汽引射式热泵作为引射式减压器用于热力系统，同时作为热力压缩机将二次蒸汽增压使用，利用工作蒸汽减压前后的能量差为动力，将闪蒸罐中产生的二次蒸汽增压后回收再利用，从而降低了闪蒸罐的工作压力，加大了纸机烘缸的排水压差，较传统方式节汽 15% 以上。

5.6 **机制纸和纸板水污染全过程控制应用案例**

该机制纸和纸板生产线以商品浆生产涂布印刷书写纸，生产过程中产生的废水主要是白水，其控制策略就是实施白水封闭循环，最大限度地提升白水回收利用率，降低造纸用水量。纸机的白水循环分为初级、二级与三级循环。初级循环的白水不经处理直接回用到纸机上；二级循环的白水，通过多盘浓缩机和微气浮等纤维回收设备对其进行处理以后，回用到纸机上；三级循环的废水，经治理并对其展开有效处理之后，可使得废水中所含的悬浮物以及溶解性化学药品被全部处理掉，提升水质，能够使得水质达到造纸进水时用水标准，使其被充分利用。用已处理的或未处理的白水代替新鲜水是减少废水的最好方法，在大多数情况下，无需任何处理就可以对工艺用水进行再循环利用，并且这种再循环利用在所有制浆造纸厂都是一种常规的操作。制浆造纸水污染控制在很大程度上取决于水资源的使用以及良好的管理。通过在造纸厂增加处理单元来扩大水循环似乎是一项相对简单的任务，但在现实中并不那么容易。考虑不仅在一般的造纸业，而且在特殊的造纸厂，增加水循环过程的同时，处理可能的风险和陷阱，需要全面了解不同类型的过程、化学反应和条件。水循环利用的一个特殊风险是，某些特定杂质和物质会集中在工序用水中，导致工序、设备和产品质量出现严重问题。尽管如此，只要有正确的技术和诀窍，造纸厂的水循环利用还是有很多机会的。多年以来，国外的造纸厂成功地采用了现代化生产技术和装置提高水的循环利用来减少造纸过程中水的消耗，从而使污水的排放量降到最低。虽然封闭循环有一些优点，如更少的水消耗，更少的新鲜水预处理，减少纤维和填料的损失，更少的污水处理量以及减少能源需求，但这意味着污染物在工序用水中积累，反过来又限制了水的封闭循环。为了避免这些问题，在水进行下一次的循环之前必须清除其中含有的易导致腐蚀、设备堵塞、形成水垢、在生产过程或最终产物中形成的胶黏物等污染物。为了再利用工序用水，通过在生产系统中安装内部处理设备来去除这些物质，以保持循环水中污染物的含量较低。白水封闭循环处理采用的方法是多盘纤维回收机和高效浅层气浮法。

5.6.1　多盘纤维回收机

多盘纤维回收机的工作过程是：白水进入白水塔，白水塔出来的白水一部分用于损纸处理系统，另一部分与长纤维浆按一定比例进行配比，进入多盘纤维回收机。当多盘纤维回收机滤层形成不充分时，从中出来的浊白水进入浊白水池，再泵入白水塔；当滤层形成充分时，白水经滤层形成清白水进行回用，回收浆料浓度 10% 左右，可用该机冲水管稀释到 3%～4% 进入回收浆池回用。

5.6.2　高效浅层气浮法

高效浅层气浮法的工作过程是：稀白水经水沟自流至白水池，在白水池入口处装有格栅，以防止超大的杂质进入；白水池的白水通过提升泵送往管道混合器，与由 PAC（聚合氯化铝）溶解系统泵入的 PAC 药液混合均匀，然后在进入气浮池之前加入 PAM（聚丙烯酰胺）药液，在气浮池中与溶气水混合，从而达到固液分离的目的；浮渣由不停地同转的螺旋状刮渣器舀起，靠刮渣器的斜度在重力作用下自流至纸浆池回用，清水自流至清水池回用。

白水封闭循环是制浆造纸工业发展的必然，虽然白水封闭循环后会带来一些不利影响，如纸张性能的改变、纸病、腐蚀、堵塞和腐浆等，但随着湿部化学技术、水处理技术和材料工艺的不断发展和生产管理的加强，可以将这些不利影响降到最低程度。

参 考 文 献

[1] 陈克复，张辉．制浆造纸机械与设备（下）[M]．3 版．北京：中国轻工业出版社，2011.

[2] 张辉，张笑如．现代造纸机械状态监测与故障诊断 [M]．2 版．北京：中国轻工业出版社，2013.

[3] 董继先，常治国，党睿，等．纸机热泵及其供热系统简介 [J]．纸和造纸，2012，31 (6)：13-17.

[4] 周乐才．纸机封闭式气罩及其设计要点 [J]．中华纸业，2006，27 (10)：54-57.

[5] 冯郁成．现代造纸机稀释水流浆箱的智能化质量控制技术的研究 [D]．广州：华南理工大学，2018.

[6] 杨旭．现代造纸机稀释水流浆箱关键技术与结构研究 [D]．广州：华南理工大学，2016.

[7] 蔡文华．靴形压榨在纸机上的应用及探索 [J]．中华纸业，2004，25 (2)：39-42.

[8] 王业卓，姜广平，郎辅清．造纸机压榨部分析研究 [J]．黑龙江造纸，2014 (3)：46-48.

[9] 梁荣国．造纸机流浆箱的功能及其最新进展 [J]．造纸科学与技术，2006，25 (5)：68-70.

[10] 冰枫．Voith Paper 靴形压榨操作速度达到 3000m/min [J]．造纸信息，2003 (4)：29.

[11] 李友森．关于低定量纸采用靴形压榨的考察——纸张的柔性靴型压榨 [J]．国际造纸，1998，17 (4)：25-27.

[12] 王学鼎．欧洲高速新闻纸机若干新技术趋势 [J]．中华纸业，1998 (1)：12-14.

[13] 吕江印，刘志一．纸张生产的有效压榨技术——靴形压榨 [J]．中华纸业，1998 (6)：39-41.

[14] 张磊，秦维缓．双毛毯沟纹压榨的设计探讨 [J]．纸和造纸，1998 (7)：26-27.

[15] 王烈生．橡胶沟纹压榨辊辊面环形沟纹加工法 [J]．纸和造纸，1994 (4)：34.

[16] 杨伯钧．新纸机压榨部采用靴型压榨 [J]．中华纸业，2002，22 (2)：32-35.

[17] 刘清，王孟效，秦现生．引射式热泵的设计 [J]．陕西科技大学学报，2004，22 (6)：39-43.

[18] 苏雄波，杨军，侯顺利．现代纸机干燥部新型节能干燥技术 [J]．黑龙江造纸，2011 (2)：18-22.

[19] 姜世芳．维美德密闭汽罩 [J]．轻工机械，2004 (1)：95-96.

[20] 肖吉新．烘缸冷凝水和热泵控制系统的应用 [J]．中华纸业，2009，30 (24)：39-41.

[21] 谢序麟．辊式夹网成形器在浆板机中的运用 [J]．纸和造纸，2019，38 (3)：11-12.

[22] 王成．高速新闻纸机 OptiFormer 水平夹网成形器的性能与应用 [J]．中华纸业，2010，31 (10)：61-64.

[23] 史长伟，祝光，胡芳．OptiFormer 立式夹网成形器简介 [J]．造纸科学与技术，2002，21 (2)：47-49.

[24] 焦宁．NipcoFlex 靴式压榨在纸机改造中的应用 [J]．中华纸业，2018，39 (20)：36-40.

[25] 张明．造纸白水回收新工艺应用与设备研究 [J]．资源节约与环保，2018 (2)：1，7.

[26] 闫有斌．纸机干燥部节能节水环保成套系统领先技术 [J]．中华纸业，2018，40 (23)：69-72.

[27] 刘志强．纸机封闭式汽罩的节能及运行分析 [J]．黑龙江造纸，2010 (2)：52-53.

[28] 周乐才．纸机封闭式气罩及其设计要点 [J]．中华纸业，2006，27 (10)：54-57.

[29] 党睿，董继先．蒸汽喷射式热泵供热系统在纸机干燥部的应用 [J]．科学技术与工程，2011，11 (9)：2025-2029.

[30] 石先城，冯郁成，曾劲松，等．基于 CAN 总线和 OPC 技术的分布式横向控制系统 [J]．中国造纸，2015，34 (8)：44-48.

第6章
制浆造纸废水治理技术

制浆造纸行业是我国水污染防治的重点行业，减排任务艰巨。在环境污染防控政策的倒逼下，造纸行业加快淘汰落后产能和完善末端治理技术，污染控制与治理取得了显著成效。2006～2015 年间，制浆造纸行业产能从 6500 万吨增加到 10710 万吨，增长了 40%，但废水排放量却从 37.4 亿吨下降到 23.6 亿吨，减少了 36.8%，年均降低约 5%，占全国工业行业排放量的比例从 18.0% 下降到 13.0%，减少 5 个百分点；COD 排放量从 2006 年的 155.32 万吨下降到 33.54 万吨，同比下降了 78.4%，年均下降 15.7%，万元产值 COD 排放量从 53.8kg 下降到 4.7kg，同比下降了 91.3%，年均下降 23.8%。2015 年，单位产品 COD 排放量为 3.31kg/t，已远小于了欧盟的 5.61kg/t。行业氨氮排放量从 3.64 万吨下降到 1.23 万吨，同比下降了 66.2%，年均下降 11.4%；万元产值氨氮排放量从 1.26kg 下降到 0.17kg，同比下降了 86.5%，年均下降 20.0%。

但随着国家和地方环境治理由浓度控制走向总量控制、质量控制，原有技术的局限性难以满足解决水污染的更高要求，必须创新污染防治方法。水污染全过程控制，是基于生产过程可能产生的特征污染物生命周期（LCA）分析，从原料、生产和废水全过程等入手，以综合成本最小化为目标，通过毒性原料或介质替代、原子经济性反应、高效分离、废物资源化、污染物无害化、水分质分级利用等技术方法的综合集成，实现水污染物稳定达到国家/行业/地方排放标准。水污染全过程综合控制内涵包括两个层次：一是基于水污染减排的清洁生产；二是基于满足环保排放标准的废物无害化处理。水污染全过程控制不过度追求每一个工序的污染物及排污的最小化，而是将过程污染物的形成与末端污染物治理难易结合起来，把末端治理工序作为生产工序的一个环节，统筹考虑成本或收益，以实现综合成本最优、毒性风险最小、稳定达标的目标。

目前，制浆造纸综合废水的末端治理技术主要分为一级处理、二级处理及三级深度处理。一级处理主要是除去废水中呈悬浮状态的固体污染物质，主要采用过滤法、沉淀法和混凝法等物理处理方法。经过一级处理后的污水，BOD_5 一般只能去除 30% 左右，出水水质仍较差，一级处理常作为二级处理的预处理。二级处理主要去除污水中呈胶体和溶解状态的有机污染物，即 BOD_5、COD_{Cr} 物质，主要采用厌氧处理、好氧处理等生物处理技术。通过二级处理，废水中有机污染物的总去除率可达 90% 以上，但仍存在 COD 超标、色度较高等问题，难以达到《制浆造纸工业水污染物排放标准》（GB 3544—2008）的要求。造纸废水三级处理即深度处理，就是将二级生化处理的出水再进一步用物理法、化学法或生物法处理，从而去除造纸废水在二级处理中没有除去的难降解有机物、磷和氮等能够导致废水富营养化的可溶性无机物及悬浮物等，以达到排放标准要求，甚至实现废水的回用。废水三级处理技术主要包括混凝沉淀或气浮、高级氧化技术。

6.1 制浆造纸废水常规处理方法

制浆造纸工业水污染的防治技术从总体上应鼓励采用分类收集、分质处理和分质回用的技术，以实现制浆造纸过程减排和资源化利用目标。一方面，各生产工序尽可能采取先进的清洁生产工艺和装备技术，使生产过程少排或不排污；另一方面，在各工序产生的废水不处理直接或经基本处理后就地回用到有关工序。对于各工序所排废水就地回用外，最后汇总到工厂集中污水处理厂，这样的综合废水称为终端废水，也称为末端废水。对于末端废水处理技术的选择应综合考虑技术上成熟、处理效果高效、处理设施和运行费用适中、能够稳定实现达标排放等因素，选择适宜的污染防治技术路线组合。

制浆造纸末端废水与其他工业废水差异很大，主要体现在：a. 污染物浓度高，尤其是制浆生产废水含有大量的原料溶出物和化学添加剂，部分非木制浆企业其废水中AOX含量也很高；b. 难降解有机物成分多，COD、BOD以及TSS含量大，可生化性差，木质素、纤维素类等物质采用生物处理法难以降解；c. 废水成分复杂，有的废水含有硫化物、油墨、絮凝剂等对生化处理不利的化学品；d. 废水流量和负荷波动幅度大，对生化处理系统的稳定运行非常不利。因此，其处理方法较一般工业废水应有所不同，目前制浆造纸废水的处理方法主要有物理法、化学法、生物法、膜生物法及其组合处理法。这里只提及国内外普遍认为经济可行并应用较广泛的处理技术，主要包括物理法、化学法、物化法、生化法等。

6.1.1 物理法处理

物理法包括过滤法、重力分离法和离心分离法等，废水经过物理处理过程后并没有改变污染物的化学本性，而仅使污染物和水分离。

6.1.1.1 过滤法

过滤法即利用过滤设施截留废水中固体悬浮物的方法，一般又称为污水的固液分离方法。常用的过滤设备和设施包括筛网、滤网、斜形筛、格栅、过滤机等。

（1）格栅过滤

制浆造纸废水中含有细小纤维、填料和涂料等悬浮物，大量的悬浮物进入废水处理系统中，严重影响废水处理系统的处理效果，特别是对生物处理中UASB、水解酸化等工艺的布水系统造成严重堵塞，因此在进入水泵及主体处理系统之前对其进行拦截，设置格栅拦截大悬浮物，设置筛网拦截细小悬浮物。格栅是由一组或多组相平行的金属栅条与框架组成的，倾斜安装在进水的渠道或进水泵站集水井的进口处，一般用在大水量的造纸废水处理中，能够有效拦截较大的悬浮物，处理能力高，不易堵塞，可以保证后续管道、阀门及泵的通畅无堵（图6-1）。筛网按网眼尺寸分为粗筛网（≥1mm）、中筛网（0.05～1mm）和微筛网（≤0.05mm），可截留大颗粒的有机污染物，减小初次沉淀池的污泥量，通常应用在水量相对较小、废水中含有大量细小悬浮物的场合。

图 6-1　格栅过滤预处理

（2）滤料过滤

还有一种废水物理处理方法是粒状材料过滤，一般是以石英砂等作为滤料层截留水中的悬浮或胶态杂质，特别是能有效地去除沉淀技术不能去除的微小粒子和细菌等，对 BOD_5 和 COD 等也有某种程度的去除效果，多用于污水的深度处理。这种过滤是在过滤池或过滤机中实现的，其过滤过程是：当污水进入滤料层时，较大的悬浮物颗粒被截留下来，而较微细的悬浮颗粒则通过与滤料颗粒或已附着的悬浮颗粒接触，出现吸附和凝聚而被截留下来；一些附着不牢的被截留物质在水流作用下随水流到下一层滤料中去（图 6-2）。

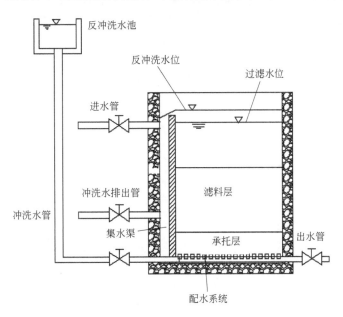

图 6-2　滤料滤池预处理

6.1.1.2 重力分离法

重力分离法即利用重力作用原理使废水中的悬浮物与水分离，去除悬浮物质而使废水净化的方法，可分为沉淀法和气浮法。

（1）沉淀法

密度比废水大的悬浮物质借助重力作用从废水中沉降下来，使其与水分离，这一过程称为重力沉淀法。所用设备分为两类：一类是以沉淀无机固体为主的装置，通称为沉砂池；另一类是以沉淀有机固体为主的装置，通称为沉淀池。沉淀法是利用水中悬浮颗粒的可沉降性能，在重力作用下产生下沉作用，以达到固液分离的一种过程。在沉淀池中的沉降有4种可能的类型，即离散粒子沉降、絮凝粒子沉降、区域沉降和压缩沉降。a. 离散粒子沉降也称自由沉降，沉降粒子之间没有相互作用，颗粒各自单独进行沉淀，颗粒沉淀轨迹呈直线，沉淀过程中颗粒的物理性质不变；b. 在絮凝粒子沉降中，沉降粒子之间存在有限的相互作用，絮凝颗粒之间互相碰撞、聚集，改变了颗粒原来的大小、形状及密度，较高密度和较大直径的絮凝物沉降较快，并可能与较缓慢沉降的絮凝物作用，颗粒沉降速度也随之改变；c. 在区域沉降中，悬浮颗粒浓度较高（5000mg/L以上），颗粒的沉降受到周围其他颗粒的影响，颗粒间相对位置保持不变，形成一个整体共同下沉，与澄清水之间有清晰的泥水界面；d. 在压缩沉降过程中，悬浮物浓度极高，颗粒之间距离很小，颗粒相互之间已挤压成团状结构，相互接触与支撑，在污泥上层颗粒的重力作用下，迫使下层颗粒的间隙水被挤压出来，从而使下层颗粒层被浓缩压密。在常规的沉淀池中，一般来说，在上部发生离散粒子沉降和絮凝粒子沉降，在下部发生区域沉降，在底部泥斗及污泥浓缩池中是压缩沉降。

不同形式的沉淀池结构特点与适用条件见表 6-1，其示意见图 6-3～图 6-5。

表 6-1 不同形式的沉淀池结构特点与适用条件

池型	优点	缺点	适用条件
平流式	（1）对冲击负荷和温度变化的适用能力较强； （2）施工简单，造价低	（1）采用多斗排泥时，每个泥斗需单独设排泥管各自排泥，操作工作量大； （2）机械排泥时，机件设备和驱动件均浸于水中，易腐蚀	（1）适用于地下水水位较高及地质较差的地区； （2）适用于大、中、小型污水处理厂
辐流式	（1）采用机械排泥，运行较好，管理简单； （2）排泥设备有定型产品	（1）池水水流速度不稳定； （2）机械排泥设备复杂，对施工质量要求较高	（1）适用于地下水水位较高及地质较差的地区； （2）适用于大、中型污水处理厂
斜板或斜管式	（1）去除率高，停留时间短，占地面积小； （2）有定型产品	（1）斜板/斜管易结垢，长生物膜，产生浮渣，维修工作量大； （2）管材、板材寿命短	（1）适用于地下水水位较高及地质较差的地区； （2）适用于大、中型污水处理厂

（2）气浮法

气浮法是通过气泡的浮升作用，把废水中呈乳化状态或相对密度接近于水的微小颗粒状物质上浮到液面予以分离的方法（图 6-6）。按照产生气泡方法的不同，可分为加压溶气上浮法、叶轮扩散上浮法、扩散板曝气上浮法和喷射上浮法等。加压溶气上浮法是通过向废水中通入压缩空气，然后再经过减压释放形成微小气泡，使其与处理的水混

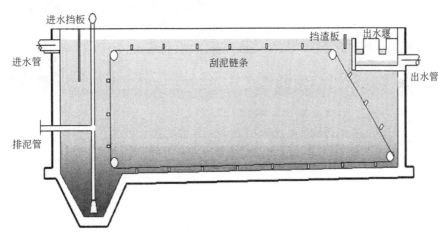

图 6-3　平流式沉淀池示意

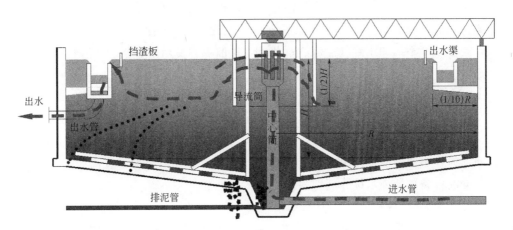

图 6-4　辐流式沉淀池示意（中间进水周边出水）

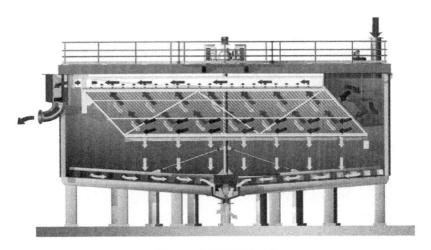

图 6-5　斜板沉淀池示意

图 6-6　溶气气浮法示意

合，从而使微小气泡黏附在污染物上，而后使其密度小于水从而上浮到水面而被去除的方法。叶轮扩散上浮法是靠叶轮高速旋转形成负压而吸入空气，使空气呈细微气泡状，经导向叶片整流后，垂直上升进行浮选。扩散板曝气上浮法是把空气打入上浮池底的扩散板充气器，使空气在废水中弥散成细小的气泡，形成气浮，这种方法产生的气泡较大，处理效率不如加压溶气上浮法；此外，扩散板容易堵塞，维护较麻烦。

6.1.1.3　离心分离法

离心分离法是利用装有废水的容器高速旋转形成的离心力去除废水中悬浮颗粒的方法，分离过程中，悬浮颗粒质量按由小到大，受到离心力的作用被分离后，按由外到内分布，通过不同的液体排出口，使悬浮颗粒从废水中分离出来。按离心力产生的方式，离心分离设备可分为水旋分离器和离心机两种类型。

（1）水旋分离器

水旋分离器是根据流体中的固体颗粒在分离器里旋转时，由于颗粒和水的密度不同，在离心力、向心力、浮力和液体拽力的作用下实现分离的过程，其外形尺寸小，结构紧凑，设备成本低，操作费用低，适用于废水量不大的处理厂。

（2）离心机

离心机是利用高速旋转产生离心力进行固液或液液分离的方法。废水处理中常用的是卧式螺旋离心机（图 6-7），其工作过程是，要分离的悬浮液经进料管输送到机内，经螺旋输送器的进料口进入高速旋转的转鼓内，在离心力场作用下悬浮液在转鼓内形成一环形液流，固相颗粒在离心力作用下快速沉降到转鼓的内壁上，由差速器产生转鼓和螺旋输送器的差速，由螺旋输送机将沉渣推送到转鼓锥端的干燥区，经过螺旋输送器推力和沉渣离心分力的双向挤压，使沉渣得到进一步挤压脱水后，从转鼓小端排渣口排出，分离后的清液经溢流口排出。

6.1.2　化学法处理

化学法主要是通过在废水中加入特定的化学药剂，利用化学反应的方法去除水中的污染物，其处理对象主要是无机物和少数难降解的有机物质，常用的化学处理方法主要

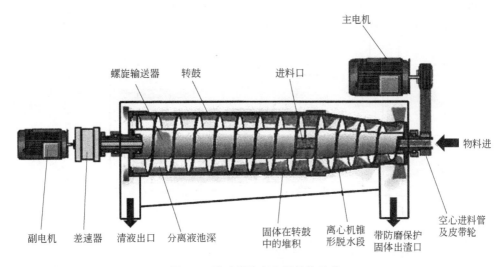

图 6-7　卧式螺旋离心机结构示意

包括化学混凝、中和法、化学沉淀法。

6.1.2.1　化学混凝

化学混凝是目前国内外制浆造纸企业普遍用来提高水质的一种既经济又简便的方法，适应性强、基建投资低、管理简单，一般与其他处理方法结合使用。化学混凝所处理的对象，主要是水中的微小悬浮物和胶体杂质。这些胶体微粒及细微悬浮颗粒具有"稳定性"，能在水中长期保持分散悬浮状态，即使静置数十小时以上也不会自然沉降，这时就需要通过添加化学品来破坏这种稳定性，使其失稳而产生凝聚和絮凝（称为混凝），进而可以采用物理方法加以去除。

化学混凝机理涉及的因素很多，如水中杂质的成分和浓度、水温、水的 pH 值、碱度，以及混凝剂的性质和混凝条件等。但归结起来，可以认为主要是以下 3 个方面的作用：

① 压缩双电层作用。水中胶粒能维持稳定的分散悬浮状态，主要是由于胶粒的 ζ 电位，如能消除或降低胶粒的 ζ 电位，就有可能使微粒碰撞聚结，失去稳定性。当向溶液中投加电解质后，电解质水解使溶液中离子浓度增高，高价正离子通过静电引力、范德华引力、共价键、氢键等物理化学吸附作用，中和胶体所带电荷，压缩扩散层，降低 ζ 电位，减小胶体之间互相排斥的力，使胶体脱稳后借水力作用彼此聚集成絮体。

② 吸附架桥作用。主要是指高分子物质与胶粒相互吸附，但胶粒与胶粒本身并不直接接触，而使胶粒凝聚为大的絮凝体。

③ 网捕作用。当以金属盐或金属氧化物和氢氧化物作混凝剂时会迅速形成金属氧化物或金属碳酸盐的沉淀物，这些沉淀物在自身沉降过程中，能集卷、网捕水中的胶体等微粒，使胶体黏结。当沉淀物带正电荷时，沉淀速度可因溶液中存在阳离子而加快。

此外，水中胶粒本身可作为这些金属氢氧化物沉淀物形成的核心。

化学混凝工艺流程见图 6-8。

用于水处理中的混凝剂应符合混凝效果良好，对人体健康无害，价廉易得，使用方便等要求。混凝剂按照混凝机理的不同，可分为凝聚剂和絮凝剂两大类。凝聚剂主要为

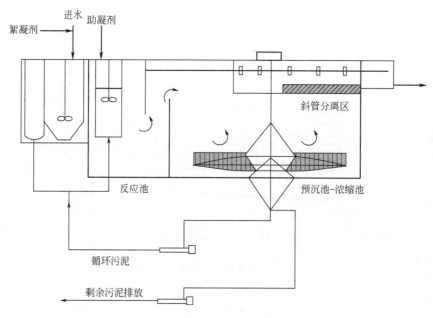

图 6-8　化学混凝工艺流程示意

无机盐电解质，工业上常用的凝聚剂多为阳离子型，如硫酸铝、硫酸铝钾（明矾）、氯化铁、金属氢氧化物、聚合无机盐等。絮凝剂为有一定线形长度的高分子有机聚合物，絮凝剂的种类很多，按官能团分类主要有阴离子、阳离子和非离子三大类型。另外，当单用混凝剂不能取得良好效果时，可投加某些助凝剂以提高混凝效果，助凝剂可用以调节或改善混凝的条件，也可用以改善絮凝体的结构，常用的有聚丙烯酰胺、活化硅酸、骨胶、海藻酸钠等。对于不同类型的混凝剂，压缩双电层作用和吸附架桥作用所起的作用程度并不相同，对硫酸铝等无机混凝剂，压缩双电层作用和吸附架桥作用以及网捕作用都具有重要作用；对高分子絮凝剂特别是有机高分子絮凝剂，吸附架桥可能起主要作用。

6.1.2.2　中和法

利用中和作用处理废水，其基本原理是，在酸性废水中外加 OH^- 或在碱性废水中外加 H^+，使 H^+ 和 OH^- 两者相互作用，生成弱解离的水分子，同时生成可溶解或难溶解的其他盐类，从而消除它们的有害作用，使废水得到净化。常用的碱性中和剂有石灰、电石渣、石灰石和白云石等；常用的酸性中和剂有废酸、粗制酸和烟道气等。

投药中和工艺流程示意见图 6-9。

常用的中和方法有酸碱废水相互中和法、投药中和法、过滤中和法等。

① 酸碱废水中和法最简单，如果同一工厂或相邻工厂同时有酸性污水和碱性污水，可以先让两种污水相互中和，然后再加中和剂中和剩余的酸或碱，从而达到以废治废，降低处理成本的目的。

② 投药中和法应用最广泛，要求中和剂能制成溶液或料浆，最常用的碱性药剂是石灰、电石渣、石灰石等，有时也采用苛性钠和碳酸钠。选择碱性药剂时，不仅要考虑

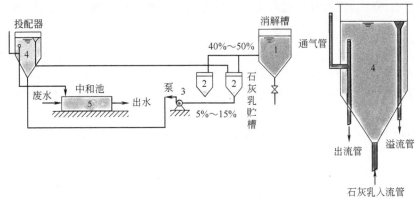

图 6-9　投药中和工艺流程示意

1—消解槽；2—石灰乳贮槽；3—泵；4—投配器；5—中和池

它本身的溶解性、反应速率、成本、二次污染、使用方便等因素，而且还要考虑中和产物的性状、数量及处理费用等因素。

③ 过滤中和法一般适用于处理含酸浓度较低的少量酸性废水，中和剂为块料，常用的中和剂有石灰石和白云石。

6.1.2.3　化学沉淀法

化学沉淀法是向废水中投加某些易溶的化学药剂，使它和废水中欲去除的污染物发生直接的化学反应，生成难溶于水的沉淀物而使污染物分离除去的方法。但由于化学沉淀法普遍要加入大量的化学药剂，并形成沉淀物沉淀出来，这就决定了该法处理后会存在大量的二次污染，如大量废渣的产生。

水中某种离子能否采用化学沉淀法与废水分离，首先决定于能否找到合适的沉淀剂。根据使用的沉淀剂不同，常见的化学沉淀法有氢氧化物沉淀法、硫化物沉淀法、碳酸盐沉淀法、钡盐沉淀法、卤化物沉淀法等。

6.1.3　物化法处理

物化法是运用物理和化学的综合作用使废水得到净化的方法，它是由物理方法和化学方法组成的废水处理方法，或是包括物理过程和化学过程的单项处理方法。污染物在物理化学过程中可以不参与化学变化或化学反应，直接从一相转移到另一相，也可以经过化学反应后再转移，因此在物理化学处理过程中可能伴随着化学反应，但不一定总是伴随化学反应。在制浆造纸工业中，常用的废水物理化学处理方法有吸附处理法、膜分离处理法等。

6.1.3.1　吸附处理法

吸附处理是依靠吸附剂上密集的孔结构和巨大的比表面积，通过表面各种活性基团与被吸附物质形成的各种化学键，以及通过吸附剂与被吸附物质之间的分子间引力，达到有选择性地富集各种有机物和无机污染物的目的，从而实现废水净化的过程。通常采用的吸附剂包括活性炭、活性焦、粉煤灰、硅藻土、膨润土、大孔吸附树脂等。通过对吸附剂进行改性，可有效提高吸附剂的吸附容量，提升吸附效果。吸附法的优点是操作简单，处理速度快，投资省，对色度的去除较为明显；缺点是吸附剂的再生比较困难，再生成本较高，脱附后的废水仍需进一步处理，对溶解性COD的去除效果较差。吸附处理法所用吸附剂的选择是技术的关键，目前造纸废水深度处理中最常用的吸附剂是活性炭，具有有机物浓度稳定，反应速率快等优点，但运行成本及再生费用较高，不适用于处理浓度较高的废水，一般只用于废水处理后的深度处理。

树脂吸附法较活性炭等吸附技术更为经济，尤其是近年快速推广的磁性树脂吸附工艺。废水生化处理出水中含有微生物降解产物和合成有机化合物等大量难降解有机污染物，其中70%~80%的有机污染物、95%以上的发色物质、硝酸根离子、磷酸根离子等均呈电负性。由于磁性树脂具有季铵盐结构的正电性，能够通过静电作用与水体中的负电性污染物进行作用，从而将COD、色度、总氮和总磷等从水体中高效去除。新型磁性树脂与同类技术相比突出优点主要体现在以下几个方面：a. 具有更大的比表面积，使污染物质不需要依赖粒子内部孔道扩散就可与活性位点接触然后被去除，其吸附和再生时间仅为传统树脂和活性炭的1/10~1/5；b. 该粒子内部含铁氧化物具有磁性，磁性自聚可加速磁性树脂的沉降分离，提高处理能力，其可承受表面水力负荷8~14m/h，反应器占地面积仅为传统混凝沉淀的1/6~1/5；c. 相比传统固定床，磁性树脂可采用全混式的连续运行，无需间歇再生和备用设备；d. 具有对目标污染物吸附容量较大、抗污染能力强、生产成本较低等显著特点，更适用于工业废水深度处理领域。

活性炭吸附工艺流程示意见图6-10。

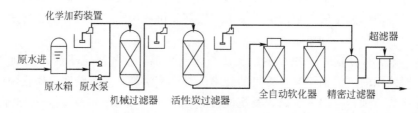

图6-10   活性炭吸附工艺流程示意

6.1.3.2   膜分离处理法

膜分离处理法是利用特殊的薄膜对废水中的某些成分进行选择性透过的方法的总称。其作用机理是：在一定的推动力作用下，含有不同粒径或分子量的微粒流经薄膜表面时溶剂和部分低分子量物质透过薄膜，大分子量物质被截留，从而实现水和污染物的分离。根据膜孔径的大小可分为微滤（MF）、超滤（UF）、纳滤（NF）、反渗透（RO）和电渗析（ED）等技术。它比常规法具有设备占地面积小、操作简单、对有机物和色度的分离效果很好、无二次污染、没有污泥产生等优点，但也存在膜的成本较高、容易受污染、清洗起来比较困难、膜失效后很难恢复等一些缺点。膜分离用来处理造纸废水的历史不长，但发展却比较迅速，近年来将膜分离技术与好氧生物处理技术有机结合起来的新型水处理技术——膜生物反应器（MBR）工艺，是目前较具发展前景的废水处理新技术之一。废水膜分离设备见图6-11。

图 6-11　废水膜分离设备

6.1.4　生化法处理

生化法是利用微生物降解代谢有机物为无机物来处理废水，通过人为创造适于微生物生存和繁殖的环境，使之大量繁殖，以提高其氧化分解有机物的效率。根据使用微生物的种类，生化法主要分为好氧法和厌氧法。

6.1.4.1　好氧法

好氧法是利用好氧微生物在有氧条件下降解代谢处理废水的方法，常用的好氧处理方法有活性污泥法、生物膜法。活性污泥法处理工艺包括氧化沟工艺、完全混合活性污泥法（CMAS）、序列活性污泥法（SBR）工艺等；常用的生物膜法处理工艺有生物接触氧化、曝气生物滤池等。

（1）活性污泥法

活性污泥法是指在曝气池中，对污水中的微生物群体进行培养，使其形成活性污泥，然后利用活性污泥的生物凝聚、吸附、氧化作用来分解去除污水中的有机污染物。活性污泥是微生物群体以及所依附物质的总称，主要是指细菌、原生动物和藻类，微生物分解有机物的同时，有一部分有机物被用于微生物自身的繁殖，微生物分解有机物后在沉淀池进行泥水分离，然后大部分污泥回流到曝气池，其中一小部分则排出活性污泥系统。典型的活性污泥法是由曝气池、沉淀池、污泥回流系统和剩余污泥排除系统组成的，工艺过程是：首先，污水中的有机污染物被活性污泥颗粒吸附在菌胶团的表面上，这是由于其巨大的比表面积和多糖类黏性物质，同时一些大分子有机物在细菌胞外酶作用下分解为小分子有机物；然后，微生物在氧气充足的条件下吸收这些有机物，并氧化分解，形成二氧化碳和水，一部分供给自身的增殖繁衍。其结果是，污水中有机污染物得到降解而去除，活性污泥本身得以繁衍增长，污水则得以净化处理。经过活性污泥净化作用后的混合液进入二次沉淀池，混合液中悬浮的活性污泥和其他固体物质在这里沉淀下来与水分离，澄清后的污水作为处理水排出系统；经过沉淀浓缩的污泥从沉淀池底部排出，其中大部分作为接种污泥回流至曝气池，以保证曝气池内的悬浮固体浓度和微生物浓度，增殖的微生物从系统中排出，称为"剩余污泥"，事实上，污染物很大程度上从污水中转移到了这些剩余污泥中。活性污泥法工艺流程示意见图 6-12。

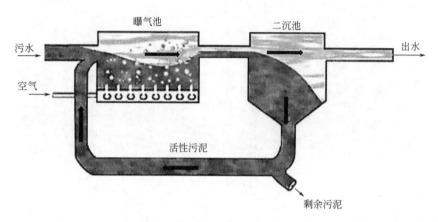

图 6-12　活性污泥法工艺流程示意

序列活性污泥法（SBR）是一种改良的活性污泥法，它与传统活性污泥法的反应机理相同，但运行操作不同，它是采用间歇曝气，主要设备仅用反应池，污泥在池中依次完成反应、沉淀、排水及排泥工序。与传统的方法相比，它的设备简单，占地面积平均减少 30%，投资节约 20%～40%，运行费用低，处理效率高。该法可适应负荷的变动，能有效地防止污泥膨胀。SBR 工艺流程示意见图 6-13。

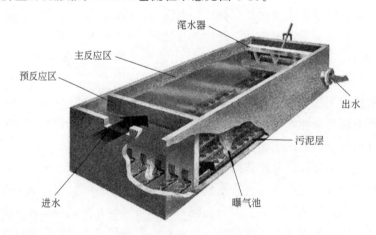

图 6-13　SBR 工艺流程示意

（2）生物膜法

生物膜法是活性污泥法的一种变形，它是将微生物附着在填料表面形成微生物膜，利用微生物膜对有机物进行氧化分解。生物膜是由高度密集的好氧菌、厌氧菌、兼性菌、真菌、原生动物以及藻类等组成的生态系统，其附着的固体介质称为滤料或载体。

生物膜自滤料由里向外可分为厌氧层、好氧层、附着水层、运动水层。生物膜法分解有机物的过程是：在污水处理构筑物内设置微生物生长聚集的载体，在充氧的条件下，微生物在载体表面聚附着形成生物膜，经过曝气充氧的污水以一定的流速流过填料时，有机物在生物膜外层由好氧菌将其分解，然后进入内部再被进一步降解，同时微生物也得到增殖，生物膜随之增厚；当生物膜增长到一定厚度时，向生物膜内部扩散的氧受到限制，其表面仍是好氧状态，而内层则会呈缺氧甚至厌氧状态，导致生物膜老化，并在水流作用下脱落；随后，填料表面还会继续生长新的生物膜，周而复始，使污水得到净化。

生物膜法工艺流程示意见图 6-14。

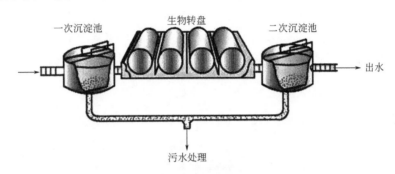

图 6-14　生物膜法工艺流程示意（生物转盘）

生物膜法与活性污泥法的主要区别是：生物膜固定生长，附着生长在固体填料或称载体的表面上。与活性污泥法比较，生物膜法具有如下特征：a. 生物相多样化，在生物膜上出现的生物，在种属上要比在活性污泥中丰富得多，除细菌、原生动物外，而且还能出现在活性污泥中比较少见的真菌、藻类、后生动物以及大型的无脊椎生物等；b. 生物量多、设备处理能力大，生物膜具有较少的含水率，单位体积内的生物量有时可多达活性污泥的 5～20 倍，因此处理构筑物具有较大的处理能力；c. 剩余污泥的产量少，在生物膜中，较多栖息着高档次营养水平的生物，食物链较活性污泥的要长、剩余污泥量较活性污泥法要少，这对于污泥处置是很有利的；d. 运行管理比较方便，生物膜法不需要污泥回流，因而不需要经常调整污泥量和污泥排除量，易于维护管理，而且生物膜法则可充分利用丝状菌的长处而克服其缺陷，因而没有活性污泥法普遍存在的污泥膨胀问题；e. 工艺过程比较稳定，有机负荷和水力负荷的波动影响较小，即使工艺遭到较大的破坏恢复起来也比较快，而且由于固着生长的特点，处理构筑物还可间歇运行；f. 动力消耗较少，当采用在填料下直接曝气时，由于气泡的再破裂提高了充氧效率，加上厌气膜不消耗氧的特性，故一般动力消耗较活性污泥法要小。生物膜法的缺点是：需要较多的填料和填料的支撑结构，在某些情况下基本建设投资超过活性污泥法。另外，出水常带有较大且易沉淀的生物膜片，也带有许多非常细小的生物碎片，这些碎片由于缺乏类似活性污泥的生物絮凝能力，故出水较浑浊。

6.1.4.2　厌氧法

厌氧法是在无分子氧的条件下，通过厌氧微生物降解代谢来处理废水的方法，厌氧菌通过厌氧呼吸从分子中释放能量。它的操作条件要比好氧法苛刻，但具有更好的经济效益，因此也具有重要的地位。目前常见的厌氧处理工艺有升流式厌氧污泥床（UASB）、厌氧内循环反应器（IC）、厌氧膨胀颗粒污泥床（EGSB）、两相厌氧、厌氧折流板反应器（ABR）、厌氧流化床（AFB）等，其中应用较多的是 UASB 法及 IC 法，它们可以形成颗粒状污泥，污泥的浓度和生物活性都很高，能达到很高的负荷和处理效率。

（1）升流式厌氧污泥床（UASB）工艺

UASB 工艺是污水从反应器底部进入，在布水器的作用下与污泥进行完全混合，然后再进行充分反应。在反应过程中有机物得到降解，同时产生的气体会黏附在污泥上，引起污泥的上浮。当污泥到达顶部时在三相分离器的作用下，进行固、液、气三相分离，从而实现污泥回流、水排出反应器、气体收集。UASB 反应器如图 6-15 所示，它集生物反应器与沉淀池于一体，是一种结构紧凑的厌氧反应器，主要组成部分包括进水配水系统、反应区、三相分离器、出水系统、气室、浮渣收集系统、排泥系统等。

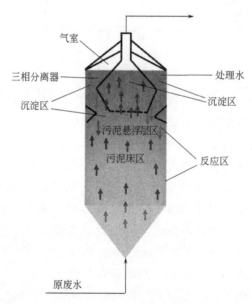

图 6-15   UASB 反应器

UASB 反应器具有如下主要特点：a. 污泥的颗粒化使反应器内的平均浓度达 50g VSS/L 以上，污泥龄一般为 30d 以上；b. 反应器的水力停留时间相应较短；c. 反应器具有很高的容积负荷；d. 不仅适于处理高、中浓度的有机工业废水，也适于处理低浓度的城市污水；e. UASB 反应器集生物反应和沉淀分离于一体，结构紧凑；f. 无需设置填料，节省了费用，提高了容积利用率；g. 一般也无需设置搅拌设备，上升水流和沼气产生的上升气流起到搅拌作用；h. 构造简单，操作运行方便。

（2）厌氧内循环反应器（IC）

IC 是基于 UASB 反应器和三相分离器而改进的反应器，它可以看作是两个 UASB 反应器的组合。在底部的 UASB 负荷较高称为第一反应室，在上部的 UASB 负荷较低称为第二反应室。第一个 UASB 反应器产生的沼气作为提升的内动力，使升流管与回流管的混合液产生密度差，实现下部混合液的内循环，使废水获得强化预处理；第二个 UASB 反应器对废水继续进行后处理（或称精处理），使出水达到预期的处理要求。废水通过进水泵进入第一反应室底部，与该室内的厌氧颗粒污泥均匀混合，废水中所含的大部分有机物被转化成沼气，沼气通过第一反应室的集气罩收集，沿提升管上升。沼气上升的同时，将第一反应室的混合液提升至设在反应器顶部的气液分离器，沼气由气液分离器顶部排走。泥水混合液则沿回流管回到第一反应室底部，并与底部的颗粒污泥和进水充分混合，实现第一反应室混合液的内部循环。内循环使得第一反应室不仅有很高的生物量、很长的污泥龄，并具有很大的升流速度，使该室内的颗粒污泥完全达到流化状态，有很高的传质速率和生化反应速率，大大提高第一反应室的有机物去除能力。经第一反应室处理过的废水会自动地进入第二反应室继续处理。废水中的剩余有机物在第二反应室内进一步降解，使出水水质提高。产生的沼气由第二反应室的集气罩收集，通过集气管进入气液分离器。第二反应室的泥水混合液进入沉淀区进行固液分离，处理过的上清液由出水管排走，沉淀下来的污泥可自动返回第二反应室。这样，废水就完成了在 IC 反应器内处理的全过程。

IC 厌氧工艺示意见图 6-16。

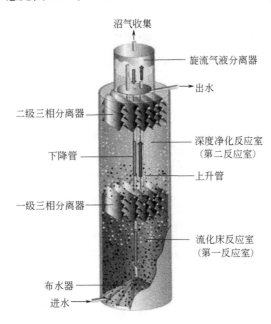

图 6-16　IC 厌氧工艺示意

IC 厌氧工艺在控制厌氧处理影响因素方面比其他反应器更具有优势：a. 容积负荷高，内循环流量可达进水流量的 0.5～5 倍，使膨胀床区的上升流速提升至 10～20m/h，可减轻由于传质限制对生化反应速率产生的负面影响，进水有机负荷可超过普通厌氧反应器的 3 倍以上；b. 抗冲击负荷能力强，循环液与原水在膨胀污泥床区充分混合，稀释原废水中有害物质，降低抑制物浓度，且当膨胀污泥床区由较高进水负荷导致过度膨胀时，精处理区可提供缓冲空间，保证系统运行稳定；c. pH 缓冲能力强，充分利用循环液的碱度，可提高反应器缓冲 pH 值变化的能力，使反应器内 pH 保持最佳状态，同时还可减少进水投碱量；d. 无外设动力循环设备，普通厌氧反应器污泥膨胀及流化只能通过外设水泵加压实现，而 IC 反应器以自身产生的沼气作为提升的动力来实现混合液内循环，不必设泵强制循环，节省了动力消耗；e. 出水稳定性好，利用二级 UASB 串联分级厌氧处理，可以补偿厌氧过程中分解乙酸产甲烷菌及产氢乙酸菌 K_s（饱和常数）高产生的不利影响；f. 启动周期短，反应器内污泥活性高，生物增殖快，为反应器快速启动提供有利条件，反应器启动周期一般为 1~2 个月，而普通 UASB 启动周期长达 2~3 个月；g. 沼气利用价值高，反应器产生的生物气纯度高，CH_4 为 70%~80%，CO_2 为 20%~30%，其他有机物为 1%~5%，可作为燃料加以利用；h. 基建投资和占地面积省，容积负荷高于普通 UASB 反应器，故可减小反应器体积，降低了反应器的基建投资，反应器具有较大的高径比（达 4~8），可大大节约占地面积。

（3）厌氧膨胀颗粒污泥床（EGSB）

EGSB 反应器为上向流反应器，一般为圆柱状塔形，特点是具有很大的高径比，一般可达 3~5，生产装置反应器的高度可达 15~20m。EGSB 反应器可以分为进水配水系统、出水回流系统、反应区、三相分离区和出水渠系统。废水经进水分配系统将进水均匀地分配到整个反应器的底部，并产生一个均匀的上升流速，然后通过厌氧颗粒污泥床，在此有机物转化为沼气。污泥颗粒、沼气和出水在顶部的三相分离器内进行分离。处理后的水从出水槽流出，沼气从沼气管线排出，颗粒污泥则返回颗粒污泥膨胀床内。与 UASB 反应器相比，EGSB 反应器由于高径比更大，其所需要的配水面积会较小，同时采用了出水循环，其配水孔口的流速会更大，因此系统更容易保证配水均匀。

EGSB 厌氧工艺示意见图 6-17。

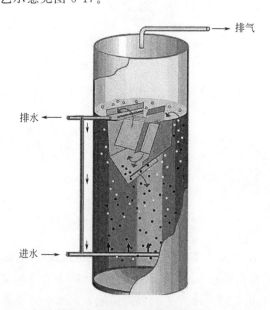

图 6-17　EGSB 厌氧工艺示意

三相分离器仍然是 EGSB 反应器最关键的构造，其主要作用是将出水、沼气、污泥三相进行有效分离，使污泥在反应器内有效持留。独有的三相分离器使该工艺具有比 UASB 反应器更高的水力负荷。

EGSB 工艺具有以下特点：a. EGSB 可在高负荷下取得高处理效率，在处理 COD 浓度低于 1000mg/L 的废水时仍能有很高的负荷和去除率，尤其是在低温条件下，对低浓度有机废水的处理也可以获得好的去除效果；b. EGSB 反应器内维持高的上升流速，在 UASB 中液流最大上升流速仅为 1m/h，而 EGSB 中其速度可高达 3～10m/h（最高 15m/h），所以可采用较大的高径比（15～40）反应器构造，有效地减少占地面积；c. EGSB 的颗粒污泥床呈膨胀状态，颗粒污泥性能良好，在高水力负荷条件下，颗粒污泥的粒径为 3～4mm，凝聚和沉降性能好（颗粒沉速可达 60～80m/h），机械强度也较高（$3.2 \times 10^4 \text{N/m}^2$）；d. EGSB 采用部分出水回流，对于低温和低负荷有机废水，回流可增加反应器的搅拌强度，保证了良好的传质过程，保证了处理效果；对于高浓度或含有毒物质的有机废水，回流可以稀释进入反应器内的基质浓度和有毒物质浓度，降低其对微生物的抑制和毒害。

（4）两相厌氧工艺

该工艺的基本原理是基于有机废水厌氧处理过程中的产酸和产甲烷两个阶段。其中产酸细菌种类多、繁殖快、适应能力强，而产甲烷菌种类少、繁殖速度很慢、适应能力差。因此，通过一定的措施使产酸相和产甲烷相成为独立的两相，进而实现各自的微生物的最佳生态条件，从而提高厌氧处理效率。

（5）厌氧折流板反应器（ABR）

ABR 工艺是通过在反应器内部设置导流板，而将反应器分隔成串联的隔室，每个隔室都是相对独立的系统，从而实现各个隔室中有合适的厌氧菌落，提高反应效率。

（6）厌氧流化床（AFB）

AFB 工艺是在反应器内填充粒径小、比表面积大的载体，厌氧微生物附着在载体表面形成生物膜，实际运行时废水从底部进入反应器使载体在水流情况下处于流化状态，因此使污染物与微生物载体充分接触，提高了传质效率。

6.2 制浆造纸废水处理新技术

6.2.1 高级氧化处理技术

高级氧化处理技术（advanced oxidation process，AOPs）以产生具有强氧化能力的羟基自由基（·OH）为特点，在催化剂、电、声、光辐照、高温高压等反应条件下，使大分子难降解有机物氧化成低毒或无毒的小分子物质，甚至直接分解为 CO_2 和 H_2O，达到无害化的目的。与传统废水处理技术相比，高级氧化处理技术具有效率高、易操作、见效快等优点，根据产生自由基的方式和反应条件的不同，可将其分为 Fenton 氧化、臭氧氧化、光化学氧化、催化湿式氧化、电化学氧化等，各种 AOPs 的对比如表 6-2 所列。

与制浆造纸厂常用的常规生物或物理化学处理方法相比，AOPs 通常较为昂贵，但对高浓度、难降解有机物废水的处理具有极大的应用价值。AOPs 可以安装在污水处理厂的不同阶段，这取决于进水成分和所期望的出水质量。若用于预处理阶段，可以提高

表 6-2　各种高级氧化处理技术的比较

工艺	优点	缺点	发展方案
Fenton 氧化法	反应速率快,氧化能力强,设备简单,适用范围广,抗干扰能力强	反应须在酸性介质中进行,作为催化剂的铁金属易形成铁泥	铁离子固定化技术,与其他工艺有机耦合
臭氧氧化法	氧化能力强,无二次污染	设备复杂,投资大,能耗高,溶解度低	研发高浓臭氧发生器,或与其他技术联用
光催化氧化法	反应条件温和,氧化能力强,无二次污染,适用范围广	光源利用率低,有机物矿化度不高	提高光源利用率,研发新型光化学材料
湿式氧化法	适用范围广,处理时间短,无二次污染	反应在高温高压下进行,对设备材料要求高	研发高效、稳定的催化剂,研制高效反应器
电化学氧化法	处理效率高,无二次污染	电极不易选择,能耗高,设备成本高	研发催化活性高的电极材料
超临界水氧化法	反应速率快,处理效率高,无二次污染	对设备性能要求高,投资大,不适合大规模利用	研发耐腐蚀、耐高温高压的新材料

生物降解性并降低毒性,随后进行生物后处理,这种处理方法可能比其他破坏性处理方法成本更低,对环境更友好。当然,为了提高有机污染物的可生物降解性,可在废水生物处理后安装 AOPs 作为三级深度处理。通过该技术的有效应用,制浆造纸厂在运营过程中能充分降低废水的污染指标,使排放废水能够满足我国工业生产废水排放的具体要求。

6.2.1.1　Fenton 氧化法

Fenton 氧化法及类 Fenton 氧化法是一种具有独特优势的高级氧化技术,能够非常有效地去除造纸废水中的色度和 COD_{Cr},目前已经在造纸废水深度处理中得到了大规模推广和应用,但缺点是由于造纸废水量大,在实际的工程应用中通常需要加酸调节废水 pH 值到 3.5~4.5,反应完之后还要加碱把 pH 值调回 6~9 范围,所以废水 pH 调节药剂费用在工艺总处理费用中占较大的比例,药剂费用成为决定工艺经济上是否可行的重要因素。

Fenton 氧化工艺示意见图 6-18。

Fenton 氧化技术的实质是利用 Fe^{2+} 或紫外线（UV）、氧气等与 H_2O_2 之间发生链式反应,催化生成具有很高氧化能力的 ·OH,它不仅能够氧化打破有机共轭体系结构,破坏发色基团,还可以使有机分子进一步氧化成 CO_2 和 H_2O 等小分子。另外,生成的 $Fe(OH)_3$ 胶体具有絮凝、吸附功能,可去除水中部分悬浮物和杂质。该技术可单独作为一种方法氧化有机废水,也可以作为其他方法,例如混凝、活性炭吸附、生物法等传统方法的预处理或后续处理方法。作为预处理方法,可以控制反应条件使有机物部分降解,降低后续处理负荷,提高处理效率。作为后续处理,可以充分降解废水中前处理未完全降解或难以降解的有机物。作为后续处理,生化处理后废水泵送至上流式多相废水处理氧化塔,并由计量泵打入 Fenton 试剂（双氧水和硫酸亚铁）,在 Fenton 试剂作用下将废水氧化降解；氧化塔的出水送中和池,流入脱气池,曝气搅拌去除残余的过氧化氢,之后进入混凝池,加入 PAM 絮凝后,在沉淀池中固液分离,将 Fenton 氧化

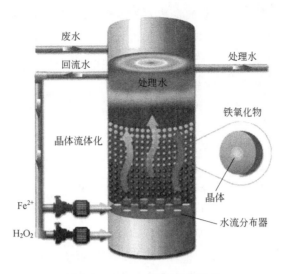

图 6-18　Fenton 氧化工艺示意

反应过程中产生的铁泥絮凝去除，沉淀池流出的水可满足严格的造纸废水排放标准。

6.2.1.2　臭氧氧化法

　　臭氧（O_3）具有极强的氧化性，能与许多有机物或者官能团发生反应，使废水中结构稳定、难以降解的污染物得到降解，并且有效避免二次污染。该方法在改善水的臭味、去除色度及氧化有机和无机微污染物等方面发挥了较大作用，且处理后废水中的臭氧易分解，不产生二次污染。

　　O_3 可以与污染物质直接反应，也可以间接反应，直接反应与间接反应因为反应途径不同，生成的氧化产物也不相同。间接反应是臭氧被引发生成羟基自由基后，通过电子转移反应、抽氢反应和羟基加成反应氧化污染物质；直接反应是通过臭氧分子偶极性、亲电性及亲核性，与污染物发生环加成（主要发生在不饱和键上）、亲电反应（主要发生在一些芳香化合物电子云密度较高的位置上）及亲核反应（发生在缺电子位上），臭氧分子的直接反应是有选择性的。通常，在 pH 值低于 4 的酸性环境下以直接反应为主，在 pH 值高于 10 的碱性环境下间接反应是主导，中性环境下既有直接反应又有间接反应。不管是臭氧的直接反应还是间接反应，在臭氧氧化污水处理技术中都具有重要作用。对于特殊的废水，即使在酸性环境下间接反应也很重要，这主要取决于废水中污染物质的性质。

　　臭氧氧化技术在制浆造纸废水处理中已有一些工业化尝试，但是目前尚未展开大规模应用。有研究发现，如把臭氧用于处理化学浆漂白中段废水：臭氧剂量在约 100mg O_3/L，可减少约 40% 的 AOX；剂量在 45～450mg O_3/L 之间会导致 80% 的颜色去除和 20%～25% 的 COD 减少。另外，每升废水数百毫克的臭氧可导致约 50% 的亲脂性木材提取物和 90% 的树脂酸的减少。在对废水进行臭氧处理后，可以帮助解决常规制浆造纸废水处理之后仍然存在的急性毒性和慢性毒性较高的问题。另有研究表明，臭氧预氧化-曝气生物滤池（BAF）结合工艺对造纸废水进行深度处理，能提高废水的可生化性，色度几乎完全去除，达到较高的废水排放标准并可作为中水回用。

目前，催化臭氧氧化技术以载体及其负载活性组分作为催化剂来催化臭氧对有机污染物的氧化，因具有良好的处理效果得到发展，能够降低该技术的实际运行费用，为臭氧氧化技术的应用扩展更多空间。

6.2.1.3 光催化氧化法

光催化氧化法是通过模拟太阳光或自然光照射一些具有能带结构且禁带宽度相对较小的半导体催化剂（如 TiO_2、ZnO 等），当其价带电子受到大于或等于禁带的光能照射时，会被激发而跃迁到导带之中，此时价带上会形成正电性空穴（光生空穴），导带上会产生具有高活性的电子，从而形成了电子-空穴对。光生空穴具有很强的捕获电子的能力，是一种相当于标准氢电极的良好的氧化剂，它可以将吸附于半导体颗粒表面的 H_2O 和 OH^- 氧化为羟基自由基（·OH），·OH 具有强氧化性，能氧化很多化学法、生物法无法氧化的有机物，最终生成二氧化碳和水等产物，使制浆造纸废水对环境的影响降到最低。有研究用 TiO_2 光催化氧化法对制浆造纸废水进行处理，在优化实验条件下，制浆造纸废水的 COD 去除率达到 90% 以上，效果较好。另有用固定在玻璃上的 TiO_2 对制浆漂白废水进行了光催化处理，处理 2h 后废水中总酚类化合物含量去除了85%，总有机碳含量去除了 50%，废水的色度可完全去除，处理后高分子化合物几乎全部降解，残留有机物的毒性大大降低。

不同光催化剂的催化性能不同。同一种光催化材料，由于物理或化学性质的不同也会具有不同的光催化活性，如晶型结构、粒径等都会对其活性产生影响。目前催化剂的改性方法是一大研究热点，如增大催化剂的表面积、降低光生电子-空穴的复合速率和提高催化剂对可见光的利用率等。另外，开发新型禁带宽度较窄和稳定性好的光催化剂，充分利用可见光；加强负载和固化技术研究，解决催化剂流失和回收利用，也是光催化氧化需要解决的难题。

6.2.1.4 湿式氧化法

湿式氧化法适用于处理废水浓度对于燃烧处理而言太低，对于生物降解处理而言又太高，或具有较大毒性的有机工业废水，在 1958 年首次用于处理造纸黑液，其基本原理是在高温（150～350℃）、高压（5～20MPa）条件下通入空气，使废水中溶解态或悬浮态的有机污染物或还原态的无机物被氧化成 CO_2 和 H_2O。该技术与常规的水处理方法相比，具有应用范围广、反应快、处理效率高、能耗少及二次污染少等优点。但由于该技术要求在高温高压的条件下进行，对设备的材质要求比较高，投资也很大，在国内尚处于试验阶段。

6.2.1.5 电化学氧化法

电化学氧化法是通过电极反应来产生活性很强的新生态自由基，废水中的发色有机物在这些自由基的作用下发生氧化还原反应，降解为无色的小分子物质或者形成絮凝体沉淀下来，处理后水的色度和 COD 都得到了降低。对电化学氧化法进行改进，在电化学反应器中使用金属铝或铁作为阳极，电解时产生的 Al^{3+}（Fe^{2+}）水解生成铝（铁）的氢氧化物等具有混凝作用的物质，与混凝法投入的铝（铁）无机盐相比，它具有更高的活性，更强的絮凝作用，使废水中的有机悬浮物及胶体粒子凝聚，形成絮体。阴极上生成的氢气以微细气泡的形式排出，与絮体黏附在一起，上浮到水面而被分离，这种方法又被称为电絮凝法。

6.2.1.6　超临界水氧化法

超临界水氧化法指在超临界的状态下水具有特异性质，可以与氧以任意比例混合，成为非极性有机物和氧的良好溶剂，这样有机物的氧化反应可以在富氧的均相中进行，不受相间转移的限制。废水中所含的有机物被氧气分解成水、二氧化碳等简单无害的小分子化合物，达到净化目的。该方法对废水中难以处理的有毒有机物具有独特的优越性，而且反应器结构简单，工业处理量大。但仍有一些技术问题尚需解决，如反应条件苛刻（需高温高压），设备腐蚀严重，在超临界水中盐的析出会引起反应器和管路的堵塞等问题。

6.2.2　新型膜处理技术

膜分离法是利用特殊过滤性膜的选择透过性，在常温下以膜两侧压力差或电位差为动力对水中杂质进行浓缩、分离和纯化的新型高效、精密分离技术，其最大特点是过程中不伴随相的变化，仅靠一定的压力作为驱动力就能获得很好的分离效果。目前，用于造纸废水深度处理的膜主要是微滤膜、超滤膜、纳滤膜、电渗析膜和反渗透膜。微滤（MF）技术可除去废水中粒径大于 100nm 的微粒、胶体物质及高分子有机物（分子量大于 100000）；纳滤（NF）能截流有机小分子和部分无机盐；超滤（UF）的去除机理主要是筛滤作用，利用溶液的压力为推动力，使溶剂分子通过薄膜，溶质则阻滞在隔膜表面上；反渗透（RO）是界面现象和在压力下流体通过毛细管的综合结果。研究发现，采用微滤（MF）和反渗透过滤（RO）可以除去造纸厂废水中的盐类、化学需氧量和总有机碳，能将 80% 以上的原始废水循环回造纸过程中。还有研究发现，经过生物处理的制浆和造纸厂废水可以通过两步纳滤后再次被用作工艺用水，而超滤从完全无氯的废水中去除了金属，并且通过添加水溶性聚合物配体增强了该过程。

随着制浆造纸废水色度的不断增高，膜分离技术能够更加有效地去除废水中的深色物质。通过对我国现阶段的膜分离技术进行相应的创新与研究，新型的膜处理技术在实践应用环节能够实现膜分离技术与传统活性污泥法的有机结合，例如水解酸化-MBR 工艺、MBR 工艺、A/O-MBR 工艺等。新型膜处理技术与传统膜处理技术相比，具有易操作、投资少、出水水质好、占地面积小、效率高等特点。新型膜处理技术主要被用于废水的二级处理与深度处理，在实践应用过程中能够有效提高生化处理的效果。

MBR 处理工艺示意见图 6-19。

MBR（membrane bio-reactor）是一种由膜分离单元与生物处理单元相结合的新型水处理技术，它是以膜组件取代传统生物处理的二沉池，在生物反应器中保持高活性污

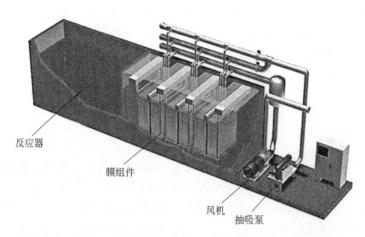

反应器

膜组件

风机
抽吸泵

图 6-19   MBR 处理工艺示意

泥浓度，提高生物处理有机负荷，从而减少污水处理设施占地面积，并通过保持低污泥负荷减少剩余污泥量，该方法能有效去除有机物和悬浮固体。膜生物反应器对不同类型的制浆和造纸废水的化学需氧量去除效率很高，在 80％～92％的范围内，同时还可以减少污泥的产生，改善液体/生物固体的分离，并具有更长的污泥滞留时间和更小的占地面积。其另一个优点是与其他现有的废水处理技术相比，占地面积相对较小。近年来，膜的成本大幅下降，投资不再是阻碍膜生物反应器技术的主要原因，尽管曝气和泵送的高能量需求仍然是一个问题，但可以使用例如来自厌氧生物处理或间歇曝气的沼气来解决。膜污染的问题也已经得到了广泛的研究，并且已经找到了许多解决方案，正常情况下，膜能运行大约 8 年。随着新膜材料的开发和现有材料的改进，预期膜寿命将会更长。

MBR 主要由膜组件、生物反应器、物料运输三部分组成，膜组件的形式可分为中空纤维式、平板式、管式、螺旋式等，在内置式 MBR 中多采用中空纤维膜和平板膜。MBR 工艺的基本运行原理是废水中的各种有机物被反应器中大量的微生物所降解和转化，可有效降低水质各项指标，再通过膜分离装置代替传统工艺中的二沉池，从而提高了固液分离效率，同时膜组件还可以有效地截留污水中的大分子有机污染物，因此在微生物降解和膜截留的双重作用下，MBR 出水水质优于传统工艺出水水质。与传统活性污泥法相比，MBR 工艺解决了由污泥膨胀或污泥浓度较低等因素而引起的出水水质不达标的问题。目前，MBR 膜处理技术在许多领域，包括制浆造纸工业领域都取得了良好的应用效果，而设备和膜的改进降低了这些工艺的单位成本，由于取水和排放的成本预计会越来越高，因此膜技术将会是水回收再利用中一个可行且经济的选择，并将在污水处理和中水回用中发挥重要作用。

6.2.3   生物酶法处理新技术

生物酶法处理有机物的机理是先通过反应形成游离基，然后游离基发生化学聚合反应生成高分子化合物沉淀。与其他微生物处理相比，生物酶法处理具有催化效能高，反应条件温和，对废水质量及设备情况要求较低，反应速度快，对温度、浓度和有毒物质适应范围广，可以重复使用等优点。相对于传统的方法，生物酶法能专一性地处理废水中的一些小分子的可溶性难降解木质素，进而使其转化成无毒的物质。不过由于废水处理过程中酶的大量流失、失活问题以及价格高等缺点，制约着生物酶法在造纸废水处理中的大规模应用。目前新型的生物酶法处理技术主要有漆酶处理法、白腐菌处理法、光合细菌处理法等。

6.2.3.1　漆酶处理法

漆酶处理是我国近年来研究的热点内容，在实践应用过程中主要利用微生物所产生的漆酶来实现废水的有效降解，充分转化废水当中的有毒物质，使废水转化成无毒且稳定的状态。大量实验数据表明，在催化氧化作用下，制浆造纸废水中的木质素能够发生聚合反应，漆酶能够降解木质素，从而使废水的色度及 COD 显著降低。漆酶处理新技术在制浆造纸废水处理过程中在降解有机物的同时，还能充分发挥松柏醇强的脱氢聚合能力，使木质素能够在生物漆酶的作用与影响下合成为木质素 DHP，以此降低废水中有害物质的含量，提高废水的水质。

6.2.3.2　白腐菌处理法

采用白腐菌处理高得率制浆废水近年来也受到了广泛的重视。化机浆废水的主要污染物质包括溶出的部分磺化木质素及其降解产物，碳水化合物降解产物，还有低分子量的有机酸类等，某些成分在一定条件下可以作为白腐菌生长利用的基质。从理论上分析，废液中既含有白腐菌生长繁衍所需的营养物质，又含有白腐菌生化降解的作用对象，例如把白腐菌应用于马尾松-尾叶桉 CTMP 废水的处理中，研究发现在未添加营养盐时，白腐菌可以直接利用废水中存在的碳水化合物降解产物作为碳源而生长，进而分泌降解酶类，达到降解废水中的木质素降解产物及其他污染物质的目的，COD_{Cr} 去除率为 56%～69%，BOD_5 去除率为 70%～75%；在添加营养盐的条件下，磨浆废水和混合废水的 COD_{Cr} 去除率可达 70% 左右，BOD_5 去除率可达 80% 左右，色度和悬浮物得到了大量去除，显示出添加营养盐对白腐菌生化处理的积极作用。这都证实了白腐菌用于处理化机浆废水是可行的。

6.2.3.3　光合细菌处理法

光合细菌是在厌氧或微好氧条件下进行不放氧光合作用的细菌总称，具有降解有机污染物的特性，能脱除废水中脂肪酸类、多种二羧酸、醇类、糖类、芳香族化合物等低分子有机物，常用于有机废水处理的光合细菌主要有红螺菌科的胶质红假单胞菌和球形红假单胞菌。

利用光合细菌净化高浓度有机废水是废水生物处理的一种新方法，该法具有设备简单、有机负荷高、耐盐能力强、所产生的菌体能综合利用等优点，因此这种方法在处理制浆造纸废水中显示了一定的潜力。

6.2.4　生态法处理新技术

生态法处理制浆造纸废水一般是指在自然环境条件下，通过环境生物的代谢过程净化废水的一种方法，目前研究最多的是人工湿地及氧化塘。

6.2.4.1 氧化塘

氧化塘也称稳定塘，是一种利用天然净化能力对废水进行处理的构筑物的总称，通常是将土地进行适当的人工修整，建成池塘，并设置围堤和防渗层，污水在塘内缓慢地流动、较长时间地储留，通过污水中存活微生物的代谢活动和包括水生生物在内的多种生物的综合作用，使有机污染物降解，污水得到净化。净化过程与自然水体的自净过程相似，主要利用菌藻的共同作用处理废水中的有机污染物。氧化塘废水处理系统具有基建投资和运转费用低、维护和维修简单、便于操作、能有效去除废水中的有机物和病原体、无需污泥处理等优点。

6.2.4.2 人工湿地

人工湿地（图 6-20）是由人工建造和控制运行的沼泽地，将废水有控制地排入人工湿地，废水在流动的过程中，利用土壤、植物以及微生物的物理、化学和生物三重协同作用，对废水进行处理，其作用机理包括吸附、滞留、过滤、氧化还原、沉淀、微生物分解、转化、植物遮蔽、残留物积累、蒸腾水分和养分吸收等。同时人工湿地可以建设成湿地景观公园，湿地中的高等植物可用于造纸，应用较多的是芦苇人工湿地。

图 6-20　制浆造纸废水生态法处理场景（氧化塘和人工湿地）

利用人工湿地技术进行造纸废水的处理过程其实就是利用微生物菌类以及水生植物的吸收能力，在废水推流、重力自流等流动过程实现水生生物对有机物的降解，去除造纸废水中有机污染物及悬浮物，使其中的污染物质得以处理、降解，再通过植被生长吸收，渗透进土壤，实现水体中固体悬浮物吸收、吸附、截留、降解、砂滤。除去水体中固体颗粒物后再经多级净水系统（自来水级）处理的造纸废水，可以作为工业生产用水、灌溉用水、生活杂用水、城市景观用水等水源。因此，人工湿地处理造纸废水不仅可以降低治理费用，还可以利用处理出水水质好的特点，将其直接回灌湿地植物，实现造纸废水的"零排放"，湿地植物还可以作为造纸原料被回收利用，形成了造纸企业与人工湿地一体化的循环经济体系。目前，人工湿地处理造纸废水的技术正以其独特的优势受到越来越广泛的关注。

6.3　制浆造纸废水组合处理方法

在制浆造纸工业废水的处理中，上述介绍的各种处理方法或多或少都存在着一定的局限性，例如生物化学法处理成本低，但处理效果不如物理化学法，将两者联合不但可以保证出水水质，而且可以降低治理成本。实际生产中一般都采用多种工艺的组合技术，寻找最佳的搭配方式，既可获得良好的处理效果又可尽量降低处理成本，并使流程简单化。目前制浆造纸废水已形成"物化-生化-深度"三级处理系统。

制浆造纸废水典型的组合处理流程见图 6-21。

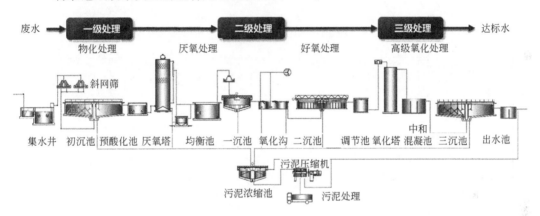

图 6-21　制浆造纸废水典型的组合处理流程

6.3.1　一级预处理

一级处理可能包括过滤、沉淀、混合均衡、浮选等过程。在均衡池中，流入的水被收集、混合和中间存储，因而可以调节废水 pH 值、流量或进水温度，降低废水峰值负荷冲击；悬浮的固体（纤维、树皮颗粒和有机材料如填料）通过机械手段（沉降、浮选和过滤）去除。为了增强某些悬浮固体的澄清和分离，可以添加胶体和某些溶解的凝结剂或絮凝剂。通常，制浆造纸厂的初级处理不作为独立处理，而是作为预处理。初级处理可以机械方式减少悬浮固体，例如纤维、纤维碎屑、树皮颗粒、填料和涂层材料，并通过使用筛网和沉淀池进行处理，筛网除去较大的颗粒，并根据筛分/过滤过程进行操作。沉淀通常是机械净化的最常用方法，一般通过沉降池来分离固体颗粒，沉到底部的颗粒形成污泥，然后污泥被不断刮擦，经泵从水池中吸出。溶解气浮法（DAF）是制浆造纸厂中的另一种主要处理方法，废水中冒出气泡，形成小气泡，它将附着在悬浮颗粒上并将它们提升到表面，污泥在表面形成，并借助顶部刮刀清除，同时在底部沉积出较重的馏分并沉淀。另外，制浆造纸厂排出的废水中大多数污染物都是胶体并且带负电荷,通过凝结过程,胶体颗粒不稳定并消除它们之间的作用力,随后的絮凝过程容易使不稳定的颗粒聚集,形成较大的絮凝物以进行浮选,或在某些情况下形成沉淀物。通过上述物理和化学的方法对废水进行初级处理,可以去除废水中的漂浮物和部分悬浮状态的污染物,从而保护后续的生物处理并初步降低污染负荷,实现更有效的生物处理,减少污泥的产生。常用的一级预处理技术主要工艺参数及污染物去除效率对比见表 6-3。

表 6-3 常用的一级预处理技术主要工艺参数及污染物去除效率对比

序号	名称	技术参数	污染物去除效率
1	过滤	粗格栅栅缝:10~20mm; 无纤维回收,采用细格栅,栅缝 2~5mm; 有纤维回收,采用细格栅,栅缝 0.2~0.25mm; 采用筛网:60~100 目,过水能力 10~15m³/(m²·h)	COD_{Cr}:15%~30% BOD_5:5%~10% SS:40%~60%
2	沉淀	初沉池表面负荷:0.8~1.2m³/(m²·h); 水力停留时间:2.5~4.0h	COD_{Cr}:15%~30% BOD_5:5%~20% SS:40%~55%
3	混凝	采用混凝沉淀池,混合区速度梯度(G)值 300~600s⁻¹;混合时间 30~120s;反应区 G 值 30~60s⁻¹,反应时间 5~20min;分离表面负荷 1.0~1.5m³/(m²·h),水力停留时间 2.0~3.5h	COD_{Cr}:55%~75% BOD_5:25%~40% SS:80%~90%
		采用混凝气浮池,气水接触时间 30~100s;表面负荷 5~8m³/(m²·h);水力停留时间 20~35min	COD_{Cr}:30%~50% BOD_5:25%~40% SS:70%~85%

6.3.2 二级处理方法

二级处理是制浆造纸废水处理的核心,虽然初级处理可将大部分悬浮固体除去,但是溶解的有机化合物和胶体颗粒仍残留在废水中,需要通过二级处理将其清除。二级处理大多采用厌氧-好氧处理结合的工艺,具有以下优点:a. 比单一的好氧处理效果好;b. 厌氧预处理产生沼气,可作为能源使用;c. 污泥量少,为单独好氧处理的 20%;d. 占地面积小,废水中大部分有机物在厌氧段被降解,好氧段的处理负荷轻。厌氧段的处理可使用不同的厌氧处理技术,根据污染物特征可选用低速负荷、中速负荷以及高速负荷的不同厌氧反应器。厌氧-好氧处理技术用于废纸脱墨制浆造纸末端废水的处理,处理后达到国家排放标准;用于木材化学浆及化机浆废水的处理,比单独好氧处理更好;用于含氯漂白工艺的非木化学浆废水处理,对 AOX 的去除效果较为明显。

制浆造纸行业使用的厌氧技术主要有水解酸化、UASB、EGSB 及 IC 等,除水解酸化外,一般要求进水 COD_{Cr}＞1500mg/L,COD:N:P 宜为 (100~500):5:1,出水需进一步采用好氧生化处理。好氧处理主要采用活性污泥法,包括完全混合活性污泥法、氧化沟、厌氧/好氧(A/O)工艺、SBR 法。常用的二级处理技术主要工艺参数及污染物去除效率对比见表 6-4 和表 6-5。

表 6-4　厌氧处理技术主要工艺参数及污染物去除效率对比

类别	名称	技术参数	污染物去除效率
1	水解酸化	pH 值:5.0~9.0; 容积负荷:4~8kg COD$_{Cr}$/(m^3·d); 水力停留时间:3~8h	COD$_{Cr}$:10%~30% BOD$_5$:10%~20% SS:30%~40%
2	UASB	污泥浓度:10~20g/L; 容积负荷:5~8kg COD$_{Cr}$/(m^3·d); 水力停留时间:12~20h	COD$_{Cr}$:50%~60% BOD$_5$:60%~80% SS:50%~70%
3	EGSB 或 IC	污泥浓度:20~40g/L; 容积负荷:10~25kg COD$_{Cr}$/(m^3·d) 水力停留时间:6~12h	COD$_{Cr}$:50%~60% BOD$_5$:60%~80% SS:50%~70%

表 6-5　好氧处理技术主要工艺参数及污染物去除效率对比

类别	名称	技术参数	污染物去除效率
1	完全混合活性污泥法	污泥浓度:2.5~6.0g/L; 污泥负荷:0.15~0.4kg COD$_{Cr}$/kgMLSS; 水力停留时间:15~30h	COD$_{Cr}$:60%~80% BOD$_5$:80%~90% SS:70%~85%
2	氧化沟	污泥浓度:3.0~6.0g/L; 污泥负荷:0.1~0.3kg COD$_{Cr}$/kgMLSS; 水力停留时间:18~32h	COD$_{Cr}$:70%~90% BOD$_5$:70%~90% SS:70%~80%
3	A/O 工艺	污泥浓度:2.5~6.0g/L; 污泥负荷:0.15~0.3kg COD$_{Cr}$/kgMLSS; 水力停留时间:15~32h	COD$_{Cr}$:75%~85% BOD$_5$:70%~90% SS:40%~80%
4	SBR 法	污泥浓度:3.0~5.0g/L; 污泥负荷:0.15~0.4kg COD$_{Cr}$/kgMLSS; 水力停留时间:8~20h	COD$_{Cr}$:75%~85% BOD$_5$:70%~90% SS:70%~80%

6.3.3　三级深度处理

由于制浆造纸废水中含有木质素及其衍生物,这些化合物的生物降解很难,生化处理效果较差,导致二级处理出水 COD$_{Cr}$ 浓度高、色度高。所以造纸废水经二级处理后出水达不到排放标准,必须进行三级深度处理。目前造纸废水深度处理技术主要包括混凝沉淀或气浮、高级氧化技术。

6.3.3.1　絮凝沉淀法

通过向二级生化出水中投加一定量的絮凝剂,絮凝剂在水中发生水解和聚合反应,形成正电荷水解聚合产物,与水中带电荷的粒子或胶体发生双电层压缩、电中和及沉淀物网捕作用,使水中呈悬浮和胶体状态的大分子量污染物聚集成大颗粒絮体,再通过沉淀的方式分离出絮体,实现水体的净化。絮凝沉淀法适应性强、基建投资低,简单易行、高效经济,可有效降低造纸废水中的 COD$_{Cr}$ 及色度,是使用较为广泛的一种废水深度处理技术。

6.3.3.2 高级氧化法

制浆造纸行业多采用硫酸亚铁-双氧水催化氧化（Fenton 氧化），以氧化池或氧化塔作为主要反应器，氧化剂 Fe^{2+} 盐和 H_2O_2 的投加比例需根据废水水质适当调整，反应 pH 值一般为 3～4，反应时间一般为 30～40min，COD_{Cr} 去除效率为 70%～90%。目前，Fenton 氧化法的在国内外的工业化应用也相对比较成熟，发展了多种 Fenton 工艺，其中流化床 Fenton 法还利用流化床的方式使 Fenton 法所产生的三价铁大部分得以结晶或沉淀覆盖在流化床担体表面上，是一项结合了同相化学氧化（Fenton 法）、异相化学氧化（$H_2O_2/FeOOH$）、流化床结晶及 FeOOH 的还原溶解等功能的新技术，提高了药剂利用效率，降低了成本。

深度处理技术主要工艺参数及污染物去除效率对比见表 6-6。

表 6-6   深度处理技术主要工艺参数及污染物去除效率对比

类别	名称	技术参数	污染物去除效率
1	混凝沉淀（气浮）	采用混凝气浮池，气水接触时间 30～100s；表面负荷 5～8$m^3/(m^2 \cdot h)$；水力停留时间 20～35min	COD_{Cr}：50%～80% BOD_5：40%～55% SS：70%～90%
2	Fenton 氧化	采用 Fenton 氧化池，反应 pH 值一般为 3～4，水力停留时间 30～40min	COD_{Cr}：70%～90% BOD_5：80%～90% SS：70%～90%

6.4 制浆造纸综合废水处理应用案例

造纸废水的末端处理虽然已有许多成熟的工艺，但从经济和环境双重角度考虑，清洁生产及零排放才是最为理想的工艺。传统的废水处理技术也不断被革新和发展，每种方法和工艺都有其优缺点和适用条件。一般来说，废水中的污染物是多种多样的，也有各自最佳的处理方法，因此不能期望一种方法就达到处理目的，往往需要几种方法组成一个处理系统才能完成所要求的功效。下面列举几个制浆造纸企业的废水处理案例。

6.4.1 技术应用典型案例 1

该案例是一家制浆造纸综合企业，生产麦草浆和高档双面胶版印刷纸、静电复印原纸、书写纸、抄本纸等产品，污水处理工程规模为 48000m^3/d，污水站采用一级预处理、二级生化处理（厌氧接触＋射流曝气）、三级 Fenton 流化床处理相结合的处理技术，工艺流程如图 6-22 所示。

一级预处理过程由机械格栅、集水井、初沉池组成。粗格栅宽 0.7m，高 7m，格栅间隙 10mm；细格栅宽 0.7m，高 4.8m，格栅间隙 5mm；集水井 1 座，采用钢筋混凝土结构，长 13m，宽 6m，高 4m，总池容 312m^3；斜网采用不锈钢材质，间隙 5mm，用功率 5kW 的旋转电机驱动。初沉池 1 座，采用钢筋混凝土结构，尺寸 ϕ36.8m×3.5m，有效水深 3.0m。

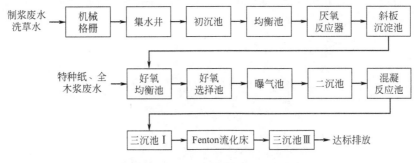

图 6-22 案例 1 废水处理工艺流程

二级生化处理由均衡池、厌氧反应器、斜板沉淀池、好氧均衡池、好氧选择池、曝气池和二沉池组成。均衡池采用钢筋混凝土结构，尺寸 $\phi 32.7 \mathrm{m} \times 6.0 \mathrm{m}$，有效水深 5.5m，设置厌氧进水泵两个（一用一备），流量 $850 \mathrm{m}^3 / \mathrm{h}$，扬程 9m；厌氧反应器 1 座，尺寸 $\phi 32.4 \mathrm{m} \times 20 \mathrm{m}$，有效水深 19.5m，提升泵两个（一用一备），流量 $578 \mathrm{m}^3 / \mathrm{h}$，扬程 20m；斜板沉淀池 2 座，尺寸 $30.5 \mathrm{m} \times 13.6 \mathrm{m} \times 6.5 \mathrm{m}$，有效水深 6.0m，容积 $2488 \mathrm{m}^3$；好氧均衡池，容积 $1880 \mathrm{m}^3$，有效水深 6m；好氧选择池 1 座，容积 $921 \mathrm{m}^3$，有效水深 8m；曝气池 1 座，容积 $18412 \mathrm{m}^3$，有效水深 8m，鼓风机三台（二用一备），为流量 $101 \mathrm{m}^3 / \mathrm{h}$ 的多级离心风机；二沉池 1 座，尺寸 $\phi 50 \mathrm{m} \times 4 \mathrm{m}$，有效水深 3.5m，回流污泥泵 2 台，流量 $1875 \mathrm{m}^3 / \mathrm{h}$，扬程 5m。

三级深度处理由混凝反应池、Fenton 流化床、三沉池等组成。混凝反应池 2 座，尺寸 $5.2 \mathrm{m} \times 5.2 \mathrm{m} \times 3 \mathrm{m}$，有效水深 2.5m；Fenton 流化床 2 座，材质 316L 不锈钢，停留时间 11min，规格尺寸 $\phi 3.0 \mathrm{m} \times 12.0 \mathrm{m}$；搅拌反应池 2 组，停留时间 1.5h，规格尺寸 $20 \mathrm{m} \times 15 \mathrm{m} \times 5 \mathrm{m}$；调碱反应池 1 座，停留时间 20min，尺寸 $10 \mathrm{m} \times 6 \mathrm{m} \times 5 \mathrm{m}$；絮凝反应池 1 座，停留时间 10min，尺寸 $10 \mathrm{m} \times 5 \mathrm{m} \times 4 \mathrm{m}$；三沉池 2 座，分别放在 Fenton 流化床前后，尺寸均为 $\phi 50 \mathrm{m} \times 4 \mathrm{m}$，有效水深 3.5m。

6.4.1.1 厌氧处理效果

污水站进水包含制浆废水、洗草水、特种纸废水、全木浆废水四股废水，混合废水 COD<5000mg/L，pH 值为 6.5～7.5，氨氮<97mg/L，总氮<200mg/L，悬浮物<350mg/L。经过滤、沉淀预处理后，进入均衡池，然后泵入厌氧接触反应器。该反应器的主要特征是在厌氧反应器后设沉淀池或气浮池，使反应器内维持较高的污泥浓度，大大降低水力停留时间。为了促进快速生长菌（非丝状菌）的生长，抑制慢速生长菌（丝状菌）的生长，在曝气池的入口处设置好氧选择池，以维持较高底物浓度的一段区域，它能增强好氧池的稳定性。在运行过程中，厌氧进水挥发性脂肪酸（VFA）的浓度在 10mmol/L 以下、酸化度在 30% 左右时，有利于反应器中厌氧生化反应的进行，同时出水 VFA 在 5mmol/L 以下，消解有机物能力强，产气效果好。

运行结果显示，厌氧处理进水 COD 浓度范围为 2200～5000mg/L，平均 COD 浓度为 3496mg/L，厌氧出水平均浓度为 1321mg/L，平均去除率为 61% 左右，运行效果良好，体现出良好的抗冲击能力，出水水质保持相当稳定的状态。同时，斜板沉淀池回流污泥平均浓度为 17713mg/L，保证了厌氧反应器的微生物总量。

厌氧单元 COD 去除效果见图 6-23。

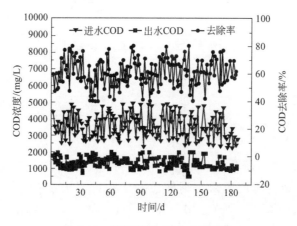

图 6-23 厌氧单元 COD 去除效果

6.4.1.2 好氧处理效果

好氧选择池的二沉池中回流污泥平均浓度为 25110mg/L，pH 值为 7.29 左右。经过选择池后的污水进入曝气池，采用射流曝气方式。好氧处理进水氨氮浓度在 80mg/L 以下，进水平均氨氮浓度为 41mg/L；出水氨氮浓度为 2mg/L，氨氮去除率为 92%。进入好氧处理系统中的 COD 浓度为 700～2000mg/L，平均进水 COD 浓度为 957mg/L，平均出水 COD 浓度为 185mg/L，去除率在 40% 以上，平均去除率在 78%，表明好氧处理系统运行状态良好。

好氧单元氨氮和 COD 去除效果见图 6-24 和图 6-25。

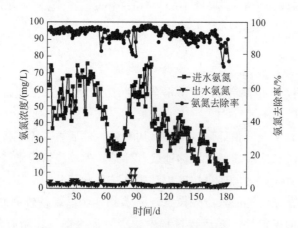

图 6-24 好氧单元氨氮去除效果

6.4.1.3 深度处理效果

深度处理单元进水 COD 浓度在 100～600mg/L 之间，平均 COD 浓度为 185mg/L，通过深度处理，出水 COD 浓度在 60mg/L 以下，平均浓度为 45mg/L，平均去除率为

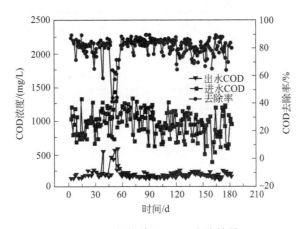

图 6-25　好氧单元 COD 去除效果

73％，运行效果稳定。

深度处理单元 COD 去除效果见图 6-26。

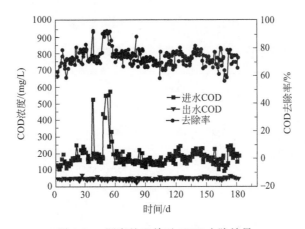

图 6-26　深度处理单元 COD 去除效果

6.4.2　技术应用典型案例 2

　　该案例是一家制浆造纸综合企业，生产芦苇浆和高档文化用纸，污水处理工程规模为 35000m³/d，进水 COD 浓度为 1000～2500mg/L，处理工艺为"混凝＋水解＋氧化沟＋气浮＋氧化塘＋苇田湿地等"，如图 6-27 所示。

6.4.2.1　生物絮凝剂强化脱色技术

　　利用二沉池的剩余污泥制备生物絮凝剂 LBF（liquid bioflocculant），然后用该絮凝剂对二沉池出水进行深度处理，结果表明生产出的絮凝剂用于现有的污水处理工艺，COD 平均去除率为 45％～80％，色度平均去除率大于 80％，优于 PAC33％的 COD 去除率和 27％的脱色率。该工程中所使用的生物絮凝剂由厂内二沉池剩余污泥制备，属于以废治废，有效提高了剩余污泥资源化利用附加值，且所用设备简单，制备过程容易，具有更替厂内原有工艺，实现工业扩大化的可行性。

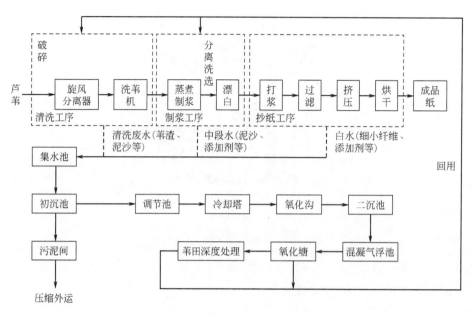

图 6-27 案例 2 废水处理工艺流程

絮凝 COD 和色度去除效果见图 6-28 和图 6-29。

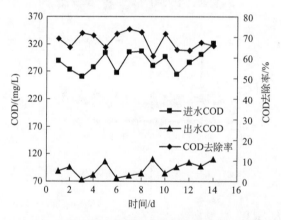

图 6-28 絮凝 COD 去除效果

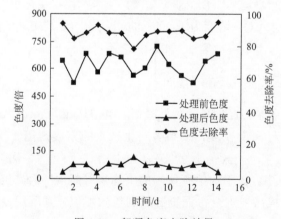

图 6-29 絮凝色度去除效果

6.4.2.2　苇田湿地深度处理及回用技术

对气浮处理后的废水进行氧化塘和人工湿地深度处理，在不同季节的试验中，苇田湿地对造纸废水深度处理表现出较好的污染物去除效果，其中 COD、TP 去除效果稳定，出水浓度好于《地表水环境质量标准》（GB 3838—2002）Ⅲ类质量标准，外排水 COD 低于 50mg/L，SS 低于 20mg/L，达到辽宁省排放标准。经苇田处理后的造纸废水在厂内回用到造纸工艺中，实现废水循环利用。

连续运行人工湿地对 COD、TP、TN 和 NH_3-N 的处理效果见图 6-30～图 6-33。

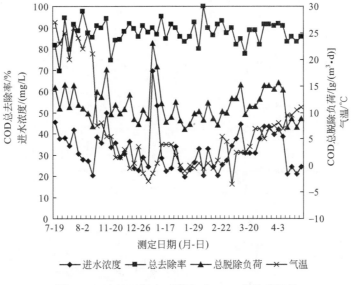

图 6-30　连续运行人工湿地对 COD 的处理效果

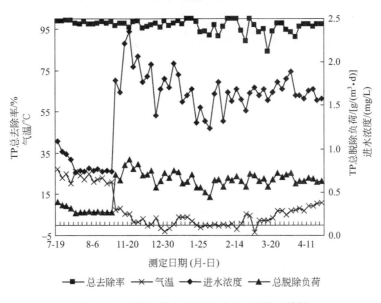

图 6-31　连续运行人工湿地对 TP 的处理效果

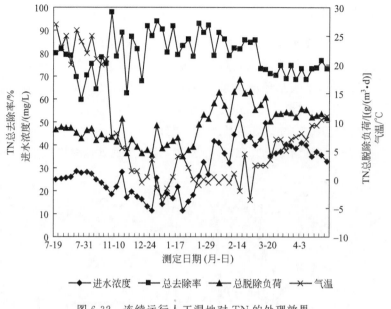

图 6-32   连续运行人工湿地对 TN 的处理效果

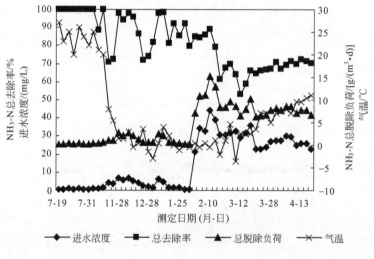

图 6-33   连续运行人工湿地对 NH$_3$-N 的处理效果

6.4.3   技术应用典型案例 3

该案例是一家制浆造纸综合企业，生产麦草浆和文化用纸，废水处理工程规模为 25000m^3/d，进水 COD 浓度为 1500～2300mg/L，处理流程为"物化＋生化＋深度"，生化单元采用百乐克（Biolak）工艺，如图 6-34 所示。

6.4.3.1   改良厌氧酸化处理技术

厌氧酸化池采用升流污泥床技术、混合液池内循环技术、简化的三相分离技术及污泥池外循环技术，更加适合洗草废水处理。"改良厌氧酸化"由原有洗草水沉淀池改建，

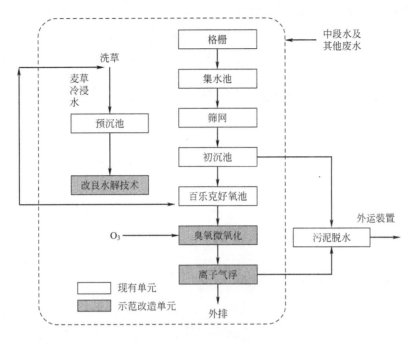

图 6-34　案例 3 废水处理工艺流程

前部设置了两个 15m 长的酸化反应区，后部设置了长 30m 的沉淀区，增设流量计、布水器、分离板、回流管道、收水堰、出水槽、污泥泵。采用改良厌氧酸化处理技术，在进水 SS 1280~6350mg/L、COD 2100~5925mg/L 条件下，COD 去除率达到 38.4%~46.9%，SS 去除率 19.0%~30.7%，尤其是出水挥发性脂肪酸（VFA）比进水提高 36.5%~45.6%。"改良厌氧酸化池"的运行不仅削减了洗草水 COD 负荷，而且使出水 VFA 有所提高，一方面可降低后续好氧的有机负荷，另一方面提高好氧处理进水的可生化性，有利于保证好氧处理的连续稳定运行。采用"改良厌氧酸化"技术，适用于类似的有机质浓度较低、有机质营养低的洗草废水的厌氧处理。

6.4.3.2　臭氧微氧化结合离子气浮脱色技术

"臭氧微氧化"结合"离子气浮"的工艺，把臭氧氧化法的"氧化分解发色基团、促进絮凝作用"与离子气浮法的"高密度离子气泡混凝去除有机物"两方面的技术优势结合，以脱色为目标，按出水色度大小来耦合调节臭氧投加量，控制处理过程中有机污染物的氧化程度，进行臭氧微氧化，适当降低臭氧投加率。该系统由臭氧发生器、臭氧氧化池和浅层气浮池组成，其关键设施是臭氧氧化池，对 COD_{Cr} 和色度的去除起到关键作用，也起预处理作用，但也离不开后续的混凝处理。前者把难降解发色有机物分解，去除色度和部分 COD_{Cr}，在氧化预处理后，通过混凝法以气浮形式去除残余 COD_{Cr}。

臭氧微氧化结合离子气浮脱色技术的核心在于臭氧微氧化：首先，臭氧氧化处理的指标不是废水中 COD_{Cr} 等难降解有机物，而是色度；其次，臭氧氧化反应过程应控制在氧化分解发色有机物，而不追求将难降解有机物完全分解；最后，氧化处理的氧化剂用量适当降低、反应时间适当缩短，可降低运行费用。对企业二级生化出水（COD 浓度和色度分别为 130.0～210.0mg/L 和 80～150 倍）进行处理，在臭氧投加量 40.0～75.0mg/L、接触时间 0.50～1.00h 时，COD 和色度的去除率分别为 20.0%～33.0% 和 50.0%～80.0%，再经后续气浮处理后 COD 和色度分别低于 60.0mg/L 和 30 倍，达到 GB 3544—2008 排放限值要求。

6.4.4　技术应用典型案例 4

该案例是一家制浆造纸综合企业，生产非脱墨废纸浆和本色护面纸，年产量为 25 万吨，配套废水处理工程规模为 18000m³/d，采用"物化＋生化＋深度"处理工艺后部分回用，剩余部分达标外排，生化单元采用荷兰帕克公司的 IC 厌氧反应器和传统活性污泥法技术，废水处理工艺流程如图 6-35 所示。

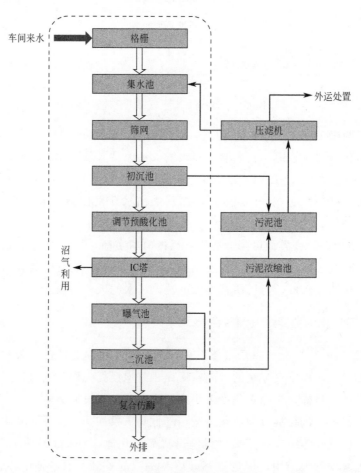

图 6-35　案例 4 废水处理工艺流程

6.4.4.1　二级生化提升技术

通过有机营养剂的应用，改善了活性污泥系统的微生物菌落结构，实现了对可有效降解木质素类有机污染物的丝状霉菌生长的有效控制，提高了二级生化处理系统对废水中有机污染物的去除效率；通过将纸机白水、生化后中段水、深度处理出水以及新鲜水进行有机组合，根据生产工段对废水有机污染负荷（COD）和无机污染负荷（含盐量）的不同要求，进行梯度回用，有效减少了废水回用对产品质量产生的影响。

6.4.4.2　复合仿酶催化深度处理技术

复合仿酶体系成功地实现了对自由基反应的控制、引导和终止，使反应体系实现了氧化剂、催化剂的用量最小化和 pH 值范围的有效拓宽。该技术是将 Fenton 体系和仿酶/H_2O_2 体系耦合形成新的氢氧自由基反应体系，利用铁离子或铁络合物诱发过氧化氢分解产生羟基自由基，并利用自由基氧化和转移反应，将废水中有机物羧基化生成有机羧酸铁沉淀物，实现废水中有机污染物从液相到固相的转移。反应体系能够实现铁离子和铁络合物的价态循环，保证反应的可持续性。

复合仿酶深度处理技术通过控制特定反应条件，实现废水中主要有机污染物——木质素的适度氧化，使其分子羧基化，复合仿酶催化产物 Fe^{3+} 与羧基化的污染物分子发生络合反应，生成不溶于水的络合物金属盐 Fe-CA*，继而通过固液分离手段实现废水净化；研发的制浆造纸废水磁化技术，通过特定的磁化条件，使废水中的极性污染物分子和水分子按照磁力线的方向重新排列，水分子杂乱无章包裹污染物分子的状态被破坏，增加了药剂与污染物分子的碰撞机会，从而减少了反应过程的药剂用量。

复合仿酶体系对二级生化出水的最佳处理条件为复合仿酶（配比 3%）用量为 1.0mmol/L，过氧化氢用量为 45mg/L，反应初始 pH 值为 5.5～6.0，反应温度大于 30℃，反应时间为 30min，处理后废水达到《制浆造纸工业水污染物排放标准》（GB 3544—2008）排放标准要求。

6.4.5　技术应用典型案例 5

该案例是一家制浆造纸综合企业，生产脱墨浆、化学机械浆和新闻纸、文化纸等产品，废水处理工程规模为 60000m^3/d，采用"物化＋生化＋深度"处理工艺后部分回用，剩余部分达标外排，生化单元采用瑞典普拉克公司的 ANAMET 厌氧反应器及射流曝气的活性污泥好氧系统，深度处理单元采用 Fenton 流化床高级氧化法，工艺流程如图 6-36 所示。

6.4.5.1　厌氧沼气一体化技术

制浆造纸综合废水 COD 浓度一般为 1500～5000mg/L，BOD 浓度一般为 500～2000mg/L，适合于采用厌氧方法进行处理。但由于制浆造纸外排废水的系统温度一般不低于 40℃，在废水厌氧处理过程中，首先考虑的是 COD 降解，对生物质燃气化的考虑一般不放在首要位置，这种情况导致了多数制浆造纸废水厌氧处理沼气转化率普遍不高。针对制浆造纸综合废水生物质燃气转化率低的问题，建立了一个适合造纸行业的甲烷化系统，即集水解酸化和甲烷化过程为一体的厌氧反应系统。针对这一特殊的厌氧反应器，要确保甲烷化的高效产出，重点研究处理氧化还原电位、pH 值、污泥特性、作用时间等因素过程中对主要有机物污染物的转化过程的影响，了解掌握有机物的水解酸

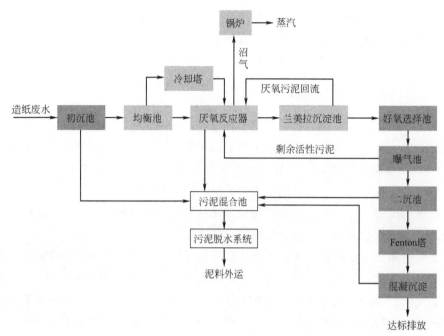

图 6-36 案例 5 废水处理工艺流程

化影响因素，优化酸化、气化工艺和过程，为沼气产量的提升创造条件。

均衡池废水的 pH 控制是厌氧处理过程的重点。厌氧菌适合于生长在中性或弱碱性的环境中，过碱或过酸的环境对厌氧菌的生命活动均不利，其中产甲烷菌对 pH 值的敏感度最高，pH 值在 6.8～7.2 之间时产甲烷菌的活性最高；pH 值高于 7.5 或低于 6.2 产甲烷菌的生长被明显抑制，而产酸菌的活性仍很旺盛，这会使废水的 pH 值进一步降至 4.5～5.0，从而使废水处于酸化状态，这种酸化状态对产甲烷菌是有毒害作用的。pH 值偏离最佳范围的程度越大，持续时间越长，将会有越多的产甲烷菌被抑制甚至被杀死。产甲烷菌在整个转化过程中担任着重要的角色，是把有机碳最终转化为 CH_4 和 CO_2 并从水中逸出（最后一个步骤）的原因，只有在最后一个步骤甲烷产生，COD 才算彻底从污水中被除去。为提高系统的可靠性，根据废水的组成，通常是将酸化阶段和产甲烷阶段分开设置，在均衡池中先对废水的 pH 值进行控制，之后再送到厌氧反应器。通过这种方式，敏感的甲烷菌被保护起来，以防止突然的环境变化。

另外，厌氧发酵污泥特性对产生甲烷也有重要影响。目前，厌氧反应器内都形成了大量的颗粒污泥，对其中颗粒污泥的特性及其影响因素进行研究，就可以为废水处理提供技术参考。颗粒污泥是指在厌氧反应器特别是上流式厌氧污泥床反应器中由各种厌氧微生物自发形成的微生物聚集体，主要适合于升流式废水处理系统。从微生物学角度，颗粒污泥可以被认为是具有自我平衡性能的微生态系统，其中包含了降解原废水中各种有机污染物的各种厌氧微生物种群。颗粒污泥粒径的大小与存在于颗粒污泥中生物种群的生长、表面剪切力和颗粒污泥的破坏程度有关，污泥床内颗粒污泥粒径的分布由这些因素共同决定，并与剩余污泥的排放和污泥的流失有关。颗粒污泥的生长也加速了颗粒污泥的破坏。生物的生长与基质的降解有关。污泥破坏主要与产气量的增加有关，产气量的增加会引起外部作用力（剪切力）和内部作用力。随着颗粒污泥粒径的增长，产气量逐渐增多，当污泥粒径为 2.16mm 时产气量达到最大值。

此外，厌氧生物处理废水时不仅要注意温度、pH 值和毒性等环境条件，更要注意厌氧微生物的营养条件，这对于废水厌氧处理系统的成功运行是非常重要的。所有微生物的生长均需要微量金属营养元素，而且厌氧过程缺乏微量金属营养元素所产生的不利影响比对好氧处理过程产生的不利影响要大。厌氧处理系统中微量金属营养元素的存在并不能保证它们的生物有效度，最重要的是微量金属营养元素的生物有效度并不等于向系统中补充的微量金属营养元素的量。对厌氧处理系统而言，微量金属营养元素的生物有效度比它们的存在更为重要。研究发现，适当的 Ca^{2+} 对颗粒污泥的形成有正的影响，这是因为 Ca^{2+} 对于离散污泥的絮凝有正的作用，这可通过阳离子压缩扩散层，引起了相对强的"范德华吸引力"理论来解释。钙也能导致形成钙桥，结果形成了有机质的阴离子之间很强的交互作用。Ca^{2+} 对颗粒污泥稳定起到了两种重要作用：一是无机沉淀 Ca^{2+} 可作为厌氧细菌附着的表面；二是 Ca^{2+} 可能是胞外多糖或作为黏性物的蛋白质的组成成分。适量的 Ca^{2+} 浓度可使污泥反应床保留更多的活的生物体以及适于形成颗粒污泥的原始微生物，促进了污泥颗粒化的进程，另外，Ca^{2+} 影响颗粒污泥的甲烷活性。当 Ca^{2+} 浓度在 $100\sim200mg/L$ 范围时，对颗粒污泥的甲烷活性起刺激作用；当 Ca^{2+} 浓度超过 $1000mg/L$ 时，Ca^{2+} 会形成 $CaCO_3$ 并附着在颗粒污泥表面，引发结垢问题，或者形成 $CaCO_3$ 沉淀，导致沉淀积累问题，并且 $CaCO_3$ 沉淀会取代颗粒污泥，形成无机性污泥床；当 Ca^{2+} 浓度超过 $2500mg/L$ 时，对颗粒污泥的甲烷活性起抑制作用。

通过上述一体式厌氧发酵过程中水解酸化工艺优化、微量元素调控、厌氧反应器底部进水等核心技术的集成，培养出高甲烷产率和速度的优势菌群结构，提高了沼气产率，沼气中甲烷浓度在 70% 以上。

6.4.5.2　改良 Fenton 处理技术

Fenton 流体化床高级氧化法是传统 Fenton 氧化法的改良技术，主要原理是将 Fenton 氧化法产生的三价铁（Fe^{3+}）在流体化床反应槽中的单体表面产生 FeOOH 的结晶，而 FeOOH 也是 H_2O_2 的一种催化剂，因为 FeOOH 的存在可以大幅降低 Fe^{2+} 催化剂的加药量。该技术的主要特点是采用了流态化高级氧化塔，具有明显的优点：a. 安装方便，流态化高级氧化塔主体采用不锈钢板卷制而成，进、出水管及设备接口均采用法兰连接方式，设备抵达安装现场，只需放置在预制的混凝土基础上，接上管道即可投入使用。b. 先进的流体分布器，对氧化塔进水端进行优化设计，并设有流体分布器。流体分布器具有消除环状水流，导向作用，减少涡流和返流现象，有效实现进水的均匀分配。c. 流态化的填料能最大限度地使 Fenton 试剂与废水接触，并加快分解产生·OH，有效提高了反应速率，使有机物氧化分解更快速彻底。d. 通过控制外循环系统的提升泵流量，有效控制流化塔内的上升流速，使塔内填料保持在流态化状态。e. 加药系统设有计量及自动控制调节系统，根据反应器进水水量、反应前后 pH 值、氧化还原电位等参数，迅速准确调整加药量，使运行管理更方便。

采用该废水处理技术，深度处理进水 COD_{cr} 在 $450\sim600mg/L$ 之间，色度在 $400\sim$

600 倍之间，经过 Fenton 流体化床高级氧化处理出水 COD_{Cr} 稳定在 $30\sim50mg/L$，色度在 $3\sim5$ 倍，远优于 GB 3544—2008 要求，实现超低排放。

参 考 文 献

[1] 王玉峰. 非均相 Fenton 氧化技术处理造纸废水的研究 [D]. 广州：华南理工大学，2014.

[2] 何帅明. 有机废水降解的催化剂的合成及其催化反应机理研究 [D]. 广州：华南理工大学，2018.

[3] 胡团虎. 常温厌氧技术处理造纸中段废水的研究 [D]. 西安：陕西科技大学，2012.

[4] 刘稚鹏. 造纸废水深度处理氧化塘技术工程研究 [D]. 广州：中山大学，2009.

[5] 杨剑清. 人工湿地的在造纸废水处理中的应用与研究 [J]. 环境与发展，2019 (6)：53-54.

[6] 张慧，李玉庆，张建，等. 造纸废水生物处理技术的研究进展 [C] //全国排水委员会 2015 年年会论文集，2015：382-386.

[7] 王双飞. 造纸废水资源化和超低排放关键技术及应用 [J]. 中国造纸，2017，36 (8)：51-59.

[8] 关分派，范自强，马伶铭. 造纸废水的厌氧-好氧-气浮三级处理 [J]. 造纸科学与技术，2008，27 (6)：40-45.

[9] 王伟，禹建伦，牛涛，等. 厌氧接触＋射流曝气＋Fenton 流化床技术处理制浆造纸废水运行实例 [J]. 纸和造纸，2020，39 (1)：32-35.

[10] 刘转年，范荣桂. 环保设备基础 [M]. 北京：中国矿业大学出版社，2013.

[11] 赵宇男. 制浆造纸废水特性及处理的相关问题 [J]. 中国造纸，2010，29 (9)：41-46.

[12] 丛高鹏，施英乔，丁来保，等. 制浆造纸废水高级氧化技术研究现状及展望 [J]. 纸和造纸，2011，30 (6)：46-51.

[13] Pratima Bajpai. Pulp and paper industry：Emerging wastewater treatment technologies [M]. Elsevier，2016.

[14] 肖川，王志杰. 制浆造纸废水处理方法原理与研究进展 [J]. 黑龙江造纸，2014 (1)：29-36.

[15] 何翔. 制浆造纸废水处理全面达标技改工程及运行总结 [J]. 中华纸业，2013，34 (14)：68-70.

[16] 施英乔，蔡群欢. 贯彻造纸废水排放新标准，发展造纸废水处理新技术 [J]. 江苏造纸，2008 (4)：6-8.

[17] 王耀，郭徽，马晓东，等. Fenton 氧化法在造纸废水处理中的应用 [J]. 中国造纸，2014，33 (2)：79-81.

[18] 刘晋恺，时孝磊，胡洪营. 制浆造纸废水絮凝/Fenton 深度处理工程应用的技术经济性分析 [J]. 中华纸业，2014，35 (12)：10-13.

[19] 万金泉. 造纸行业节水减排新形势/新难题与新技术 [J]. 中华纸业，2011，32 (16)：10-12.

[20] 房桂干. 制浆造纸废水现代处理技术比较 [J]. 江苏造纸，2012 (3)：2-8.

[21] 陈献忠，王建华，胡智峰. 永泰纸业造纸废水处理与资源化利用关键技术 [J]. 中华纸业，2012，33 (5)：37-38.

[22] 王兆江，李军，陈克复，等. UV/Fenton 氧化技术深度处理漂白废水 [J]. 华南理工大学学报（自然科学版），2011，39 (1)：79-83.

第7章
制浆造纸工业水环境管理与控制

　　水资源是人类在生产和生活活动中被广泛利用的资源，随着世界经济的发展，人口不断增长，城市日渐增多和扩张，各地用水量不断增多。中国水资源总量 2.8 万亿立方米，居世界第五位，但人均消费量仅占世界平均水平的 1/4，全国实际可利用水资源量接近合理利用水量上限，缺水状况在中国普遍存在，而且有不断加剧的趋势。而日趋严重的水污染不仅降低了水体的使用功能，进一步加剧了水资源短缺的矛盾，对我国正在实施的可持续发展战略带来了严重影响，而且还严重威胁到城市居民的饮水安全和人民群众的健康。我国水资源紧缺和水污染问题已经到了迫在眉睫的关头。

　　工业废水对人类、植物和动物以及它们进入的水体生态系统构成了严重威胁，是造成地表水污染和地下水污染的主要原因之一。随着社会经济的发展，与环境污染物相关的人类健康问题和生态风险问题日益突出，环境法规对水环境的要求变得更加严格，迫使世界制浆造纸业必须找到减少用水量的方法，加强水环境管理和控制势在必行。

7.1 发达国家制浆造纸工业水环境管理与控制

　　自 20 世纪 70 年代以来，人们越来越关注工业生产所带来的环境问题，制浆造纸工业面临的环境负荷增长的压力日益迫切，因此，国际上造纸发达国家或地区出台了一系列直接或间接指导制浆造纸工业生产的监管控制措施，推动了行业可持续发展的实践，并向可持续绿色发展目标迈进。目前，欧洲和北美的制浆造纸工业已基本走上了与环境协调发展的绿色化道路。

7.1.1 欧盟制浆造纸工业水环境管理相关政策

　　在环境保护方面，欧盟一直走在世界的前列，并较早开展相关的立法工作，形成了较为完善的环境法律法规体系。在该体系中，关于环境标准方面的法律法规基本上都是以指令形式颁布的，其中与水环境保护有关的第一个指令是 1975 年颁布的关于饮用水水源地的地表水质量指令，1978 年欧盟颁布了第一个工业污染排放指令。1993 年欧盟委员会和成员国政府代表通过有关环境和可持续发展的政策与行动的联盟计划决议，该决议指出：优先采用综合污染控制的方式是推动人类社会经济发展与资源和自然再生能力之间的相互关系朝着更加可持续和平衡的方向发展的重要保证。以此思想为指导，综合污染预防与控制指令（IPPC 指令，96/61/EC）于 1996 年 9 月 24 日获得通过，并在之后进行了 4 次修订。2008 年 1 月 15 日，欧盟将指令 96/61/EC 及其 4 个修订指令编篡成一个完整版的污染综合预防与控制指令 2008/1/EC。2010 年 11 月 24 日，该指令升级为工业排放指令（Industrial Emissions Directive，IED 指令）2010/75/EU。该指令于 2011 年 1 月 6 日生效，将在 3 年时间内取代 IPPC 指令。

7.1.1.1　欧盟工业排放指令

目前欧盟执行的 IED 指令 2010/75/EU 共分为 7 章及 10 个附件，该指令的核心内容主要包括环境要求、最佳可行性技术的应用、许可证条件、特别规定、环境检查等，主要特点如下。

（1）采取综合的方法预防和控制污染

该指令通过许可证制度来实现对污染的综合预防与控制，要求许可证必须考虑装置对整个环境的影响，包括对水、空气和土壤的排放，产生的废物，原料的使用，能源效率，噪声，事故的预防以及场地关闭后的修复等。该指令的目的在于实现对整体环境最有效的高水平保护。如果生产过程中涉及有害物质使用、生产或排放，要求经营者在开始安装运行或获得许可证之前必须提供环境影响评价报告，确保对污染的综合预防与控制。

（2）充分考虑技术先进性和经济可行性

根据 IPPC 指令的规定，许可证的条件，包括排放限值，必须建立在最佳可行技术（best available technology，BAT）的基础之上。在 BAT 文件中有关排放水平的结论应作为设置许可条件的参考。为了协助授权当局和企业来确定最佳可行技术，委员会负责组织来自欧盟成员国、工业和环保组织的专家定期交流，BAT 技术通过最佳可行技术参考文件（BAT Reference，BREFs）的形式公布。

（3）在设定排放限值、淘汰期限等方面具有灵活性

如果通过评估，但由于地理位置或是当地环境条件、装置的工艺性质等原因达到 BAT 结论的排放水平将会导致过高的成本，主管机关可以允许企业采取灵活性的措施，但在许可证中必须记录原因，包括成本效益的评估结果。为了鼓励企业采用新兴技术，包括能实现更高环境保护水平的技术以及和现有最佳可行技术在同一水平但更加节约成本的技术，主管机关可以允许企业的排放限值有暂时的偏离。此外，大型燃烧装置的国家过渡计划、淘汰期限等方面也有一定的灵活性。

（4）设置强制性环境检查要求，并要求企业自行监测

指令对环境检查有强制性要求。各成员国应设立一个环境检查制度，并制订相应的检查计划。指令要求根据装置风险评估的结论，每隔 1～3 年进行一次实地考察。在许可证制度中，要求企业有义务至少每年向主管机关报告一次自行监测结果。

（5）重视跨界影响

指令涉及的工业装置中很多都会产生跨界污染问题。对于有可能对环境造成重大影响的新装置或排放物质可能发生变化的装置，在批准许可证之前，应组织跨界咨询。有可能受影响的成员国的公众，可以获得相关提案和实质性改变内容的信息。

（6）全过程公众参与

该指令确保市民有权参与决策过程，并要求向公众公开许可证的申请与批准、排放情况的监测结果、欧洲污染物释放和转移登记（E-PRTR）等相关信息。

7.1.1.2　欧盟制浆造纸工业最佳可行技术

欧盟 BAT 体现了综合污染防治全过程控制和清洁生产管理的理念，包括对大气、水体、土壤产生污染的污染物源头控制技术，生产工艺技术，末端治理技术，是制定排污许可证条件和排放限值的基础。欧盟 BREFs 详细描述了各类工业生产工艺存在的环境问题，污染物产生环节、产生原因以及控制措施，除给出一般技术控制措施外，特别给出了在目前条件下不同工艺、不同控制技术下的 BAT，并且给出通过应用这种技术可能达到的污染物排放量和资源消耗量水平。目前，欧盟通过的制浆造纸工业 BAT 结论文件最新版本为 2014/687/EU。

该文件涵盖了综合制浆造纸厂和单一的制浆或造纸厂中由不同类型的纤维原料制浆和造纸的环境方面。单一制浆厂（商品纸浆厂）只生产纸浆，然后在公开市场出售，单一造纸厂使用购买的纸浆进行造纸；综合制浆造纸厂，制浆和造纸在同一地点进行。硫酸盐法制浆厂以综合和单一的方式运行，而亚硫酸盐法制浆厂通常与造纸集成在一起；机械法制浆通常是造纸的一个组成部分，但在少数情况下，它也可以单独运行。在该文件中，不包含与环境相关的上游过程如林业管理、异地生产工艺化学品、将原料运输到工厂以及下游活动如纸张加工或印刷。该文件简要提到了与制浆和纸张生产没有特别关系的环境方面，如化学品的储存和处理、热电厂、职业安全和危害风险、原水处理以及冷却和真空系统。该文件分章节详细说明了硫酸盐法制浆、亚硫酸盐法制浆、机械法和化学机械法制浆、脱墨和非脱墨废纸制浆、造纸及相关的生产过程，以及化学品回收用的碱回收炉、石灰窑。在每一章节中都会介绍有关应用过程和技术的信息，主要的环境问题，如资源和能源需求、排放和浪费；减排、废物最小化和节能方法的描述；最佳可得技术的识别和新兴技术，以及几种降低环境影响的一般措施。有关制浆造纸工业水和废水管理的 BAT 技术结论如下。

（1）制浆造纸工业水和废水管理通用 BAT 技术

为了最小化制浆造纸生产过程对环境的影响，必须建立良好的生产过程内部管理方法，见表 7-1。

表 7-1　生产过程内部管理方法（BAT 2）

编号	技术
1	仔细选择和控制化学品和添加剂
2	具有化学品清单的投入产出分析，包括数量和毒理学性质
3	将化学药品的使用量减少到最终产品的质量规格要求的最低水平
4	避免使用有害物质(例如,含有壬基酚乙氧基化物的分散剂或清洁剂或表面活性剂),并尽量使用危害较小的替代品
5	避免不当存储原材料、产品或残渣,最大限度地减少污染物向土壤或空气中排放
6	建立泄漏管理计划并扩大相关来源的控制范围,从而防止土壤和地下水受到污染
7	管道和存储系统的正确设计,以保持表面清洁并减少清洗和清洁的需要

减少过氧化物漂白中不易生物降解的有机螯合剂（如 EDTA 或 DTPA）的释放，BAT 将使用表 7-2 给出的技术。

表 7-2　不易生物降解有机螯合剂的控制方法（BAT 3）

编号	技术	适应性
1	通过定期测量确定释放到环境中的螯合剂的量	不适用于不用螯合剂的工厂
2	优化工艺以减少不易生物降解的螯合剂的消耗和排放	不适用于在废水处理厂或过程中消除了 70% 或更多的螯合剂的工厂
3	优先使用可生物降解或消除的螯合剂,逐步淘汰不可降解的产品	适用性取决于替代品的可用性(可生物降解的试剂,满足纸浆的亮度等要求)

为了减少木材储存和备料过程中产生的废水和污染负荷，可集成应用如表 7-3 所列的几种技术。采用干法剥皮 BAT 技术，废水排放量为 $0.5 \sim 2.5 m^3/t$(干)。

表 7-3　木材储存和备料过程水和废水管理（BAT 4）

编号	技术	适应性
1	干法剥皮	不适用于要求高纯度和高亮度的 TCF 漂白
2	处理原木时应避免树皮的污染和木材中的砂石	通用
3	铺筑木料场区域,尤其是用于存放木片的地面	适用范围可能会因木材场和储存区域的大小而受到限制
4	控制淋水流量,尽量减少来自木材场的地表径流	通用
5	收集木料场的污水,并在生物处理前分离出废水中悬浮物	适用性可能受到径流水污染程度(低浓度)和/或污水处理厂规模(大容量)的限制

为了减少新鲜水的使用和废水的产生，BAT 要求封闭水系统，在生产制浆造纸等级的产品时，使用表 7-4 所列集成技术是可行的。

表 7-4　封闭水系统需采取的技术（BAT 5）

编号	技术	适应性
1	监测和优化用水	通用
2	水再循环方案的评估	通用
3	平衡水回路的关闭程度和潜在缺陷;必要时增加额外设备	通用
4	从泵中分离污染较少的密封水,以产生真空并重新使用	通用
5	洁净冷却水与受污染工艺水的分离与回用	通用
6	重复使用工艺用水代替淡水(水循环和水回路关闭)	适用于新工厂和重大改造。由于水质和/或产品质量要求或技术限制(如水系统中的沉淀/水垢)或增加气味干扰,适用性可能受到限制
7	对工艺水(部分)进行在线处理,以改善水质,以便进行再循环或再利用	通用

采用 BAT 技术，制浆造纸工业各生产类型的年均废水排放量如表 7-5 所列，其中非脱墨废纸造纸厂排水量相对最低，排放量最大的是溶解浆厂。

表 7-5　采用 BAT 技术后制浆造纸工业各生产类型的年均废水排放量

生产类型	与 BAT 有关的废水排放量
漂白硫酸盐法制浆厂	$25\sim50m^3/t(干)$
未漂白硫酸盐法制浆厂	$15\sim40m^3/t(干)$
漂白亚硫酸盐制浆厂	$25\sim50m^3/t(干)$
亚硫酸镁制浆厂	$45\sim70m^3/t(干)$
溶解浆厂	$40\sim60m^3/t(干)$
NSSC 中性亚硫酸盐半化学法制浆厂	$11\sim20m^3/t(干)$
机械法制浆厂	$9\sim16m^3/t$
CTMP/CMP 化学热磨机械浆与化学机械浆厂	$9\sim16m^3/t(干)$
非脱墨废纸造纸厂	$1.5\sim10m^3/t$ （生产耐折箱板纸产品时取高值）
脱墨废纸造纸厂	$8\sim15m^3/t$
脱墨废纸卫生纸厂	$10\sim25m^3/t$
单一的造纸厂	$3.5\sim20m^3/t$

为了防止和减少源自废水系统的有味化合物的排放，表 7-6 列出了在生产过程中水循环系统和废水处理系统可采用的防异味 BAT 技术。

表 7-6　水循环系统和废水处理系统防异味技术（BAT 7）

编号	技术	适用范围
1	合理设计生产工艺、浆塔、水塔、管道和各类槽罐的容积,避免延长停留时间,减少死水区或在水回路和相关单元中混合不良的区域,以防止不受控制的沉积物以及腐烂和分解有机和生物物质	适用于与水系统封闭有关的气味
2	使用杀生物剂、分散剂或氧化剂(例如用过氧化氢进行催化消毒)来控制气味和腐烂细菌的生长	
3	采用过程水净化处理设施("肾脏"),以降低白水系统中有机物质的浓度,从而降低臭味	
4	应用具有受控通风口的封闭式下水道系统,在某些情况下使用化学物质来减少下水道系统中硫化氢的生成,或是氧化硫化氢	适用于与废水处理和污泥处理有关的气味,以避免废水或污泥产生厌氧化
5	避免均衡池中过度充气,但要保持充分的混合	
6	确保曝气池中有足够的曝气能力和混合特性,定期清理曝气系统	
7	确保二级澄清池污泥收集和回流污泥泵正常运行	
8	通过将污泥连续输送到脱水装置来限制污泥在污泥存储库中的保留时间	
9	避免污水在溢流池中的存储时间过长,尽量保持溢流池为空	
10	如果使用污泥干燥器,则通过洗涤和/或生物过滤(例如堆肥过滤器)来处理热污泥干燥器的排气	
11	避免使用空气冷却塔来处理未经处理的废水,可采用板式热交换器	

为了及时掌握污染物排放到水体的情况，需要对与水排放相关的关键参数进行连续或周期性的监测（BAT 8），例如对废水流量、温度和 pH 值、厌氧废水处理中沼气的体积流量和甲烷（CH_4）含量需要连续监测；而对于生物量中 P 和 N 的含量、污泥体积指数、废水中过量的氨和正磷酸盐、显微镜检查生物量及厌氧废水处理产生的沼气中 H_2S 和 CO_2 的含量则进行周期性检测。另外，对于制浆造纸厂的外排废水，还需要对水中的 COD、BOD、AOX 等指标进行监测，监测的频率如表 7-7 所列，检测标准采用 EN 标准，如果没有 EN 标准，BAT 将使用 ISO 国际标准、国家标准或其他国际标准，以确保提供同等科学质量的数据。

表 7-7　欧盟制浆造纸厂外排废水监测要求（BAT 10）

编号	指标	监测频率	与其相关的监测
1	化学需氧量(COD)或总有机碳(TOC)	每日	BAT 19 BAT 33 BAT 40 BAT 45 BAT 50
2	BOD_5 或 BOD_7	每周(每周一次)	
3	总悬浮固体(TSS)	每日	
4	总氮	每周(每周一次)	
5	总磷	每周(每周一次)	
6	EDTA, DTPA	每月(每月一次)	
7	AOX(根据 EN ISO 9562:2004)	每月(每月一次)	BAT 19:漂白硫酸盐浆
		每两个月一次	BAT 33:除了全无氯漂白和中性亚硫酸盐半化学浆厂 BAT 40:除了化学热磨机械浆和化学机械浆厂 BAT 45 BAT 50
8	相关金属(如 Zn、Cu、Cd、Pb、Ni)	每年一次	

为了减少 N/P 等营养成分向受纳水体的排放，BAT 13～BAT 16 规定了制浆造纸厂的废水处理和特定工艺的废水处理流程，包括初级物理化学处理、二级生物处理和三级处理。为了降低废水生物处理排放的污染物，需要正确设计和操作生物处理装置，定期控制活性生物量，同时，根据活性生物量的实际需要调整氮、磷等营养元素供应。

（2）硫酸盐法制浆厂水和废水管理

为了预防和减少硫酸盐法制浆厂的污染物向承受水域的排放，BAT 将采用表 7-8 所列出的这些技术，并需要与 BAT 13～BAT 16 所规定的废水处理技术相结合。

表 7-8　硫酸盐法制浆过程采用的节水减排技术（BAT 19）

编号	技术	适用性
1	改良蒸煮	通用
2	氧脱木质素	通用
3	粗浆的封闭式筛选和高效洗涤	通用
4	漂白浆厂部分工艺水的循环使用	由于漂白浆中固形物的存在,水的回用会受到限制
5	使用适当的回收系统对泄漏进行有效的监控和遏制	通用

编号	技术	适用性
6	保持充足的黑液蒸发量和回收锅炉容量,以应对高峰负荷	通用
7	将工艺中污染的冷凝水分离并对其回用	通用

废水从硫酸盐法制浆厂直接排放到水体的排放标准如表 7-9 所列,该标准不适用于溶解浆生产工厂。

表 7-9　硫酸盐法制浆厂废水直接排放限值

编号	参数	年均值/(kg/t)
漂白硫酸盐法制浆	化学需氧量(COD)	7～20
	固体悬浮物总量(TSS)	0.3～1.5
	总氮	0.05～0.25
	总磷	0.01～0.03(桉木;0.02～0.11)
	可吸附有机卤化物(AOX)	0～0.2
未漂白硫酸盐法制浆	化学需氧量(COD)	2.5～8
	固体悬浮物总量(TSS)	0.3～1.0
	总氮	0.1～0.2
	总磷	0.01～0.02

(3) 亚硫酸盐法制浆厂水和废水管理

为了预防和减少亚硫酸盐法制浆厂的污染物向承受水域的排放,BAT 将采用表 7-10 所列出的这些技术,并需要与 BAT 13～BAT 16 所规定的废水处理技术相结合。

表 7-10　亚硫酸盐法制浆过程采用的节水减排技术 (BAT 33)

编号	技术	适用性
1	延伸改良蒸煮技术	由于纸浆质量要求(当需要高强度时),适用性可能会受到限制
2	氧脱木质素	通用
3	粗浆的封闭式筛选和高效洗涤	通用
4	热碱抽提阶段废水的蒸发和碱回收炉中浓缩液的焚烧	在废水的多级生物处理提供更有利的整体环境时,对溶解纸浆厂的适用性有限
5	TCF 漂白	对生产高白度商品纸浆的制浆厂和生产化工专用纸浆的制浆厂的适用性有限
6	封闭循环漂白	仅适用于相同蒸煮方法和相同的漂白 pH 值的纸浆厂
7	添加 MgO 的预漂白和预漂白阶段至粗浆洗涤阶段的洗涤液的再循环	适用性可能受到产品质量(如纯度、清洁度和亮度等)、蒸煮后卡伯值、安装后所能承受的水压和锅容、蒸发器和回收锅炉、设备的清洁性等因素的影响
8	调整蒸发装置之前或蒸发装置内稀废液的 pH 值	一般适用于镁基漂白浆厂;回收炉和灰分的回收需要额外的容积
9	蒸发器冷凝液的厌氧处理	通用

编号	技术	适用性
10	蒸发器冷凝液中 SO_2 的分离和回收	适用于需要保护的厌氧废水处理
11	有效的泄漏和检测系统,以及化学药品和能量回收系统	通用

废水从亚硫酸盐法制浆厂直接排放到水体的排放标准如表 7-11 所列,该标准不适用于溶解浆或化工专用纸浆的生产工厂,处理后废水 BOD 需低于 25mg/L。

表 7-11 亚硫酸盐法制浆厂废水直接排放限值

编号	参数	年均值/(kg/t)
漂白亚硫酸盐法制浆	化学需氧量(COD)	10～30
	固体悬浮物总量(TSS)	0.4～1.5
	总氮	0.15～0.3
	总磷	0.01～0.05
	可吸附有机卤化物(AOX)	0.5～1.5
亚硫酸镁制浆厂	化学需氧量(COD)	20～35
	固体悬浮物总量(TSS)	0.5～2.0
	总氮	0.1～0.25
	总磷	0.01～0.07
NSSC 制浆厂	化学需氧量(COD)	3.2～11
	固体悬浮物总量(TSS)	0.5～1.3
	总氮	0.1～0.2
	总磷	0.01～0.02

(4) 机械法和化学机械法制浆厂水和废水管理

为了预防和减少单一 CTMP/CMP 制浆厂、综合机械法制浆造纸厂的污染物向受纳水域的排放,BAT 将采用表 7-12 所列出的这些技术,并需要与 BAT 13～BAT 16 所规定的废水处理技术相结合。

表 7-12 机械法制浆造纸采用的节水减排技术 (BAT 40)

编号	技术	适用性
1	工艺水逆流和水的分离系统	通用
2	高浓漂白	通用
3	针叶木机械浆磨浆前的洗涤和木片预处理	通用
4	在过氧化氢漂白中使用 $Ca(OH)_2$ 或 $Mg(OH)_2$ 代替 NaOH	对于所生产纸浆的最高白度有所限制
5	白水中纤维和填料的回用和处理	通用
6	白水槽结构的优化设计	通用
7	将工艺中污染的冷凝水分离并对其回用	通用

废水从综合机械法制浆造纸厂或单一机械法制浆厂直接排放到水体的排放标准如表 7-13 所列，处理后废水 BOD 需低于 25mg/L。

表 7-13　机械法制浆造纸废水直接排放限值

编号	参数	年均值/(kg/t)
综合机械法制浆造纸厂	化学需氧量（COD）	0.9～4.5
	固体悬浮物总量（TSS）	0.06～0.45
	总氮	0.03～0.1
	总磷	0.001～0.01
单一机械法制浆厂	化学需氧量（COD）	12～20
	固体悬浮物总量（TSS）	0.5～0.9
	总氮	0.15～0.18
	总磷	0.001～0.01

（5）废纸制浆造纸厂水和废水管理

为了预防和减少废纸制浆厂、废纸制浆造纸厂的污染物向承受水域的排放，BAT 将采用表 7-14 所列出的这些技术。

表 7-14　废纸制浆造纸采用的节水减排技术（BAT 43）

编号	技术	适用性
1	水系统的分离	通用
2	工艺水逆流和水再循环回用	通用
3	生物处理后废水的部分回用	特别适用于生产瓦楞纸或箱板纸的工厂
4	白水的净化	通用

为了维持废水循环系统的正常运行，避免因水循环回用量增加产生的负面影响，BAT 44 列举了可采取的措施，包括循环水质的监测和连续控制、通过添加少量的杀菌剂来预防和消除生物膜的形成、从水中除去钙避免产生酸钙的沉淀等措施，可以根据需要使用其中的一种或多种。

废水从废纸制浆造纸厂（包括脱墨和非脱墨）直接排放到水体的排放标准如表 7-15 所列，处理后废水 BOD 需低于 25mg/L。

表 7-15　废纸制浆造纸废水直接排放限值（BAT 45）

编号	参数	年均值/(kg/t)
非脱墨废纸制浆造纸厂	化学需氧量（COD）	0.4～1.4
	固体悬浮物总量（TSS）	0.02～0.2
	总氮	0.008～0.09
	总磷	0.001～0.005
	可吸附有机卤化物（AOX）	0.05（湿强纸）

续表

编号	参数	年均值/(kg/t)
脱墨废纸制浆造纸厂	化学需氧量(COD)	0.9~3.0;0.9~4.0(卫生纸)
	固体悬浮物总量(TSS)	0.08~0.3;0.1~0.4(卫生纸)
	总氮	0.01~0.1;0.01~0.15(卫生纸)
	总磷	0.002~0.01;0.002~0.015(卫生纸)
	可吸附有机卤化物(AOX)	0.05(湿强纸)

（6）机制纸及纸板生产厂水和废水管理

为了减少机制纸及纸板生产废水的产生，BAT 47 采用以下几种技术的组合，如表 7-16 所列。

表 7-16　机制纸及纸板生产废水减排措施（BAT 47）

编号	技术	适用性
1	白水槽、塔罐的优化设计	适用于新厂和重大改造的现有厂
2	纤维和填料回收,白水处理	通用
3	水再循环	通用。在网部,要严格控制循环水中溶解的有机、无机和胶体材料
4	纸机冲洗水的优化改进	通用

为了减少新鲜水的用量和废水排放量，BAT 48 采用以下几种技术的组合，如表 7-17 所列。另外，为了减少可能干扰生物废水处理厂的涂料和黏合剂的排放量，BAT 49 将采用表 7-18 中的技术方案 1，如果不可行，则采用技术 2。

表 7-17　机制纸和纸板生产节水减排措施（BAT 48）

编号	技术	适用性
1	优化改进生产计划(协调批次间组合和运行周期)	通用
2	水循环管理以适应变化	通用
3	污水处理厂调节以应对变化	通用
4	损纸系统和白水槽容量的调整	通用
5	减少含有或有助于形成含单氟或多氟化合物的化学添加剂(如防油剂/防水剂)的释放	适用于具有阻隔特性的纸张生产
6	改用低 AOX 含量的产品助剂(例如取代环氧氯丙烷树脂的湿强剂)	适用于高湿强纸张的生产

表 7-18　涂布纸生产过程水和废水的处理措施（BAT 49）

编号	技术	描述	适用性
1	回收颜料或填料回用	单独收集含有颜料的废水。涂层化学品可通过以下方法回收： (1)超滤; (2)通过筛选—絮凝—脱水,将颜料返回到涂布过程中。净化后的水可以在生产过程中重复使用	对于超滤,其适用性受到以下因素的限制：污水量非常小;涂布废水在生产过程的不同位置产生;涂料会发生许多变化,或不同的涂料颜色配方不兼容
2	含颜料废水的预处理	含有涂布颜料的废水要先进行处理,例如采用絮凝处理,以利于其后的废水生物处理	通用

废水从单一机制纸和纸板生产厂直接排放到水体的排放标准如表 7-19 所列，该标准也适用于化学法或机械法等制浆造纸综合厂的抄纸过程，处理后废水 BOD 需低于 25mg/L。

表 7-19　机制纸和纸板生产厂直接排放限值（BAT 50）

编号	参数	年均值/(kg/t)
造纸厂(不含特种纸)	化学需氧量（COD）	0.15～1.5
	固体悬浮物总量(TSS)	0.02～0.35
	总氮	0.01～0.1;0.01～0.15(卫生纸)
	总磷	0.003～0.012
	可吸附有机卤化物(AOX)	0.05(装饰纸和湿强纸)
特种纸厂	化学需氧量（COD）	0.3～5
	固体悬浮物总量(TSS)	0.10～1
	总氮	0.015～0.4
	总磷	0.002～0.04
	可吸附有机卤化物(AOX)	0.05(装饰纸和湿强纸)

7.1.2　北美制浆造纸工业水环境管理相关政策

北美地区的美国、加拿大森林资源丰富，造纸业发达。美国造纸行业经过 20 世纪的环保去产能、20 世纪末 21 世纪初的行业并购以及行业成熟期的发展，落后中小产能被清除，目前美国造纸行业的集中度已经相当高，发展步入成熟期。加拿大森林覆盖率达 59%，拥有世界上 30% 左右的北方森林，长期以来，制浆造纸工业是加拿大第一支柱产业和最大的制造业，也是加拿大最大的创汇工业。北美地区在全球制浆造纸行业中处于领先地位，开发了很多新技术、新装备、新工艺，推动了世界制浆造纸工业的发展。

7.1.2.1　美国制浆造纸工业水环境管理

在美国，20 世纪 70 年代通常被称为"环保的十年"，一系列重要的环境法律法规在这一时期先后出现，并为美国环保工作的开展奠定了重要的基础。1970 年《国家环境政策法》正式发布，并创建了美国国家环境保护署（EPA），随后通过了《清洁水法》(Clean Water Act of 1972)、《联邦水污染控制法》等系列环保法规。美国在环保政策上的举措，充分调动了广大公众在环境保护中的主观能动性，确立了环境保护与污染治理在经济社会发展中的决定性地位，这些对美国环境保护的发展影响深远，直至当代环保政策的实施也取得了显著的效果，明显改善了原本备受公众关注的环境问题，水污染得到了有效控制。

20 世纪 60～70 年代，美国制浆造纸行业的生产量突飞猛进，与此同时也导致了日益恶化的水体污染。例如，1963 年，美国排放的工业废水中 13.7% 来自生产纸浆、纸张和相关产品的造纸业工厂，工业废纸中 26.8% 的 COD 和 16.7% 的总悬浮物也是造纸业贡献的，也就是说制浆造纸厂造成了近 1/5 的全国工业水污染。美国内务部联邦水污染管理署随即在 1968 年确立目标，要将造纸业出水污染减排达到市政二级处理的水平。1974 年，美国环保署（EPA）首次颁布了纸浆、纸张和纸板生产的初步排放指引及标准（40 CFR Part 430）。20 世纪 80 年代以来，美国的技术改造发生了很大的变化，主要有两个特点：一是提高生产自动化水平，大量采用由电脑控制的自动控制系统，如工业机器人、数控装置、加工中心和柔性生产系统，自动化水平因而大大提高；二是采取灵活多变的技术改造措施，对于一些陈旧的厂房、建筑物和设备，经过调查研究与核算之后，对于下定决心要淘汰的，着手进行设备更新和厂房重建，对于一些还有潜力的老厂房、老设备、老工艺，则通过多次技术改造，使其逐步成为先进的设备和先进的工艺。此外，对于一些老企业，还采取更新与改造并举的方式，一方面注意挖掘老设备、旧工艺的潜力，另一方面又适应新技术革命的形势，对主要工序和关键设备大胆采用最新技术，促进技术改造恰到好处。

推动制浆造纸行业快速转向污染防治的一个因素就是联邦法规——制浆造纸业污染物排放标准（40 CFR Part 430：EPA Promulgated Initial Effluent Guidelines and Standards for the Pulp，Paper and Paperboard Category）和综合"危险大气污染物全国排放标准"[Pulp and Paper Production（MACT I & III）：National Emission Standards for Hazardous Air Pollutants，NESHAP]。40 CFR Part 430 法规于 1974 年颁布，后经历 7 次修订，目前是 2007 年颁发的版本；MACT I & III 法规最初于 1993 年提出，1998 年颁布，后又经多次修订完善，目前执行的是 2012 年的修订版。这些规定整合在一起制定，就是为了减少守法的成本，强调污染控制的多媒介性，同时进一步促进污染防治。有毒物质排放控制的出水限制是基于技术标准的规定，其中提到了大量的工艺过程变革性技术，主要是用二氧化氯替代元素氯，而且在漂白过程中不再使用元素氯。NESHAP 标准也允许通过在闭合工艺单元内循环废水，将制浆排放物导入锅炉、石灰炉或再生炉的方法来减少危险空气污染物的排放。

尽管许多污染防治、废物最小化技术的主要目的是减少有毒物质排放，但是这些工艺过程的改变大多导致了传统污染物的减少，如生化需氧量（BOD_5）、总悬浮物（TSS）和 COD、可吸附有机卤化物（AOX），也能减少用水量、污泥产生量和大气排放量。造纸业的污染预防策略主要集中在如何防止氯化物排放，主要集中在源头减排和材料替代等技术，例如，使用除泡剂、漂白剂或者木块的替代材料可以减少工业用氯化物的使用，并减少氯化物的排放，但是这类源头减排的措施和材料替代通常要求大规模的生产工艺调整。除了主要的工艺过程改造外，为了减少有毒物质的排放，造纸工业还需采用一些污染防治技术来减少用水和污染物排放（BOD_5、COD、TSS），例如干法去皮、原木流送槽水循环、改进泄漏控制、漂白滤液循环、封闭筛选工段，以及改进雨水控制管理。同时，造纸行业也努力在制浆过程中增加二次纤维和循环纤维的使用数量。按照行业资料显示，造纸行业于 1995 年完成了循环利用全美 40% 消费用纸的目标，到 1999 年行业又将循环利用目标提高到 50%。

1998 年，按照造纸业聚簇法则（Cluster Rule），EPA 重新整合了相关规定，为的是能集合类似的工艺技术。Cluster Rule 是一种整合多环境介质的法规，用来控制某一行业产生的两种环境媒介（大气和水）的污染物。这一法则的意图是让具体行业部门的各个工厂能同时考虑所有的法规要求。这一法则能够让工厂选择污染预防和控制技术的最佳组合，最大限度地保护人类健康和环境。由于有些减少有毒大气污染物的大气排放标准也能减少工厂废水中有毒污染物的负荷，联合法则能起到协同增效的作用。Cluster Rule 设定了空气和水中有毒污染物和非传统污染物的新基线限值。三个重要的内容包括：大气排放标准，新建和已有造纸厂必须达到大气标准，减少全厂各点有毒污染物的大气排放，具体地，EPA 要求造纸厂在制浆过程中对煮浆、洗浆和漂白阶段产生的有毒大气污染物进行捕捉和处理；出水限值规定和标准，白纸用硫酸盐和苛性钠、制浆造纸用亚硫酸盐类的新标准和现有标准必须达到减少有毒污染物和非传统污染物的要求，具体地，EPA 已设定了漂白工艺废水排放和工厂最终废水排放中有毒污染物的限值；12 种氯酚和可吸附有机卤化物（AOX）的分析方法，在该法则中，每个工厂的大气和水排放的样品必须用实验室方法进行测试，新方法可以提供更及时、更准确的测量，也能够保证大气排放和水排放许可限值。

此外，清洁水法中的国家污染物减排系统（NPDES，直接排放到水体）许可项目和预处理项目（pretreatment program，排放到市政处理），是两个与造纸行业相关的内容。其他的要求，如湿地和雨水控制管理项目也对造纸厂适用。每个 NPDES 规定按行业分为几个子类，在联邦法规 40 CFR Part 430 中有叙述。规定中概述了以下几种污水直接排放的控制技术：a. 现有最佳实用控制技术（BPT）及最佳传统控制技术（BCT）用来控制传统污染物（BOD_5、TSS 和 pH）；b. 经济可行的最佳可行技术（BAT）用来控制非传统污染物和有毒污染物；c. 新污染源行为标准对新污染源产生的传统污染物、非传统污染物和有毒污染物进行控制。

总之，在清洁水法和清洁空气法等多环境媒介的管理控制下，美国制浆造纸厂面临着昂贵的违法成本，因此也促使他们更加全面、系统地考虑基于减少环境影响的工艺变革和工艺升级。目前，美国造纸企业因为设备的优化和废水处理技术的改善，水资源可以在造纸流程中反复使用和循环十多次，"零排放"在美国的造纸企业已经实现，约有88％的生产用水可以再次回用到生产流程中，11％的水作为蒸汽再次循环使用，另外1％的水资源则被带到了产品中。在降低生产流程中新鲜用水的添加量、增加生产用水循环使用次数的同时，美国造纸工业所排放的废水指标也得到了有效的降低。据报道，2015 年美国造纸行业的污染物排放量在美国相关污染物排放总量中的占比已下降到 5％。

7.1.2.2　加拿大制浆造纸工业水环境管理

加拿大主要的环境立法也产生于 20 世纪 70 年代。1970 年，加拿大先后颁布了《水法》《北部内陆水体法》《北极水污染防治法》等法规。随后，加拿大又陆续颁布和通过了《清洁大气法》（1971 年）、《环境评价及其审批程序》（1973 年）和《环境污染物法》（1975 年）。1988 年，颁布了第一部《加拿大环境保护法》（CEPA），它取代了此前实施的《水法》《环境污染物法》《大气品质法》《海洋倾废法》《环境法》5 部法规。该部法律旨在解决与有毒物质相关的多重问题，通过发展更具综合性的方法来处理有毒物质"从摇篮到坟墓"的全部生命循环，因此非常具有前瞻性，促进"污染预防"概念深入人心。

CEPA 是加拿大联邦环境立法的重要组成部分，其目标是预防污染，保护环境和人类健康，以促进可持续发展。1999 年，加拿大对第一部环境保护法进行了重要的修订，主要更新内容包括 5 个方面：a. 将可持续发展作为立法所追求的终极目的；b. 及时将环境法发展的阶段性成果纳入立法；c. 明确了政府在环境保护方面的义务；d. 拓展了公众参与的具体途径；e. 直面生物技术发展对环境法的挑战。另外，CEPA 在序言中提出了多个指导政府行政管理的原则，核心内容包括可持续发展、污染预防、有毒物质实质消除、生态系统方法、预防原则、政府间合作、国家标准、污染者付费、以科学为基础的决策等。修订后的法案为联邦政府与省和地方自治政府之间的环保合作建立了和谐的框架，在各产业中引入了实施自愿环保协议的新措施，为环境保护提供了一个更广泛的合作基础。

2004 年 12 月发布《加拿大 1999 年环境保护法的理解指南》，进一步揭示了加拿大环境保护法的核心特征。2007 年 5 月，加拿大众议院对 CEPA 进行了修订，即《加拿大环境保护法案 1999-5 年修订：结束差距》，这个报告分析了加拿大环境保护法的积极意义和不足之处，将关注的焦点放在控制有毒物质，即法案第 5 章的内容上，并探讨了该部分得以实施的方式，在此基础上提出了 31 条建议。2008 年 3 月，加拿大参议院发布了 CEPA 修订审议报告，《加拿大环境保护法（1999，c.33）：坚持不懈地加强和应用》，这份报告指出 1999 年 CEPA 在根本上是可行的，不必进行大的改动。

在 CEPA 法规的框架下，加拿大制浆造纸行业制定的污染物排放标准限制指标主要是 BOD_5、SS 和 AOX，其中 BOD_5 的排放限值为 7.5kg/t（月均值，下同）、SS 的排放限值为 11.25kg/t、AOX 的排放限值为 0.6kg/t（漂白硫酸盐木浆）和 1.0kg/t（漂白亚硫酸盐木浆）。除了国家标准外，加拿大有些省份还制定了本省的排放标准，如阿尔伯塔省，其制定的制浆造纸排放标准指标如表 7-20 所列，其相应的水质指标限值均严于联邦法规要求。

表 7-20　加拿大阿尔伯塔省制浆造纸排放标准

指标	浆厂排放技术指标	
	月平均值/(kg/t)	日最大值/(kg/t)
BOD_5	1.5	3.0
TSS	3.0	6.0
AOX(仅限漂白硫酸盐木浆)	0.5	1.0
色度	50	100
二噁英和呋喃(仅限漂白硫酸盐木浆)	不得检出	
急性毒性	鳟鱼实验，≥50%存活率	
pH 值	6～9.5	

总的来说，北美和欧洲建立了完善的法律法规体系，通过水、大气等多环境媒介进行制浆造纸工业污染管理，污染不再是造纸工业的特征，但污水回用和处理技术、黑液

浓缩和分离技术、低能耗机械纸机脱水技术、生物酶技术的开发和应用、高产率与高质量纸浆技术等仍是欧美传统造纸工业的重点研究领域。

7.2　我国制浆造纸工业水资源管理与控制

7.2.1　我国现行水资源管理与控制的主要政策

7.2.1.1　法律体系

（1）中华人民共和国宪法（2018 年修正）

宪法在一个国家法律体系中处于最高位阶，它是一个国家的根本大法。我国宪法第26 条规定"国家保护和改善生活环境和生态环境，防治污染和其他公害"。这一规定是国家对环境保护的总政策，说明了环境保护是国家的一项基本职责。宪法为我国的环境保护活动和环境立法提供了指导原则和立法依据。

（2）中华人民共和国环境保护法（2014 年修订）

新环保法明确了政府对环境保护的监督管理职责，完善了生态保护红线等环境保护基本制度，强化了企业污染防治责任，加大了对环境违法行为的法律制裁，法律条文也从原来的 47 条增加到 70 条，增强了法律的可执行性和可操作性。被称为"史上最严"的环境保护法。明确"环境保护坚持保护优先、预防为主、综合治理、公众参与、污染者担责"的原则，突出了环境保护的三大政策，即"预防为主，防治结合；谁污染，谁治理；强化环境管理"。

（3）中华人民共和国水污染防治法（2017 年修订）

新法在 2008 年版的基础上进行了大幅度的修改，法律条文由原来的 92 条增加到了103 条，做出了 55 处重大修改，涉及工业污染的条款有 10 条。修订后加强了水污染源头控制，完善了水环境监测网络，强化了重点水污染物排放总量控制制度，全面推行排污许可制度，增加了水污染应急反应要求，加大了对违法行为的处罚力度，完善了民事法律责任。新法在第四章"水污染防治措施"第 47 条明确提出"国家禁止新建不符合国家产业政策的小型造纸等严重污染水环境的生产项目"，违反规定的则由所在地的市、县人民政府责令关闭。

（4）中华人民共和国清洁生产促进法（2012 年修订）

新法进一步明确了政府推进清洁生产的工作职责，扩大了对企业实施强制性清洁生产审核的范围，明确规定建立清洁生产财政支持资金，同时强化了清洁生产审核法律责任和政府监督与社会监督作用。该法明确提出"国家鼓励开展有关清洁生产的科学研究、技术开发和国际合作，组织宣传、普及清洁生产知识，推广清洁生产技术"和"国家对浪费资源和严重污染环境的落后生产技术、工艺、设备和产品实行限期淘汰制度"；第 19 条规定了企业在进行技术改造过程中应当采取的清洁生产措施。

（5）中华人民共和国水法（2016 年修订）

新水法对水资源管理提出了八项制度，即取水许可制度、水资源有偿使用制度、水资源论证制度、水功能区划制度、饮用水水源保护区制度、河道采砂许可制度、对用水实行总量控制与定额管理相结合的管理制度、用水实行计量收费与超定额累进加价制度。新水法明确了新时期水资源的发展战略，即要以水资源的可持续利用支撑经济社会的可持续发展，强调了水资源的合理配置，突出了水资源的节约和保护。突出节水是新水法的鲜明特点之一。国家新时期治水方针已把节水工作提到了前所未有的高度。明确提出："水资源可持续利用是我国经济社会发展的战略问题，核心是提高用水效率，把节水放在突出位置。"新水法增补节约用水的条款总共有 19 条，占全部水法 77 条（不包括附则）的 25%，更加说明其重要性和紧迫性。

7.2.1.2　法规体系

2015 年 4 月，国家发布《水污染防治行动计划》（简称"水十条"）。该法规的出台，体现了流域管理要求，对江河湖海实施分流域、分区域、分阶段科学治理，体现了水的流域特性；发挥环境保护区域督查派出机构和流域水资源保护机构作用，健全跨部门、区域、流域、海域水环境保护议事协调机制；强化水陆统筹管理。"水十条"在重点强调全面控制污染源管理的同时，更加注重水资源的节约保护，提出：要实行最严格的水资源管理制度，严控地下水超采，控制用水总量，加强工业、城镇和农业节水工作，加强江河湖库水量调度管理，系统推进水污染防治、水生态保护和水资源管理；建立系统治理的格局，突出措施的系统性、综合性，多措并举，建立从源头到末端全覆盖的水污染防治措施体系；形成协力治污的局面，强调充分发挥各部门以及社会各方面的作用，明确责任，强化监管，共同推进水污染防治工作；突出执法监督作用；实行最严格的环保制度；坚持落实各方责任，严格考核问责；坚持全民参与，形成"政府统领、企业施治、市场驱动、公众参与"的水污染防治新机制。明确规定取缔"十小"企业。全面排查装备水平低、环保设施差的小型工业企业。2016 年底前，按照水污染防治法律法规要求，全部取缔不符合国家产业政策的小型造纸、制革、印染、染料、炼焦、炼硫、炼砷、炼油、电镀、农药等严重污染水环境的生产项目。专项整治十大重点行业，制定造纸、焦化、氮肥、有色金属、印染、农副食品加工、原料药制造、制革、农药、电镀等行业专项治理方案，实施清洁化改造。新建、改建、扩建上述行业建设项目实行主要污染物排放等量或减量置换等具体实施目标。

7.2.1.3　标准规范

（1）《制浆造纸工业水污染物排放标准》（GB 3544—2008）

该标准规定了我国制浆造纸企业或生产设施水污染物排放限值，适用于现有制浆造纸企业或生产设施的水污染物排放管理，2011 年 6 月以后制浆造纸均需执行表 7-21 的标准，对采取特别保护措施的地区执行更为严格的表 7-22 标准。目前，山东、河南等环境敏感地区都执行表 7-22 的标准。

（2）《制浆造纸废水治理工程技术规范》（HJ 2011—2012）

该标准规定了制浆造纸工业废水治理工程设计、施工、验收、运行与维护的技术要求。本标准适用于采用化学制浆、化学机械制浆、机械制浆及废纸制浆工艺的制浆和造纸企业的废水治理工程，可作为环境影响评价、可行性研究、设计、施工、安装、调试、

表 7-21　一般地区制浆造纸企业水污染物排放限值

企业生产类型			制浆企业	制浆和造纸联合生产企业	造纸企业
排放限值	1	pH 值	6～9	6～9	6～9
	2	色度(稀释倍数)	50	50	50
	3	悬浮物/(mg/L)	50	30	30
	4	五日生化需氧量(BOD$_5$)/(mg/L)	20	20	20
	5	化学需氧量(COD$_{Cr}$)/(mg/L)	100	90	80
	6	氨氮/(mg/L)	12	8	8
	7	总氮/(mg/L)	15	12	12
	8	总磷/(mg/L)	0.8	0.8	0.8
	9	可吸附有机卤化物(AOX)/(mg/L)	12	12	12
	10	二噁英/(pgTEQ/L)	30	30	30
单位产品基准排水量/[t/t(浆)]			50	40	20

注：详细说明参见 GB 3544—2008（表 2）。

表 7-22　特殊地区制浆造纸企业水污染物排放限值

企业生产类型			制浆企业	制浆和造纸联合生产企业	造纸企业
排放限值	1	pH 值	6～9	6～9	6～9
	2	色度(稀释倍数)	50	50	50
	3	悬浮物/(mg/L)	20	10	10
	4	五日生化需氧量(BOD$_5$)/(mg/L)	10	10	10
	5	化学需氧量(COD$_{Cr}$)/(mg/L)	80	60	50
	6	氨氮/(mg/L)	5	5	5
	7	总氮/(mg/L)	10	10	10
	8	总磷/(mg/L)	0.5	0.5	0.5
	9	可吸附有机卤化物(AOX)/(mg/L)	8	8	8
	10	二噁英/(pgTEQ/L)	30	30	30
单位产品基准排水量/[t/t(浆)]			30	25	10

注：详细说明参见 GB 3544—2008（表 3）。

验收、运行与监督管理的技术依据。标准规定：制浆造纸企业应根据生产原料和产品种类采用清洁生产技术，尽量回收能量、化学品、纤维原料和其他副产物，提高废水循环利用率，降低废水污染负荷；制浆造纸废水治理工程应以企业生产情况及发展规划为依据，贯彻国家产业政策和行业污染防治技术政策，统筹废水预处理与集中处理、现有与新（扩、改）建的关系；厂区排水系统应采用雨污分流制，位于水体保护要求高或环境敏感地区的企业，宜对地面污染较大区域的初期雨水进行截流、调蓄和处理；经处理后排放的废水应符合环境影响评价批复文件、GB 3544 和所在地地方标准的要求；制浆造纸废水治理工程应配套建设二次污染的预防设施，保证恶臭、噪声等满足 GB 14554 和

GB 12348 等相关环保标准的要求；应按照《排污口规范化整治技术要求（试行）》建设废水排放口，设置符合 GB/T 15562.1 要求的废水排放口标志，并按照《污染源自动监控管理办法》安装污染物排放连续监测设备。建设规模应根据废水现有水量、水质和预期变化情况综合确定，现有企业的废水治理工程应以实测数据为依据，新（扩、改）建企业的废水治理工程应根据原料种类、产品类别、生产工艺、回用废水的治理程度和回用量，采用类比或物料衡算的方法确定。典型的制浆造纸综合废水处理工艺流程如图7-1 所示。

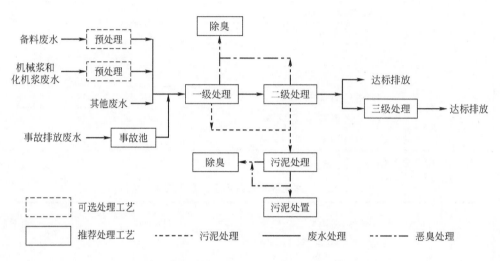

图 7-1 典型的制浆造纸综合废水处理工艺流程

（3）《水污染治理工程技术导则》（HJ 2015—2012）

该标准规定了水污染治理工程在设计、施工、验收和运行维护中的通用技术要求，为环境工程技术规范体系中的通用技术规范，适用于厂（站）式污（废）水处理工程。对于有相应的工艺技术规范或污染源控制技术规范的工程，应同时执行本标准和相应的工艺技术规范或污染源控制技术规范。本标准可作为水污染治理工程环境影响评价、设计、施工、竣工验收及运行维护的技术依据。

该标准规定：a. 物理、化学和物化处理单元包括格栅、调节池、沉砂池、沉淀池、隔油、中和、化学沉淀、混凝、过滤、气浮、膜分离、微滤、超滤、纳滤、反渗透、吸附、氧化还原和脱盐处理（离子交换、电渗析、电吸附）；b. 生物处理单元包括活性污泥法好氧处理（传统活性污泥法、氧化沟、SBR）、生物膜法（生物接触氧化、生物滤池、曝气生物滤池）、活性污泥法厌氧处理（UASB）、生物膜法厌氧处理（厌氧滤池AF、厌氧流化床 AFB）和生物脱氮脱磷；c. 自然处理单元包括稳定塘、土壤处理、人工湿地；d. 消毒处理单元包括氯消毒、臭氧消毒、紫外线消毒、二氧化氯消毒；e. 污泥处理与处置单元包括污泥的输送与储存、污泥浓缩处理、污泥消化处理（厌氧消化、好氧消化）、污泥脱水处理、污泥干化处理、污泥焚烧处理和污泥处置与利用；f. 恶臭污染治理单元包括生物滤池除臭、化学氧化除臭、洗涤吸收除臭和喷洒药剂除臭。

针对造纸废水，可供参考选择的处理工艺流程为：格栅/筛网/微滤机→除砂→中和/混凝沉淀/气浮→厌氧水解池/好氧生物反应池→化学絮凝/二沉池/气浮池→回用/

排放。

（4）《制浆造纸工业污染防治可行技术指南》（HJ 2302—2018）

该标准规定了制浆造纸工业废水、废气、固体废物和噪声污染防治可行技术，适用于制浆造纸工业污染物排放许可管理，可作为建设项目环境影响评价、国家污染物排放标准的制定与实施、制浆造纸工业企业污染防治技术选择的依据。本标准不适用于制浆造纸工业企业的自备热电站和工业锅炉。标准规定的化学法制浆污染预防技术参数如表 7-23 所列，化学机械法制浆污染预防技术参数如表 7-24 所示。

表 7-23 化学法制浆污染预防技术参数

序号	工序	技术名称	技术参数
1	备料	干法剥皮	剥净度：95%～98%；损失率：<5%
2		干湿法备料	除杂率：15%左右
3	蒸煮	新型立式连续蒸煮	蒸煮温度：140～160℃；蒸汽消耗：0.5～1.0t/t 风干浆；粗浆得率：50%～54%；卡伯值：针叶木 20～28，阔叶木 14～18
4		改良型间歇蒸煮	蒸煮温度：150～170℃；蒸汽消耗：0.5～0.8t/t 风干浆；粗浆得率：50%～54%；卡伯值：针叶木 20～25，阔叶木 14～16
5		横管式连续蒸煮	蒸煮温度：165～175℃；蒸汽消耗：2.0～2.5t/t 风干浆；粗浆得率：45%～52%
6	洗涤	纸浆高效洗涤	进浆浓度：低浓 3%～5%，中浓 6%～10%；出浆浓度：25%～35%；洗涤效率：木浆 95%～98%，竹浆 89%～92%，非木（竹）浆 83%～88%
7	筛选	全封闭压力筛选	压力差：50kPa；进浆浓度：木浆 3.5%左右，竹浆 2.5%左右，非木（竹）浆 0.6%～2%
8	氧脱木质素	氧脱木质素	浆浓：10%～15%；用碱量：18～28kg/t 风干浆；用氧量：14～28kg/t 风干浆；残余木质素脱除率：40%～60%
9	漂白	ECF 漂白	二氧化氯消耗量：15～30kg/t 风干浆；厂内配套二氧化氯制备车间
10	碱回收	黑液碱回收	碱回收工段需配套蒸发、燃烧、苛化工序
11		高浓黑液蒸发及燃烧	蒸发后黑液固形物浓度：50%～65%；超级浓缩器或结晶蒸发器后黑液固形物浓度：65%～80%
12	废液处置	废液综合利用	厂内配套热风炉，用于喷浆造粒制造复合肥

表 7-24 化学机械法制浆污染预防技术参数

序号	工序	技术名称	技术参数
1	磨浆	两段磨浆	一段磨浆浓度：30%～40%；二段磨浆浓度：3%～4.5%；磨浆电耗：800～1200kW·h/t 风干浆
2	洗涤	螺旋压榨机组成的洗浆系统	进浆浓度：3%～5%；出浆浓度：20%～25%
3	碱回收	废液碱回收	废液初始浓度：1.5%～2.0%；预蒸发后浓度：15%；多效蒸发后浓度：65%

根据该标准，各类制浆造纸生产过程污染防治推荐采用的可行技术说明如下。

① 化学法制浆化学木（竹）浆生产企业废水一级处理一般采用混凝沉淀，二级处理采用活性污泥法，通常可选择完全混合活性污泥法、氧化沟或 A/O 处理工艺，三级处理采用 Fenton 氧化、混凝沉淀或气浮。化学木浆生产企业废水污染防治可行技术见

表 7-25，化学竹浆生产企业废水污染防治可行技术见表 7-26。

表 7-25　化学木浆生产企业废水污染防治可行技术

可行技术	预防技术	治理技术	污染物排放水平/(mg/L)			
			COD$_{Cr}$	BOD$_5$	SS	氨氮
可行技术 1	①干法剥皮＋②新型立式连续蒸煮(或改良型间歇蒸煮)＋③纸浆高效洗涤＋④全封闭压力筛选＋⑤氧脱木质素＋⑥ECF 漂白＋⑦碱回收(配套超级浓缩或结晶蒸发器)	①一级(混凝沉淀)＋②二级(活性污泥法)＋③三级(Fenton 氧化)	≤60	≤20	≤30	≤5
可行技术 2		①一级(混凝沉淀)＋②二级(活性污泥法)＋③三级(混凝沉淀)	≤90	≤20	≤30	≤8
可行技术 3	①干法剥皮＋②连续蒸煮(或间歇蒸煮)＋③压力洗浆机(或真空洗浆机)＋④全封闭压力筛选(或压力筛选)＋⑤氧脱木质素＋⑥ECF 漂白＋⑦碱回收	①一级(混凝沉淀)＋②二级(活性污泥法)＋③三级(混凝沉淀或气浮)	≤90	≤20	≤30	≤8

注：1. 干法剥皮仅限于厂内有原木剥皮操作的企业。

2. 表中"＋"代表废水处理技术的组合。

表 7-26　化学竹浆生产企业废水污染防治可行技术

可行技术	预防技术	治理技术	污染物排放水平/(mg/L)			
			COD$_{Cr}$	BOD$_5$	SS	氨氮
可行技术 1	①干法备料＋②新型立式连续蒸煮(或改良型间歇蒸煮)＋③纸浆高效洗涤(或真空洗浆机)＋④全封闭压力筛选＋⑤氧脱木质素＋⑥ECF 漂白＋⑦碱回收	①一级(混凝沉淀)＋②二级(活性污泥法)＋③三级(混凝沉淀)	≤90	≤20	≤30	≤8
可行技术 2	①干法备料＋②间歇蒸煮＋③压力洗浆机(或真空洗浆机)＋④全封闭压力筛选(或压力筛选)＋⑤氧脱木质素＋⑥ECF 漂白＋⑦碱回收	①一级(混凝沉淀)＋②二级(活性污泥法)＋③三级(Fenton 氧化)	≤90	≤20	≤30	≤8
可行技术 3		①一级(混凝沉淀)＋②二级(活性污泥法)＋③三级(混凝沉淀或气浮)	≤90	≤20	≤30	≤8

注：表中"＋"代表废水处理技术的组合。

② 化学蔗渣浆生产企业备料工段废水经过预处理后进入厌氧处理单元；制浆废水经一级混凝沉淀处理后，与处理后的备料工段废水混合进入二级活性污泥法处理单元，通常可选择氧化沟处理工艺，三级处理一般采用 Fenton 氧化。化学蔗渣浆生产企业废水污染防治可行技术见表 7-27。

③ 化学麦草、芦苇浆生产企业废水一级处理一般采用混凝沉淀，二级处理采用厌氧处理后，进入活性污泥法处理单元，对铵盐基亚硫酸盐法制浆而言宜选择 A/O 处理工艺，对于碱法制浆而言通常可选择完全混合活性污泥法或氧化沟处理工艺，三级处理一般采用混凝沉淀或 Fenton 氧化。化学麦草及芦苇浆生产企业废水污染防治可行技术见表 7-28。

表 7-27　化学蔗渣浆生产企业废水污染防治可行技术

可行技术	预防技术	治理技术	污染物排放水平/(mg/L)			
			COD$_{Cr}$	BOD$_5$	SS	氨氮
可行技术 1	①湿法堆放＋②横管式连续蒸煮＋③纸浆高效洗涤(或真空洗浆机)＋④全封闭压力筛选＋⑤氧脱木质素＋⑥ECF 漂白＋⑦碱回收	①一级(混凝沉淀)＋②二级(厌氧＋活性污泥法)＋三级(Fenton 氧化)	≤90	≤20	≤30	≤8
可行技术 2	①湿法堆放＋②横管式连续蒸煮＋③真空洗浆机＋④全封闭压力筛选＋⑤ECF 漂白＋⑥碱回收		≤90	≤20	≤30	≤8

注：表中"＋"代表废水处理技术的组合。

表 7-28　化学麦草及芦苇浆生产企业废水污染防治可行技术

可行技术	预防技术	治理技术	污染物排放水平/(mg/L)			
			COD$_{Cr}$	BOD$_5$	SS	氨氮
可行技术 1	①干湿法备料＋②连续蒸煮＋③纸浆高效洗涤＋④全封闭压力筛选＋⑤氧脱木质素＋⑥废液综合利用	①一级(混凝沉淀)＋②二级(厌氧＋活性污泥法)＋③三级(Fenton 氧化)	≤90	≤20	≤30	≤8
可行技术 2	①干湿法备料＋②横管连续蒸煮＋③纸浆高效洗涤(或真空洗浆机)＋④全封闭压力筛选＋⑤氧脱木质素＋⑥ECF 漂白＋⑦碱回收	①一级(混凝沉淀)＋②二级(厌氧＋活性污泥法)＋③三级(混凝沉淀)	≤90	≤20	≤30	≤8
可行技术 3	①干湿法备料＋②间歇蒸煮＋③真空洗浆机＋④全封闭压力筛选(压力筛选)＋⑤ECF 漂白＋⑥碱回收	①一级(混凝沉淀)＋②二级(厌氧＋活性污泥法)＋③三级(Fenton 氧化)	≤90	≤20	≤30	≤8

注：1. 可行技术 1 为铵盐基亚硫酸盐法制浆废水污染防治可行技术。

　　2. 可行技术 2、3 为碱法制浆废水污染防治可行技术。

　　3. 表中"＋"代表废水处理技术的组合。

　　④ 化学机械法制浆生产企业废水一级处理一般采用混凝沉淀，制浆废液采用碱回收处置的企业废水二级处理可采用单独的好氧处理单元；制浆废液进入污水处理系统处理，二级处理采用厌氧与好氧处理相结合的方式，好氧处理单元通常可选择完全混合活性污泥法、氧化沟或 SBR 处理工艺，三级处理采用 Fenton 氧化、混凝沉淀或气浮。化学机械法制浆生产企业废水污染防治可行技术见表 7-29。

表 7-29　化学机械法制浆生产企业废水污染防治可行技术

可行技术	预防技术	治理技术	污染物排放水平/(mg/L)			
			COD$_{Cr}$	BOD$_5$	SS	氨氮
可行技术 1	①干法剥皮＋②两段磨浆＋③过氧化氢漂白＋④螺旋挤浆机＋⑤全封闭压力筛选(或压力筛选)＋⑥碱回收	①一级(混凝沉淀)＋②二级(活性污泥法)＋③三级(Fenton 氧化)	≤60	≤20	≤30	≤5
可行技术 2		①一级(混凝沉淀)＋②二级(活性污泥法)＋③三级(混凝沉淀或气浮)	≤90	≤20	≤30	≤8

可行技术	预防技术	治理技术	污染物排放水平/(mg/L)			
			COD_{Cr}	BOD_5	SS	氨氮
可行技术3	①干法剥皮＋②一段(或两段)磨浆＋③过氧化氢漂白＋④螺旋挤浆机(或真空洗浆机、带式洗浆机)＋⑤全封闭压力筛选(或压力筛选)	①一级(混凝沉淀)＋②二级(厌氧＋活性污泥法)＋③三级(Fenton氧化)	≤90	≤20	≤30	≤8
可行技术4		①一级(混凝沉淀)＋②二级(厌氧＋活性污泥法)＋③三级(混凝沉淀或气浮)	≤90	≤20	≤30	≤8

注：表中"＋"代表废水处理技术的组合。

⑤ 废纸制浆生产企业废水回收纤维后，一级处理一般采用混凝沉淀或气浮，二级处理采用厌氧与好氧处理相结合的方式，好氧处理单元通常可选择完全混合活性污泥法或 A/O 处理工艺，三级处理采用 Fenton 氧化、混凝沉淀或气浮。废纸制浆生产企业废水污染防治可行技术见表 7-30。

表 7-30   废纸制浆生产企业废水污染防治可行技术

可行技术	预防技术	治理技术	污染物排放水平/(mg/L)			
			COD_{Cr}	BOD_5	SS	氨氮
可行技术1	①原料分选＋②浮选脱墨	①一级(混凝沉淀或气浮)＋②二级(厌氧＋活性污泥法)＋③三级(Fenton氧化)	≤60	≤10	≤10	≤5
可行技术2		①一级(混凝沉淀或气浮)＋②二级(厌氧＋活性污泥法)＋③三级(混凝沉淀或气浮)	≤90	≤20	≤30	≤8
可行技术3	原料分选	①一级(混凝沉淀或气浮)＋②二级(厌氧＋活性污泥法)＋③三级(Fenton氧化)	≤60	≤10	≤10	≤5
可行技术4		①一级(混凝沉淀或气浮)＋②二级(厌氧＋活性污泥法)＋③三级(混凝沉淀或气浮)	≤90	≤20	≤30	≤8

注：表中"＋"代表废水处理技术的组合。

⑥ 机制纸及纸板生产废水回收纤维后，一级处理一般采用混凝沉淀或气浮，二级处理采用单独的活性污泥法好氧处理单元，通常可选择完全混合活性污泥法或 A/O 处理工艺，企业根据需要选择三级处理工序，一般采用混凝沉淀或气浮。机制纸及纸板生产企业废水污染防治可行技术见表 7-31。

(5) 制浆造纸行业清洁生产评价指标体系

2015 年，为贯彻落实《清洁生产促进法》(2012 年修正案)，进一步形成统一、系统、规范的清洁生产技术支撑文件体系，指导和推动企业依法实施清洁生产，国家整编修订了《制浆造纸行业清洁生产评价指标体系》，取代以前的《制浆造纸行业清洁生产评价指标体系（试行）》(国家发改委 2006 年第 87 号公告) 及《清洁生产标准   造纸工业（漂白碱法蔗渣浆生产工艺）》(HJ/T 317—2006)、《清洁生产标准   造纸工业（漂白

表 7-31　机制纸及纸板生产企业废水污染防治可行技术

可行技术	预防技术	治理技术	污染物排放水平/(mg/L)			
			COD$_{Cr}$	BOD$_5$	SS	氨氮
可行技术1	①宽压区压榨＋②烘缸密闭气罩＋③袋式通风＋④废气热回收＋⑤纸机白水回收及纤维利用＋⑥涂料回收利用	①一级(混凝沉淀或气浮)＋②二级(活性污泥法)＋③三级(混凝沉淀或气浮)	≤80	≤20	≤30	≤8
可行技术2		①一级(混凝沉淀或气浮)＋②二级(活性污泥法)	≤80	≤20	≤30	≤8
可行技术3	①宽压区压榨＋②烘缸密闭气罩＋③袋式通风＋④废气热回收＋⑤纸机白水回收及纤维利用	①一级(混凝沉淀或气浮)＋②二级(活性污泥法)＋③三级(混凝沉淀或气浮)	≤50	≤10	≤10	≤5
可行技术4		①一级(混凝沉淀或气浮)＋②二级(活性污泥法)	≤80	≤20	≤30	≤8
可行技术5	纸机白水回收及纤维利用	①一级(混凝沉淀或气浮)＋②二级(活性污泥法)＋③三级(混凝沉淀或气浮)	≤50	≤10	≤10	≤5
可行技术6		①一级(混凝沉淀或气浮)＋②二级(活性污泥法)	≤80	≤20	≤30	≤8

注：表中"＋"代表废水处理技术的组合。

化学烧碱法麦草浆生产工艺)》(HJ/T 339—2007)、《清洁生产标准　造纸工业（硫酸盐化学木浆生产工艺)》(HJ/T 340—2007)、《清洁生产标准 造纸工业（废纸制浆)》(HJ 468—2009)。这次修订结合我国制浆造纸行业最新的行业发展、资源能源消耗、污染物产生以及企业环境管理等状况。

　　根据清洁生产的原则要求和制浆造纸行业生产特点，修订后的评价指标体系分为生产工艺与装备要求、资源能源消耗指标、资源综合利用指标、污染物产生指标、产品综合评价指标、清洁生产管理指标，每一大类指标中包括若干分项。其中"资源能源消耗指标""资源综合利用指标""污染物产生指标"属于定量指标；"生产工艺与装备要求""产品综合评价指标""清洁生产管理指标"属于定性指标。对于定量指标体系是根据选取有代表性的、能反映"节能""降耗""减污""增效"等方面的数据指标，研究建立评价方法，通过对指标和其相关数据进行科学计算、评价和分析，采用权重值评分的方法，综合考评企业实施清洁生产的状况和企业清洁生产程度。定性要求，则是主要根据国家有利于推行清洁生产的产业发展和技术进步政策、资源环境保护政策规定以及行业发展规划，定性考核企业政策法规的符合性、清洁生产实施工作情况。

　　修订后指标体系评价的范围包括制浆和造纸两部分，制浆和造纸又根据方法和品种的不同而加以区分，其中制浆按方法分为漂白硫酸盐木（竹）浆、本色硫酸盐木（竹）浆、化学机械木浆、漂白化学非木浆、非木半化学浆和废纸浆，造纸按品种分为新闻纸、印刷书写纸、生活用纸、涂布纸和纸板。

　　行业清洁生产评价指标体系由一级指标和二级指标组成。其中，一级指标包括生产工艺及装备指标、资源能源消耗指标、资源综合利用指标、污染物产生指标、产品特征指标和清洁生产管理指标等 6 类指标，每类指标又由若干个二级指标组成。该指标体系将清洁生产指标划分为三个等级，Ⅰ级为国际清洁生产领先水平，Ⅱ级为国内清洁生产先进水平，Ⅲ级为国内清洁生产基本水平。

对制浆造纸企业清洁生产水平的评定是以其清洁生产综合评价指数为依据的，根据目前我国制浆造纸行业的实际情况，对达到一定综合评价指数的企业，分别评定为清洁生产领先企业、清洁生产先进企业或清洁生产一般企业。

（6）重点行业二噁英污染防治技术政策

2015 年，为贯彻《中华人民共和国环境保护法》，完善环境技术管理体系，指导污染防治工作，保障人体健康和生态安全，促进行业绿色循环低碳发展，引导环保产业发展，国家环保部出台了《重点行业二噁英污染防治技术政策》指导性文件。本技术政策所涉及的重点行业包括制浆造纸等行业，提出了重点行业二噁英污染防治可采取的技术路线和技术方法，包括源头削减、过程控制、末端治理、新技术研发等方面的内容，为重点行业二噁英污染防治相关规划、排放标准、环境影响评价等环境管理和企业污染防治工作提供技术指导。对于制浆造纸行业，重在过程控制，造纸生产的制浆工艺鼓励采用氧脱木质素技术、强化漂前浆洗涤技术；漂白工艺宜采用以二氧化氯为漂白剂的无元素氯漂白技术；鼓励采用过氧化氢、臭氧、过氧硫酸以及生物酶等全无氯漂白技术，减少漂白段二噁英的产生；鼓励造纸行业研发化学浆无氯漂白新技术。

7.2.1.4   发展规划

（1）国家中长期科学和技术发展规划纲要（2006—2020 年）

2006 年 2 月，国务院发布了《国家中长期科学和技术发展规划纲要（2006—2020 年）》（以下简称"纲要"），明确提出了"自主创新，重点跨越，支撑发展，引领未来"的新时期科技工作指导方针，对我国未来 15 年科学和技术发展做出了全面规划与部署。根据这个规划，围绕国家目标，筛选出"水体污染控制与治理专项"（以下简称"水专项"）等 16 个涉及重大战略产品、关键共性技术或重大工程的重大专项。2006 年 8 月，"水体污染控制与治理"科技重大专项领导小组成立，标志着迄今为止我国资金投入总量最大的环境科研项目正式全面启动。水专项的实施关系到主要污染物减排和水污染治理目标的完成，关系到人民群众的切身利益，对构建和谐社会、实现可持续发展具有重大的战略意义。

"水专项"定位为科技攻关项目，以解决科技问题为核心，针对有限目标实施。此专项突出三个重点：一是饮用水安全；二是流域性环境治理；三是城市水污染治理。《"水专项"实施方案》紧紧围绕"纲要"要求，以水环境质量改善和水体污染物减排国家目标为导向，在河流水环境整治、湖泊富营养化控制、城市水环境综合整治、饮用水安全保障、水环境综合管理与监控预警五个方面开展研究。通过研究，提出解决我国水环境问题的战略思路和技术措施，为改善我国水环境质量、确保饮用水安全提供技术支撑。要通过实施"水专项"，实现科技发展的局部跃升和突破，带动相关领域技术水平的整体提升和环境治理的跨越式发展。要搞清水污染对经济、社会发展的主要制约因素，基本阐明中国区域性、流域性重大水环境问题形成的机理和机制，以解决关键技术为核心，攻克一批具有全局性、带动性的饮用水安全保障技术、水污染治理关键共性技术，并通过开展工业废水治理技术研发与示范，开展区域、流域水污染治理技术集成与示范，全面推进水污染防治工作。

"水专项"的主要任务和目标是：以"三河、三湖、一江、一库"为重点，结合流域污染防治规划和重大治污工程的实施，到 2020 年实现重点流域水质显著改善，保障饮用水安全，让江河湖泊休养生息。为此，水专项确定了"三步走"战略，即"十一五"控源减排，"十二五"减负修复，"十三五"综合调控。2017 年，环保部召开水体污染控制与治理科技重大专项"十三五"实施推进会，据报道，我国水体污染控制与治理科技重大专项基本实现了阶段目标，十年来"水专项"为我国水污染治理和水环境改善提供了科技保障，通过实现一批创新成果应用，支撑重点流域水质改善，推动环保产业发展，还培养了一大批优秀科技人才，建成了一批创新平台和产业化基地，但仍存在着重大突破不够、标志性成果不够突出、成果转化不够等亟待解决的问题。"十三五"时期要全力攻关，抓牢抓实标志性成果产出，还要面向需求，加快成果转化落地，形成一批整装成套技术、综合解决方案和治理模式，同时加强过程管理，严格考核验收，实行季度调度、年度检查和中期评估制度，进一步优化考核评价指标体系，以推动"水专项"的进一步实施。

（2）国民经济和社会发展第十三个五年规划纲要

五年规划，是中国国民经济计划的重要部分，属长期计划。2016 年，国家出台了《中华人民共和国国民经济和社会发展第十三个五年（2016－2020 年）规划纲要》（以下简称"十三五规划纲要"）。

"十三五规划纲要"共 20 篇 80 章，包含 25 个专栏和 4 张示意图，共 8 万余字，可以大致分为三大板块。第一板块是总论，包括第一篇，主要是环境分析和总体的思路方向。第二板块是战略任务，包括第二篇到第十九篇，主要是各领域发展的重点任务和重大举措。第三板块是规划实施保障。纲要在内容上突出体现了五个方面的特点：一是适应把握引领经济发展新常态；二是全面贯彻落实新发展理念；三是着力推进供给侧结构性改革；四是紧紧扭住全面小康的明显短板；五是做深做实"三个重大"。

"十三五规划纲要"首次明确提出"生态环境质量总体改善"的核心目标，并强调绿色发展理念，打好"水污染防治、大气污染防治和土壤污染防治"攻坚战，专门提出了环境治理保护重点工程，涉及工业污染源全面达标排放、大气环境治理、水环境治理、土壤环境治理、危险废物污染防治、核与辐射安全保障能力提升 6 个方面。这些工程主要针对我国生态环境建设的薄弱环节，通过加快实施这一系列重点工程，加大环境治理力度，推动环境质量改善。

"十三五规划纲要"提出了实施最严格的环境保护制度，推进多污染物综合防治和统一监管，建立覆盖所有固定污染源的企业排放许可制，实行排污许可"一证式"管理，建立健全排污权有偿使用和交易制度。"最严格"体现了从源头、全过程和生产、流通、消费各环节来加强环境保护的新思路。保护环境的治本之策是源头严防，关键所在是过程严管，根本保障是后果严惩。

针对制浆造纸行业，"十三五规划纲要"在专栏 17 "环境治理保护重点工程"中明确提出，在工业污染源全面达标排放方面，"对钢铁、造纸等行业不能稳定达标的企业进行改造，取缔不符合国家产业政策污染严重的项目"。在水环境治理方面，"推进长江、黄河、珠江、松花江、淮河、海河、辽河七大流域综合治理，基本消除劣Ⅴ类水体，加大黑臭水体整治力度"。

（3）长江保护修复攻坚战行动计划

2019 年 1 月，生态环境部、发改委联合印发《长江保护修复攻坚战行动计划》（以下简称"行动计划"）。行动计划提出，到 2020 年年底，长江流域水质优良（达到或优于Ⅲ类）的国控断面比例达到 85% 以上，丧失使用功能（劣于Ⅴ类）的国控断面比例低于 2%；长江经济带地级及以上城市建成区黑臭水体控制比例达 90% 以上；地级及以上城市集中式饮用水水源水质达到或优于Ⅲ类比例高于 97%。行动计划明确以改善长江生态环境质量为核心，以长江干流、主要支流及重点湖库为突破口，统筹山水林田湖草系统治理，坚持污染防治和生态保护"两手发力"，推进水污染治理、水生态修复、水资源保护"三水共治"，突出工业、农业、生活、航运污染"四源齐控"。

行动计划主要任务三"加强工业污染治理，有效防范生态环境风险"：一是优化产业结构布局。加快重污染企业搬迁改造或关闭退出，严禁污染产业、企业向长江中上游地区转移。长江干流及主要支流岸线 1km 范围内不准新增化工园区，依法淘汰取缔违法违规工业园区。以长江干流、主要支流及重点湖库为重点，全面开展"散乱污"涉水企业综合整治，分类实施关停取缔、整合搬迁、提升改造等措施，依法淘汰涉及污染的落后产能。二是规范工业园区环境管理。新建工业企业原则上都应在工业园区内建设并符合相关规划和园区定位，现有重污染行业企业要限期搬入产业对口园区。工业园区应按规定建成污水集中处理设施并稳定达标运行，禁止偷排漏排。加大现有工业园区整治力度，完善污染治理设施，实施雨污分流改造。组织评估依托城镇生活污水处理设施处理园区工业废水对出水的影响，导致出水不能稳定达标的要限期退出城镇污水处理设施并另行专门处理。依法整治园区内不符合产业政策、严重污染环境的生产项目。三是强化工业企业达标排放。制定造纸、焦化等十大重点行业专项治理方案，推动工业企业全面达标排放。深入推进排污许可证制度，2020 年年底前完成覆盖所有固定污染源的排污许可证核发工作。四是推进"三磷"综合整治。五是加强固体废物规范化管理。六是严格环境风险源头防控。开展长江生态隐患和环境风险调查评估，从严实施环境风险防控措施。深化沿江石化……涉重金属和危险废物等重点企业环境风险评估，限期治理风险隐患。

7.2.2 我国水资源管理机制

我国的水资源管理采取国家生态环境部统一管理，其他有关部门分别管理的统管和分管的管理模式，表现为"条块结合、一块为主，纵向分级、横向分散"的特征。从国家生态环境部到县乡环保局，开展从上到下的业务指导，实施"条条"管理；各级地方政府对本辖区的环境质量负责，为本级环保职能部门提供人、财、物，实施"块块"管理。而在横向职能设置上呈现分散结构，环境职能分散在水利、林业、农业等多个部门。

《中华人民共和国环境保护法》（2014）第十条规定："国务院环境保护主管部门，对全国环境保护工作实施统一监督管理；县级以上地方人民政府环境保护主管部门，对本行政区域环境保护工作实施统一监督管理。县级以上人民政府有关部门和军队环境保护部门，依照有关法律的规定对资源保护和污染防治等环境保护工作实施监督管理。"《中华人民共和国水法》（2016）第十二条规定："国家对水资源实行流域管理与行政区域管理相结合的管理体制。国务院水行政主管部门负责全国水资源的统一管理和监督工作。国务院水行政主管部门在国家确定的重要江河、湖泊设立流域管理机构（以下简称流域管理机构），在所管辖的范围内行使法律、行政法规规定的和国务院水行政主管部门授予的水资源管理和监督职责。县级以上地方人民政府水行政主管部门按照规定的权限，负责本行政区域内水资源的统一管理和监督工作。"《中华人民共和国水污染防治法》（2017）第九条规定："县级以上人民政府环境保护主管部门对水污染防治实施统一监督管理。交通主管部门的海事管理机构对船舶污染水域的防治实施监督管理。县级以上人民政府水行政、国土资源、卫生、建设、农业、渔业等部门以及重要江河、湖泊的流域水资源保护机构，在各自的职责范围内，对有关水污染防治实施监督管理。"

按照属地管理的原则，当地环保部门对管辖区内企业环保相关活动实施监管监测，收取排污费和对超标超总量排污予以处罚。部分省市对辖区制浆造纸企业实行排污许可管理，要求当地按照排污许可证的要求排放污染物。制浆造纸企业需保证各类污染物防治设施稳定正常运行，并如实记录各类污染防治设施的运行、维修、更新和污染物排放情况及药物投放和用电量情况。因故障等紧急情况停运污染防治设施，应当在停运后立即报告。停运污染防治设施应当同时采取相应的应急措施，确保废水、废气等污染物不超标排放。

目前国内制浆造纸和纸制品企业按照现行法律法规在企业内部设置企业内部环保专门机构和负责人，建立企业环境保护责任制度，明确单位负责人和相关人员的责任。按照标准设置排污口，并普遍建设了污染物治理设施，大部分污染物排放达到了国家和地方各类排放标准限值的要求，遵守了分解落实到本单位的重点污染物排放总量控制指标。按照清洁生产促进法的要求，大中型企业普遍采取了清洁生产审计和采取了当前可行的清洁生产措施、水处理措施、废气治理设施、无组织废气的治理设施、噪声治理设施及固废的综合利用设施等。重点排污单位按照国家有关规定和监测规范安装使用了监测设备，安装流量计和氨氮、COD污染物的自动监控装置，并且按要求与当地人民政府环境保护行政主管部门的监控设备联网。建立健全了岗位责任、操作规程、运行费用核算、监视监测等各项规章制度，确保监测设备正常运行，保存原始监测记录。由于造纸行业在近20年内的高速发展，新建的大型制浆造纸企业技术装备水平，特别是清洁生产和环保治理设施达到了国际先进水平甚至领先水平。

7.2.3　我国造纸行业"十三五"发展规划

根据中国造纸协会2017年6月发布的"关于造纸工业'十三五'发展的意见"，"十三五"时期是我国全面建成小康社会的关键期，是我国经济社会发展主要战略机遇期，也是资源环境约束的矛盾凸显期。"十三五"期间行业工业面临的全球资源、市场、资本激烈竞争，以及产品贸易的绿色壁垒将更加明显，国内凸现的能源、资源、环境瓶颈和消费结构的重大变化将督促造纸工业走绿色发展道路。有关节水减排、绿色发展的条文内容如下。

① 造纸行业要充分发挥循环经济的特点和植物原料的绿色低碳属性，依靠技术进步，创新发展模式，在资源、环境、结构等关系到中国造纸工业健康发展的关键问题上取得突破，实施可持续发展战略，着力解决资源短缺和环境压力的制约，提高可持续发展能力。建立绿色纸业是行业发展的战略方向。

② 深入贯彻"创新、协调、绿色、开放、共享"的发展理念，坚持以市场为导向，以结构调整为主线，以科技创新为动力，以建设资源节约型和环境友好型现代造纸工业为目标，提高供给质量，补足短板，加快产业结构调整，科学统筹，有序发展，满足我国社会经济发展对纸张和纸制品的需求，推进我国造纸工业由大国向强国转变。

③ 坚持绿色低碳循环发展，推进资源高效和循环利用，加强清洁生产，加大生物质能源利用，注重节能减排。

④ 通过节约资源、能源和减排工作使污染得到有效防治，降低水资源和能源等消耗。

⑤ 资源消耗和污染物减排，依据国家"十三五规划纲要"的要求，造纸行业积极配合完成我国"十三五"期间全社会万元 GDP 用水量下降 23%，单位 GDP 能源消耗降低 15%，主要污染物 COD、氨氮排放总量减少 10%，二氧化硫、氮氧化物排放总量减少 15% 的社会发展目标。

"十三五"期间，造纸行业在环保方面的重点任务是"加大清洁生产力度，推动循环经济发展""提高环境管理水平，降低污染排放水平"。在第一个方面，鼓励企业按照全生命周期管理理念，提高资源的高效和循环利用，推动造纸行业循环经济发展。开发绿色产品，创建绿色工厂，引导绿色消费。转变发展方式，按照减量化、再利用、资源化、减少能源消耗和污染物排放，建设资源节约型、环境友好型造纸产业。充分利用好黑液、废渣、污泥、生物质气体等典型生物质能源，提高热电联产水平，对生产环节产生的余压、余热等能源，以及废气（沼气及其他废气）、废液（纸浆黑液及其他废水）及其他废弃物进行回收利用，最大限度实现资源化。充分利用林业速生材，扩大利用间伐材、小径材、加工剩余物等生产纸浆，提高木材综合利用率，节约木材资源。提升非木材制浆清洁生产工艺技术、高值化利用技术及废液综合利用技术。在第二个方面，从源头上防止环境污染和生态破坏。造纸企业应依法依规申请排污许可证，持证排污。落实造纸企业治污主体责任，按照相关标准规范开展自行监测、台账记录；按时提交执行报告并及时公开信息；加强对锅炉、碱回收炉、石灰窑炉、焚烧炉等废气排放和生产废水、生活污水、初期雨水等废水排放治理及控制，确保污染防治设施稳定运行，污染物达标排放。强化固体废物的处置，加强无组织逸散污染物的收集和处理。

7.2.4   我国造纸行业水污染防治存在的问题

我国造纸行业在先进环保技术上取得显著成效，在资源回收利用、废水处理和循环利用方面有一定进步。但与其他发达国家相比，我国造纸工业废水净化、水质稳定与回用等治理技术还存在明显差距，废水治理深度不够，废水深度处理替代技术还未提上议事日程，水污染控制标准及规范还不够完善。为了进一步降低造纸行业水污染，提高水资源利用率，我国正在采取一些积极措施，包括：a. 进行产业结构调整，关停并转小企业；b. 发展清洁生产技术，减少废水产生量；c. 制定新的排放标准，引领行业水污染治理水平；d. 提出各项造纸行业污染防治最佳可行技术导则。

① 造纸企业将同时面临巨大的市场压力和环保压力，这在推广水污染控制技术中对技术可行性和经济可行性将提出更高的要求。我国造纸行业需要全面推广清洁生产技术（源头减量技术）及废水深度处理技术，企业必须针对环保标准，加大环保投入。同时，废水指标的严格不可避免地增加企业的废水处理成本。

② 缺乏切实可行的造纸行业水污染控制管理机制。在我国，造纸企业废水排放标准限值越来越严格，然而企业却缺少能满足生产废水达标排放的生产技术与装备，国外造纸发达国家在提出严格的排放限值的同时会以最佳可行技术（BAT 技术）、最佳实用控制技术（BPT）、最佳管理实践（BMP）等提供技术支撑，再加以环境立法，从而保障其制浆造纸过程实现达标排放；我国论证 BAT 技术及环境技术验证（ETV）的工作起步较晚，并且形成的技术文件离实际推广应用尚有一定的距离。因此，建立一系列针对造纸行业水污染控制的管理体系和技术指导文件，是保障目前的水污染物排放标准得以切实执行的基础。

③ 造纸行业缺少成套的具有自主知识产权的水污染控制关键技术与装备。要解决造纸行业的污染问题，必须从源头减量和末端治理两个方面同时入手，根据不同原料和生产方法，如化学浆生产、化机浆生产、废纸制浆造纸等，研发、集成覆盖主要制浆造纸生产方法的具有自主知识产权的水污染控制关键技术与装备，并建设示范生产线加以验证，最终形成实用的、系统的技术指导文件，才能加快水污染控制关键技术与装备的推广应用，加快造纸行业实现减排目标。

7.2.5　我国造纸行业水污染防治的建议措施

随着我国制浆造纸行业的持续稳定发展，造纸生产的高水耗和水污染问题突出，末端污染治理的传统管理思路已难以从根本上解决行业污染问题。为满足建设资源节约型、环境友好型社会的总体要求，顺应人民群众改善环境质量的期望，造纸行业必须以环境污染防治的全过程控制为核心指导思想，从产业优化、清洁生产、强化治理、综合利用四个层次构建基于全生命周期的造纸行业水污染全过程控制体系，有效推进造纸行业水污染控制，全面支撑资源节约型与环境友好型社会建设，建议的措施如下。

（1）推广应用、积极倡导绿色造纸技术，推动行业高质量发展

我国规模以上制浆造纸生产企业多达 2600 多家，平均规模只有 4 万吨。对于大多数的中小型企业，因限于技术、装备条件不高，水污染控制水平还较低。因此，必须发挥行业协会与制浆造纸生产企业的桥梁作用，积极推广水专项产出的制浆造纸行业水污染全过程控制技术，依托工程技术指南和行业技术发展蓝皮书，进一步发展适应不同生产规模的清洁生产技术和低成本超低排放技术，持续提高水、纤维、化学品等资源的高

效和循环利用,从源头控制污染。另外,从政府引导、政策扶持等多方面积极倡导绿色造纸,促使企业主动治污,实现资源-环境-效益协调的高质量发展。

(2)推进新旧动能转换,引导制浆造纸行业绿色发展

近年来,我国生态环境保护进入攻坚期,环境治理也从简单的浓度控制向总量控制、质量控制转变。通过产业结构调整、限制企业规模与结构等措施加大对行业的约束,迫使落后产能主动退出市场;推进新旧动能转化,促进制浆生产向优势企业集中,提高产业集中度,为资源利用率提高及环境治理进步提供有效的保障。同时,在淮河流域、黄河流域、长江流域等生态环境脆弱和高质量生态发展区域,要坚决淘汰"小造纸"等落后产能,鼓励企业兼并重组,引导和扶持优势企业做大做强,培育造纸龙头企业,推进绿色技术示范及标杆企业和工业园区建设,引导制浆造纸行业绿色发展。

(3)建立造纸行业特征污染物基础数据库,完善行业排污许可证后评估

制浆造纸废水成分复杂,除包括醇类、酯类、醛类、酮类和脂肪酸类等有机污染物外,还包括木质素脱除物及添加的涂料、废纸油墨等芳香族有机污染物,而后者因具有很好的化学稳定性,难以在物化、生化处理过程中彻底去除。因此,需要政府协会牵头、相关制浆造纸生产企业和科研院所积极合作建立木质素及其衍生物、废纸油墨等芳香族有毒有害特征污染物基础数据库,通过全生命周期评价,解决其排放对环境产生的持久性影响等问题;根据制浆造纸企业生产规模、工艺特征、特征污染物的产排量、对环境的影响程度等因素实行分类动态管理,确保"全面管理、重点突出",进一步完善行业排污标准与许可证后评估,提升"三废"控制与治理水平。

参 考 文 献

[1] 王海燕,吴江丽,钱小平,等.欧盟综合污染预防与控制(IPPC)指令简介及对我国水污染物排放标准体系建设的启示 [C]//环境安全与生态学基准/标准国际研讨会,中国环境科学学会环境标准与基准专业委员会学术研讨会,中国毒理学会环境与生态毒理学专业委员会学术研讨会.2013:82-90.

[2] EU. Directive 2010/75/EU of the European Parliament and of the Council [ED/BL]. [2010-12-17] https://eurlex. europa. eu/legal-content/EN/TXT/?uri=celex:32010L0075.

[3] 邓渝林.美国造纸业现况和未来技术展望 [J].中华纸业,2018,39(13):53-58.

[4] 柴春燕,张建宇.美国造纸行业污染预防和多环境媒介管理 [J].环境保护,2007(9):74-76.

[5] 李云峰.美国造纸工业的可持续性发展 [J].中华纸业,2015,36(5):71-75.

[6] 石瑜.美国教授从五方面分析:造纸工业正变得越来越绿色环保 [J].造纸信息,2017(11):76-78.

[7] 田耀,段昊翔.美国环保政策法规的发展历程 [J].全球科技经济瞭望,2014,29(3):62-66,76.

[8] 胡祖才.国民经济和社会发展第十三个五年规划纲要解读 [J].中国经贸导刊,2016(22):6-15.

[9] 王之晖,宋乾武,冯昊,等.欧盟最佳可行技术(BAT)实施经验及其启示 [J].环境工程技术学报,2013,3(3):266-271.

[10] 矫波.加拿大环境保护法的变迁:1988—2008 [J].中国地质大学学报(社会科学版),2009,9(3):63-67.

[11] 徐伟敏.《加拿大环境保护法》(1999)介评——兼论我国环境基本法的完善 [C]//环境资源法学国际研讨会论文集,2001:388-394.

[12] 中国造纸协会.关于造纸工业"十三五"发展的意见.2017.

[13] HJ 2011—2012.

[14] 高兴杰,赵振东.迈向绿色制造的中国造纸工业 [J].造纸信息,2017(2):31-34.

[15]　宋云，张琳，郭逸飞，等．国内外造纸行业水污染排放标准比较研究 [J]．中国环境管理，2012（1）：32-44．

[16]　曹邦威．国外在制浆造纸废水排放立法上的经验及对我们的启示（上）[J]．中华纸业，2008，29（15）：16-19．

[17]　曹邦威．国外在制浆造纸废水排放立法上的经验及对我们的启示（下）[J]．中华纸业，2008，29（16）：12-17．

[18]　王建华．国外开展清洁生产经验介绍及对我国制浆造纸企业的启示 [J]．中华纸业，2013，34（1）：38-41．

[19]　陈克复．我国造纸工业绿色发展的若干问题 [J]．中华纸业，2014，35（7）：29-35．

[20]　陈克复，胡楠，等．轻工重点行业节约资源和保护环境的战略研究 [M]．北京：中国轻工业出版社，2011．

[21]　陈克复．中国造纸工业绿色进展及其工程技术 [M]．北京：中国轻工业出版社，2016．

[22]　钱桂敬．中国造纸工业的深度调整与转型升级——在山东省造纸行业对标助推转型升级专项行动现场会上的讲话 [J]．中华纸业，2014，35（13）：16-21．

[23]　GB 3544—2008．

[24]　环境保护部．关于发布《制浆造纸废水治理工程技术规范》等七项国家环境保护标准的公告 [ED/BL]．http://www. mee. gov. cn/gkml/hbb/bgg/201203/t20120330_225545. htm．

[25]　环境保护部．关于发布《制浆造纸工业污染防治可行技术指南》的公告 [ED/BL]．[2018-01-05] http://www. mee. gov. cn/gkml/hbb/bgg/201801/t20180111_429493. htm．

[26]　国家发展和改革委员会，环境保护部，工业和信息化部．制浆造纸行业清洁生产评价指标体系 [ED/BL]．[2015-4-15] https://www. ndrc. gov. cn/xxgk/zcfb/gg/201504/t20150420_961120. html．

[27]　环境保护部．关于发布《重点行业二噁英污染防治技术政策》等 5 份指导性文件的公告 [ED/BL]．[2015-12-24] http://www. mee. gov. cn/gkml/hbb/bgg/201512/t20151228_320552. htm．

[28]　中国造纸协会，中国造纸学会．中国造纸工业可持续发展白皮书．2019．

附录

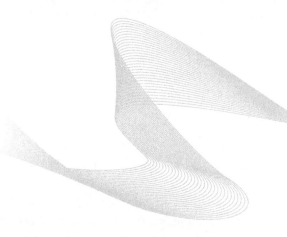

附录 1 造纸工业污染防治技术政策（节选）

为贯彻《中华人民共和国环境保护法》，完善环境技术管理体系，指导污染防治，保障人体健康和生态安全，引导造纸行业绿色循环低碳发展，环境保护部于 2017 年 8 月发布了《造纸工业污染防治技术政策》（公告 2017 年第 35 号）。现将全文摘录如下。

1. 总则

　　1.1　为贯彻《中华人民共和国环境保护法》等法律法规，防治造纸企业因废水、废气、固体废物、噪声等排放造成的环境污染，提高污染防治技术水平，促进造纸工业健康持续发展，保护生态环境，改善环境质量，制定本技术政策。

　　1.2　本技术政策适用于以木材、非木材或废纸等为原料生产纸浆，及（或）以纸浆为原料通过机器或手工抄造的方法生产纸和纸板，和以纸和纸板为原料进一步加工制成纸制品的企业或生产设施。

　　1.3　本技术政策为指导性文件，可用于指导产业相关政策制订、环境管理及企业污染防治工作。

　　1.4　造纸工业应坚持绿色低碳发展；提高准入门槛，淘汰落后产能，推动生产方式转变和产业结构优化调整；加强清洁生产，注重节能减排，推进资源高效循环利用；开展废水、废气和固体废物的综合防治，构建全防全控污染防治体系。

　　1.5　本技术政策的目标是强化化学需氧量、五日生化需氧量、可吸附有机卤素和二噁英等污染物的防治，实现造纸工业废水、废气、固体废物以及噪声等污染源的全面达标排放。

2. 生产过程污染防控

　　2.1　木材原料宜采用干法剥皮技术；竹子原料宜采用干法备料技术；芦苇和麦草原料宜采用干湿法备料技术；蔗渣原料宜采用半干法除髓及湿法堆存备料技术；废纸原料宜根据产品质量要求，合理配料和分拣杂质。

　　2.2　化学制浆宜采用低能耗置换蒸煮和氧脱木质素技术；废纸脱墨制浆宜采用中

高浓碎浆技术，非脱墨废纸制浆宜采用纤维分级技术；废纸脱墨宜采用浮选法脱墨技术，可辅以生物酶促进脱墨。

2.3 非木材化学制浆宜采用高效多段逆流洗涤及封闭筛选技术；废纸制浆宜采用轻质、重质组合除杂技术或高效筛选技术。

2.4 鼓励企业对元素氯漂白工艺进行改造，采用无元素氯（ECF）漂白或全无氯（TCF）漂白技术。

2.5 碱法制浆应配套碱回收系统，亚硫酸盐法制浆应配套废液综合利用技术措施。

2.6 造纸生产线应配套完善的白水回收利用系统及余热回收系统，大中型纸机应配套全封闭密闭气罩。

2.7 制浆造纸过程应采用水分质回用和蒸汽梯级利用等节能节水降耗清洁生产技术，鼓励采用变频电机、透平机等节能设备。

2.8 鼓励采用热电联产等节能降耗技术，充分利用黑液、废料（渣）以及生物质气体等生物质能源。

2.9 纸制品生产应采用无污染或低污染的成熟工艺，不应使用含甲醛、苯类和苯酚类等有毒物质的生产原料。

3. 污染治理及综合利用

3.1 水污染治理

3.1.1 化学机械制浆产生的高浓度有机废水和废纸制浆产生的较高浓度的有机废水宜预处理后，先采用厌氧生物技术处理，再与其他废水并入综合废水进行处理。

3.1.2 生产过程中产生的污冷凝水应根据实际生产情况最大化回用。

3.1.3 制浆造纸企业综合废水应采用二级或三级处理后达标排放。其中，三级处理宜采用混凝沉淀、气浮或高级氧化等技术。有条件的地区和企业可在达标排放的基础上，因地制宜地采用人工湿地等深度处理技术进一步减排。

3.1.4 纸制品企业产生的废水应据其性质分类采取有效的治理措施。

3.2 大气污染治理

3.2.1 碱法制浆蒸煮、洗选漂、蒸发（含重污冷凝水汽提）、碱回收炉以及苛化等工段产生的高、低浓度恶臭气体应进行收集和集中处理，其中蒸煮与蒸发工段产生的臭气应进行余热回收后送碱回收炉进行焚烧处理，漂白工段产生的废气应洗涤处理。

3.2.2 锅炉、碱回收炉、石灰窑炉和焚烧炉应安装高效除尘设备及采用其他环保处理措施实现颗粒物、烟尘、氮氧化物、二氧化硫、汞及其化合物和二噁英等污染物达标排放。

3.2.3 位于产业集聚区的造纸企业，宜使用集聚区热电联产机组，逐步淘汰分散燃煤锅炉。

3.2.4 纸制品生产废气应据其性质分类收集处理或集中处理。

3.3 固体废物处理处置

3.3.1 木材和非木材备料废渣等有机固体废物和废纸制浆固体废物（不含脱墨污泥）应分类处理后综合利用。

3.3.2 木材制浆碱回收产生的白泥宜进行煅烧回收生石灰，并循环使用或综合利用；非木材制浆碱回收产生的白泥宜采用制成轻质碳酸钙等技术予以综合利用；碱回收产生的绿泥宜采用填埋技术处理。

3.3.3 废纸制浆产生的脱墨污泥，应当按照危险废物处置有关要求进行无害化处置。

3.4 噪声污染防控

造纸企业应通过合理的生产布局减少对厂界外噪声敏感目标的影响。鼓励采用低噪声设备，对高噪声设备应采取隔声、消声等降噪措施。厂界噪声稳定达到排放标准要求。

4. 二次污染防治

4.1 废水处理产生的污泥应浓缩脱水后安全处理处置。

4.2 废水厌氧生物处理产生的沼气应回收，可用作燃料或发电，并应设置事故火炬。

4.3 造纸厂区涉水和固体废物堆场应做好防渗，宜采取清污分流、雨污分流和管网防渗、防漏等措施，有效防范对地下水环境的不利影响。

5. 鼓励研发的新技术

5.1 低能耗、少污染的非木材制浆新工艺和新技术，化学制浆全无氯漂白新技术。

5.2 造纸生产过程高效节能节水技术。

5.3 造纸综合废水高效"三级处理"技术及回用技术，化学污泥高效脱水技术。

5.4 碱回收炉大气污染物减排技术，木质素综合利用技术，高效、低污染制浆造纸用化学品和酶制剂等新产品研发或应用技术。

附录 2 制浆造纸工业清洁生产评价指标体系（节选）

为贯彻落实《清洁生产促进法》（2012 年修正案），进一步形成统一、系统、规范的清洁生产技术支撑文件体系，指导和推动企业依法实施清洁生产，中华人民共和国国家发展和改革委员会、中华人民共和国环境保护部、中华人民共和国工业和信息化部于 2015年 4 月 15 日联合发布了《制浆造纸行业清洁生产评价指标体系》（公告 2015 年 第 9号），原国家发展和改革委员会发布的《制浆造纸行业清洁生产评价指标体系（试行）》（国家发展改革委 2006 年第 87 号公告），环保部发布的《清洁生产标准 造纸工业（漂白碱法蔗渣浆生产工艺）》（HJ/T 317—2006）、《清洁生产标准 造纸工业（漂白化学烧碱法麦草浆生产工艺）》（HJ/T 339—2007）、《清洁生产标准 造纸工业（硫酸盐化学木浆生产工艺)》（HJ/T 340—2007）、《清洁生产标准　造纸工业（废纸制浆）》（HJ 468—2009）同时停止施行。现将主要内容摘录如下。

前言

为贯彻《中华人民共和国环境保护法》和《中华人民共和国清洁生产促进法》，指导和推动制浆造纸企业依法实施清洁生产，提高资源利用率，减少和避免污染物的产生，保护和改善环境，制定制浆造纸行业清洁生产评价指标体系（以下简称"指标体系"）。

本指标体系依据综合评价所得分值将清洁生产等级划分为三级：Ⅰ级为国际清洁生产领先水平；Ⅱ级为国内清洁生产先进水平；Ⅲ级为国内清洁生产基本水平。随着技术的不断进步和发展，本评价指标体系将适时修订。

1. 适用范围

本指标体系规定了制浆造纸企业清洁生产的一般要求。本指标体系将清洁生产指标分为六类，即生产工艺及设备要求、资源和能源消耗指标、资源综合利用指标、污染物产生指标、产品特征指标和清洁生产管理指标。

本指标体系适用于制浆造纸企业的清洁生产评价工作。

本指标体系不适用于本体系中未涉及的纸浆、纸及纸板的清洁生产评价。

2. 评价指标体系

2.1　指标选取说明

本评价指标体系根据清洁生产的原则要求和指标的可度量性，进行指标选取。根据评价指标的性质，可分为定量指标和定性指标两种。

定量指标选取了有代表性的、能反映"节能""降耗""减污"和"增效"等有关清洁生产最终目标的指标，综合考评企业实施清洁生产的状况和企业清洁生产程度。定性指标根据国家有关推行清洁生产的产业发展和技术进步政策、资源环境保护政策规定以及行业发展规划选取，用于考核企业对有关政策法规的符合性及其清洁生产工作实施情况。

2.2　指标基准值及其说明

在定量评价指标中，各指标的评价基准值是衡量该项指标是否符合清洁生产基本要求的评价基准。本评价指标体系确定各定量评价指标的评价基准值的依据是：凡国家或行业在有关政策、法规及相关规定中，对该项指标已有明确要求的，执行国家要求的指标值；凡国家或行业对该项指标尚无明确要求的，则选用国内重点大中型制浆造纸企业近年来清洁生产所实际达到的中上等以上水平的指标值。在定性评价指标体系中，衡量该项指标是否贯彻执行国家有关政策、法规的情况，按"是"或"否"两种选择来评定。

2.3　指标体系

不同类型制浆造纸企业清洁生产评价指标体系的各评价指标、评价基准值和权重值见附表 2-1～附表 2-13。

附表 2-1　漂白硫酸盐木（竹）浆评价指标项目、权重及基准值

序号	一级指标	一级指标权重	二级指标		单位	二级指标权重	I级基准值		II级基准值		III级基准值	
1	生产工艺及装备指标	0.3	原料			0.05	符合国家有关森林管理的规定及林纸一体化相关规定的木片（竹片）					
2			备料			0.15	干法剥皮、冲洗水循环利用或直接采购木片（竹片）					
3			蒸煮工艺			0.2	低能耗连续或歇蒸煮、氧脱木质素				低能耗连续或歇蒸煮	
4			洗涤工艺			0.15	多段逆流洗涤					
5			筛选工艺			0.15	全封闭压力筛选				压力筛选	
6			漂白工艺			0.2	TCF® 或 ECF® 漂白					
7			碱回收工艺			0.1	有污冷凝水汽提、臭气收集和焚烧、副产品回收、热电联产				碱回收设施配套齐全、安全、运行正常	
8	资源和能源消耗指标	0.2	* 单位产品取水量	木浆	m³/adt①	0.5	33		38		60	
				竹浆			38		43		65	
9			* 单位产品综合能耗（外购能源）	木浆	kg标准煤/adt	0.5	160		330		420	
				竹浆②			280		380		550	
10	资源综合利用指标	0.2	* 黑液提取率	木浆	%	0.1	99		97		96	
				竹浆			98		95		93	
11			* 碱回收率	木浆	%	0.26	98		96		94	
				竹浆			96		94		93	
12			* 碱炉热效率	木浆	%	0.23	72		70		68	
				竹浆			66		62		58	
13			白泥综合利用率	* 木浆	%	0.1	98		95		92	
				竹浆			60		40		20	

续表

序号	一级指标	一级指标权重	二级指标		单位	二级指标权重	I级基准值	II级基准值	III级基准值
14	资源综合利用指标	0.2	水重复利用率		%	0.17	90	85	80
15			锅炉灰渣综合利用率		%	0.07	100	100	100
16			备料渣(指木屑、竹屑等)综合利用率		%	0.07	100	100	100
17	污染物产生指标	0.15	*单位产品废水产生量	木浆	m³/adt	0.47	28	32	50
				竹浆			32	36	55
18			*单位产品 COD_{Cr} 产生量	木浆	kg/adt	0.33	30	37	42
				竹浆			38	45	55
19			可吸附有机卤素(AOX)产生量	木浆	kg/adt	0.2	0.2	0.35	0.6
				竹浆			0.3	0.45	0.6
20	清洁生产管理指标	0.15					参见附表2-7⑤		

① adt 表示风干浆，以下同。

② 竹浆综合能耗（外购能源）不包括石灰窑所用能源。

③ TCF：全无氯漂白。

④ ECF：无元素氯漂白。

⑤ 附表2-7计算结果为本表的一部分，计算方法与本表其他指标相同。

注：1. 带 * 的指标为限定性指标。

2. 化学品制备只包括二氧化氯、二氧化硫和氧气的制备。

附表 2-2 本色硫酸盐木（竹）浆评价指标项目、权重及基准值

序号	一级指标	一级指标权重	二级指标		单位	二级指标权重	I级基准值	II级基准值	III级基准值
1	生产工艺及装备指标	0.3	原料			0.1	符合国家有关森林管理的规定及林纸一体化相关		
2			备料			0.1	干法剥皮，冲洗水循环利用或直接采购木片（竹片）		
3			蒸煮工艺			0.15	低能耗连续或间歇蒸煮		
4			洗涤工艺			0.2	多段逆流洗涤		
5			筛选工艺			0.2	全封闭压力筛选	压力筛选	改进传统的筛选
6			碱回收工艺			0.25	有污冷凝水汽提、臭气收集和焚烧，副产品回收，热电联产	碱回收设施配套齐全，运行正常	
7	资源和能源消耗指标	0.2	*单位产品取水量	木浆	m³/adt	0.5	20	25	50
				竹浆			23	30	50
8			*单位产品综合能耗（外购能源）	木浆	kg标煤/adt	0.5	110	200	300
				竹浆			200	250	350
9	资源综合利用指标	0.2	*黑液提取率	木浆	%	0.1	99	98	96
				竹浆			98	95	93
10			*碱回收率	木浆	%	0.26	97	95	92
				竹浆			95	92	90
11			*碱炉热效率	木浆	%	0.23	70	68	66
				竹浆			64	60	56

续表

序号	一级指标	一级指标权重	二级指标		单位	二级指标权重	I级基准值	II级基准值	III级基准值
12	资源综合利用指标	0.2	白泥综合利用率	*木浆	%	0.1	98	90	85
				竹浆			60	40	20
13			水重复利用率		%	0.17	90	85	80
14			锅炉灰渣综合利用率		%	0.07	100	100	100
15			备料渣（指木屑、竹屑等）综合利用率		%	0.07	100	100	100
16	污染物产生指标	0.15	*单位产品废水产生量	木浆	m³/adt	0.67	16	20	42
				竹浆			18	25	42
17			*单位产品 COD_{Cr} 产生量	木浆	kg/adt	0.33	10	18	32
				竹浆			18	25	37
18	清洁生产管理指标	0.15	参见附表 2-7①						

① 附表 2-7 计算结果为本表的一部分，计算方法与本表其他指标相同。

注：带 * 的指标为限定性指标。

附表 2-3　化学机械木浆评价指标项目、权重及基准值

序号	一级指标	一级指标权重	二级指标		单位	二级指标权重	I 级基准值	II 级基准值	III 级基准值
1	生产工艺及装备指标	0.3	化学预浸渍					碱性浸渍	
			磨浆					高浓磨浆机	
2	资源和能源消耗指标	0.2	*单位产品取水量	APMP①	m³/adt	0.5	13	20	38
				BCTMP②		0.5	13	20	38
3			*单位产品综合能耗（自用浆）		kg 标煤/adt	0.5	250	300	350
4			水重复利用率		%	0.5	90	85	80
5	资源综合利用指标	0.2	锅炉灰渣综合利用率		%	0.25	100	100	100
6			备料渣（指木屑等）综合利用率		%	0.25	100	100	100
7	污染物产生指标	0.15	*单位产品废水产生量	APMP	m³/adt	0.6	10	15	32
				BCTMP			10	15	32
8			*单位产品 CODcr 产生量	APMP	kg/adt	0.4	110	130	190
				BCTMP			90	120	190
9	清洁生产管理指标	0.15					参见附表 2-7③		

① APMP：碱性过氧化氢机械浆。
② BCTMP：漂白化学热磨机械浆。
③ 附表 2-7 计算结果为本表的一部分，计算方法与本表其他指标相同。

注：带 * 的指标为限定性指标。

附表 2-4　漂白化学非木浆评价指标项目、权重及基准值

序号	一级指标	一级指标权重	二级指标		单位	二级指标权重	I级基准值	II级基准值	III级基准值
1	生产工艺及装备指标	0.3	备料	麦草浆		0.1	干湿法或干法备料，洗涤水循环利用		
				蔗渣浆、苇浆			除髓蔗渣/湿法堆存，干湿法苇备料		
2			蒸煮工艺	麦草浆		0.1	低能耗连续蒸煮或回收蒸煮，氧-氧脱木质素	低能耗连续蒸煮或回收蒸煮，氧脱木质素	低能耗连续蒸煮或回收蒸煮
				蔗渣浆、苇浆					
3			洗涤工艺	麦草浆		0.1	多段逆流洗涤		
				蔗渣浆、苇浆					
4			筛选工艺	麦草浆		0.15	全封闭压力筛选	压力筛选	压力筛选
				蔗渣浆、苇浆					
5			漂白工艺	麦草浆		0.2	ECF或TCF	ClO_2或H_2O_2替代部分氯漂白，无元素氯ECF	ClO_2替代部分元素氯漂白
				蔗渣浆、苇浆					
6			碱回收工艺			0.25	碱回收设施齐全，有污冷凝水汽提，副产品回收	碱回收设施齐全，有污冷凝水汽提，副产品回收	碱回收设施齐全，运行正常
7			能源回收设施			0.1	有热电联产设施	有热电联产设施	有热回收设施
8	资源和能源消耗指标	0.2	*单位产品取水量	麦草浆	m^3/adt	0.5	80	100	110
				蔗渣浆、苇浆			80	90	100
9			*单位产品综合能耗（外购能源）	麦草浆（自用浆）	kg标煤/adt	0.5	420	460	550
				蔗渣浆、苇浆（自用浆）			400	440	500

续表

序号	一级指标	一级指标权重	二级指标		单位	二级指标权重	Ⅰ级基准值	Ⅱ级基准值	Ⅲ级基准值
10	资源综合利用指标	0.2	*黑液提取率	麦草浆	%	0.17	88	85	80
				苇浆			92	90	88
				蔗渣浆			90	88	86
11			*碱回收率	麦草浆	%	0.29	80	75	70
				蔗渣浆、苇浆			85	80	75
12			*碱炉热效率		%	0.23	65	60	55
13			水重复利用率		%	0.17	85	80	75
14			锅炉灰渣综合利用率		%	0.06	100	100	100
15			*白泥残碱率（以 Na_2O 计）		%	0.08	1.0	1.2	1.5
16	污染物产生指标	0.15	*单位产品废水产生量	麦草浆	m³/adt	0.47	60	85	90
				苇浆			60	75	85
				蔗渣浆			70	75	85
17			*单位产品 COD_{Cr} 产生量[①]	麦草浆	kg/adt	0.33	150	200	230
				蔗渣浆、苇浆 烧碱法			110	165	230
				蔗渣浆、苇浆 硫酸盐法			125	175	230
18			可吸附有机卤素（AOX）产生量		kg/adt	0.2	0.4	0.6	0.9
19	清洁生产管理指标	0.15	参见附表 2-7[②]						

① COD_{Cr} 不包括备料洗涤产生的废水。
② 附表 2-7 计算结果为本表的一部分，计算方法与本表其他指标相同。
注：1. 其他草浆产品指标同麦草浆指标。
　　2. 带 * 的指标为限定性指标。

附表 2-5　非木半化学浆评价指标项目、权重及基准值

序号	一级指标	一级指标权重	二级指标		单位	二级指标权重	I级基准值	II级基准值	III级基准值
1	生产工艺及装备指标	0.3	备料	稻麦草浆、蔗渣浆、苇浆、棉杆浆		0.25	干湿法或干法备料，洗涤水循环利用		
2			蒸煮工艺	稻麦草浆、蔗渣浆、苇浆、棉杆浆		0.25	低能耗连续或间歇蒸煮		
3			洗涤工艺	稻麦草浆、蔗渣浆、苇浆、棉杆浆		0.25	多段逆流洗涤		
4			筛选工艺	稻麦草浆、蔗渣浆、苇浆、棉杆浆		0.25	全封闭压力筛选	压力筛选	
5	资源和能源消耗指标	0.25	*单位产品取水量	碱法制浆	$\mathrm{m^3/adt}$	0.5	60	70	80
				亚铵法制浆			45	55	70
6			*单位产品综合能耗（自用浆、外购能源）		kg标煤/adt	0.5	300	350	420
7	资源综合利用指标	0.15	锅炉灰渣综合利用率		%	0.4	100	100	100
8			水重复利用率		%	0.6	85	75	70
9	污染物产生指标	0.15	*单位产品废水产生量	碱法制浆	$\mathrm{m^3/adt}$	0.6	50	60	65
				亚铵法制浆			40	50	60
10			*单位产品 $\mathrm{COD_{Cr}}$ 产生量①	碱法制浆	kg/adt	0.4	250	300	350
				亚铵法制浆			60	80	110
11	清洁生产管理指标	0.15	参见附表2-7②						

① $\mathrm{COD_{Cr}}$ 产生量不包括湿法备料洗涤产生的废水。

② 附表2-7计算结果为本表某的一部分，计算方法与本表其他指标相同。

注：带 * 的指标为限定性指标。

附表 2-6　废纸浆评价指标项目、权重及基准值

序号	一级指标	一级指标权重	二级指标		单位	二级指标权重	Ⅰ级基准值	Ⅱ级基准值	Ⅲ级基准值
1	生产工艺及装备指标	0.3	碎浆	脱墨废纸浆		0.25	碎浆浓度>15%	碎浆浓度>8%	碎浆浓度>4%
				非脱墨废纸浆			碎浆浓度>8%	碎浆浓度>8%	碎浆浓度>4%
2			筛选			0.25	压力筛选	压力筛选	
3			浮选			0.25	封闭式脱墨设备	开放式脱墨设备	开放式脱墨设备
4			漂白			0.25	过氧化氢漂白,还原漂白	过氧化氢漂白,还原漂白	过氧化氢漂白,还原漂白（不使用含氯元素漂白剂）
5	资源和能源消耗指标	0.3	*单位产品取水量	脱墨废纸浆	m^3/adt	0.5	7	11	30
				非脱墨废纸浆			5	9	20
6			*单位产品综合能耗	脱墨废纸浆　废旧新闻纸	kg标煤/adt	0.5	65	90	120
				其他废纸			140	175	210
				非脱墨废纸浆			45	60	85
7	资源综合利用指标	0.1	水重复利用率	脱墨废纸浆	%	1	90	85	80
				非脱墨废纸浆			95	90	85
8	污染物产生指标	0.15	*单位产品废水产生量	脱墨废纸浆	m^3/adt	0.6	5	8	25
				非脱墨废纸浆			3	6	15
9			*单位产品COD_{Cr}产生量	脱墨废纸浆	kg/adt	0.4	22	35	40
				非脱墨废纸浆			10	20	25
10	清洁生产管理指标	0.15	参见附表 2-7①						

① 附表 2-7 计算结果为本表的一部分，计算方法与本表其他指标相同。

注：1. 带 * 的指标为限定性指标。

2. 废纸浆指以废纸为原料，经过碎浆处理，必要时进行脱墨、漂白等工序制成的纸浆。

3. 非脱墨废纸浆增加一级热分散增加能耗 25kg 标煤/adt（按纤维分级长短纤维各 50%计）。

附表 2-7 制浆企业清洁生产管理指标项目基准值

序号	一级指标	二级指标	指标分值	I 级基准值	II 级基准值	III 级基准值
1		*环境法律法规标准执行情况	0.155	符合国家和地方有关环境法律、法规、政策和地方污染物排放总量控制指标和排污许可证管理要求	符合国家和地方相关产业政策，不使用国家和地方明令淘汰的落后工艺和装备，废水、废气、噪声等污染物排放符合国家和地方排放标准；污染物排放应达到国家和地方污染物排放总量控制要求	
2		*产业政策执行情况	0.065	生产规模符合国家和地方相关产业政策，不使用国家和地方明令淘汰的落后工艺和装备		
3		*固体废物处理处置	0.065	采用符合国家规定的废物处置方法处置废物；一般固体废物按照 GB 18599 相关规定执行；危险废物按照 GB 18597 相关规定执行		
4		清洁生产审核情况	0.065	按照国家和地方要求，开展清洁生产审核		
5		环境管理体系制度	0.065	按照 GB/T 24001 建立并运行环境管理体系，环境管理程序文件及作业文件齐备	拥有健全的环境管理体系和完备的管理文件	
6		废水处理设施运行管理	0.065	建有废水处理设施运行中控系统，建立治污设施运行台账	建立治污设施运行台账	
7	清洁生产管理指标	污染物排放监测	0.065	按照《污染源自动监控管理办法》的规定，安装污染物排放自动监控设备，并与环境保护主管部门的监控系统联网，并保证设备运行正常	对污染物排放实行定期监测	
8		能源计量器具配备情况	0.065	能源计量器具配备率符合 GB 17167、GB 24789 三级计量要求	能源计量器具配备率符合 GB 17167、GB 24789 二级计量要求	能源计量器具配备率符合 GB 17167、GB 24789 一级计量要求
9		环境管理制度和机构	0.065	具有完善的环境管理制度；设置专门环境管理机构和专职管理人员		
10		污水排放口管理	0.065	排污口符合《排污口规范化整治技术要求（试行）》相关要求		
11		危险化学品管理	0.065	符合《危险化学品安全管理条例》相关要求		
12		环境应急	0.065	编制系统的环境应急预案并开展环境应急演练	编制系统的环境应急预案	
13		环境信息公开	0.065	按照《环境信息公开办法（试行）》第十九条要求公开环境信息	按照《环境信息公开办法（试行）》第二十条要求公开环境信息	
14		环境信息公开	0.065	按照 HJ 617 编写企业环境报告书		

注：带 * 的指标为限定性指标。

附表 2-8 新闻纸定量评价指标项目、权重及基准值

序号	一级指标	一级指标权重	二级指标	单位	二级指标权重	I 级基准值	II 级基准值	III 级基准值
1	资源和能源消耗指标	0.2	* 单位产品取水量	m³/t	0.5	8	13	20
2			* 单位产品综合能耗①	kg标煤/t	0.5	240	280	330
3	资源综合利用指标	0.1	水重复利用率	%	1	90	85	80
4	污染物产生指标	0.3	* 单位产品废水产生量	m³/t	0.5	7	11	17
5			* 单位产品 COD_{Cr} 产生量	kg/t	0.5	11	15	18
6	纸产品定性评价指标	0.4				参见附表 2-13②		

① 综合能耗指标只限纸机抄造过程。

② 附表 2-13 计算结果为本表的一部分，计算方法与本表其他指标相同。

注：带 * 的指标为限定性指标。

附表 2-9 印刷书写纸定量评价指标项目、权重及基准值

序号	一级指标	一级指标权重	二级指标	单位	二级指标权重	I 级基准值	II 级基准值	III 级基准值
1	资源和能源消耗指标	0.2	* 单位产品取水量	m³/t	0.5	13	20	24
2			* 单位产品综合能耗①	kg标煤/t	0.5	280	330	420
3	资源综合利用指标	0.1	水重复利用率	%	1	90	85	80
4	污染物产生指标	0.3	* 单位产品废水产生量	m³/t	0.5	11	17	20
5			* 单位产品 COD_{Cr} 产生量	kg/t	0.5	10	15	18
6	纸产品定性评价指标	0.4				参见附表 2-13②		

① 综合能耗指标只限纸机抄造过程。

② 附表 2-13 计算结果为本表的一部分，计算方法与本表其他指标相同。

注：1. 印刷书写纸包括书刊印刷纸、书写纸等。

2. 带 * 的指标为限定性指标。

附表 2-10　生活用纸定量评价指标项目、权重及基准值

序号	一级指标	一级指标权重	二级指标	单位	二级指标权重	Ⅰ级基准值	Ⅱ级基准值	Ⅲ级基准值
1	资源和能源消耗指标	0.2	*单位产品取水量	m³/t	0.5	15	23	30
2			*单位产品综合能耗①	kg标煤/t	0.5	400	510	580
3	资源综合利用指标	0.1	水重复利用率	%	1	90	85	80
4	污染物产生指标	0.3	*单位产品废水产生量	m³/t	0.5	12	20	25
5			*单位产品 COD$_{Cr}$ 产生量	kg/t	0.5	10	15	22
6	纸产品定性评价指标	0.4	参见附表 2-13②					

① 综合能耗指标只限纸机抄造过程。

② 附表 2-13 计算结果为本表的一部分，计算方法与本表其他指标相同。

注：1. 生活用纸包括卫生纸品，如卫生纸、面巾纸、手帕纸、餐巾纸等。

2. 带 * 的指标为限定性指标。

附表 2-11　纸板定量评价指标项目、权重及基准值

序号	一级指标	一级指标权重	二级指标		单位	二级指标权重	Ⅰ级基准值	Ⅱ级基准值	Ⅲ级基准值
1	资源和能源消耗指标	0.2	*单位产品取水量	白纸板	m³/t	0.5	10	15	26
				箱纸板			8	13	22
				瓦楞原纸			8	13	20
2			*单位产品综合能耗①	白纸板	kg标煤/t	0.5	250	300	330
				箱纸板			240	280	320
				瓦楞原纸			250	300	330
3	资源综合利用指标	0.1	水重复利用率		%	1	90	85	80

续表

序号	一级指标	一级指标权重	二级指标		单位	二级指标权重	I级基准值	II级基准值	III级基准值
4	污染物产生指标	0.3	*单位产品废水产生量	白纸板	m³/t	0.5	8	12	22
				箱纸板			7	11	18
				瓦楞原纸			7	11	17
5			*单位产品COD_Cr产生量		kg/t	0.5	11	15	22
6	纸产品定性评价指标	0.4	参见附表2-13②						

① 综合能耗指标只限纸机抄造过程。

② 附表2-13计算结果为本表的一部分，计算方法与本表其他指标相同。

注：1. 白纸板包括涂布或或未涂布白纸板、白卡纸、液体包装纸板等。

2. 箱纸板包括普通箱纸板、牛皮挂面箱纸板、牛皮箱纸板等。

3. 带*的指标为限定性指标。

附表 2-12　涂布纸定量评价指标项目、权重及基准值

序号	一级指标	一级指标权重	二级指标	单位	二级指标权重	I级基准值	II级基准值	III级基准值
1	资源和能源消耗指标	0.2	*单位产品取水量	m³/t	0.5	14	19	26
2			*单位产品综合能耗①	kg标煤/t	0.5	320	380	430
3	资源综合利用指标	0.1	水重复利用率	%	1	90	85	80
4	污染物产生指标	0.3	*单位产品废水产生量	m³/t	0.5	12	16	23
5			*单位产品COD_Cr产生量	kg/t	0.5	11	16	19
6	纸产品定性评价指标	0.4	参见附表2-13②					

① 综合能耗包括纸机抄造和涂布过程。

② 附表2-13计算结果为本表的一部分，计算方法与本表其他指标相同。

注：带*的指标为限定性指标。

附表 2-13　纸产品企业定性评价指标项目及权重

序号	一级指标	指标分值	二级指标		指标分值	Ⅰ级基准值	Ⅱ级基准值	Ⅲ级基准值
1	生产工艺及装备指标	0.375	真空系统		0.2	循环使用水		
2			冷凝水回收系统		0.2	采用冷凝水回收系统		
3			废水再利用系统		0.2	有白水回收利用系统		
4			填料回收系统		0.13	有填料回收系统(涂布纸有涂料回收系统)		
5			汽罩排风余热回收系统		0.13	采用闭式汽罩及热回收		
6			能源利用		0.14	有热电联产设施		
7	产品特征指标	0.25	*染料	新闻纸/印刷书写纸/生活用纸	0.4	不使用附录 2 中所列染料		
				涂布纸		不使用附录 2 中所列染料,不使用含甲醛的涂料		
8			*增白剂	纸巾纸/食品包装纸/纸杯	0.2	不使用荧光增白剂		
9			环境标志	复印纸	0.4	符合 HJ/T 410 相关要求		
10				再生纸制品		符合 HJ/T 205 相关要求		
11	清洁生产管理指标	0.375	*环境法律法规标准执行情况		0.155	符合国家和地方有关环境法律、法规;废水、废气、噪声等污染物排放应达到符合国家和地方污染物排放总量控制指标和排污许可证管理要求		
12			*产业政策执行情况		0.065	生产规模符合国家和地方相关产业政策,不使用国家和地方明令淘汰的落后工艺和装备		
13			*固体废物处理处置		0.065	采用符合国家规定的废物处理方法处置废物;危险废物按照 GB 18597 相关规定执行;一般固体废物按照 GB 18599 相关规定执行		
14			清洁生产审核情况		0.065	按照国家和地方要求,开展清洁生产审核		

续表

序号	一级指标	指标分值	二级指标	指标分值	I 级基准值	II 级基准值	III 级基准值
15	清洁生产管理指标	0.375	环境管理体系制度	0.065	按照 GB/T 24001 建立并运行环境管理体系,环境管理程序文件及作业文件齐备	按照 GB/T 24001 建立并运行环境管理体系,环境管理程序文件及作业文件齐备	有健全的环境管理体系和完善的管理文件
16			废水处理设施运行管理	0.065	建有废水处理设施运行中控系统,建立治污设施运行台账	建立治污设施运行中控系统,建立治污设施运行台账	建立治污设施运行台账
17			污染物排放监测	0.065	按照《污染源自动监控管理办法》的规定,安装污染物排放自动监控设备,并保证设备正常运行	安装污染物排放自动监控设备,与环境保护主管部门联网,并保证设备正常运行	对污染物排放实行定期监测
18			能源计量器具配备情况	0.065	能源计量器具配备率符合 GB 17167 二级计量要求	能源计量器具配备率符合 GB 17167,GB 24789 三级计量要求	能源计量器具配备率符合 GB 17167,GB 24789 二级计量要求
19			环境管理制度和机构	0.065	具有完善的环境管理制度;设置专门环境管理机构和专职管理人员		
20			污水排放口管理	0.065	排污口符合《排污口规范化整治技术要求(试行)》相关要求		
21			危险化学品管理	0.065	符合《危险化学品安全管理条例》相关要求		
22			环境应急	0.065	编制系统的环境应急预案;开展环境应急演练		编制系统的环境应急预案
23			环境信息公开	0.065	按照《环境信息公开办法(试行)》第十九条要求公开环境信息	按照《环境信息公开办法(试行)》第二十条要求公开环境信息	按照《环境信息公开办法(试行)》第二十条要求公开环境信息
24					按照 HJ 617 编写企业环境报告书		

注:带 * 的指标为限定性指标。

附录 3 制浆造纸工业污染防治可行技术指南（节选）

为贯彻《中华人民共和国环境保护法》，改善环境质量，落实《国务院办公厅关于印发控制污染物排放许可制实施方案的通知》（国办发〔2016〕81号），建立健全基于排放标准的可行技术体系，推动企事业单位污染防治措施升级改造和技术进步，国家环保部于2018年1月批准《制浆造纸工业污染防治可行技术指南》（HJ 2302—2018）为国家环境保护标准，自上述标准实施之日起，《关于发布〈造纸行业木材制浆工艺污染防治可行技术指南〉等三项指导性技术文件的公告》（环境保护部公告2013年第81号）废止。现将主要内容摘录如下。

1. 适用范围

本标准规定了制浆造纸工业废水、废气、固体废物和噪声污染防治可行技术。本标准适用于制浆造纸工业污染物排放许可管理，可作为建设项目环境影响评价、国家污染物排放标准的制定与实施、制浆造纸工业企业污染防治技术选择的依据。本标准不适用于制浆造纸工业企业的自备热电站和工业锅炉。

2. 污染预防技术

2.1 化学法制浆

2.1.1 干法剥皮技术 原木在连续式剥皮机中做不规则运动，通过摩擦、碰撞，使树皮剥离，剥皮过程不用水。主要设备包括圆筒剥皮机、辊式剥皮机。该技术适用于以原木为原料的制浆企业。与湿法剥皮相比，该技术吨浆用水量明显降低，吨浆节水3～10t。

2.1.2 干湿法备料技术 将麦草、芦苇等原料经切草机切断，再经碎解、洗涤处理。合格草片经脱水后，通过螺旋喂料器送去蒸煮，通常与连续蒸煮配套使用。经干湿法备料后的原料干度在40%左右，尺寸20～40mm。该技术具有除杂率高，净化效果好等优点，可减少蒸煮用碱量和漂白化学品用量。

2.1.3 新型立式连续蒸煮技术 包括低固形物蒸煮技术和紧凑蒸煮技术等。低固形物蒸煮技术是将木（竹）片浸渍液及大量脱木质素阶段和最终脱木质素阶段的蒸煮液抽出，大幅降低蒸煮液中固形物浓度的蒸煮技术，该技术可最大限度地降低大量脱木质素阶段蒸煮液中的有机物。紧凑蒸煮技术是在大量脱木质素阶段，通过增加氢氧根离子和硫氢根离子浓度，提高硫酸盐蒸煮的选择性，并提高该阶段的木质素脱除率，从而减少慢速反应阶段的残余木质素量。主要设备为立式连续蒸煮器（蒸煮塔），与传统立式连续蒸煮相比，该技术具有蒸煮温度低、电耗低、纸浆得率高、卡伯值低及可漂性好等特点。该技术与后续氧脱木质素技术结合，可使送漂白工段的针叶木浆卡伯值降低10～14，阔叶木浆或竹浆卡伯值降低6～10。该技术主要适用于化学木（竹）浆生产企业。

2.1.4 改良型间歇蒸煮技术 通过置换和黑液再循环的方式深度脱木质素，主要设备为立式蒸煮锅及不同温度的白液槽和黑液槽。该技术可降低纸浆卡伯值而不影响纸浆性能，与传统间歇蒸煮相比，该技术可有效降低蒸煮能耗，降低蒸汽消耗峰值。

2.1.5　横管式连续蒸煮技术　主要设备为横管式连续蒸煮器，采用该技术较传统的间歇蒸煮技术粗浆得率提高 4% 左右，还具有工艺稳定、自动化程度高及运行费用低等优点。该技术主要适用于化学非木（竹）浆生产企业。

2.1.6　纸浆高效洗涤技术　通过挤压、扩散及置换等作用，以最少量的水最大限度地去除粗浆中溶解性有机物和可溶性无机物。传统真空洗浆机洗涤损失约为 5～10kg COD_{Cr}/t 风干浆，出浆浓度 10%～15%，吨浆带走的液体量为 5.7～9.0t，而由压榨洗浆机组成的洗浆系统，洗涤损失约为 5kg COD_{Cr}/t 风干浆，出浆浓度 25%～35%，吨浆带走的液体量为 1.9～3.0t。在相同的稀释因子条件下，采用压榨洗浆机较采用真空洗浆机耗水量可减少 3～5m³/t 风干浆。另外也可通过在传统的真空洗浆机等洗浆设备前增加挤浆工序，通过机械挤压的作用，以很小的稀释因子，实现废液中固形物和纤维的分离。

2.1.7　封闭筛选技术　用水完全封闭的粗浆筛选系统，主要设备为压力筛。通常是组合在粗浆洗涤系统中，使用洗浆机滤液作为系统稀释用水，多级多段对纸浆进行筛选，筛选后的滤液最终进入碱回收系统。筛选系统一般采用两级多段模式，通常一级除节采用孔筛，二级筛选采用缝筛。筛选长纤维时通常采用 0.25～0.3mm 缝筛，筛选短纤维时通常采用 0.15～0.25mm 缝筛。封闭筛选可以实现洗涤水完全封闭，筛选系统无清水加入，除浆渣等带走水分外，无废水排放。

2.1.8　氧脱木质素技术　在蒸煮后，为保持纸浆强度而选择性脱除木质素的一种工艺。该技术通常采用一段或两段氧脱木质素，在氧脱木质素过程中，氧气、烧碱（或氧化白液）和硫酸镁与纸浆在反应器中混合。一般采用中浓氧脱木质素，残余木质素脱除率可达 40%～60%。氧脱木质素产生的废液可逆流到粗浆洗涤段，然后进入碱回收工段。该过程可减少漂白工段化学品用量，漂白工段 COD 产生负荷可减少约 50%。

2.1.9　无元素氯（ECF）漂白技术　以二氧化氯（ClO_2）替代元素氯（氯气和次氯酸盐）作为漂白剂的技术。采用该技术，可有效降低漂白工段废水中二噁英及可吸附有机卤素（AOX）的产生。

2.1.10　黑液碱回收技术　制浆洗涤工段送来的黑液经多效蒸发浓缩后，送碱回收炉燃烧，回收热能，而后进行苛化分离，最终回收碱送蒸煮工段循环使用的技术。化学法木（竹）制浆黑液固形物初始浓度通常为 14%～18%，多效蒸发后黑液固形物浓度可达 50%～65%。通过安装超级浓缩器或结晶蒸发器，黑液固形物浓度可达 65%～80%，蒸汽产量增加 7%～9%，碱回收炉烟气中硫排放可降至 0.1～0.3kg/t 风干浆。对于化学法非木（竹）制浆黑液固形物初始浓度通常为 9%～11%，多效蒸发后可达 42%～45%，采用圆盘蒸发器蒸发后可达 48%～50%。

2.1.11　废液综合利用技术　铵盐基亚硫酸盐法非木材制浆废液经提取（固形物浓度约 10%～15%）和蒸发（固形物浓度约 40%～48%）后，通过热风炉喷浆造粒制造复合肥的技术。

2.2　化学机械法制浆

2.2.1　两段磨浆技术　在化学机械法制浆过程中，通常在第一段采用30%～40%的磨浆浓度，在第二段采用5%或更低的磨浆浓度，使更多的纤维束充分磨解。在化学预处理碱性过氧化氢机械浆（P-RC APMP）工艺的二段采用低浓磨浆，可使磨浆能耗降低120～200kW·h/t风干浆。

2.2.2　高效洗涤和流程控制技术　采用螺旋压榨机等高效洗涤设备，通过置换压榨等作用分离浆中的溶解性有机物，优化用水回路，提高纸浆的洁净度，降低后续漂白化学品消耗量。同时，通过改进洗涤工艺，可减少洗涤损失，降低洗涤用水量。采用该技术，废液提取率可达75%～80%，较传统的洗涤设备提高10%左右。

2.2.3　化学机械法制浆废液蒸发碱回收技术　化学机械法制浆废液除去悬浮物后，先经多效蒸发或机械式蒸汽再压缩技术（MVR）预蒸发，使其浓度达到15%左右，再经多效蒸发浓缩至65%以上送入碱回收炉燃烧的技术。为避免含硅废液导致蒸发器结垢，须使用不含硅的稳定剂代替硅酸钠。该技术尤其适用于同时生产化学浆和化学机械浆的企业，可减少新鲜水使用量5m³/t风干浆左右，但蒸发工段将增加蒸汽和电能消耗。另外，运行过程中可能产生蒸发工段易堵塞的问题。

2.3　废纸制浆

2.3.1　废纸原料分选技术　将回收的废纸分类，根据生产产品要求选用质量过关、杂质较少的废纸原材料的过程。该技术可提高成品纸的质量，减少废纸加工过程污染物的产生量。

2.3.2　浮选脱墨技术　根据废纸和油墨等的特性，在高浓碎浆机中通过化学、机械摩擦等作用，降低油墨粒子对纤维的黏附力，再利用浮选原理将油墨粒子与纤维分离的过程。该技术可减少纤维流失，降低废水的污染负荷。

2.4　机制纸及纸板制造

2.4.1　宽压区压榨技术　由压脚顶着压辊形成压区（压区宽度达到100～300mm），延长湿纸幅在压区内的受压时间，提高压榨线压至500～2500kN/m。该技术的典型代表是靴形压榨和大辊径压榨。相比常规压榨，采用宽压区压榨技术后，干燥部可节约能耗20%～30%，同时，脱水效率、车速显著提高。适用于生产包装纸、文化用纸、纸板等的中高速纸机。

2.4.2　烘缸封闭气罩技术　用封闭式烘缸气罩代替敞开式烘缸气罩。通过回收干燥纸页蒸发水蒸气中的热量和水分，提高送风温度，减少进、排风量，有效调节罩内气流，改善操作条件。该技术可降低干燥能耗及车间噪声，适用于中高速纸机。

2.4.3　袋式通风技术　在干燥部袋区安装袋式通风装置，将经回收热量、蒸汽加热的干燥热风均匀地送到纸幅周围，抵消蒸发阻力，使整个纸幅横向比较均匀，提高车速及蒸发能力。该技术可使纸机车速提高约10%，干燥能力提高10%～20%。适用于中高速纸机，一般与烘缸封闭气罩技术配套使用。

2.4.4　废气热回收技术　回收干燥部的热能，用于加热干燥部空气、循环水或喷淋用水，以及建筑通风采暖等。热回收系统通常分为干燥部排气-空气换热器、干燥部排气-水换热器。气-气换热器主要用于加热风罩供风和机房通风空气；气-水换热器主要用于加热循环水和工艺用水。为避免堵塞，热交换器通常配套清洗装置。该技术一般与烘缸封闭气罩技术配套使用。

2.4.5 纸机白水回收及纤维利用技术 对成型、压榨部白水，直接或通过处理后回收利用。其中，浓白水可用于上浆系统浆的稀释，或用于打浆工段；稀白水可通过多圆盘回收机、圆网浓缩机、沉淀塔或气浮装置等处理后作为纸机网部、压榨部清洗水或生产工艺补充水等；其余可回用于制浆车间或其他造纸车间、密封水补水等。回收的纤维直接进配浆系统。该技术可减少清水用量，降低废水产生量，提高原料利用率。

2.4.6 涂料回收利用技术 采用超滤等技术截留涂布废水中的涂料、黏合剂等大分子物质，将其回收利用。该技术可减少清水用量，降低废水的污染负荷，避免黏合剂、防腐剂等物质对污水处理厂运行造成影响。

3. 污染预防技术

3.1 废水污染治理技术

3.1.1 一级处理

（1）过滤。废水经过格栅和滤筛，去除其中悬浮物的过程。应设置粗格栅，当不设置纤维回收间时，应设置细格栅；设置纤维回收间时，应安装滤筛。截留的纤维可回用于生产。

（2）沉淀。由于重力作用，密度比废水大的悬浮物通过自然沉降，从废水中分离的过程。常见构筑物为沉淀池。污泥脱水处理后，通常可焚烧或填埋处置。

（3）混凝。通过投加混凝剂、助凝剂，废水中的悬浮物、胶体生成絮状体，从废水中分离的过程。主要包括混凝沉淀、混凝气浮技术。

3.1.2 二级处理

（1）厌氧技术。指在无氧条件下通过厌氧微生物的作用，将废水中有机物分解为甲烷和二氧化碳的过程。主要技术包括水解酸化、升流式厌氧污泥床（UASB）、厌氧膨胀颗粒污泥床（EGSB）及内循环升流式厌氧反应器，其中水解酸化技术是将厌氧生物反应控制在水解和酸化阶段，一般要求进水 COD_{Cr} 浓度＜1500mg/L，其余厌氧处理技术一般要求进水 COD_{Cr} ＞1500mg/L。厌氧进水 COD∶N∶P 宜为（100～500）∶5∶1，出水需进一步采用好氧生化处理。

（2）好氧技术。指在有氧条件下，活性污泥吸附、吸收、氧化、降解废水中的有机污染物，一部分转化为无机物并提供微生物生长所需能源，另一部分转化为污泥，污泥通过沉降分离，使废水得到净化。好氧技术主要可分为活性污泥法及生物膜法，制浆造纸废水处理主要采用活性污泥法，其中包括完全混合活性污泥法、氧化沟、厌氧/好氧（A/O）工艺、序批式活性污泥（SBR）法等。

3.1.3 三级处理

三级处理主要包括混凝沉淀或气浮、高级氧化技术。高级氧化技术是通过加入氧化剂，对废水中的有机物进行氧化处理的方法，一般包括 pH 调节、氧化、中和、分离等过程，目前多采用硫酸亚铁-双氧水催化氧化（Fenton 氧化），氧化剂的投加比例需根据废水水质适当调整，反应 pH 值一般为 3～4，氧化反应时间一般为 30～40min，

COD_{Cr}去除效率为 $70\%\sim90\%$。

3.2　废气污染治理技术

3.2.1　工艺过程臭气治理技术

硫酸盐法化学浆生产过程中，蒸煮、碱回收蒸发工段及污冷凝水汽提等排出的高浓臭气，洗浆机、塔、槽、反应器及容器等排出的低浓臭气，可通过管道收集后进入碱回收炉、石灰窑、专用火炬或专用焚烧炉焚烧处置。

3.2.2　碱回收炉烟尘治理

通常采用电除尘，除尘效率可达 99% 以上，具有除尘效率高、处理烟气量大、使用寿命长及维修费用低等优点。

3.2.3　石灰窑废气治理

（1）烟尘治理。通常采用电除尘，除尘效率可达 99% 以上。

（2）总还原性硫化物（TRS）控制。使用压力过滤机对白泥进行洗涤和过滤后，能够有效降低白泥中硫化钠的含量，减少白泥煅烧过程中石灰窑 TRS 排放，也可使石灰窑运行更加稳定。

3.2.4　焚烧炉废气治理

焚烧炉废气污染物主要包括烟尘、二氧化硫、氮氧化物及二噁英。烟尘治理技术主要为袋式除尘，二氧化硫治理主要包括石灰石/石灰-石膏湿法脱硫及喷雾干燥法，氮氧化物治理主要为选择性非催化还原法（SNCR），二噁英采取过程控制及末端活性炭吸附的措施。

3.2.5　厌氧沼气治理

沼气是废水厌氧处理过程中的副产物，通过厌氧反应器上部的气液分离器及管道将沼气送往脱硫装置脱硫后作为锅炉燃料或用于发电。沼气产生量较少时可采用火炬直接燃烧处理。

3.3　固体废物污染治理技术

3.3.1　资源化利用技术

（1）制浆造纸生产过程中产生的热值较高的废渣，如备料废渣、浆渣及污水处理厂污泥等，可直接或通过干化处理后送入锅炉或焚烧炉燃烧。

（2）非木浆尤其是草浆生产过程中产生的备料废渣可还田。

（3）筛选净化分离出的可利用浆渣及污水处理厂细格栅截留的细小纤维经处理后，可厂内回用或用于配抄低价值纸板、纸浆模塑产品。

（4）化学木浆生产过程产生的白泥经过石灰窑煅烧生产石灰，回用于碱回收苛化工段。化学非木浆或化学机械浆生产过程产生的白泥可作为生产轻质碳酸钙的原料或作为脱硫剂。

（5）废纸浆生产过程中，原材料中的塑料、金属等固体废物，机制纸及纸板生产过程中产生的废聚酯网，均可回收实现资源化利用。

3.3.2　填埋技术

制浆造纸企业碱回收工段产生的绿泥、白泥，污水处理厂污泥等经过脱水处理后，可进行填埋处置，在厂内暂存及填埋处置应符合 GB 18599 的要求。

3.3.3 危险废物安全处置技术

脱墨渣属于《国家危险废物名录》所列危险废物，危险废物的储存应符合 GB 18597 的要求，焚烧处置时应符合 GB 18484 的要求。

3.4 噪声污染治理技术

制浆造纸企业主要的降噪措施包括：由振动、摩擦和撞击等引起的机械噪声，通常采取减振、隔声措施，如对设备加装减振垫、隔声罩等，也可将某些设备传动的硬件连接改为软件连接；车间内可采取吸声和隔声等降噪措施；对于空气动力性噪声，通常采取安装消声器的措施。